Neumayer, Georg von

Anleitung zu wissenschaftlichen Beobachtungen auf Reisen
Band 1: Allgemeines, Instrumente und deren Gebrauch,
Astronomie, Geografie und Geologie

Neumayer, Georg von
Anleitung zu wissenschaftlichen Beobachtungen auf Reisen
Band 1: Allgemeines, Instrumente und deren Gebrauch, Astronomie, Geografie und Geologie

ISBN: 978-3-86741-238-4

Auflage: 1
Erscheinungsjahr: 2010
Erscheinungsort: Bremen, Deutschland

© Europäischer Hochschulverlag GmbH & Co KG, Fahrenheitstr. 1, 28359 Bremen (www.eh-verlag.de). Alle Rechte beim Verlag und bei den jeweiligen Lizenzgebern.

Bei diesem Titel handelt es sich um den Nachdruck eines historischen, lange vergriffenen Buches aus der Verlagsbuchhandlung Dr. Max Jänecke, Hannover (3. Auflage 1906). Da elektronische Druckvorlagen für diese Titel nicht existieren, musste auf alte Vorlagen zurückgegriffen werden. Hieraus zwangsläufig resultierende Qualitätsverluste bitten wir zu entschuldigen.

Neumayer, Georg von

Anleitung zu wissenschaftlichen Beobachtungen auf Reisen

Band 1: Allgemeines, Instrumente und deren Gebrauch,
Astronomie, Geografie und Geologie

ANLEITUNG
ZU
WISSENSCHAFTLICHEN BEOBACHTUNGEN AUF REISEN

IN EINZEL-ABHANDLUNGEN

VERFASST VON

L. AMBRONN, C. APSTEIN, P. ASCHERSON, A. BASTIAN, F. BIDLINGMAIER, K. BÖRGEN, H. BOLAU, O. DRUDE, J. EDLER, S. FINSTERWALDER, G. FRITSCH, G. GERLAND, A. GÜNTHER, J. HANN, P. HOFFMANN, W. KÖPPEN, O. KRÜMMEL, J. VON LORENZ-LIBURNAU, F. VON LUSCHAN, E. VON MARTENS, P. MATSCHIE, K. MEINHOF, A. MEITZEN, G. VON NEUMAYER, A. ORTH, J. PLASSMANN, L. PLATE, A. UND F. PLEHN, L. REH, A. REICHENOW, F. VON RICHTHOFEN, G. SCHWEINFURTH, P. VOGEL, G. WISLICENUS, L. WITTMACK

UND HERAUSGEGEBEN VON

Dr. G. VON NEUMAYER,
WIRKLICHER GEHEIMER RAT.

DRITTE
VÖLLIG UMGEARBEITETE UND VERMEHRTE AUFLAGE IN ZWEI BÄNDEN,
MIT ZAHLREICHEN HOLZSCHNITTEN, PHOTOGRAPHISCHEN ABDRÜCKEN
UND ZWEI LITHOGRAPHIERTEN TAFELN.

BAND I.

HANNOVER,
DR. MAX JÄNECKE, VERLAGSBUCHHANDLUNG
1906.

SEINER HOHEIT

DEM

HERZOG JOHANN ALBRECHT ZU MECKLENBURG,

PRÄSIDENTEN
DER DEUTSCHEN KOLONIAL-GESELLSCHAFT,

IN TIEFSTER EHRFURCHT

GEWIDMET.

DER HERAUSGEBER.

Vorwort zur dritten Auflage.

Wenn ich mich noch einmal dazu entschloſs, die Bearbeitung und Veröffentlichung einer dritten Auflage der „Anleitung zu wissenschaftlichen Beobachtungen auf Reisen" unter meiner Führung anzuregen, so ist dies lediglich dem Wunsche zuzuschreiben, das Werk, welches schon viele Jahre im Buchhandel vergriffen ist, nicht allzulange dem Gebrauch der vaterländischen wissenschaftlichen Forschung entzogen zu sehen. Stets hatte ich mich der Hoffnung hingegeben, daſs es mir gelingen würde, einen jüngeren Gelehrten für diese mühsame Arbeit zu ermutigen. Nahezu 18 Jahre sind seit der Veröffentlichung der zweiten Auflage verflossen, und es hat ein jeder Zweig der Naturforschung seitdem eine so vollständige Umgestaltung erfahren, daſs es mir kaum möglich erscheinen wollte, bei meinen Jahren der Aufgabe gerecht werden zu können, und überdies sind seitdem von meinen einstigen Mitarbeitern so viele gestorben, daſs es sich in erster Linie um die Erfüllung der schweren Pflicht handelte, die Lücken durch neue Kräfte auszufüllen. Unter den Heimgegangenen nenne ich nur die Namen W. Jordan, G. Hartlaub, R. Hartmann, H. Steinthal, F. Tietjon, R. Virchow, II. Wild, um die Verluste, die unsere gute Sache erlitten hat, und damit zugleich die Verantwortlichkeit, die ich durch Ersatzgewinnung zu übernehmen hatte, zu kennzeichnen. Manche der früheren Mitarbeiter waren wohl noch am Leben aber sie fürchteten, den Anforderungen an ihre Arbeitskraft infolge der notwendigen Umgestaltungen der früher von ihnen übernommenen Zweige jetzt nicht mehr gerecht werden zu können, und lehnten eine weitere Mitarbeiterschaft ab. Wenn es mir dennoch gelungen ist, die entstandenen Lücken auszufüllen, so muſs ich dieses dankbar anerkennen, und ich trat denn auch unter dem 8. August 1903 frischen Mutes in die Arbeit ein. Ein um jene Zeit erlassenes Rundschreiben an die früheren und neugewonnenen Mitarbeiter setzte, in Voraussicht der erheblichen Schwierigkeiten, die sich der raschen Bearbeitung entgegenstellen muſsten, den Termin für die Ablieferung der druckfertigen Manuskripte erheblich weit hinaus, nämlich auf den ersten Februar des Jahres 1905. Zahlreiche Zirkulare und umfassende Korrespondenzen an die Mitarbeiter brachten schlieſslich die Bearbeitung in einen solchen Fluſs, daſs man einer günstigen Vollendung des Ganzen wohl entgegensehen durfte. Da traten unerwartete Ereignisse durch Sterbefälle der Vollendung des umfangreichen Werkes entgegen, die ein rasches Eingreifen für den Ersatz unerläſslich machen muſsten, wenn einer Unterbrechung oder gänzlichen Stockung vorgebeugt werden sollte. Zuerst starb mein Mitarbeiter an zwei Auflagen, Herr Geheimrat E. von Martens, zu Anfang des Jahres 1904, sodann mitten in der Schaffenskraft Friedrich Plehn gegen Ende des Jahres und im Juni des vorigen Jahres Herr Professor Edler. Zu Anfang des Jahres 1905 entriſs mir der Tod meinen Freund Adolf Bastian und im Anfang des Monats Oktober Herrn Geheimrat von Richthofen. Während die beiden zuletzt Genannten die übernommenen Arbeiten ausgeführt hatten und namentlich von Richthofen noch in den letzten Wochen seines Lebens die Korrekturen seines Beitrages völlig vollendete, mir die Herren Plehn und Edler nur Bruchstücke zur Verfügung hinterlieſsen, konnte mir von Geheimrat von Martens kein Manuskript oder das Bruchstück einer Neubearbeitung seines Beitrags übergeben werden. Dagegen hatte den Herrn Professor Plate das Gefühl der Pietät für den hochverdienten Forscher bestimmt, einen Teil der von ihm übernommenen Abhandlung nach dem Vorbilde in der ersten und zweiten Auflage so zu behandeln, daſs es möglich geworden ist, den Namen des hochverdienten Mannes auch in der dritten Auflage nicht entbehren zu müssen. Herr Geheimrat von Richthofen ist sonach in der dritten Auflage vollkommen für die „Anleitung" erhalten geblieben, während der Nachlaſs des Herrn Dr. Plehn durch seinen Bruder, Dr. med. Albert Plehn, das Fragment des Herrn Edler durch mich selbst vollendet bezw. neu bearbeitet wurde. Der hinterlassene Beitrag des in Westindien verstorbenen Geheimrat Bastian konnte, da unterdessen die Ethnographie durch Herrn Professor Dr. von Luschan in Verbindung mit der Anthropologie und Prähistorie bearbeitet und auch gedruckt worden war, nurmehr im Nachtrag zum zweiten Bande eine Verwertung finden. Ich kann es mir nicht versagen, an dieser Stelle der während der Bearbeitung der dritten Auflage der „Anleitung zu wissenschaftlichen Beobachtungen auf Reisen" verstorbenen Mitarbeiter in Dankbarkeit zu gedenken mit der Versicherung, daſs ich denselben, indem ich diese dritte Auflage herausgebe, das treueste Andenken bewahren werde.

Ich genüge ferner nur einer Pflicht, wenn ich die Namen derer erwähne, die es mir unter so erschwerenden Umständen durch ihre Unterstützung möglich machten, die Aufgabe zu einer befriedigenden Lösung zu fördern. In erster Linie muſs ich in dieser Hinsicht nennen Herrn Professor Emil Stück vom Observatorium in Wilhelmshaven, der mir seine erprobte Hilfeleistung zur Verfügung stellte, als es für mich notwendig wurde, den ursprünglich von Edler übernommenen Abschnitt über erdmagnetische Beobachtungen an Land nach neueren Erfahrungen zu bearbeiten. Auch von anderer Seite wurden mir zahlreiche Beweise freundlicher Hilfeleistung entgegengebracht, für die ich, wenn ich sie auch hier nicht im einzelnen aufführe, aufrichtigste Erkenntlichkeit empfinde.

Im allgemeinen ist die Anordnung der Materie in der dritten Auflage nicht wesentlich gegen die früheren Auflagen geändert; allein es mußten einzelne Zweige der Forschung nun hinzutreten, und nenne ich hier nur die Photogrammetrie, bearbeitet von Professor Finsterwalder, die Drachenaufstiege im Dienste der Meteorologie, bearbeitet von Professor Köppen, die Plankton-Fischerei, von Dr. Apstein, und die Erdbebenkunde, von Geheimrat Gerland. Außerdem erwies es sich notwendig, daß in dem Anhange zum ersten Bande die Ergänzungen und Erweiterungen zahlreicher sein mußten als in den früheren Auflagen, was namentlich manchen neueren Forschungen zugute kommt, hier aber im einzelnen nicht aufgeführt werden kann.

Auch habe ich es für angedeutet erachtet, eine kurze Mitteilung aus der Geschichte des ganzen Unternehmens von den ersten Anfängen an folgen zu lassen und damit eine vollständige Liste sämtlicher Mitarbeiter an den drei Auflagen und über deren Beteiligung zu verbinden.

Wiewohl das ganze Werk, das vor mehr als 31 Jahren in erster Auflage erschienen ist, besonders verdienstlich gewirkt haben dürfte in Beziehung auf die Förderung der wissenschaftlichen Arbeit innerhalb der maritimen Kreise und ebenso in Beziehung auf die Einrichtung wissenschaftlicher Forschung in unseren Kolonien, so darf ich wohl betonen, daß diese dritte Auflage insonderheit darauf berechnet ist, die deutschen kolonialen Bestrebungen zu fördern. In erster Linie war es der vaterländische Geist in der wissenschaftlichen Arbeit, der meine Herren Mitarbeiter und mich selbst mit ihnen anspornte, sodann aber auch der gleiche Sinn, dessen Betätigung, so hoffen wir alle, den Bestrebungen unserer Nation auf dem Gebiete der Kolonisation zugute kommen wird.

Auch sei es mir gestattet, das Mahnwort in früheren Auflagen auch in das Vorwort zu dieser herüberzunehmen, indem ich, aus einer reichen Erfahrung schöpfend, wieder betone, dafs sich der auf eine Forschungsreise ausziehende Gelehrte vor Antritt derselben gründlich unterrichten sollte über die Literatur der Gegenstände der Forschung und des geographischen Gebietes, dem er im besonderen seine Kräfte zu widmen gedenkt. Ein Hinausschieben der Gewinnung solcher Information, in der Hoffnung, es nachträglich und im Verlauf der Forschungsreise nachholen zu können, ist nicht rätlich, und kann davor nicht ernstlich genug gewarnt werden. Jedwede Anleitung kann nicht Ersatz bieten für die Vernachlässigung dieses wichtigen und ersten Desiderates. Auch erblicken wir in solcher eine Ungerechtigkeit gegen die Sache, der man sich widmet, und eine Ungerechtigkeit gegen den Reisenden selbst, indem er nur aus dem Studium der Literatur über den Gegenstand gründliche Winke erwerben kann; während er sich anderseits der Möglichkeit einer umsichtigen Vorbereitung beraubt. Die Geschichte der Forschungsreisen bietet Beispiele genug, die den verhängnisvollen Irrtum, der in einem Verschieben des vorherigen Einsammelns gründlicher Informationen enthalten ist, erweisen.

Neustadt a. Haardt, im Frühjahr 1906.

Aus der Geschichte der „Anleitung zu wissenschaftlichen Beobachtungen auf Reisen".

Es scheint mir nicht ohne Interesse, in Kürze einiges über die Entstehung der „Anleitung zu wissenschaftlichen Beobachtungen auf Reisen", die nun in dritter Auflage erscheinen soll, zu geben. Wenn ich einerseits es für eine Gerechtigkeit gegen mich erachte, dies zu tun, so ist es anderseits das Gefühl der Dankbarkeit gegen meine Mitarbeiter, das mich veranlaſst, die nachfolgenden Zeilen zu schreiben.

Es würde nicht der Wahrheit entsprechen, wenn ich nicht die Tatsache erwähnen würde, daſs ich erhebliche Schwierigkeiten geschäftlicher Natur zu überwinden hatte, ehe das Werk eine sichere finanzielle Unterlage erhalten hatte. Der Gedanke eines solchen Werkes war in unserem Vaterlande zu neu, als daſs er sofort eine allseitige Aufnahme gefunden hätte. Nicht als ob ich nicht volles Verständnis bei den in den verschiedenen Fächern interessierten Gelehrten gefunden hätte; ich konnte vielmehr zu meiner Freude erfahren, daſs ich von dieser Seite die bereitwilligste Zusicherung der Unterstützung in Durchführung meines Gedankens erhielt. In finanzieller Hinsicht habe ich dankbarst anzuerkennen, daſs Seine Exzellenz der damalige Chef der Admiralität, Herr von Stosch, mir durch Zusicherung der Abnahme von 400 Exemplaren für die kaiserliche Marine, für welche das Werk insbesondere berechnet war, die geschäftliche Grundlage für die Herausgabe des kostspieligen Werkes sicherte.

Bei dem Erscheinen des Werkes, voraussichtlich zum letzten Male von mir veranlafst, erfüllt mich das Gefühl des wärmsten Dankes gegen meine Mitarbeiter, die mich in den drei Auflagen in treuester Weise unterstützt haben. Es erscheint mir nicht nur als eine Pflicht gegen diese, sondern auch als von grofsem Interesse für alle Zeiten, die Namen derselben an dieser Stelle zu verzeichnen.

In dem nachfolgenden Verzeichnis gebe ich die Namen sämtlicher Mitarbeiter in alphabetischer Ordnung, ihre Wohnorte und die Auflagen, an welchen sie sich beteiligten, sowie auch einige Bemerkungen, aus welchen die Gründe zu ersehen sind, weshalb nicht alle an dieser dritten wie auch an der zweiten Auflage sich beteiligt haben.

Verzeichnis

sämtlicher Mitarbeiter bei den drei Auflagen der „Anleitung zu wissenschaftlichen Beobachtungen auf Reisen".

Nr.	Vor- und Zuname der Mitarbeiter	Wohnort	Mitgearbeitet an der Auflage	Bemerkungen
1	Ambronn, Leopold	Göttingen	III	
2	Apstein, Karl	Kiel	III	
3	Ascherson, Paul	Berlin	I, II, III	
4	Bastian, Adolf	„	I, II, III	Gestorben am 3. Februar 1905. (Posthumes Manuskript.)
5	Bidlingmaier, Friedrich	„	III	
6	Börgen, Karl	Wilhelmshaven	II, III	
7	Bolau, Heinrich	Hamburg	II, III	
8	Drude, Oskar	Dresden	II, III	
9	Edler, Johannes	Potsdam	III	Gestorben am 2. Juli 1905. (Nur teilweise bearbeitetes posthumes Manuskript.)
10	Finsterwalder, Sebastian	München	III	
11	Förster, Wilhelm	Berlin	I	Von der Bearbeitung der 2. Auflage zurückgetreten.
12	Friedel, Karl	Potsdam	I	Gestorben am 20. April 1885.
13	Fritsch, Gustav	Berlin	I, II, III	
14	Gärtner, A.	Jena	II	Von der Bearbeitung der 3. Auflage zurückgetreten.
15	Gerland, Georg	Strafsburg i. E.	III	
16	Gerstäcker, August	Greifswald	I, II	Gestorben am 20. Juli 1895.
17	Griesebach	Göttingen	I	Gestorben am 9. Mai 1879.
18	Günther, Albert	London	I, II, III	
19	Hann, Julius	Wien	I, II, III	
20	Hartlaub, Gustav	Bremen	I, II	Gestorben im November 1900.
21	Hartmann, Robert	Berlin	I, II	Gestorben am 20. April 1898.
22	Hoffmann, Paul	Baden-Baden	II, III	
23	Jordan, Wilhelm	Hannover	II	Gestorben am 17. April 1899.
24	Kiepert, Heinrich	Berlin	I	Von der Bearbeitung der 2. Auflage zurückgetreten und gestorben am 21. April 1899.

Verzeichnis sämtlicher Mitarbeiter.

Nr.	Vor- und Zuname der Mitarbeiter	Wohnort	mitgearbeitet an der Auflage	Bemerkungen
25	Köppen, Wladimir	Hamburg	III	
26	Koner, Wilhelm	Berlin	I	Gestorben am 2. Oktober 1887.
27	Krümmel, Otto	Kiel	II, III	
28	Lindeman, Moritz	Dresden	II	Von der Bearbeitung der 3. Auflage zurückgetreten.
29	Lorenz-Liburnau, J. R. v.	Wien	II, III	
30	Luschan, Felix von	Berlin	III	
31	Martens, Eduard von	"	I, II	Gestorben am 14. August 1904. Die frühere Arbeit durch Plate benutzt.
32	Matschie, Paul	"	III	
33	Meinhof, Karl	"	III	
34	Meitzen, August	"	I, II, III	
35	Möbius, Karl	"	I, II	Von der Bearbeitung der 3. Auflage zurückgetreten.
36	Neumayer, Georg von	Neustadt a. H.	I, II, III	
37	Oppenheim, Alfons	London	I	Gestorben am 16. September 1877.
38	Orth, Albert	Berlin	I, II, III	
39	Peters, K. A. F.	Kiel	I	Gestorben am 8. Januar 1880.
40	Plassmann, J.	Münster i. W.	III	
41	Plate, Ludwig	Berlin	III	
42	Plehn, Albert	"	III	
43	Plehn, Friedrich	Heluan	III	Gestorben am 29. August 1904.
44	Reh, Ludwig	Hamburg	III	
45	Reichenow, Anton	Berlin	III	
46	Richthofen, Freiherr, Ferd. von	"	I, II, III	Gestorben am 6. Oktober 1905.
47	Schubert, Hermann	Hamburg	II	Von der Bearbeitung de 3. Auflage zurückgetreten.
48	Schweinfurth, Georg	Berlin	I, II, III	
49	Seebach, Karl von	Göttingen	I	Gestorben am 21. Januar 1880.
50	Steinthal, Hermann	Berlin	I, II	Gestorben am 14. März 1899.
51	Tietjen, Friedrich	"	I, II	Gestorben am 21. Juni 1895.
52	Virchow, Rudolf	"	I, II	Gestorben am 5. September 1902.
53	Vogel, Peter	München	III	
54	Weifs, Edmund	Wien	I, II	An der Bearbeitung der 3. Auflage nicht beteiligt.
55	Wild, Heinrich von	St. Petersburg	I, II	Gestorben am 15. September 1902.
56	Wislicenus, Georg	Berlin	III	
57	Wittmack, Ludwig	"	I, II, III	

Verzeichnis der Abhandlungen
mit den Namen der Verfasser für den I. Band.

	Seite
Geographische Ortsbestimmung auf Reisen. Von L. Ambronn	1
Aufnahme des Reiseweges und des Geländes. Von P. Vogel	74
Die Photogrammetrie als Hilfsmittel der Gelände-Aufnahme. Von S. Finsterwalder	165
Geologie. Von F. Frhr. v. Richthofen	203
Erdbebenbeobachtungen. Von Prof. Dr. G. Gerland	374
Anleitung zu magnetischen Beobachtungen an Land. Von Dr. G. von Neumayer und Dr. J. Edler	387
Magnetische Beobachtungen an Bord. Von Dr. Friedrich Bidlingmaier	458
Nautische Vermessungen. Von P. Hoffmann	498
Anstellung von Beobachtungen über Ebbe und Flut. Von K. Börgen	525
Allgemeine Meeresforschung. Von O. Krümmel	562
Meteorologische Beobachtungen und Förderung der Meteorologie und Klimatologie überhaupt. Von J. Hann	595
Drachenaufstiege zu meteorologischen Zwecken. Von W. Köppen	641
Himmelsbeobachtungen mit freiem Auge und mit einfachen Instrumenten. Von Dr. Joseph Plassmann	659
Beurteilung des Fahrwassers in ungeregelten Flüssen. Von Dr. J. R. Ritter von Lorenz-Liburnau	718
Einige Winke für die Ausrüstung und Ausführung von Forschungsreisen. Von Georg Wislicenus	740

Anhang.

Hydrographische und meteorologische Beobachtungen an Bord von Dr. G. von Neumayer.

Ergänzungen, Berichtigungen, Sach- und Namenregister und Druckfehler.

Inhalt des ersten Bandes.

	Seite
L. Ambronn, Geographische Ortsbestimmung auf Reisen	1—73

I. Allgemeines . . . . 1—7

§ 1. Kurze Erklärung der geographischen Koordinaten 1. § 2. Koordinaten der Gestirne 2. § 3. Die Zeitmafse 4. § 4. Jahrbücher und Ephemeriden 6. § 5. Interpolation 6.

II. Instrumente, deren Gebrauch und Fehlerbestimmung 8—33

§ 6. Uhren (Chronometer und Ankeruhren) 8. § 7. Stand und Gang der Uhren 10. § 8. Reflexionsinstrumente 12. § 9. Fehlerbestimmung resp. Justierung der Reflexionsinstrumente 14. § 10. Universalinstrument. (Altazimut oder Höhen- und Azimutinstrument) 20. § 11. Art der Beobachtung mit einem Universalinstrument 26. § 12. Etwas über das Aufschreiben der Beobachtungen 30. § 13. Instandhaltung und Verpackung der Instrumente 32.

III. Die Bestimmung der Zeit und der geographischen Breite . . . . 33—73

§ 14. Beziehungen zwischen den geographischen Koordinaten eines Punktes auf der Erde und den Positionen der Gestirne. Das Polardreieck 33. § 15. Korrektionen der gemessenen Höhen (Zenitdistanzen) wegen Refraktion, Parallaxe, Kimmtiefe, Halbmesser usw. 36. § 16. Bestimmung der Zeit aus Höhenmessungen 37. § 17. Bestimmung der Zeit aus Beobachtungen der Durchgänge von Gestirnen durch die Meridianebene 43. § 18. Bestimmung des Ganges einer Uhr aus den Verschwindungszeiten 46. § 19. Breitenbestimmung aus Höhenmessungen 47. § 20. Breitenbestimmung aus Zirkummeridianhöhen 48. § 21. Breite aus Messung der Höhen polnaher Sterne 50. § 22. Bestimmung der Breite aus zwei oder drei nahe dem Meridian gemessenen Höhen eines Sternes, wenn nur die Zwischenzeit bekannt ist 52. § 23. Bestimmung der Breite aus Beobachtungen nahezu gleicher Zenitdistanzen

	Seite

im Norden und Süden des Zenits 53. § 24. Bestimmung der Breite aus Durchgangsbeobachtungen im I. Vertikal 54. § 25. Bestimmung der Zeit und Breite aus Beobachtungen eines oder mehrerer Gestirne in verschiedenen oder gleichen Höhen oder in gleichen Vertikalkreisen 55. § 26. Anwendung der Photographie zur Bestimmung der Breite und der Zeit 58.

IV. Bestimmung der geographischen Länge und Azimutmessungen . . . . 60—73

§ 27. Die verschiedenen Methoden der Längenbestimmung und das Wesen derselben 60. § 28. Längenbestimmung durch Zeitübertragung 61. § 29. Längenbestimmung durch Beobachtung gleichzeitiger Phänomene 62. § 30. Längenbestimmung aus Sonnenfinsternissen und Sternbedeckungen 63. § 31. Längenbestimmung aus Monddistanzen 64. § 32. Längenbestimmung aus Mondhöhen 65. § 33. Längenbestimmungen aus Mondkulminationen 68. § 34. Verwendung photographischer Aufnahmen zur Längenbestimmung 69. § 35. Azimutmessungen 71.

P. Vogel, Aufnahme des Reiseweges und des Geländes . . . . . . 74—164

Einleitung 74

I. Entfernungsmessung . . . . 75—84

§ 1. Schrittmaſs 75. § 2. Marschzeit 77. § 3. Meſsrad 78. § 4. Meſsband 78. § 5. Entfernungsmesser 80.

II. Winkelmessung . . . . 85—103

§ 6 Kompaſs 85. § 7. Miſsweisung der Magnetnadel 88. § 8. Theodolit 91. § 9. Spiegelinstrumente 99. § 10. Winkelschätzungen 99. § 11. Fergusons Instrumente 100. § 12. Zeichenausrüstung 101.

III. Höhenmessung . . . . 104—115

§ 13. Quecksilberbarometer 104. § 14. Siedethermometer 106. § 15. Federbarometer 108. § 16. Selbstschreibende Barometer 112. § 17. Thermometer 114.

IV. Anwendungen . . . . 115—148

§ 18. Aufnahme des Reiseweges 115. § 19. Fehlertheorie der Kompaſs-Itinerare 119. § 20. Herstellung der Karte 120. § 21. Aufnahme des Geländes 124. § 22. Triangulierung 125. § 23. Polygonzüge 133. § 24. Fluſsaufnahmen 135. § 25. Theorie der barometrischen Höhenmessung 139. § 26. Bestimmung von Meereshöhen 143. § 27. Trigonometrische Höhenmessung 146. § 28. Nivellement 148.

Schluſs . . . . 149—150
Anhang mit Tafelverzeichnis . . . . 151—164

S. Finsterwalder, Die Photogrammetrie als Hilfsmittel der Geländeaufnahme. 165—202

1. Grundbegriffe der Photogrammetrie 165. 2. Photogrammetrische Apparate 166. 3. Entnahme von Winkeln aus orientierten Photographien 178. 4. Photogrammetrische Rekonstruktionen aus orientierten Aufnahmen bei gegebener Lage der Standpunkte 183. 5. Photogrammetrische Rekonstruktionen bei unbekannter Lage der Standpunkte. Flüchtige Photogrammetrie 187. 6. Allgemeine Bemerkungen 193. Literatur über Photogrammetrie 202.

F. von Richthofen, Geologie . . . 203—373

A. Vorbereitung und allgemeine Arbeit . . . . . . 204—231
B. Zusammensetzung und Formgebilde des festen Landes 232—268

1. Plastik des Festlandes 232. 2. Die an der Zusammensetzung der festen Erdoberfläche teilnehmenden Gesteine 235 3. Gebirgsbildende und gebirgszerstörende Vorgänge 242. 4. Morphologische Grundgestalten 249.

C. Einzelfälle der Beobachtung . . . . 268—371

I. Untersuchungen über den festen Grundbau der Erdoberfläche 268. II. Beobachtungen über die Wirkungen umgestaltender Vorgänge 314.
Inhalt . . . . 372—373

G. Gerland, Erdbebenbeobachtungen . 374—386

Einleitung 374. 1. Die direkten Beobachtungen der Erdbeben 376. 2. Das seismische Verhalten des Meeresbodens 371. Schema für die Beobachtungen 381. 3. Allgemeine Untersuchungen 384.

Neumayer und Edler, Anleitung zu magnetischen Beobachtungen an Land . . 387—457

Inhaltsverzeichnis . . . . 387—388
I. Allgemeine Grundbegriffe . . . . 388—394
II. Örtliche und zeitliche Verschiedenheit des Erdmagnetismus . . . . 394—402
III. Allgemeine Vorschriften beim Beobachten . . . 402—404
IV. Die Beobachtungsmethoden . . . . 404—428

1. Die magnetische Deklination 404. 2. Die magnetische Horizontalintensität 410. 3. Die magnetische Inklination 422.

V. Die Instrumente zu magnetischen Beobachtungen 428—444
VI. Verwertung der magnetischen Beobachtungen . 444—447

VII. Beispiele zur Beleuchtung der Methoden und Berechnung der Beobachtungen . . . . 447—457

1. Bestimmung der magnetischen Elemente in Hobart 447. 2. Bestimmung der magnetischen Elemente in Wilhelmshafen 451.

Fr. Bidlingmaier, Magnetische Beobachtungen an Bord . . . . . . 458—497

I. Kapitel: Die charakteristischen Schwierigkeiten der magnetischen Beobachtungen an Bord und ihre Überwindung . . . . 458—462

§ 1. Überwindung des Schwankens 459. § 2. Überwindung des Drehens 461. § 3. Schiffseisen 461. § 4. Vorsichtsmaſsregeln 462.

II. Kapitel: Die erforderlichen Hilfsmittel und Vorbereitungen . . . . 462—469

§ 5. Schiff und Beobachtungsplatz 462. § 6. Die Instrumente 464.

III. Kapitel: Deviationslehre . . . . 469—486

§ 7. Die charakteristischen Schiffskonstanten 469. § 8. Ableitung der Schiffskonstanten aus Beobachtungen 473. § 9. Praxis der Deviationsbeobachtungen 478. § 10. Die Korrektionsformeln der Deviationen 481. § 11. Elimination des Schiffseinflusses 484. § 12. Gestörte Orte, numerische Werte von Schiffskonstanten 485.

IV. Kapitel: Vollständiges System der Arbeiten einer magnetischen Forschungsreise zur See . . . . . 486—497

§ 13. Die Arbeiten der Basisstation und der Landstation 486. Arbeiten der Basisstation 487. Auf allen Landstationen 489. § 14. Die Arbeiten auf See 489. § 15. Genauigkeit der Beobachtungen. Ausblick 496. Literaturnachweise siehe Anhang zu diesem Bande.

P. Hoffmann, Nautische Vermessungen 498—524

Einleitendes 498. 1. Wahl und Markierung der Fixpunkte 500. 2. Triangulation 502. 3. Azimutbestimmung 504. 4. Basismessung 505. 5. Konstruktion des Dreiecknetzes 509. 6. Pegelbeobachtungen 511. 7. Strombeobachtungen 513. 8. Küstenlinie 513. 9. Topographie 515. 10. Lotungen 516. Die Grundbeschaffenheit 518. Die Vermessung eines Hafens 520. Eine Fluſsvermessung 521. Fliegende Vermessungen 522. Laufende Vermessungen 523. Segelanweisungen 523. Vertonungen 524.

C. Börgen, Anstellung von Beobachtungen über Ebbe und Flut . . . . . . 525—561

Allgemeine Erklärungen der vorkommenden Ausdrücke 525. Niedrigwasser 525. Mondflutintervall 525. Hafenzeit 525. Tidenhub oder Hubhöhe 525.

Springflut, Nippflut, Taubeflut 526. Halbmonatliche Ungleichheit in Zeit und Höhe 526. Tägliche Ungleichheit in Zeit und Höhe 526. Eintägige Sonnentiden 528. Flutbrandung, Stürmer (Boor) 530. Stauoder Stillwasser 532. Regel für die Drehung der Richtung des Stromes 533. Einwirkung des Windes 534. Genaue Kenntnis der Ortszeit 535. Der Pegel 536. Registrieren der Pegel oder Flutmesser 539. Pneumatischer Flutmesser 543 (Mensing 544 und Paulsen im Anhang). Anwendung der Gezeitenbeobachtung 547. Reduktion von Lotungen auf das Kartenniveau 547. Hubhöhe am Hilfspegel 549. Fortpflanzung der Gezeitenwelle 551. Ableitung der Gezeitenkonstanten 551. Verspätung des Alters der Gezeit 555. Deutsche Polarstation auf Südgeorgien 557. Eintragungen der Gezeitenbeobachtungen 559. Literaturnachweis 560.

O. Krümmel, Allgemeine Meeresforschung 562—594

Allgemeine Einleitung 562. 1. Tiefenlotung und Bodenbeschaffenheit 563. 2. Messung der Temperaturen 568. 3. Untersuchung des Seewassers nach Salz- und Gasgehalt 572. Glasaräometer 574. Sinkaräometer von Nansen 576. Chlorgehalt des Meerwassers 576. Untersuchung des Gasgehaltes 577. Kohlensäure und Schwefelwasserstoffgehalt 578. 4. Die Durchsichtigkeit des Seewassers 578. 5. Die Farbe des Seewassers 580. 6. Beobachtung der Meereswellen 581. Wellenperiode, Wellengeschwindigkeit und Wellenlänge 583. Wellenhöhe 585. Stehende Wellen 588. 7. Meeresströmungen 588. Stromversetzung 589. Tange, Treibhölzer 591. Eisberge 591. Stromkabbelungen 591. Besprechung der Karte der Meeresströmung 592. Die einzelnen Meeresströmungen 592. Siehe auch Anhang.

J. Hann, Meteorologische Beobachtungen und Förderung der Meteorologie und Klimatologie überhaupt . . . . . 595—640

I. Meteorologische Aufzeichnungen auf Reisen . . . 595—632

A. Anstellung mehr oder minder vollständiger Beobachtungen an Instrumenten 596. Temperatur 597. 1. Lufttemperatur 597. Maximum- und Minimumthermometer 599. Aufstellung der Thermometer zur Bestimmung der Lufttemperatur 600. Afsmannsches Aspirationshygrometer 601. Beobachtungszeiten 603. Aufstellung der Thermographen 604. Messungen der relativen Intensität der Sonnenstrahlung 605. Messungen der Intensität des diffusen Tageslichtes (Lichtklima nach Bunsen und Roscoe) 605. Wiesner 606. Nächtliche Wärmestrahlung 606. Die Bestimmung der nächtlichen Erkaltung der Schneeoberfläche 607. Bodentemperatur 607. Messung der Quellentemperatur 609. Temperatur des Flußwassers 609. Luftfeuchtigkeit 609.

Haarhygrometer 609. Psychrometerberechnung 610. Luftdruck zu hypsometrischen Zwecken 613. Thermopsychrometer 613. Quecksilberbarometer 615; Behandlung desselben 616. Barographen 617. Regeln für das Behandeln des Barographen 618. Messung der Niederschläge 619.
B. Beobachtung ohne Instrumente 621. 1. Die Bewölkung 622. Der tägliche Gang der Bewölkung 622. Besondere Wolken: leuchtende Nachtwolken und irisierende Wolken 622. 2. Beobachtung des Wolkenzuges, Wolkenarten 623. Beobachtung der Windrichtung 624. Tägliche Periode der Windrichtung 625. Windstärke, Messung derselben 626. Besonders charakteristische Winde, heiße Winde, Föhnwinde, kalte, boraartige Winde 627. Stürme 628. Die Niederschlagserscheinungen 629. Gewitterbeobachtung 630. Allgemeine Regeln für Beobachtungen mit oder ohne Instrumente 631.

II. Erkundigungen auf Reisen in Ländern, deren klimatische Verhältnisse noch wenig erforscht sind 632—633

III. Anregung zu meteorologischen Beobachtungen . . 633—634

IV. Sammlung schon vorhandener Beobachtungen . . 634—636

Allgemeine Orientierung über die meteorologischen Instrumente 636
Einfache Stationsausrüstung 636. Eigentliche Reiseinstrumente; Aufzählung derselben mit Preisliste 637. Registrierapparate 638. Tafel, Druck (Spannkraft) des gesättigten Wasserdampfes in Millimetern 639. Meteorologische Beobachtungstabelle, Formular A und B 640.

W. Köppen, Drachenaufstiege zu meteorologischen Zwecken . . . . . . 641—658

1. Unter welchen Umständen ist die Verwendung von Drachen auf Forschungsreisen angezeigt? 641. 2. Ausrüstung. a) Draht und Haspel 642. b) Drachen-Bau und -Reparatur 648. c) Registrierapparate 650. d) Übriges Zubehör 651. 3. Ausführung der Aufstiege 653. An Bord eines Dampfers 657.
(Siehe auch im Anhang zu diesem Bande.)

Dr. J. Plassmann, Himmelsbeobachtungen mit freiem Auge und mit einfachen Instrumenten . . . . 659—717

Allgemeiner Teil . . . . 659—676
Die Hilfsmittel 660. Astronomische Stundenzählung 661. Die Taschenuhr, das wichtigste Instrument, und die Anforderungen an dasselbe 661/62. Einheitszeit 663 (s. auch im Anhang über Zeit). Die Weckuhr 664. Kleines Fernrohr, Prismenfernrohr 664/65. Der gestirnte Himmel, gründliche Kenntnis desselben

unerläfslich 666. Drehbare Sternkarte 667. M. Messer, Sternatlas für Himmelsbeobachtungen 667. Schurigs tabulae coelaestis 668. Rohrbachsche Karten 668. Heis, Karten zum Einzeichnen 668. Mond und Planeten, Ephemeriden 670. Nautikal-Almanach, Nautisches Jahrbuch 670. Sternverzeichnisse 671. Präzession 671. Die Kleidung beim Beobachten 672. Über das Beobachten und Schreiben im Dunkeln 673. Bücher und Karten zur Aufzeichnung der Beobachtungen sind Wertpapiere 673. Anordnung der Beobachtung 674. „Astronomische Zentralstelle" in Kiel, dahin zu berichten 675. Die persönliche Disposition des Beobachters 676.

Besonderer Teil . . . . 676—717

Erscheinung des Himmelsgewölbes 676. Das Funkeln der Sterne 678. Das Strahlenwerfen der Sterne 678. Atmosphärische Strahlenbrechung und Refraktion 678. Das Sternschwanken 678/79. Durchsichtigkeit der Atmosphäre 679. Dämmerung, astronomische und bürgerliche 679/80. Kürzeste Dämmerung 680. Im Beobachtungsbuche sind Notizen zeitlich, aber nicht sachlich zu ordnen 681. Gegen-Dämmerung und Purpurlicht 672. Grüne Strahlen und Bishopscher Ring 682. Auftauchen und Verschwinden der Sterne 683/84. Morgendämmerung und polarisiertes Licht 684. (Siehe darüber im Anhang.) Irisierende Wolken 685/86. Das Polarlicht 686. Aufschiefsende Strahlen und Corona derselben 686/87. Sonnenflecken 688. Wechseln der Helligkeit der Planeten Merkur und Venus 688/89. Bedeckungen der Planeten und Fixsterne 690. Mondflecken und Liberation des Mondes 690. Finsternisse und die Erscheinung bei denselben 690/91. Das aschgraue Licht im Supplimente der jungen oder alten Mondsichel 692. Die Planetenwelt 693. Die Kometen 694/95. Angaben, die über Kometen zu machen sind 696/97. Sternschnuppen und Feuerkugeln, Beobachtungen an denselben, Schema darüber 698/99. Radiationspunkt oder Radiant 701. Zeiten des Jahres, in welchen Sternschnuppen besonders häufig sind 702. Zodiakallicht oder Tierkreislicht 706. Verlauf der Milchstrafse 707/8. Veränderliche Sterne und Schätzung bei denselben 708. Die photometrische Stufe 709. Vergleichsterne 709/10, Skala derselben. Die Periode Algols 712. Die neuen Sterne, novae 714. Erklärung der abgekürzten Angaben für den Luftzustand und die Güte der Beobachtungen 715/16. Sternfarben 716/17.

Siehe auch im Anhang über Cirren in ihrer Beziehung zu Polarlichtern.

Literaturnachweis: S. Günther, math. Geographie (Ackermann, München). Epstein, Geonomie (Gerold, Wien). Hoffmann, Math. Geographie, neubearbeitet v. Afsmann. Kosmische Physik v. Müller, neubearbeitet v. Peters (Braunschweig, Vieweg). Professor Weifs,

„Anleitg. zu wissenschaftl. Beobachtungen etc." 2. Aufl. Bd. I S. 420. Litrow, J. F., Die Wunder des Himmels, neubearbeitet von E. Weifs. Newcomb-Engelmann, populäre Astronomie, herausgegeben von Dr. H. C. Vogel (W. Engelmann. Leipzig 1905).

Dr. Ritter von Lorenz-Liburnau, Beurteilung des Fahrwassers in ungeregelten Flüssen 718—739

Vorbemerkungen 718/19. Ursprung des Flufswassers 719. Ursprung und Bau der Flufsbetten 722. Bewegung des Wassers im Bette 724. Die verschiedenen Geschwindigkeiten des Wassers zwischen beiden Ufern 725. Die Lage des Fahrwassers in verschieden gestalteten Betten oder Strecken 726. A. Bei Strecken mit geradem Laufe und parallelen Ufern: a) bei gleichbleibendem Gefälle. 1. im festen oder Felsenbette 727. 2. in beweglichem Terrain 728. b) bei wechselndem Gefälle 728. B. Auf Strecken mit divergierenden oder konvergierenden Ufern 729. C. Bei gekrümmtem Laufe 731. D. Beim Konvergieren zweier Strömungsrichtungen 735. E. Veränderungen, denen die Ablagerungen unterliegen 736.

Georg Wislicenus, Einige Winke für die Ausrüstung und die Ausführung von Forschungsreisen . . . . 740—762

Wahl des Reiseweges und Seekrankheit 740. Deutsche Dampferlinien und das Reichskursbuch 741. Stationsschiffe der deutschen Marine 742. Bemerkungen über die Ausrüstung zur Reise 743. Reisen in den nordeuropäischen Ländern 746. Reisen in Rufsland 746. Reisen in der Türkei 748. Reisen in Ägypten 749. Reisen in Palästina und Syrien 749. Reisen in Kleinasien 749. Reisen in Arabien 750. Reisen in Algerien, Tunesien, Tripolitanien 750. Reisen in Marokko 750. Reisen in Westafrika 751. Reisen in Südafrika 752. Reisen in Ostasien 753. Reisen in Madagaskar 754. Reisen in Persien 754. Reisen in Indien. Reisen auf Ceylon 757. Reisen in Holländisch-Indien 757. Reisen auf den Philippinen 757. Reisen in Französisch-Indochina 758. Reisen in China 758. Reisen in Japan 760. Reisen im nördlichen Nordamerika 761. Reisen in Südamerika 761. Reisen in Australien 761/62.

Anhang, Sach- und Namenregister, Druckfehler.

Geographische Ortsbestimmung auf Reisen.

Von

L. Ambronn.

I. Allgemeines.

§ 1. Kurze Erklärung der geographischen Koordinaten.

Dem Reisenden, welcher sich in fremde Länder begibt, um unsere Kenntnisse von der Erde auf ihrer Oberfläche oder in deren Innern zu erweitern, mag er auch ein Spezialgebiet der Wissenschaft vertreten, welches er will, so wird doch immer die rein geographische Einteilung der Erde ihm bekannt sein müssen. Die mathematische Geographie lehrt dann erst den Ort des näheren bezeichnen, an dem irgend eine neue geographische Entdeckung, ein wichtiger Fund gemacht wurde, oder wo eine bestimmte Stadt oder Gegend auf der Erde zu suchen sein wird. Die Mittel zu dieser näheren Bezeichnung werden durch ein geographisches Koordinatensystem gegeben, welches den Erdäquator zur Fundamentalebene hat und die größten Kreise, welche auf dieser Ebene senkrecht stehen, die Meridianebenen, gewissermaßen als Ordinaten gebraucht, während deren Abstand untereinander, oder von einer gewissen, durch Konvention festgesetzten solchen Ebene aus gezählt, als Abszissen angesehen werden können. Die erstere der beiden Koordinaten nennt man bekanntlich die geographische Breite und zählt sie vom Äquator nach Norden und Süden von 0 bis $90°$, bis zum Pol, als nördliche und südliche geographische Breite. Die zweite Koordinate ist die geographische Länge und als Ausgangspunkt wird von den Geographen fast allgemein derjenige Meridian angesehen, welcher durch die Sternwarte von Greenwich geht. Man zählt die Längen entweder von da nach beiden Seiten je bis $180°$ als östliche und westliche Länge von Greenwich oder auch wohl nach Osten herum bis 360°. — Leider ist eine allgemeine Übereinkunft bezüglich des Nullmeridians noch nicht durchzuführen gewesen, indem die Franzosen die Längen noch stets vom Meridian von Paris resp. vom Meridian von Ferro[1]) aus zählen.

Es mögen hier die Beziehungen zwischen den gebräuchlichen Längenzählungen Platz finden. Es ist z. B.
30° östl. v. Ferro = 10° östl. v. Paris = 12° 20' 14.4" östl. v. Greenw. oder $\Delta\lambda$ Paris — Ferro = 20° 0' 0.0"; $\Delta\lambda$ Paris — Greenw. 2° 20' 14.4".

Da die Erde ein an den Polen abgeplattetes Rotationsellipsoid (Sphäroid) ist, so bildet die Richtung der Lotlinie einen kleinen Winkel mit der Verbindungslinie (Radiusvektor) des Beobachtungsortes nach dem Erdmittelpunkt. Der Winkel, welchen die Lotlinie mit dem Erdäquator macht, die **geographische Breite** (φ), ist immer gröfser als der, welchen der Radiusvektor mit der Äquatorebene macht. Den letzteren nennt man die **geozentrische Breite** (φ'). Der Unterschied ist für 45° am gröfsten (= 11.5') und für den Pol und den Äquator gleich Null. (Siehe Albrechtsche Tafeln[2]).

§ 2. Koordinaten der Gestirne.

Ebenso wie man auf der Erde mit Hilfe des eben erläuterten Systems von Kreisen einen bestimmten Punkt sicher angeben kann, ist das auch mit den Orten der Gestirne an der Sphäre der Fall. Denkt man sich die Ebene des Äquators bis an das Himmelsgewölbe erweitert, so hat man die Fundamentalebene für die **Deklinationen** der Gestirne, welche also den geographischen Breiten auf der Erde entsprechen. Denkt man sich ähnlich den Meridianen auf der Erde auch am Himmel wieder gröfste Kreise senkrecht zur Äquatorialebene gezogen, so werden sich diese alle in zwei Punkten, den Polen des Äquators, schneiden. Diese Kreise selbst nennt man Stundenkreise und man wählt unter ihnen wieder einen aus, welcher als der nullte Stundenkreis bezeichnet wird. In diesem Falle ist es derjenige Stundenkreis, welcher durch den Frühlingsanfangspunkt geht, d. h. durch denjenigen Punkt, in welchem die Sonne steht, sobald sie von der süd-

---

[1]) Die Zählung von Ferro ist früher auf geographischen Karten sehr viel im Gebrauch gewesen. Der Nullmerdian wurde dann dadurch definiert, dafs derselbe genau 20° westl. von dem Pariser Meridian angesetzt wurde; durch die Insel Ferro ging derselbe dann gar nicht mehr hindurch!

[2]) Genau lautet der Ausdruck dafür
$$\varphi - \varphi' = 11' \, 30.65'' \sin 2\varphi - 1.16'' \sin 4\varphi.$$

lichen Halbkugel — von südlichen Deklinationen — nach der nördlichen Halbkugel — nach nördlichen Deklinationen — übergeht. Denkt man sich die Ebene der Erdbahn oder der scheinbaren Sonnenbahn bis an die Sphäre erweitert, so wird sie diese in einem gröfsten Kreise schneiden, in welchem im Laufe des Jahres die Sonne unter den Sternen fortzuwandern scheint. Dieser Kreis heifst die **Ekliptik** und die auf ihr senkrecht gedachten Kreise heifsen die **Breitenkreise**. Der Fundamentalebene des Äquators entsprechend bezeichnet man die Koordinaten der Gestirne mit **Rektaszension** (α) (gerade Aufsteigung) und **Deklination** (δ); mit Bezug auf die Ebene der Ekliptik mit **Länge** (λ) und **Breite** (β). Der Ausgangskreis für die Zählung der Stundenkreise sowohl, als auch für die Breitenkreise kann nunmehr strenger als derjenige definiert werden, der durch den Durchschnittspunkt von Ekliptik und Äquator geht, und man zählt sowohl **Rektaszension** als **Länge** im entgegengesetzten Sinne der Drehung der Erde um ihre Achse von $0°$ bis $360°$ oder von 0^h bis 24^h (0 Stunden bis 24 Stunden). Das sagt gleichzeitig aus, dafs im Laufe einer Umdrehung der Erde nach und nach die Stundenkreise 0^h, 1^h, 2^h, 3^h .... 23^h in die Ebene des Meridians eines Ortes gelangen. Als Meridian eines Ortes bezeichnet man denjenigen gröfsten Kreis, welcher durch Zenit und Pol hindurchgeht und auf dem Horizont senkrecht steht. Geht ein Gestirn infolge seiner scheinbaren täglichen Bewegung durch den Meridian hindurch, so sagt man, das Gestirn **kulminiert**, es erreicht in diesem Punkte im allgemeinen zugleich seine **gröfste** oder seine **geringste Höhe** über dem Horizont des Beobachtungsortes (**Obere** resp. **Untere Kulmination**). Horizont nennt man denjenigen gröfsten Kreis, in welchem eine durch den Mittelpunkt der Erde gelegte auf der Vertikalen im Beobachtungsort senkrecht stehende Ebene die Sphäre schneidet. Man spricht dann von einem **wahren** Horizont; von einem **scheinbaren** Horizont aber in der Bedeutung, dafs dieser dargestellt wird durch den eigentlichen Gesichtskreis auf freier Erdoberfläche[1]). Gröfste Kreise, welche auf dem Horizont senkrecht stehen und sich alle im **Zenit** (oberhalb), und im **Nadir** (unterhalb) des Beobachters schneiden, nennt man **Höhenkreise**. Die angulare Entfernung eines

---

[1]) Eine Ebene, welche dem wahren Horizont parallel liegt, aber durch den Beobachtungsort hindurchgeht, kann in allen Fällen mit Ausnahme der Beobachtung des Mondes oder der nächsten Planeten an Stelle des wahren Horizontes gesetzt werden.

beliebigen Höhenkreises von der Meridianebene, resp. von dem Punkte, in welchem diese den Horizont im Süden resp. im Norden schneidet (Südpunkt resp. Nordpunkt), nennt man das **Azimut** dieses Höhenkreises; den Abstand eines Gestirnes vom Horizont oder vom Zenit, gemessen auf den durch das Gestirn hindurchgehenden Höhenkreis, nennt man die **Höhe** resp. die **Zenitdistanz** desselben.

§ 3. Die Zeitmaße.

Es ist leicht einzusehen, daß im Laufe eines Tages einmal alle Stundenkreise durch den Meridian gehen werden. Beginnt man die Zählung der Stunden mit der Kulmination des **Frühlingsanfangspunktes**, d. h. mit demjenigen Moment, in dem der nullte Stundenkreis durch den Meridian geht, so wird bis zur nächsten Kulmination desselben Punktes eine Umdrehung der Erde, ein **Sterntag** verflossen sein. — Die Erde dreht sich mit völlig gleichförmiger Geschwindigkeit, daher kann diese Umdrehung selbst als Zeitmaß benutzt werden und man sagt, es ist 1 Uhr Sternzeit, wenn ein Stern durch den Meridian geht, der um den 24. Teil des ganzen Umfanges des Kreises vom Frühlingsanfangspunkt absteht usw. Tritt an die Stelle eines Fixsternes die Sonne, so wird die Zeit, welche zwischen zwei aufeinanderfolgenden Kulminationen der Sonne im selben Erdort verstreicht, nicht gleich einem Sterntag sein, sondern wegen der Umdrehung der Erde um die Sonne wird letztere scheinbar unter den Sternen nach Osten fortgerückt sein, und es wird länger dauern, bis sie wieder in den Meridian desselben Ortes kommt. Diese Differenz zwischen Sterntag und Sonnentag wird so viel betragen, als die Erde Zeit gebraucht, sich um den Winkel weiter zu drehen, der dem Bogenstück gleich ist, um welches die Sonne fortgeschritten ist; das wird im Durchschnitt $1 - \dfrac{360}{365 \cdot 2422}$ Tage sein. Nun bewegt sich aber die Erde nicht mit gleichförmiger Geschwindigkeit um die Sonne, da sie in einer Ellipse läuft, und deshalb wird auch die Zeit von einer Kulmination der Sonne bis zur andern nicht immer gleich sein können. Diesen Zeitabschnitt nennt man daher einen **wahren** Sonnentag. Da aber nach einem veränderlichen Zeitmaß weder bequem gerechnet noch eine zuverlässige Uhr angefertigt werden kann, so denkt man sich an die Stelle der wahren Sonne eine andere, fingierte Sonne gesetzt, die gleichförmig und in der Äquatorebene um die Erde ihre scheinbare Bahn beschreibt. Diese Sonne heißt die **mittlere Sonne**, und die Zeit zwischen zwei aufeinanderfolgenden Kulminationen derselben ein **mittlerer Sonnentag**. Es müssen im Jahre offenbar ebensoviele **wahre** als **mittlere Sonnentage** sein, aber genau **ein Sterntag mehr**. Daraus ergibt sich ohne weiteres die Relation zwischen Sterntag, wahrem und mittlerem Sonnentag.

Es ist 1 Sterntag $= \dfrac{365 \cdot 2422}{366 \cdot 2422}$ mittl. Tage $= 1$ mittl. Tag $- 3^m\, 55{,}91^s$ mittl. Zeit.

1 mittl. Tag $= \dfrac{366 \cdot 2422}{365 \cdot 2422}$ Sterntagen $= 1$ Sterntag $+ 3^m\, 56{,}555^s$ Sternzeit.

1 Stunde Sternzeit $= \dfrac{365 \cdot 2422}{366 \cdot 2422}$ Stunden mittl. Zeit

resp. 1^h mittl. Zeit $= \dfrac{366 \cdot 2422^h}{365 \cdot 2422}$ Sternzeit.

Für diese Verwandlungen hat man Tafeln berechnet, die sich in den astronomischen Jahrbüchern sowohl als auch in den astronomischen Tafelsammlungen in aller Ausführlichkeit abgedruckt finden. Vergleicht man den Lauf der **wahren Sonne** mit demjenigen der gedachten, **mittleren Sonne**, so werden diese bald zusammenfallen, bald sich von einander bis zu einem gewissen Betrage entfernen. Diesen Unterschied zwischen jeweiliger wahrer und mittlerer Zeit nennt man die **Zeitgleichung**. Sie findet sich für jeden Mittag in den astronomischen Jahrbüchern angegeben; man gebraucht diese Größe z. B. wenn man aus einer Beobachtung der Sonne (kann nur die wahre sein) den Stundenwinkel der mittleren Sonne, d. h. die mittlere Zeit berechnen will.

Die Zwischenzeit, welche zwischen den Kulminationen eines **Gestirnes** an zwei verschiedenen Erdorten verstreicht, ist, da die Umdrehung der Erde gleichförmig vor sich geht, auch zugleich ein Maß für den Winkel, welchen die beiden Meridianebenen miteinander einschließen. Dieser Zeitunterschied ist daher direkt die **Längendifferenz** (λ)[1] zweier Orte. Dieses gilt auch für einen Himmelskörper, der sich, wie die mittlere Sonne, gleichförmig zwischen den Sternen

---

[1] Die geographischen Längen bezeichnet man mit λ, doch ist dieses nicht zu verwechseln mit den „Längen" der Gestirne, welche oben auch mit λ bezeichnet worden sind. Diese letzteren haben aber mit der geographischen Ortsbestimmung gar nichts zu tun.

weiter bewegt, wenn nur die Uhr, welche die Zeitdifferenz mifst, so reguliert ist, dafs sie die Zeit zwischen zwei Kulminationen in genau 24 Stunden teilt, d. h. dafs eine **Stunde** dieser Uhr verstreicht, wenn der Stundenwinkel dieses Gestirns um eine Stunde $= 15°$ zunimmt.

§ 4. Jahrbücher und Ephemeriden.

Die Orte der Sonne, der Planeten, des Mondes und einer gröfserer Anzahl hellerer Fixsterne sind für bestimmte Zeiten in den astronomischen Jahrbüchern, den sogenannten Ephemeriden, angegeben und vorausberechnet. Da für die Wandelsterne (inkl. Sonne und Mond) es besonders wichtig ist, die Zeitangaben scharf zu präzisieren, so wählt man für dieselben diejenigen Zeiten, welche sich auf einen bestimmten Meridian beziehen. Die Angaben des **Berl. Astronomischen Jahrbuches** beziehen sich auf mittlere Zeit Berlin, diejenigen des **Nautical Almanac auf Greenwich**, die der **Connaissance des Temps** auf Paris usw. Die Genauigkeit und Vollständigkeit, welche diese Angaben in den einzelnen Ephemeriden besitzen, ist sehr verschieden. Für die hier in Frage kommenden Aufgaben eignen sich am besten die Connaissance des Temps und der Nautical Almanac. Einen Auszug aus letzterem enthält das deutsche **Nautische Jahrbuch**, leider sind aber dessen Angaben in neuerer Zeit ganz speziell für die Seefahrt eingerichtet und ist deshalb deren Genauigkeitsgrad soweit herabgesetzt worden, dafs es für Beobachtungen, bei welchen noch die Bogensekunde in Frage kommt, so gut wie unbrauchbar geworden ist, nur wegen der darin enthaltenen Tafeln kann es noch empfohlen werden. — Das **Berliner Jahrbuch** verfolgt rein astronomische Zwecke und ist demgemäfs eingerichtet, doch enthält es die schärfsten Orte für eine gröfsere Anzahl von Fixsternen. Die Liste dieser ist aber auch für sich käuflich.

§ 5. Interpolation.

Da naturgemäfs die Jahrbücher die Orte der Gestirne nur für bestimmte Zeiten, meist für den Mittag des betreffenden Tages enthalten (der Astronom zählt den Tag von Mittag zu Mittag, um in der Nacht, zur Zeit der Beobachtungen, nicht das Datum ändern zu müssen), so ist es erforderlich, dafs neben diesen Orten auch noch die Veränderungen derselben für 24^h oder für kürzere Zeitintervalle angegeben sind, um mittels dieser Differenzen für jeden beliebigen Zeitmoment die Gestirnsorte berechnen zu können, denn die Beobachtungen werden wohl nie genau mit den Zeiten zusammenfallen, für welche die Jahrbücher die gebrauchten Daten enthalten. Man nennt dieses Verfahren **Interpolation**. Der Vorgang ist dabei in kurzen Zügen der folgende:

Seien t_1 und t_2 die Zeiten, für welche z. B. die Rektaszension der Sonne α_1 und α_2 gegeben sind, und will man nun wissen, welches α der Sonne der Zeit t entspricht, so hätte man zu bilden:

$$\Delta t = \frac{t - t_1}{t_2 - t_1} \text{ und damit würde werden}$$

$$\alpha = \alpha_1 + \Delta t \, (\alpha_2 - \alpha_1).{}^1)$$

Für die Zeiten t_1 und t_2 wählt man mit Vorteil zwei Angaben, die dem Moment t möglichst nahe liegen und denselben zwischen sich schliefsen.

Entsprechen z. B. bei Messungen von Monddistanzen die Distanzen D_1 und D_2 den Greenwich-Zeiten t_1 und t_2 (in den Jahrbüchern von 3 zu 3 Stunden gegeben), und will man die Greenwich-Zeit t_0 für die Distanz D_0 kennen lernen, so würde zu bilden sein, wenn D_0 zwischen D_1 und D_2 liegt:

$$\Delta t = \frac{D_0 - D_1}{D_2 - D_1} (t_2 - t_1) \text{ und } t_0 = t_1 + \Delta t.$$

Oder will man genauer vorgehen mit Berücksichtigung der zweiten Differenzen, d. h. des Unterschiedes zwischen $t_2 - t_1$ und $t_3 - t_2$, so hat man aus **drei** aufeinanderfolgenden Tafelwerten zu bilden:

$$x = \frac{D_0 - D_2}{\frac{1}{2}(d_1 + d_2)} - \frac{d_2 - d_1}{d_2 + d_1} \cdot x^2; \text{ wo } d_1 = D_2 - D_1 \text{ und}$$

$d_2 = D_3 - D_2$ ist und vorausgesetzt wird, dafs D_0 zwischen D_2 und D_3 liegt. Es ist dann $t_0 = t_2 + x(t_3 - t_2)$. Die Gleichung für x mufs durch Näherung gelöst werden, indem man zuerst mit Vernachlässigung des zweiten Gliedes einen genäherten Wert von x findet und diesen dann zur Berechnung von x^2 verwendet. — (Im speziellen Fall der Monddistanzen siehe weiter unten und die betreffenden Erklärungen in den Jahrbüchern.)

---

[1]) Dieses Verfahren gilt nur so lange, als man annehmen kann, dafs die Ortsveränderung des Gestirnes der Zeit proportional vor sich geht. Das ist ganz streng genommen nie der Fall, aber abgesehen vom Mond kann man das immer annehmen, wenn nur $t_2 - t_1$ klein genug gewählt wird. — Vgl. Längenbestimmungen aus Mondbeobachtungen.

II. Instrumente, deren Gebrauch und Fehlerbestimmung.

§ 6. Uhren (Chronometer und Ankeruhren).

Um gröfsere Zeiträume in kleinere einzuteilen, bedient man sich entweder der Penduluhren oder der Federuhren. Bei jenen ist das treibende Element die Schwerkraft, die bei jeder einzelnen Schwingung des Pendels gleich wirkt, so dafs die Zeitdauer einer Schwingung im allgemeinen nur von der Länge des Pendels abhängig ist. Diese Länge verändert sich aber mit der Temperatur, und zwar so, dafs der tägliche Gang einer Uhr mit Sekundenpendel für einen Grad Celsius sich um nahe $0{,}4^s$ ändert, wenn die Pendelstange aus Eisen, und um $0{,}7^s$, wenn sie aus Messing ist. Zur Beseitigung dieses Einflusses dient die sogenannte Kompensation; dieselbe besteht in der Zusammensetzung des Pendels aus verschiedenen Metallen in der Weise, dafs die Ausdehnung des einen Teiles diejenige des andern Teiles aufhebt, damit der Abstand des Schwingungspunktes des Pendels von seinem Aufhängepunkte für alle Temperaturen derselbe bleibt. Solche Penduluhren erfordern aber eine feste Aufstellung, und sie sind deshalb auf Reisen nur dann zu gebrauchen, wenn monatelanger Aufenthalt an einem Orte in Frage kommt.

Für Reisezwecke sind nur Federuhren — Taschenuhren und Chronometer — zu verwenden, da hier das in Verbindung mit einer Feder als Regulator dienende kleine Rad — Unruhe, Balancier — bei jeder Lage der Uhr seine Schwingungen vollführen kann. Durch Reibung und Luftwiderstand geht bei jeder Schwingung Kraft verloren; diese mufs auf geeignete Weise wieder ersetzt werden. Bei den Penduluhren geschieht das meistens durch ein Gewicht, bei Taschenuhren und Chronometern aber durch eine Feder, welche durch das Aufziehen gespannt wird. Da diese Spannung unmittelbar nach dem Aufziehen stärker wirkt, als wenn die Uhr bald abgelaufen ist, so läfst man die Feder, obgleich von ihr nur die mittleren Windungen benutzt werden, nicht direkt auf die Räder wirken, sondern zunächst vermöge einer Kette auf die sogenannte Schnecke, welche dann erst die Bewegung der übrigen Teile hervorzubringen strebt. Durch das Aufziehen windet sich die Kette spiralförmig um die sich verjüngende Schnecke, so dafs der Hebelarm, mittels dessen die Schnecke auf das Getriebe wirkt, anfangs nach dem Aufziehen bedeutend kleiner ist als längere Zeit nach demselben. Die Form der Schnecke mufs nun so sein, daſs dieser Hebelarm der Federspannung stets entspricht. Die Schnecke ist zuweilen auch wohl durch eine besondere Konstruktion der Triebfeder oder durch eine besondere Einrichtung der Hemmung (Echappement) ersetzt.

Die zunehmende Wärme wirkt auf eine Federuhr in doppelter Weise: erstens vergröſsert sich die Unruhe und es nimmt dadurch die zu einer vollen Bewegung erforderliche Zeit zu, und zweitens vermindert sie die Elastizität der Spiralfeder. Die Veränderungen in der Triebfeder kommen kaum in Betracht. Eine Temperaturänderung von 1^0 kann eine tägliche Gangänderung von über 10 Sekunden hervorbringen, davon entfallen etwa 1—2 Sekunden auf die Veränderung des Trägheitsmomentes der Unruhe und 9—10 Sekunden auf die Elastizitätsänderung der Spiralfeder. Eine Kompensation läſst sich daher nur für eine Temperaturdifferenz von etwa 30^0 erreichen, über diese Grenze hinaus nimmt der Einfluſs der Temperatur auf den Gang sehr rasch zu; es ist daher unerläſslich, die Temperatur der Uhr stets innerhalb enger Grenzen zu halten, die deshalb von vornherein, je nach der Bestimmung der Uhr, so eingerichtet werden müssen, daſs ein Überschreiten nicht notwendig wird. Um die Temperatur, in welcher sich die Uhren befinden, ermitteln zu können, bringe man in dem Kasten, der zur Aufbewahrung der Uhren dient, ein Thermometer an, dessen Angaben man täglich, besonders bei Temperaturwechsel, aufzeichnet. Vor raschem Temperaturwechsel suche man die Uhr möglichst zu schützen, indem man sie z. B. in kühlen Nächten mit schlechten Wärmeleitern, wie Kleidern usw., umhüllt.

Ferner hat man noch Sorge zu tragen, daſs die Uhr stets möglichst in derselben Lage bleibt, in der sie reguliert ist, weil für eine geänderte Lage ein veränderter Druck der Spirale auf den Zapfen und hierdurch ein veränderter Gang eintreten kann. So sind die gröſseren Chronometer (Box-Chronometer) nur für die horizontale Lage korrigiert; durch geeignete Aufhängung ist dafür zu sorgen, daſs sie stets in dieser Lage verharren. Bei der Regulierung von Taschenuhren und Taschenchronometern ist zwar in der Regel auf verschiedene Lagen Rücksicht genommen, will man aber einen gleichförmigen Gang erzielen, so ist es auch hier ratsam, sie stets in derselben Lage zu lassen, sie z. B. nicht horizontal hinzulegen, wenn sie beim Tragen vertikal in der Tasche hängen. Jede Erschütterung wirkt störend auf den Gang, ein rasches Drehen in der Ebene der schwingenden Unruhe kann sie selbst sofort zum Stehen bringen. Für langsamer schwingende Uhren

(Halbsekundenuhren) sind die Erschütterungen viel gefährlicher als für rasch schwingende; daher sind für den Transport auf Reisen gute Taschenuhren viel geeigneter als gröfsere Chronometer, während letztere wieder beim längeren Aufenthalt an einem Orte die geeignetsten Zeitmesser sind. Unter den Taschenuhren sind die sogenannten Ankeruhren die besten, da sie gegen Erschütterungen am wenigsten empfindlich sind. Gute Chronometer gehen täglich innerhalb einer halben Sekunde genau, wenn sie an ein und demselben Ort belassen werden, während die Schwankungen des Ganges selbst bei guten Taschenuhren täglich $1-3$ Sekunden und beim Transport noch mehr betragen können. Endlich ist noch darauf zu achten, dafs man keinen starken Magneten in unmittelbare Nähe der Uhr bringt, weil dadurch sofort ein höchst unregelmäfsiger Gang derselben eintritt. Dafs es ratsam ist, die Uhr stets zu derselben Zeit aufzuziehen, dürfte aus dem über die Schnecke Gesagten genugsam hervorgehen.

§ 7. Stand und Gang der Uhren.

Unter Stand einer Uhr (Uhrkorrektion $= \varDelta u$) versteht man die Anzahl Stunden, Minuten und Sekunden, um welche die Uhrzeit von der richtigen Zeit abweicht. Man nimmt den Stand positiv, wenn die Uhr gegen diese Zeit zurück, und negativ, wenn sie gegen dieselbe voraus ist. Mit täglichem Gang der Uhr (δu) bezeichnet man die Anzahl Sekunden, um welche die Uhrzeit in 24 Stunden gegen eine bestimmte Zeit (mittlere Zeit oder Sternzeit) zurückbleibt oder voreilt. Im ersteren Falle wird der tägliche Gang positiv, im letzteren negativ genommen.

Von einer guten Uhr mufs vor allem verlangt werden, dafs sie einen gleichförmigen Gang habe, auf die Gröfse desselben kommt es weniger an. Ist derselbe nicht gar zu grofs, so korrigiere man den Gang nicht, sondern ziehe ihn mit in Rechnung. Durch die Korrektion verändert sich in der Regel auch die Kompensation. Der Gang der Uhr mufs so oft als möglich ermittelt werden. Hält der Reisende sich längere Zeit an demselben Orte auf, so sind häufiger Zeitbestimmungen anzustellen, besonders zu Anfang und am Ende des Aufenthaltes, aufserdem aber natürlich auch zur Zeit der Ausführung anderer Beobachtungen. An einem Aufenthaltsorte, dessen Länge genau bekannt ist oder welche bestimmt werden soll, mufs vor allem auf gute Zeitbestimmung gesehen werden.

Beim Einkaufe¹) einer Uhr ist noch besonders darauf zu achten, daſs Minuten- und Sekundenzeiger mit der zugehörigen Teilung des Zifferblattes stimmen, daſs sie also nicht exzentrisch zu derselben angebracht sind. Bei kurzem Sekundenzeiger kann die exzentrische Stellung desselben äuſserst leicht zu Irrtümern in der Ablesung der Zeit Anlaſs geben.

Will man zwei Uhren miteinander vergleichen, die einen bedeutenden Gangunterschied haben, z. B. eine Uhr, die nach mittlerer Zeit geht, mit einer, die nach Sternzeit geht, so warte man den Moment ab, in welchem zwei Schläge genau miteinander koinzidieren. Da das Ohr für die Koinzidenz zweier Töne sehr empfindlich ist, erhält man so die Differenz beider Uhren für diesen Moment bis auf ein bis zwei hundertstel Sekunden genau. Die Vergleichung zweier Uhren mit nahe gleichem Gange führt man daher auch am sichersten durch Zwischenschaltung einer dritten von starkem Gangunterschied aus. Es ist sehr zu raten, sowohl für diesen Zweck als auch für die Beobachtung von Sternen mindestens eine Uhr mit deutlichem Schlage nach Sternzeit regulieren zu lassen.

Bei astronomischen Beobachtungen sehe man vor allem darauf, daſs die Uhr bequem plaziert ist, um sowohl ihre Schläge deutlich zu hören, als auch um die Zeit mit möglichst geringem Zeitverlust ablesen zu können. Auf Reisen, wo man in der Regel Uhren anwendet, die entweder zwei Schläge in einer oder fünf Schläge in zwei Sekunden machen, verfährt man am besten auf folgende Weise. Kurz vor Eintritt des zu beobachtenden Moments merkt man sich die Sekunde und zählt alle Schläge, bis der Eintritt erfolgt ist, sehe dann aber stets, bevor man aufhört zu zählen, wieder nach der Uhr, um sich zu vergewissern, daſs man sich nicht verzählt hat. Aus den bis zum Eintritt gezählten Schlägen wird man leicht die Zeit desselben ableiten. Häufig läſst sich die Zeit des Eintritts eines Moments (z. B. einer Sternbedeckung) im voraus nicht genau genug angeben, um kurz vorher mit dem Zählen beginnen zu können; in diesem Falle fange man erst mit dem Eintritt des Phänomens mit 0 an zu zählen und entnehme erst darauf die Zeit von der Uhr²). Sind mehrere Momente in so kurzer Zeit hintereinander zu beobachten, daſs man

---

¹) Der Einkauf geschieht am zweckmäſsigsten durch oder unter Vermittlung eines Chronometer-Prüfungsinstitutes, wie das in Hamburg bei der Seewarte bestehende.

²) Bei dieser Art des Zählens ist es aber sehr schwer, nach Zehnteln der Sekunde zu schätzen.

zwischen denselben nicht Zeit genug hat, um nach der Uhr zu sehen, so zähle man alle Schläge von Anfang bis Ende, notiere aber diejenigen für jeden Eintritt, ohne nach dem Schreiben hinzusehen, wobei man das Auge unverwandt vor das Fernrohr hält und dabei weiter zählt. Eine kurze Übung wird hinreichen, dies fertig zu bringen. Unter allen Umständen ist es gut, mehrere Uhren zur Verfügung zu haben, von denen nur eine als Beobachtungsuhr benutzt wird und **vor und nach** jeder Beobachtung mit einer oder besser mit allen andern verglichen werden muſs. Sehr bequem, aber nicht immer ganz zuverlässig, sind auch die sogenannten „Stopuhren", deren Zeiger sich durch einen Druck in Bewegung setzen und sodann arretieren läſst. Nach einem dritten Druck springt der Zeiger auf $0^h\ 0^m\ 0^s$ zurück.

§ 8. Reflexionsinstrumente.

Die Reflexionsinstrumente (Spiegelsextant, Oktant, Prismen- oder Spiegelkreis) haben vor allen andern Instrumenten den Vorteil, daſs sie keiner festen Aufstellung bedürfen. Sie eignen sich daher ganz besonders zu astronomischen Messungen an Bord der Schiffe oder an Orten, wo aus andern Gründen sichere Aufstellung nicht gut möglich ist. Auf Landreisen werden sie in neuerer Zeit vielfach mit Vorteil durch die kleinen Reise-Universalinstrumente ersetzt; doch gibt es auch Messungsmethoden, bei denen die Reflexionsinstrumente nicht durch andere Instrumente ersetzt werden können (Monddistanzen). Es dürfte sich daher empfehlen, wenn der Reisende neben einem kleinen Universalinstrument auch einen Sextanten oder Prismenkreis bei sich führen würde.

Der Sextant oder Oktant (Fig. 1) besteht aus einem möglichst stark, aber dabei leicht gearbeiteten und an seiner Peripherie mit einer Gradteilung versehenen Kreissektor von etwa $1/6$ resp. $1/8$ des Kreisumfanges. Im Zentrum dieses Sektors befindet sich in Form eines konischen Zapfens die Drehachse für eine Alhidade, welche an dem über die Teilung hinweggehenden Ende mit einem Vernier oder Nonius versehen ist. Die Alhidade kann an dem Sektor festgeklemmt und dann noch durch ein sogenanntes Mikrometerwerk fein gegen die Teilung selbst bewegt werden, um eine schärfere Einstellung, als sie aus freier Hand möglich ist, bewirken zu können.

Nahe dem Drehpunkt der Alhidade steht fest mit ihr verbunden, senkrecht zur Fläche des Sextanten, ein Spiegel von

3—4 cm Höhe und 6—8 cm Breite. Seitwärts ist an dem Sektor ein Fernrohr angebracht, dessen Absehlinie parallel mit der Sextantenebene steht, und welches gegen einen kleineren Spiegel gerichtet ist, der an dem andern Endradius des Sektors ebenfalls senkrecht zu dessen Fläche angebracht ist. Dieser Spiegel (der kleine Spiegel) ist nur zur Hälfte mit Folie belegt, und das Fernrohr wird daher durch die unbelegte Hälfte hindurch direkt auf ein in seiner Gesichtslinie gelegenes Objekt gerichtet werden können, während die andre

Fig. 1.

Hälfte Lichtstrahlen empfängt, die von der belegten Hälfte des kleinen Spiegels reflektiert worden sind. — Stellt man die Alhidade so, dafs nach Reflexion an dem grofsen und dem kleinen Spiegel Strahlen von einem zweiten Objekt in das Fernrohr gelangen und sich dort zum Bild vereinigen, so werden die beiden Richtungslinien vom Beobachter nach beiden Objekten (dem direkt und dem nach Reflexion an beiden Spiegeln) sehr nahe am Auge des Beobachters einen Winkel miteinander einschliefsen, welcher nach den optischen Gesetzen doppelt so grofs ist als derjenige, welchen die beiden Spiegelflächen miteinander bilden. Ist die Teilung auf dem Sektor so aufgetragen, daſs man am Vernier $0^0\ 0'\ 0''$ abliest, wenn beide Spiegel einander parallel stehen, so wird man im eben geschilderten Falle dann am Vernier einen Winkel finden, der gleich dem gemessenen ist, denn die Bezifferung der Teilung ist schon so eingerichtet, daſs die an den Gradstellen stehenden Zahlen das Doppelte des Drehungswinkels der Alhidade oder des Neigungswinkels beider Spiegel gegeneinander angeben. Die Angabe des Verniers wird aber nur dann richtig sein, wenn derselbe auf Null zeigt für den Fall, daſs die beiden Spiegel parallel stehen, oder wenn man im Fernrohre die beiden Bilder eines sehr entfernten Objektes zur Deckung gebracht hat.

Soll ein Sextant richtige Messungen liefern, so müssen bestimmte Bedingungen erfüllt sein, die der Reisende immer wieder in geeigneten Zwischenzeiten kontrollieren soll, denn es wird sich kein Beobachter jemals auf die Zuverlässigkeit seines Instrumentes ohne vorhergegangene eigene Prüfung verlassen, mag es auch aus der Hand des zuverlässigsten Mechanikers gekommen sein. Einmal ist kein Instrument so stabil zu bauen, daſs es für alle Zeiten in gleichem Zustande verbliebe, und anderseits sind gerade auf Reisen die Instrumente häufig den verschiedensten und nicht immer abzuwendenden Unbilden ausgesetzt.

Die erwähnten Bedingungen und die Methoden zu ihrer Prüfung resp. zu entsprechenden Korrekturen sind in den folgenden Paragraphen näher behandelt.

§ 9. Fehlerbestimmung resp. Justierung der Reflexionsinstrumente.

1. **Beide Spiegel sollen senkrecht zur Ebene des Sextanten stehen.** Um zu untersuchen, ob der groſse Spiegel richtig steht, stelle man die Alhidade etwa auf die Mitte der Teilung und halte das Instrument so, daſs das Auge dicht am groſsen Spiegel sich befindet, dann wird man an diesem vorbei einen Teil des Kreisbogens direkt und in ihm reflektiert denselben Teil sich an den ersteren ansetzend sehen. Liegt das direkt gesehene Stück der Teilung mit seinem reflektierten Bilde in einer Ebene, d. h. bilden beide die direkte Fortsetzung voneinander in ungebrochener Linie, so steht der Spiegel senkrecht. Andernfalls muſs er mittels der Schräubchen, welche zu diesem Zweck an der Rückfläche seiner Fassung oder an dem Stück, mit welchem er auf der

Alhidade befestigt ist, angebracht sind, korrigiert werden. Ein Versuch lehrt sofort den richtigen Sinn dieser Korrektur[1]).

Um diese Stellung des kleinen Spiegels zu prüfen, stelle man die Alhidade nahe auf Null, d. h. die beiden Spiegel nahe parallel und bringe dann das durch das Fernrohr direkt gesehene Bild mit dem gleichzeitig im Gesichtsfelde erscheinenden reflektierten Bilde desselben entfernten Objektes, am besten eines Sternes, so nahe zur Deckung als möglich. Läfst sich diese Deckung durch Bewegen der Alhidade vollständig erreichen, so steht der kleine Spiegel auch senkrecht zur Ebene des Sextanten. Ist das aber nicht der Fall, so mufs der kleine Spiegel mit Hilfe der immer vorhandenen Korrektionsschrauben, die ihn um eine zur Sextantenebene parallele Achse zu kippen gestatten, so lange korrigiert werden, bis beim Bewegen der Alhidade die erwähnten beiden Bilder zur Deckung zu bringen sind. Sextanten, bei welchen diese Korrektur vorgenommen werden kann, ohne gleichzeitig den kleinen Spiegel auch in anderm Sinne (Indexfehler) zu drehen, sind solchen vorzuziehen, bei denen die Drehung um Achsen erfolgt, die schief zur Sextantenebene stehen.

2. **Die optische Achse des Fernrohres soll mit der Ebene des Instrumentes parallel, also in einer zu den Spiegelflächen senkrechten Ebene liegen.** Man wähle zwei um einen grofsen Winkel voneinander entfernte Gegenstände und bringe das Bild des einen mit dem direkt gesehenen andern zur Deckung an einem der beiden Parallelfäden, die man vorher parallel zur Sextantenebene gestellt hat. Bewegt man darauf den Sextanten, bis die Bilder auf den andern Parallelfaden fallen, und ist die Deckung dann noch vollständig, so ist die optische Achse, die mitten durch die Parallelfäden geht, richtig gestellt. Eine andre noch sicherer Prüfung kann dadurch vorgenommen werden, dafs man genau über die Ebene des Sextanten hinweg scharf nach einem sehr entfernten Objekte visiert; erscheint dieses dann auch in der Mitte des Gesichtsfeldes des Fernrohres, so ist die Absehenslinie desselben parallel zur Sextantenebene. Manchen Instrumenten sind zur Erleichterung der Visur über die Sextantenebene kleine, gleich hohe Dioptor beigegeben. Ist das Fernrohr mit keiner Korrektionsschraube

---

[1]) An den neueren Instrumenten sind meist keine Korrektionsschräubchen mehr vorhanden, da dieselben die Befestigung etwas unsicher machen, die Mechaniker stellen den Spiegel jetzt sehr sicher richtig und dann fest.

versehen, so ist die richtige Stellung desselben durch kleine Keile zu bewirken, die man zwischen Fernrohr und Hülse einzwängt.

3. Stellt man beide Spiegel zueinander parallel, indem man das direkt gesehene Bild eines sehr weit entfernten Gegenstandes mit dem reflektiert gesehenen desselben Gegenstandes zur Deckung bringt, so sollte man für diese Stellung am Limbus die Ablesung 0 machen, oder der Nullpunkt der Alhidade (des Nonius) sollte genau dem Nullpunkte des Limbus gegenüberstehen. Dies wird im allgemeinen nicht der Fall sein, sondern man wird eine Ablesung erhalten, welche dann denjenigen Punkt der Teilung angibt, von dem aus alle gemessenen Winkel zu zählen sind. Liegt dieser Punkt von der Null aus nach der Seite der bezifferten Teilung zu, so ist die an die Kreisablesungen anzubringende Korrektion (der Indexfehler J) **negativ**. Liegt der Punkt aufserhalb der Teilung, d. h. dahinwärts, wo $359°$ zu stehen kommen würde, so ist der Indexfehler mit **positiven** Vorzeichen an die Kreisablesungen anzubringen. Man tut daher gut, bei Bestimmung des Indexfehlers nicht negative Winkel, sondern $359°$ usw. abzulesen und aufzuschreiben; dann kann ein Fehler im Vorzeichen des Indexfehlers nicht leicht vorkommen. Wendet man Sonnenbeobachtungen zur Bestimmung des Indexfehlers an, so liest man zunächst den Winkel für die Stellung der Alhidade ab, bei welcher sich das reflektiert und das direkt gesehene Sonnenbild berühren, und darauf für diejenige Stellung, bei welcher die Berührung an der entgegengesetzten Seite der Sonnenränder stattfindet. Das Mittel aus beiden Ablesungen gibt den Nullpunkt und die Differenz derselben den doppelten Sonnendurchmesser. Dieser mufs mit demjenigen stimmen, welchen die Sonnenephemeride dafür angibt. Aus diesem Grunde sind Sonnenbeobachtungen zur Bestimmung des Indexfehlers sehr zu empfehlen. Bei irdischen Objekten mufs der Indexfehler soweit irgend möglich mit Hilfe derselben Objekte bestimmt werden, an denen die Messungen ausgeführt werden. Durch Drehung des kleinen Spiegels läfst sich der Indexfehler wohl genau auf Null bringen, doch empfiehlt es sich, ihn nur möglichst klein zu halten, und ihn dann stets mit in Rechnung zu ziehen. Bei jeder gröfseren Beobachtungsreihe ist eine Bestimmung notwendig, da sein Betrag leicht veränderlich ist.

4. **Die beiden Flächen des grofsen Spiegels sollen einander parallel sein.** Sind die beiden Flächen des grofsen Spiegels nicht einander parallel, so ist, wenn der Fehler grofs ist, das Instrument unbrauchbar, ist der Fehler

nur klein, so kann man ihn bei der Messung dadurch eliminieren, dafs man den grofsen Spiegel in seiner Fassung umdreht. Durch dieses Verfahren läfst sich auch die Gröfse des Fehlers finden. In den neuen Instrumenten wird meist ein merklicher Fehler nicht vorhanden sein. Die prismatische Gestalt des kleinen Spiegels ist ohne Einflufs, weil sie nur einen konstanten Fehler hervorbringt, der auch im Indexfehler enthalten ist. Um die prismatische Gestalt der farbigen Gläser unschädlich zu machen, wende man dieselbe auch, soweit möglich, bei der Bestimmung des Indexfehlers an. Bei Vollkreisen können dieselben auch meist in ihrer Fassung gedreht werden. Die Messungen sind dann in jeder Lage je zur Hälfte zu machen.

5. **Die Fehler, welche von der Exzentrizität** herrühren oder davon, dafs die Drehung der Alhidade nicht genau um den Mittelpunkt der Kreisteilung des Limbus erfolgt, sollten bei jedem Sextanten, ehe er in Gebrauch genommen wird, sorgfältig geprüft werden. Ist a die Ablesung für einen Winkel zwischen zwei Objekten, so erfordert diese Ablesung eine Korrektion von der Form:

$$E = \varepsilon \left[\sin (a - p) + \sin p \right]$$

wo ε und p zwei Konstanten sind, die man dadurch bestimmt, dafs mindestens zwei bekannte, um 70—80 Grad verschiedene Winkel mit dem Sextanten gemessen werden. Sobald man ε und p kennt, kann man für diese Korrektion eine Tafel berechnen.

6. Bei Winkelmessungen nicht weit entfernter Gegenstände kommt noch die **Parallaxe des Instrumentes** in Betracht. Der Scheitelpunkt des gemessenen Winkels liegt nämlich nicht im Drehpunkte der Alhidade, sondern er liegt im Durchschnittspunkte zweier Richtungen, von denen die eine durch die optische Achse nach dem direkt visierten Gegenstande, die andere nach dem andern Objekte nahe durch die Mitte des grofsen Spiegels geht. Ist daher l das Lot vom grofsen Spiegel auf die optische Achse, d die Entfernung des direkt gesehenen Gegenstandes, so ist der gemessene Winkel um die Korrektion w zu vergröfsern, die sich aus $\sin w = \dfrac{l}{d}$ ergibt.

Vor Beginn einer Reise sollte jeder seinen Sextanten stets in bezug auf die erwähnten Fehler selbst untersuchen resp. von **einem Kundigen** untersuchen lassen[1]). Dies schliefst aber

---

[1]) Beim Ankaufe eines Instrumentes dieser Art ist darauf zu achten, dafs dasselbe ein Prüfungs-Zertifikat eines Institutes, wie z. B.

nicht aus, dafs der Beobachter von Zeit zu Zeit sein Instrument auf die erwähnten Fehler zu prüfen habe. Höchst wünschenswert ist es aber, dafs das Instrument nach der Reise wieder genau untersucht wird.

Das, was über den Sextanten gesagt ist, gilt auch von den Reflexionskreisen, die sich nur dadurch von den Sextanten unterscheiden, dafs statt des als Limbus dienenden Kreissektors ein ganzer Vollkreis angewandt ist. Bei den Prismenkreisen ist noch der kleine Spiegel durch ein Prisma mit totaler Reflexion ersetzt, wodurch die Bilder an Helligkeit und Klarheit gewinnen. Die Vollkreise haben vor dem Sextanten aufser gröfserer Stabilität hauptsächlich den Vorteil, dafs der

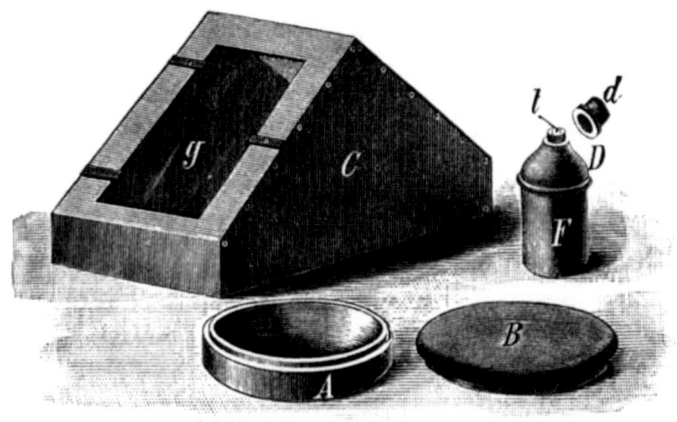

Fig. 2.

Exzentrizitätsfehler durch Ablesen zweier um 180° voneinander abstehender Nonien eliminiert, d. h. unschädlich gemacht wird.

7. Künstlicher Horizont. Um mit den Reflexionsinstrumenten die Höhe eines Gegenstandes über dem Horizonte zu messen, kann man auf See den wirklichen Horizont (die Kimm) benutzen; auf dem Lande dagegen bedarf es eines künstlichen Horizontes. Hierzu wendet man in der Regel eine mit Quecksilber gefüllte eiserne Schale (Fig. 2) an und beobachtet den Winkel zwischen dem Objekt und dessen von der horizontalen Oberfläche des Quecksilbers reflektiertem Bilde. Auf diese Weise erhält man die doppelte Höhe. Um die Oberfläche des Quecksilbers zu reinigen, wendet man

---

das der deutschen Seewarte in Hamburg, besitzt. Einem solchen Zertifikate sind, wenn nötig, auch Korrektionstabellen für Exzentrizität beigegeben, die auf vielfachen scharfen Messungen beruhen.

entweder eine Stahlplatte oder auch ein Papier an, mit welchem der Schmutz nach der Seite gestrichen wird. Das als Schale für das Quecksilber benutzte Gefäſs muſs möglichst flach sein, dann werden Erschütterungen und der Wind von geringerem Einfluſs auf die Ruhe der Oberfläche sein. Beim Füllen des Horizontes gieſst man das Quecksilber am besten durch eine Düte aus zusammengefaltetem Schreibpapier, die an der Spitze ein kleines Loch hat. Sollte das Quecksilber nicht mehr gut an den Rändern der eisernen Schale haften, so reibe man letztere mit etwas Salpetersäure aus. Bei der Aufstellung des Horizontes ist darauf zu achten, daſs er vor Erschütterungen möglichst bewahrt bleibt, weshalb man irgend einen Schutz an der Windseite aufzustellen hat. Als solchen wendet man auch häufig ein Glasdach an, welches aus zwei planparallelen Glas- oder besser Glimmerplatten besteht, die nahezu um einen rechten Winkel gegeneinander geneigt sind. Um den Fehler, der dadurch hervorgebracht wird, daſs die Glasplatten nicht planparallel, sondern prismatisch sind, zu eliminieren, muſs man einen Satz Beobachtungen bei einer Lage des Daches anstellen, darauf das Glasdach in die entgegengesetzte Lage bringen und einen zweiten Satz Beobachtungen machen. Das Mittel aus den Resultaten des ersten und zweiten Satzes ist dann frei von dem erwähnten Fehler. Statt des Quecksilbers kann man auch, wenn die Temperatur es erlaubt, als Notbehelf einen Horizont aus Syrup oder aus einem Gemisch von Öl und Ruſs anwenden.

Weniger empfindlich gegen Erschütterungen als die angeführten Horizonte ist ein **Glashorizont**. Dieser besteht aus einer vollkommen eben geschliffenen Glasplatte, welche häufig in ihrer ganzen Masse oder auf der unteren Fläche geschwärzt ist. Es ist vorzuziehen, sie auf der unteren Fläche matt zu schleifen, so daſs die Reflexion nur an der oberen Fläche stattfindet, denn alsdann ist nicht notwendig, daſs beide Flächen parallel sind. Von der vollständigen Ebenheit der oberen reflektierenden Fläche überzeugt man sich dadurch, daſs das mit einem nicht zu schwachen Fernrohre reflektiert gesehene Bild ebenso präzise begrenzt sein muſs, als das direkt gesehene. Um diese Glasplatte genau horizontal zu stellen, legt man sie am besten auf eine mit drei Fuſsschrauben versehene Metallplatte, auf welcher sie an drei Punkten aufliegt. Indem man eine Libelle auf die Glasplatte aufsetzt, kann man durch Drehung an den Fuſsschrauben die horizontale Lage herstellen. Die genaue Horizontalstellung wäre aber äuſserst zeitraubend und wenig von Dauer, man begnüge sich daher, dieselbe nur genähert zu erreichen und die übrigbleibende Neigung unmittelbar vor und nach der Beobachtung mit dem Niveau scharf zu messen und in Rechnung zu ziehen. Sei H die gemessene Höhe, I die Neigung der Glasplatte in der Richtung nach dem beobachteten Gestirn hin und positiv genommen, wenn die dem Gestirn zugekehrte Seite die höhere ist, so ist die korrigierte wirkliche Höhe $= H + I$.

§ 10. **Universalinstrument.** (**Altazimut oder Höhen- und Azimutinstrument.**) (Fig. 3a, 3b und 3c.)

Diese Instrumente sind so eingerichtet, dafs sich das Fernrohr sowohl durch Drehung um eine Vertikal- als auch

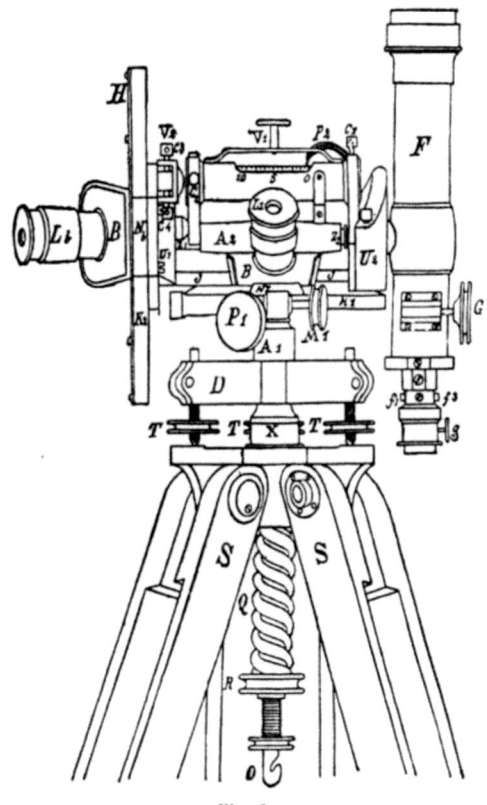

Fig. 3a.

um eine Horizontalachse bewegen läfst. Diese Drehungen können dann an je einem senkrecht zu diesen Achsen stehenden Kreise abgelesen werden. Die Ablesungen an dem Vertikalkreise liefern dann die Höhe resp. Zenitdistanz des Objektes und diejenigen am Horizontalkreise die Azimutdifferenzen. — Die Messungen solcher Winkel erfordern unter allen Umständen zwei oder mehrere Einstellungen des Fernrohres, während deren die Aufstellung des Instrumentes ungeändert bleiben mufs.

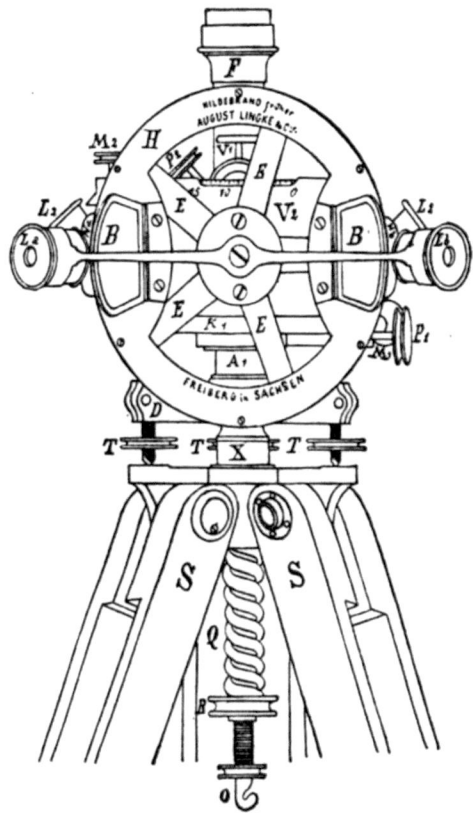

Fig. 3a.

Es ist also nötig, dasselbe auf einem festen Pfeiler oder guten Stativ aufzustellen.

Die Ablesungen an den Kreisen erfolgen entweder auch durch Nonien oder an gröfseren Instrumenten mittels sogenannter Ablesemikroskope. Diese gleichen in ihren optischen Teilen ganz den gewöhnlichen Mikroskopen, nur ist da, wo das Objektiv das Bild der Teilung erzeugt, ein Kasten in das Rohr eingeschaltet, in welchem sich der Mefsapparat befindet. Derselbe besteht aus zwei so eng beieinander stehenden parallelen Fäden, dafs zwischen ihnen eben noch von zwei schmalen Lichtlinien begrenzt ein Strich der Teilung erscheinen kann. Dieses Fädenpaar kann durch eine Schraube, welche aufserhalb des Kastens eine geteilte Trommel trägt, tangential zur Teilung fortbewegt werden. An dieser Trommel, welcher ein Index gegenübersteht, kann der Drehungswinkel abgelesen und damit die Fortbewegung der Fäden bestimmt werden.

Fig. 3 b.

Um die ganzen Umdrehungen der Schraube zu zählen, erblickt man, wenn man durch das Okular des Mikroskops sieht, am Rande des Gesichtsfeldes Auszahnungen oder Löcher, deren Abstand einer oder zwei ganzen Umdrehungen der Schraube entspricht. Nahe der Mitte des Gesichtsfeldes ist eine gröfsere Auszahnung oder ein anderes Merkmal, das dazu dient, den

Nullpunkt anzugeben, auf welchen man die Ablesungen der Schraube bezieht. Die Trommel ist nun so auf der Schraube zu befestigen, daſs ihre Ablesung Null gibt, wenn die beweglichen Fäden auf das als Nullpunkt dienende Merkmal gestellt werden. Bewegt man von dieser Stellung aus die Fäden auf den niedriger bezifferten Teilstrich des unter dem Mikroskop befindlichen Kreises, so erhält man durch Ablesung an der Trommel den Abstand dieses Teilstriches vom Nullpunkte des Mikroskopes in Teilen der Schraube. Um die Ablesung des Kreises in bezug auf den Nullpunkt zu erhalten, hat man den gemessenen Abstand in Bogen zu verwandeln oder ihn mit dem Wert eines Trommelteiles zu multiplizieren und das Produkt zur Angabe des nächst niedriger bezifferten Teilstriches zu addieren. Der Wert eines Trommelteiles wird dadurch erhalten, daſs man den Abstand zweier Teilstriche des Kreises mit dem Mikroskope miſst und diesen Abstand durch die abgelesenen Trommelteile dividiert. Um unabhängig von einer Veränderung oder einer fehlerhaften Bestimmung dieses Wertes zu werden, ist es dringend zu empfehlen, bei jeder Messung stets die beiden dem Nullpunkte benachbarten Teilstriche einzustellen und beide Ablesungen zu notieren. Die Einteilung der Trommel ist fast stets so eingerichtet, daſs sie direkt nahe Minuten und Sekunden angibt. Kleine Abweichungen von den auf der Trommel bezeichneten Werten lassen sich wohl durch geeignete Verstellung der Mikroskope korrigieren, doch ist es nicht ratsam, diese etwas mühsamen Korrektionen für kleine Abweichungen vorzunehmen. Sei z. B. der Kreis von 5 zu 5 Minuten, die Schraubentrommel in 60 Teile geteilt, und es seien zwischen zwei aufeinanderfolgenden Teilstrichen des Kreises nahe zwei ganze Trommelumdrehungen gemessen. Der dem Nullpunkte des Mikroskopes zunächst gelegene kleinere Teilstrich sei $60°\,40'$ und die Ablesung für diesen Teilstrich an der Schraubentrommel, vom Nullpunkte aus gezählt, sei 1 Umdrehung 12 Teile = 72 Teile, für den Teilstrich $60°\,45'$ sei diese Ablesung 16 Teile. Man hat daher $72 + 60 - 16 = 116$ Teile der Schraubentrommel $= 5$ Minuten $= 300''$, oder auch 2 Umdrehungen plus Ablesung für den nächsten niedriger bezifferten Teilstrich minus Ablesung für den nächsten höher bezifferten Teilstrich, also $2 \times 60 + 12 - 16$ Trommelteile $= 300''$. Der Wert eines Trommelteiles ergibt sich hieraus $= \dfrac{300''}{116}$, folglich 72 Trommelteile $= \dfrac{300''}{116} \cdot 72 = 186'' = 3'\,6''$ und für die

Ablesung des Kreises hätte man also $60^0\ 40' + 3'\ 6'' = 60^0\ 43'\ 6''$[1]).

Es ist genau darauf zu achten, dafs stets der Teilstrich des Kreises und die Fäden des Mikroskops zu gleicher Zeit deutlich erscheinen. Ist dies nicht der Fall, so verschiebe man zuerst das Okular, bis die Fäden deutlich werden und bewege dann das ganze Mikroskop parallel seiner Achse, bis auch die Teilstriche möglichst deutlich erscheinen. Dies beurteilt man am besten dadurch, dafs sich das Bild eines Teilstriches durch seitliche Bewegung des Auges nicht verschieben, d. h. keine Parallaxe zeigen darf. Bei der Verschiebung des Mikroskops ändert sich die Gröfse des Bildes des Teilungsintervalles und damit der Wert eines Teiles der Schraubentrommel. Es erfordert ziemliche Mühe, Schraubenwert und Teilungsintervall in Einklang zu bringen.

Vor der Messung ist das Instrument mit Hilfe der Libelle horizontal zu stellen. Für den Gebrauch der Libelle ist erforderlich, dafs deren Füfse nahe gleich lang sind. Dies prüft man dadurch, dafs man die Libelle auf die horizontale Achse aufsetzt, nach dem diese nach einer der drei Fufsschrauben zu gerichtet worden ist, und sodann an der Fufsschraube des Instrumentes dreht, bis die Blase in der Mitte der Libellenröhre zur Ruhe kommt. Hierauf setze man die Libelle auf der Achse um bei unveränderter Stellung des Instrumentes, und wenn die Blase jetzt nicht in der Mitte der Röhre steht, so ist die Länge des einen Niveaufufses mit Hilfe einer für diesen Zweck angebrachten Schraube zu korrigieren, bis die Blase sich um die Hälfte der Abweichung von dem früheren Stande nach diesem hin bewegt hat, die andre Hälfte korrigiert man an der Fufsschraube des Instrumentes. Zeigt sich durch Umsetzen des Niveaus noch eine ungleiche Länge seiner Füfse, so wiederhole man die Korrektion. Ferner mufs die Röhre der Libelle der horizontalen Achse des Instrumentes, auf welcher sie steht, parallel sein. Dies ist der Fall, wenn die Blase des aufgesetzten Niveaus bei einer seitlichen Neigung desselben sich nicht bewegt. Durch Schrauben an der Libellenröhre kann ein etwaiger Fehler korrigiert werden.

Nachdem die Libelle, wenn erforderlich, auf diese Weise korrigiert ist, wird das Instrument mit aufgesetzter Libelle so gedreht, dafs die Libellenachse der Verbindungslinie der beiden andern Fufsschrauben nahe parallel ist, und diese beiden Schrauben werden in entgegengesetzter Richtung um gleiche

---

[1]) Hat man viele Messungen gemacht, so legt man sich am besten für die Korrektion der Trommelablesungen (Run) eine Tafel an.

Beträge so lange gedreht, bis die Blase der Libelle in der Mitte zum Stehen kommt. Jetzt drehe man das Instrument mit der aufgesetzten Libelle um nahe 90°, so dafs die Richtung der Libellenachse sich wieder nahe senkrecht über der dritten Fufsschraube des Instrumentes befindet, zeigt sich hier wieder eine Abweichung, so mufs die Blase durch Drehen dieser Fufsschraube wieder zum Einspielen gebracht werden. Hierauf gehe man wieder auf den vorigen Stand des Instrumentes zurück und wiederhole die beschriebene Korrektion, bis die Blase bei Drehung des Instrumentes um die Vertikalachse ihren Stand nicht mehr ändert. Um für eine gewisse Stellung des Instrumentes die etwa noch übrig gebliebene Neigung der Horizontalachse zu finden, werden beide Blasenenden des aufgesetzten Niveaus abgelesen und aus beiden Ablesungen das arithmetische Mittel genommen, wodurch die Ablesung für die Mitte der Blase erhalten wird. Um etwa noch vorhandene Ungleichheiten in den Längen der Niveaufüfse zu eliminieren, setze man das Niveau um und nehme wieder das Mittel aus den Ablesungen für beide Blasenenden. Ist das Niveau von der Mitte aus geteilt, so bestimme man das Zeichen so, dafs man die Ablesung nach dem Höhenkreise hin positiv nimmt; ist aber die Libelle ganz durchgeteilt, so nehme man die Ablesungen für diejenige Stellung des Niveaus als positiv an,

Fig. 3 c.

bei welcher sich die gröfsere Zahl am Kreisende befindet.

Nimmt man mit Rücksicht auf diese Zeichen das arithmetische Mittel aus den Mitteln beider Ablesungen, so erhält man die Neigung der Achse in Niveauteilen ausgedrückt, und zwar liegt das Kreisende höher, wenn das Mittel positiv ist.

Aufser dem Aufsatzniveau befindet sich am Höhenkreise fest mit den Nonienarmen oder den Mikroskopträgern verbunden ein zweites Niveau, das entweder gegen den Höhenkreis verstellbar oder auch fest mit den Mikroskopen und dem Unterbau verbunden ist. Bei Höhenmessungen ist die Blase desselben vor der Kreisablesung stets in die Mitte oder auf gleiche Teilstriche zu bringen, oder, was vorzuziehen, stets mit abzulesen und die Stellung derselben bei der Reduktion mit zu berücksichtigen, so dafs die Kreisablesungen stets auf dieselbe Stellung der Blase des Höhenniveaus bezogen werden.

Ist der Wert eines Niveauteiles nicht bekannt, so kann man ihn am Höhenkreise selbst bestimmen. Sehr gute Werte für den Parswert der Libellen bekommt man, wenn man dieselben mit dem Fernrohr in feste Verbindung bringt und mit diesem dann an einem entfernt aufgestellten Maſsstabe die Unterschiede abliest, welche bestimmten, in Niveauteilen ausgedrückten Neigungsdifferenzen entsprechen. Es ist dann, wenn f die Entfernung des Maſsstabes, d die Differenz der abgelesenen Teilstriche und n die der beiden Stellungen der Blasenmitte sind, der Teilwert $p'' = \dfrac{d}{f} \cdot \dfrac{1}{n} \cdot 206\ 265''$; z. B. hat man für $d = 10$ cm, $f = 200$ m, $n = 10$: den Wert von $p = 10.3''$. Wünschenswert ist es, daſs diese Bestimmung für verschiedene Strecken der Libelle gemacht wird, um zu sehen, ob die Krümmung der letzteren allenthalben gleich ist. Sobald die Messungen mit einem Universalinstrument auf Genauigkeit Anspruch machen sollen, ist eine sorgfältige Anwendung der Libelle erforderlich. Auf Reisen hat man daher auf eine gute Erhaltung derselben besonders zu achten und sich mit Reservelibellen zu versehen. Gegen strahlende Wärme, besonders aber gegen direkte Sonnenstrahlen sind die Libellen sowohl als auch das ganze Instrument sorgfältig zu schützen. (Wenn möglich, sind Libellen mit Kammern versehen zu wählen, da diese in zu groſser Hitze nicht so leicht springen können.)

An Stelle des Fernrohres wird in neuerer Zeit bei bestimmten Aufnahmen auch wohl eine photographische Kamera mit der Horizontalachse verbunden. Die Beobachtungen geschehen dann in der Weise, daſs diejenige Gegend des Himmels oder der Landschaft, welche den zu beobachtenden Punkt umgibt, auf der empfindlichen Platte aufgenommen wird. Die Auswertung der Resultate wird dann durch Ausmessen der Bilder auf der Platte nach deren Hervorrufung vorgenommen. Dabei muſs aber immer Bezug auf die Kreisstellung genommen werden und dieses kann nur durch Beziehungen zur Mitte oder zu einem anderweit festgestellten Punkte der Platte geschehen. (Darüber siehe weiter unten.)

§ 11. Art der Beobachtung mit einem Universalinstrument.

Sollen mit dem Universalinstrument Vertikalwinkel, also Höhen resp. Zenitdistanzen gemessen werden, so ist es von besonderer Bedeutung, diejenige Kreisablesung kennen zu lernen, welche man machen würde für den Fall, daſs die Absehlinie des Fernrohres genau nach dem Zenit gerichtet sein würde, d. h. den Zenitpunkt des Kreises. Um diesen kennen zu lernen, stelle man erst das ganze Instrument horizontal und bringe die Blase der Höhenlibelle nahe in die Mitte. Hierauf richte man das Fernrohr auf einen weit entfernten Gegenstand, lese den Höhenkreis und die Höhenlibelle ab und reduziere erstere Ablesung auf die Mitte der Libelle. Diese reduzierte Ablesung sei A_1. Dreht man jetzt das ganze Instrument genau um 180^0, so ist das Fernrohr offenbar auf einen Punkt gerichtet, der mit dem beobachteten Gegenstande gleiche Höhe oder gleichen Zenitabstand hat. Bewegt man daher das Fernrohr durch das Zenit hindurch wieder auf den Gegenstand zurück, so muſs dessen Absehlinie nunmehr die doppelte Zenitdistanz durchlaufen. Ist die reduzierte Ablesung für diese Lage A_2, so erhält man die Zenitdistanz Z des anvisierten Punktes und den Zenitpunkt N aus

$$Z = \tfrac{1}{2}(A_2 - A_1) \text{ oder } \tfrac{1}{2}(A_2 + 360^0 - A_1)$$
$$N = \tfrac{1}{2}(A_1 + A_2).$$

Um hierauf die Zenitdistanz z, eines anderen Gegenstandes, der die Ablesung a ergibt, zu erhalten, hätte man nur zu bilden

$$z = \pm (a - N).$$

Doch wird man nur selten dieses Verfahren anwenden, sondern stets das beobachtete Objekt in beiden Lagen des Instrumentes anvisieren, und so dessen Zenitdistanz unabhängig von dem Werte N erhalten. Die Bestimmung von N ist aber wegen der Kontrolle des Instrumentes häufig an einem terrestrischen Objekt zu wiederholen. Ist das beobachtete Objekt ein Gestirn, d. h. hat es eine Bewegung, so wird man auch durch geeignete Anordnung der Messungen, d. h. durch symmetrische Verteilung derselben auf beide Lagen des Instrumentes die erhaltenen Zenitdistanzen unabhängig vom Zenitpunkte machen. Eine Kenntnis desselben ist dann nur genähert erforderlich zur Berechnung der Refraktion und zur Auswertung jeder einzelnen Beobachtung für sich, welches Verfahren allen Mittelbildungen vor der Berechnung der Einzelresultate unbedingt vorzuziehen ist. Nur dadurch lassen sich Ablesefehler u. dergl. auffinden.

Die Messung von Horizontalwinkeln erfolgt dadurch, daſs man das Fernrohr zunächst auf das eine Objekt einstellt, z. B. bei Vertikalkreis rechts, sodann auf das zweite Objekt und in beiden Stellungen den Horizontalkreis abliest. Sodann macht man in umgekehrter Reihenfolge wieder die beiden Visuren bei Kreis links. Das Mittel aus beiden Kreislagen wird dann die Kreisablesung für die Richtung „Beobachtungspunkt—Objekt" geben, selbst wenn das Fernrohr exzentrisch an der Achse befestigt ist, oder wenn ein erheblicher Kollimationsfehler vorhanden sein sollte[1]). In gleicher Weise können die Horizontalwinkel oder Azimutunterschiede zwischen mehreren terrestrischen Objekten oder auch zwischen solchen und Gestirnen gemessen werden. Soll das Universalinstrument die Winkel fehlerfrei liefern, so müssen verschiedene Bedingungen erfüllt sein, nämlich:

1. Es muſs die vertikale Achse auf der horizontalen senkrecht stehen.
2. Die Kreise müssen auf ihren Achsen senkrecht stehen.
3. Die Absehlinie des Fernrohres muſs mit der Horizontalachse einen rechten Winkel einschlieſsen.
4. Nonien und Ablesemikroskope müssen richtig justiert sein, und die Neigung ihrer Nullpunkte gegen den Horizont muſs stets dieselbe bleiben oder eventuelle Abweichungen müssen sich scharf ermitteln resp. durch das Beobachtungsverfahren eliminieren lassen.
5. Die Teilungen müssen richtig sein oder bei sehr genauen Messungen müssen die Teilungsfehler bekannt sein.

Eine zweckmäſsige Korrektur von 1—4 läſst sich nur unter der Anleitung eines erfahrenen Beobachters erlernen.

Das Universal ist dasjenige Instrument, welches der allgemeinsten Verwendung fähig ist, zu manchen Zwecken hat man aber auch Instrumente, welche nur für Beobachtungen in gewissen Azimuten, speziell für den Meridian oder den I. Vertikal bestimmt sind, sodaſs man an den in ihrem Fernrohr ausgespannten Fäden die Durchgänge der Gestirne durch diese Ebene beobachten kann; das sind die sogenannten Durchgangsinstrumente (Fig. 4). Bei ihrem Bau wird vor allem darauf geachtet, daſs sie sehr stabil aufgestellt werden können, und daſs die Umdrehungsachse des Fernrohres (Horizontalachse) sehr gut gelagert ist, ihre Zapfen einander genau gleich sind und ihre Neigung gegen den Horizont mittels besonders empfindlicher Libellen genau bestimmt werden kann. Mit solchen Instrumenten lassen sich Zeitbestimmungen, Längenbestimmungen aus Mondkulminationen und Breitenbestimmungen mittels Beobachtungen im I. Vertikal besonders sicher anstellen. Man

---

[1]) Kollimationsfehler nennt man die Abweichung, welche besteht zwischen einem rechten Winkel und demjenigen Winkel, den die Absehlinie des Fernrohres mit der Horizontalachse einschlieſst. Die Elimination des Kollimationsfehlers ist nur dann vorhanden, wenn die Zenitdistanz der anvisierten Objekte sehr nahe dieselbe ist.

baut solche Instrumente jetzt so einfach und leicht transportabel, dafs auch Reisende sich ihrer eventuell bedienen können. Die Kreise dienen an diesen Instrumenten nur zur **Auffindung der Gestirne**.

Eine andere spezielle Art von Instrumenten sind nur für Höhenbeobachtungen eingerichtet, und zwar so, dafs man nicht absolute Höhen der Gestirne, sondern nur die Momente, zu

Fig. 4.

welchen gewisse Gestirne die gleiche Höhe erreichen oder die Höhendifferenzen zwischen einzelnen nacheinander anvisierten Gestirnen damit beobachten will. Zu diesem Zwecke sind am Fernrohre, welches sich sowohl um eine vertikale als horizontale Achse drehen läfst, eine (oder zwei) sehr empfindliche Libellen so angebracht, dafs sie sich in sehr feste aber sonst beliebige Verbindung mit dem Fernrohre bringen lassen. Auf diese Weise ist es möglich, der Absehlinie des Fernrohres in verschiedenen Azimuten genau die gleiche Neigung gegen den Horizont zu geben (oder eventuell kleine Abweichungen davon mittels der Libelle ermitteln und in Rechnung bringen zu können). Dadurch lassen sich die Momente der Durchgänge gewisser Sterne durch denselben Almukantar genau beobachten; woraus mit Vorteil Zeit und Breite gefunden werden können, oder auch bei Beobachtungen des Mondes und diesem nahestehender Sterne recht zuverlässige Längenbestimmungen gemacht werden können (Methode der relativen Mondhöhen). Ist das Fernrohr noch mit einem Mikrometer versehen, durch welches ein Faden um scharf meſsbare Beträge im Gesichtsfeld im Sinne der Höhe fortbewegt werden kann, so kann mit einem solchen Instrument die Differenz der Zenitdistanzen zweier südlich und nördlich des Zenites in nahe gleicher Höhe kulminierender Gestirne beobachtet werden (Horrebow-Talkott-Methode). Diese Beobachtungen liefern unabhängig von jeder Kreisablesung und fast unabhängig von Uhrangaben eine äuſserst scharfe Breitenbestimmung. Die letzteren Instrumente nennt man Zenitteleskope, da man meist in nicht zu groſsen Zenitdistanzen mit ihnen zu beobachten pflegt, um auch Anomalien der Refraktion unschädlich zu machen. Ihre Anwendung erfordert aber erhebliche Übung, so daſs an dieser Stelle nicht weiter auf ihren Gebrauch eingegangen werden kann.

Mit dem Universalinstrument erhält man unmittelbar den auf den Horizont reduzierten Winkel, nicht so mit dem Sextanten. Hat man mit diesem einen schiefen Winkel A zwischen zwei Objekten gemessen, deren Zenitdistanzen resp. z_1 und z_2 sind, so erhält man den auf den Horizont reduzierten Winkel A_0 nach der Formel

$$\cos A_0 = \frac{\cos A - \cos z_1 \cos z_2}{\sin z_1 \sin z_2}$$

oder nach

$$\sin^2 \tfrac{1}{2} A_0 = \frac{\sin \tfrac{1}{2}[A - (z_1 + z_2)] \sin \tfrac{1}{2}[A - (z_1 - z_2)]}{\sin z_1 \sin z_2}$$

§ 12. Etwas über das Aufschreiben der Beobachtungen.

Es ist für die übersichtliche Erhaltung und namentlich für die spätere Berechnung astronomischer Beobachtungen durchaus nötig, daſs dieselben zweckmäſsig aufgeschrieben werden. Häufig ist es bequem, solche Beobachtungen auf einzelne schematisch eingeteilte Blätter zu schreiben, für die Erhaltung der Beobachtungen und für die spätere Rechnung ist das aber sehr unvorteilhaft und daher soweit möglich zu vermeiden. Am besten wählt der Reisende vorgedruckte Bücher, welche für alle Daten zweckmäfsige Vordrucke enthalten, wie sie z. B. vom Geodätischen Institut in Potsdam oder vom Kolonialamt schon seit vielen Jahren den Beobachtern mitgegeben werden, und deren Einrichtung sich sehr gut bewährt hat[1]). Unbedingt nötig ist die Angabe des Datums einer jeden Beobachtung, fehlt diese, so ist die Beobachtung meist wertlos. Das Datum soll sicher als **astronomisches** oder **bürgerliches** gekennzeichnet sein, **sehr zu wünschen ist die Angabe des Wochentages**. Im Osten Asiens zieht sich bekanntlich als mehrfach geschweifte Linie die Datumgrenze von Nord nach Süd, wird diese Linie von Ost nach West überschritten, so ist ein Tag zu überschlagen, in umgekehrter Richtung ein Tag doppelt zu zählen.

Die Zeitangaben sind so zu notieren, wie sie die benutzte Uhr angibt, sind Uhrschläge gezählt, so ist deren Anzahl hinter die Sekunden zu schreiben, aber nicht gleich abzuziehen, da sonst leicht Zähl- und Rechenfehler vorkommen können, die sich später nicht mehr auffinden lassen. Es ist genau zu bemerken, welche Uhr (Mittl. Zt. oder St. Zt.) benutzt wurde, und wie das Verhältnis der Schläge zur Sekunde ist.

Das beobachtete Objekt ist sicher und unzweideutig zu bezeichnen. Ist der Beobachter über den eingestellten Stern nicht ganz klar, so ist eine kleine Skizze der Umgebung des Sternes beizufügen, am besten nach der Vertikalen orientiert. Schwächere Sterne sind zu vermeiden. Es ist besser eine sichere als mehrere zweifelhafte Beobachtungen zu machen. — Werden Sonne oder Mond beobachtet, so ist der anvisierte Rand mit Sicherheit zu bezeichnen event. anzugeben, ob vor dem Okular ein Prisma benutzt ist oder nicht.

Bei der Aufzeichnung der Kreisablesungen sind die zunächst geschätzten Grade und Minuten für sich aufzuschreiben und die Angaben der beiden Nonien oder Mikroskope daneben jede für sich anzugeben, es dürfen nicht etwa gleich Mittel und dergleichen aufgeschrieben werden, weil dadurch alle Kontrolle verloren geht. Die Ablesungen der Libellen, namentlich des Höhenniveaus, sind sorgfältig und mindestens bei jeder Kreisablesung einmal aufzuschreiben.

Die Angaben der Lufttemperatur und des Barometerstandes dürfen bei genaueren Beobachtungen nicht fehlen, da sonst die Refraktion nicht mit genügender Schärfe berechnet werden kann.

---

[1]) Solche Bücher können eventuell durch Vermittlung einer dieser Behörden beschafft werden.

Wie oben Seite 27 bemerkt, sollen die Beobachtungen mit Universalinstrumenten immer in symmetrischer Weise, d. h. zum Teil bei „Kreis rechts", zum Teil bei „Kreis links" ausgeführt werden; deshalb ist es von grofser Wichtigkeit, dafs der Beobachter auch immer genau notiert, in welcher Kreislage die Beobachtung gemacht wurde. In jedem Buch oder bei jedem Wechsel des Instrumentes sind die Angaben über die Konstanten des letzteren zu notieren; so namentlich Pafswert der Libellen, Angabe der Nonien oder Mikroskope, eine sichere Angabe darüber, in welchem Sinne die Korrektion der Kreisablesung wegen Libellenablesung anzubringen ist. Weiterhin sind immer Angaben über äufsere Umstände während der Beobachtung erwünscht, so über Güte und Ruhe der Bilder im Fernrohr, Wind und Wetter, Störungen durch die Umgebung usw. Mit Hilfe solcher Angaben läfst sich häufig erst die Zuverlässigkeit einzelner Beobachtungsresultate richtig beurteilen.

§ 13. Instandhaltung und Verpackung der Instrumente.

Die Vorsichtsmafsregeln, die bei der Behandlung der Uhren und der andern astronomischen Instrumente angewendet werden müssen, sind gröfstenteils schon früher (§ 4 u. f.) erwähnt, so dafs hier nur noch folgendes anzuführen bleibt. — Die Uhren und Chronometer führe man auf Reisen so weit möglich stets bei sich und überlasse sie nicht fremden, ungeschickten Händen. Boxchronometer verpacke man in einem gut gepolsterten Kasten ohne kardanische Aufhängung, die nur auf See zu empfehlen ist, und achte darauf, dafs das Zifferblatt nach oben gerichtet und stets nahe horizontal ist. Beim Transport stelle man die Unruhe mittels zweier unter dieselbe geschobenen Korkstückchen fest (man schiebt dieselben am besten unter die schweren Gewichte, aber nur mit leichtem Druck), und handelt es sich um weiteren Transport, so ist es gut, das Chronometer erst nahezu ganz ablaufen zu lassen, damit auf den Rädern und besonders auf dem Steigrad wohl noch ein gewisser, aber nur geringer Druck steht, der eben das Schlottern verhindert. Zweckmäfsig schlingt man auch noch einen dünnen Faden um eine Säule im Werk und zieht diesen durch das Sekundenrad, ohne irgend fest anzuziehen.

Taschenuhren führt man im Gange befindlich mit sich. Man kann, falls es mehrere sind, die man nicht alle bei sich tragen kann oder will, dieselben gemeinschaftlich in ein Gehäuse verpacken, welches eventuell seinerseits in kardanischer Aufhängung in einem sicheren Kasten ruht. Dadurch bewirkt man, dafs die Uhren auch während des Transportes stets die gleiche Lage beibehalten.

Chronometer verwende man nur dann zur Zeitübertragung, wenn der Transport ohne Stöfse und Erschütterungen ausgeführt werden kann. Darauf zu achten, dafs kein Staub und keine Feuchtigkeit hineindringen kann, ist selbstverständlich.

Die übrigen astronomischen Instrumente werden zunächst in Kästen so verpackt, dafs alle Teile vollständig fest liegen, wobei jedoch für keinen Teil irgendwelche Zwängung oder Spannung entstehen darf. Die ganze Verpackung mufs möglichst einfach und in kurzer Zeit auszuführen sein. Gröfsere Kasten sind mit Handhaben zu versehen, um sie auf kurze Strecken möglichst bequem zu transportieren. Bei längerem Transport ist dieser erste Kasten in eine zweite gröfsere Kiste einzuschliefsen, und zwar so, dafs an den Seiten ein Zwischenraum bleibt, der mit einem elastischen Polster aus Heu, Stroh oder Holzwolle oder dergl. ausgefüllt wird. Findet ein längerer Transport zur See statt, wo die feuchte, salzige Luft die Oxydation der Metallteile sehr begünstigt, so ist es empfehlenswert, die zweite Kiste innen mit Zinkblech zu belegen und dieses luftdicht zu verlöten. Alle Metallteile, mit Ausnahme der Achsen und Schrauben, sollen lackiert sein; die nicht lackierten Teile sind während des Transportes und überhaupt während der Zeit, in der das Instrument nicht benutzt wird, mit einer Schicht von Öl oder Fett, am besten mit Rindertalg oder mit Vaseline zu bedecken, um den Luftzutritt abzuhalten. Selbst wenn ein Instrument fortwährend benutzt wird, sind diese Teile dennoch von Zeit zu Zeit einzuschmieren und darauf mit einem reinen Lappen wieder zu reinigen, es bleibt eine hinreichend dicke Fettschicht zurück, um die Oxydation zu verhindern.

III. Die Bestimmung der Zeit und der geographischen Breite.

§ 14. Beziehungen zwischen den geographischen Koordinaten eines Punktes auf der Erde und den Positionen der Gestirne. Das Polardreieck.

Durch die tägliche Bewegung der Erde um ihre Achse werden die Gestirne, welche über dem Horizont eines Ortes erscheinen, nach und nach ihre Höhe über demselben und ihr Azimut ändern, und diese Änderungen werden in direkter Weise mit der Zeit resp. mit dem Stundenwinkel des betreffenden

Gestirnes in Zusammenhang gebracht nach den Regeln der sphärischen Astronomie. Danach wird es immer möglich sein bei Kenntnis einer Reihe (3) dieser Werte, wie sie entweder durch die Messung sich ergeben oder aus den Jahrbüchern entnommen werden können, die andern dazu in Beziehung gebrachten zu finden. Diese Beziehungen werden fast stets mit Hilfe eines sphärischen Dreieckes aufzufinden sein, welches man sich gebildet denkt durch drei gröfste Kreise, die resp. durch den Pol des Himmels und das Zenit, durch Zenit und Gestirn und durch Pol und Stern und dabei immer durch den Beobachtungsort resp. durch den Erdmittelpunkt hindurchgehen. Der erste dieser Kreise ist der Meridian des Beobachtungsortes. Dieses Dreieck nennt man das Polardreieck. In

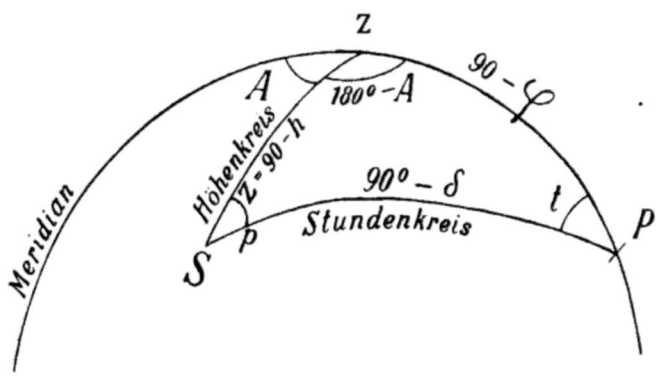

Fig. 5.

Figur 5 ist dasselbe dargestellt, und die gebräuchlichen Bezeichnungen sind darin oder daneben angeschrieben:

Z Zenit.
P Pol (auf der nördl. Halbkugel ist der Nordpol, auf der südl. der Südpol über dem Horizont).
S Gestirn.
A Azimut (Winkel zwischen Höhenkreis und Meridian).
t Stundenwinkel (Winkel zw. Stundenkreis u. Meridian).
p sogen. Parallaktischer Winkel.
ZS = Zenitdistanz (z) oder ($90-h$).
PS = $90-d$ (Poldistanz).
ZP = Komplement der geograph. Breite = $90-\varphi$.

Die Position des Gestirnes ist gegeben durch seine Rektaszension α und seine Deklination δ. Die Sternzeit (ϑ) für einen bestimmten Moment ist gleich der Rektaszension (α) eines Sternes, der in dem gegebenen Moment durch den Meridian geht, oder gleich dessen Rektaszension weniger dem Stundenwinkel desselben, wenn der Stern um letzteren von dem Meridian nach Westen hin abstand; es besteht also stets die Beziehung:

$$t = \vartheta - \alpha \text{ oder } \vartheta = \alpha + t;$$

dabei werden die Stundenwinkel vom Meridian nach Westen **positiv** und nach Osten **negativ** oder auch vom Meridian nach Westen herum bis $360^0 = 24$ Stunden zu zählen sein.

Die Regeln der sphärischen Trigonometrie lehren aus den Stücken des Polardreiecks die folgenden drei Gleichungen aufstellen, mittels deren schliefslich alle Aufgaben der geographischen Ortsbestimmung gelöst werden können.

Es ist:
$$\sin h = \cos z = \sin \varphi \sin \delta + \cos \varphi \cos \delta \cos t \quad \text{(a)} \quad [1]$$
$$\cos \delta \cos t = \cos \varphi \cos z + \sin \varphi \sin z \cos A \quad \text{(b)}$$
$$\left. \begin{array}{l} \cos \delta \sin t = \sin z \sin A \\ \cos \varphi \sin A = \cos \delta \sin p \\ \cos \varphi \sin t = \sin z \sin p \end{array} \right\} \quad \text{(c)} \quad \bigg\} 1$$

Wie die Gleichung 1c können auch die beiden ersten in gleicher Weise variiert werden. Es läfst sich nun immer so einrichten, dafs man mit Hilfe dreier bekannter Stücke aus Gleichung 1a entweder φ oder t oder mit Hilfe zweier solcher Gleichungen φ und t finden kann, wie in den folgenden Paragraphen gezeigt wird. Bei allen Beobachtungen hat man aber vorzugsweise darauf zu achten, dafs deren etwaige Fehler möglichst geringen Einflufs auf das Resultat haben und dafs, wenn man mehrere Gröfsen aus Beobachtungen ermitteln will, diese so anzuordnen sind, dafs die gesuchten Gröfsen mit möglichster Sicherheit daraus hervorgehen. Nimmt man an, dafs die Gröfsen h, φ und t der Gleichung (1a) mit kleinen Fehlern dh, $d\varphi$ und dt behaftet sind, so lehrt die Differentialrechnung, dafs zwischen denselben die Relation

$$dh + \cos A d\varphi + \cos \varphi \sin A dt = 0$$

stattfindet. Es folgt hieraus sofort, dafs man zur Bestimmung von φ oder der Breite des Ortes Gestirne in der Nähe der Azimute 0^0 und 180^0, und zur Bestimmung des Stundenwinkels oder der sich hieraus ergebenden Zeit Gestirne in der Nähe von 90^0 oder 270^0 Azimut beobachten soll. Denn im ersteren Falle wirkt ein Zeitfehler wenig auf den Wert von φ, im zweiten Falle ein Breitenfehler wenig auf die Be-

---

[1]) Läfst man in Gleichung 1a t gleich Null werden, d. h. befindet sich das beobachtete Gestirn im Meridian, so geht diese Gleichung über in $\cos z = \cos (\varphi - \delta)$ oder $z_0 = \varphi - \delta$, wo z_0 die Zenitdistanz des Gestirnes bei seiner Kulmination bezeichnet. Aus der Figur läfst sich diese Beziehung auch sofort ablesen.

stimmung der Zeit ein. Ferner ersieht man hieraus, daſs Zeit sowohl als Breite in den günstigsten Fällen mindestens um den vollen Betrag des Höhenfehlers fehlerhaft werden. Sterne, die durch das Zenit gehen, eignen sich in der Nähe des Meridians weder zur Zeit- noch zur Breitenbestimmung. Wegen der Unsicherheit der Refraktion soll man nicht zu nahe am Horizonte beobachten. Um sowohl von dieser Unsicherheit als auch von andern Fehlern frei zu werden, ist es sehr ratsam, sowohl für φ als für t zwei um nahe 180^0 Azimut voneinander entfernte Gestirne zu beobachten. Bei dem Universalinstrument wird man noch von der fehlerhaften Bestimmung des Nullpunktes unabhängig, wenn in beiden Kreislagen gemessen wird.

§ 15. Korrektionen der gemessenen Höhen (Zenitdistanzen) wegen Refraktion, Parallaxe, Kimmtiefe, Halbmesser usw.

Die in obigen Formeln angeführten Gröſsen beziehen sich alle auf den wahren Horizont, also auf den Erdmittelpunkt, und sind von der Wirkung der Strahlenbrechung in der Erdatmosphäre frei zu denken. Es ist daher nötig, die Werte, welche die Beobachtungen direkt liefern, wegen dieser Wirkungen zu korrigieren. Diese Korrekturen sind die folgenden:

1. Refraktion d. h. Ablenkung des Lichtstrahles, der vom Gestirn zum Beobachter kommt, von der geraden Linie durch den Einfluſs der Atmosphäre. Die Refraktion vergröſsert die Höhe oder verkleinert die Zenitdistanz; ihr Betrag muſs also an eine gemessene Höhe subtraktiv, an eine gemessene Zenitdistanz additiv angebracht werden. Die Gröſse der Korrektion hängt nicht allein von der Zenitdistanz, sondern auch von Temperatur und Luftdruck ab (von ersterer stärker); deshalb müssen diese mit aufgezeichnet werden. Die Berechnung der Refraktionskorrektion geschieht am besten und einfachsten mittels Tafeln, wie sie die Jahrbücher[1]) und vor allem die Tafelsammlung von Th. Albrecht ausführlich enthalten. Genähert ist ihr Betrag
$$R = 57'',7 \text{ tg } z' \quad \} \text{ wenn } z' \text{ die gemessene Zenitdistanz}$$
$$= 57,7 \text{ cotg } h' \quad \} \text{ oder } h' \text{ die gemessene Höhe ist;}$$
dabei darf aber z' nicht gröſser als etwa 70^0 werden.

---

[1]) Naut. Jahrbuch, Tafel 7 a, b und c. Albrecht, Hilfstafeln 34 a—h. Ambronn, Refraktionstafeln (Mitteilungen aus den Deutschen Schutzgebieten, 1893, Heft 4).

2. Die Parallaxe ist die Reduktion einer gemessenen Zenitdistanz oder Höhe auf den Erdmittelpunkt (also auf den wahren Horizont). Ihr Betrag ist also der Winkel, unter welchem vom Gestirn aus gesehen der Radiusvektor des Beobachtungsortes erscheint. Für die Sterne und für die entfernten Planeten ist ihr Betrag Null oder doch sehr klein. Für erste Rechnungen läfst sich diese Reduktion auch am bequemsten aus Tafeln entnehmen (Naut. Jahrbuch, Tafel 10—16). Bei genauen Rechnungen mufs man namentlich für Mondbeobachtungen die Parallaxe scharf nach den sphärischen Formeln berechnen.
3. Hat das Gestirn eine Scheibe, wie das bei der Sonne und dem Mond der Fall ist, so kann man nur die Ränder anvisieren, und es müssen die gemessenen Winkel dann noch durch Anbringung der jeweils gültigen Radien auf die Zentren der Scheiben reduziert werden. Bei den Planeten, welche auch noch eine merkbare Scheibe zeigen, tut man unter Umständen (wenn das Fernrohr nur wenig vergröfsert) besser, gleich auf die Mitte einzustellen. Sehr wünschenswert ist es, wenn die Messungen immer auf beide Ränder, soweit das möglich ist, im selben Messungssatze (Sonne) oder durch zweckmäfsige Anordnung verschiedener Beobachtungsreihen (Mond: erstes und letztes Viertel, Ost- und Westvertikal) gleichmäfsig verteilt werden können. Dadurch werden irrige Annahmen über die Radien eliminiert. (Vergl. dazu auch die Tafeln 11 und 12 des Naut. Jahrbuches.)
4. Sind die Beobachtungen zur See angestellt und dabei die Höhen auf den scheinbaren Horizont (die Kimm) bezogen, so sind dieselben auch noch wegen der sogenannten Kimmtiefe zu korrigieren. Dafür gibt es auch Tafeln (Naut. Jahrbuch Tafel 6). Man kann auch durch geeignete Vorrichtungen die jeweilige Kimmtiefe, deren Betrag von der Temperaturverteilung über der Oberfläche des Wassers stark abhängt, direkt messen (vergl. die Vorschläge von Kohlschütter und von Dr. Pulfrich) oder dieselben mittels Messungen über der vorliegenden und rückwärtigen Kimm eliminieren.

§ 16. Bestimmung der Zeit aus Höhenmessungen.

Die Bestimmung der Zeit oder richtiger Uhrkorrektion besteht darin, dafs man auf Grund cölestischer Messungen feststellt, um welchen Betrag die benutzte Uhr gegen richtige

Zeit (mag das nun Sternzeit oder mittlere Zeit sein) falsch geht. Den Fehler nennt man den Stand der Uhr (Δu). Ist U die Zeitangabe der Uhr für die Zeit T, so ist $U + \Delta u = T$, und weiterhin ist, wenn t der Stundenwinkel eines Gestirnes ist, die jeweilige Zeit
$$T = \alpha + t = U + \Delta u,$$
also
$$\Delta u = \alpha + t - U.$$
Ist man also in der Lage, für die Uhrangabe U den Stundenwinkel (t) eines Gestirnes, dessen Rektaszension gleich α ist, zu bestimmen, so kann man den Stand der Uhr (Δu) finden.

Aus den in § 14 angegebenen Gleichungen findet man:
$$(2) \quad \cos t = \frac{\cos z - \sin \varphi \sin \delta}{\cos \varphi \cos \delta} = \frac{\cos z}{\cos \varphi \cos \delta} - tg\,\varphi\, tg\,\delta.$$
Hat man also die Zenitdistanz (z) eines Gestirnes gemessen, so kann man daraus t finden. Die obige Formel ist nur bequem, wenn man mit Additionslogarithmen rechnet; im andern, gewöhnlicheren Fall gibt man derselben eine andere Form, nämlich:
$$(3) \quad tg\,\tfrac{1}{2} t = \sqrt{\frac{\sin(s-\varphi)\sin(s-\delta)}{\cos s \cos(s-z)}}; \text{ wobei } s = \tfrac{1}{2}(\varphi + \delta + z) \text{ ist.}$$
Diese Formeln gelten zunächst nur für Sterne. Hat man die Sonne beobachtet, etwa nach einer Sternzeituhr, so können auch diese Formeln angewendet werden, wenn man für den Moment der Beobachtung α und δ der Sonne aus dem Jahrbuch interpoliert (wozu allerdings eine genäherte Kenntnis der geographischen Länge nötig ist). Wurde, wie es zweckmäfsig ist, eine mittlere Zeituhr benutzt, so rechnet man besser mit der Zeitgleichung, indem man bedenkt, dafs der Stundenwinkel der Sonne, welchen man aus der Rechnung erhält, nichts andres ist als die „wahre Zeit" zur Zeit der Beobachtung. Bringt man daran die Zeitgleichung an, so erhält man die „mittlere Zeit" zur Zeit der Beobachtung, und die Differenz zwischen dieser und der Uhrangabe (U) ist dann ebenfalls das Δu, aber gegen mittlere Zeit. — Hat man δ für eine andere Zeit den Ephemeriden entnommen, so dafs der wahre Wert um $d\delta$ gröfser ist, so ist an t eine Korrektion anzubringen, wie sie die Differentialformel auf Seite 35 angibt.

Es ist sehr ratsam, wenigstens zwei verschiedene Sterne zu beobachten, und zwar solche, die sich nahe in gleicher Höhe und in symmetrischer Lage zum Meridian befinden, weil das Mittel aus den Resultaten von verschiedenen Fehlern befreit ist.

Beispiele zur Zeitbestimmung aus Höhenbeobachtungen.

1903 Mai 22 (astronom.) Freitag.

Es wurde auf der Breite von 51° 31′ 48″ die Zenitdistanz der Sonne beobachtet, um daraus die Korrektion Δu der Uhr zu finden. Der Gang der Rechnung ist dann folgender nach (2):

	Kr. links		Kr. rechts	
	☉	☉̄	☉̄	☉
Zenitdistanzen . . .	67° 51′ 54″	68° 58′ 19″	69° 31′ 37″	69° 19′ 34″
Radius $r_\odot$	15 49	15 49	15 49	15 49
Zenitdistanz d.☉Zentr.	68 7 43	68 42 30	69 15 48	69 35 23
Dekl. d. Sonne $\delta_\odot$	20 14 29	20 14 33	20 14 34	20 14 36
Geogr. Breite φ . .	51 31 48	51 31 48	51 31 48	51 31 48
$2s$	139 54 0	140 28 51	141 2 10	141 21 47
s	69 57 0	70 14 25	70 31 5	70 40 54
$s - \varphi$	18 25 12	18 42 37	18 59 7	19 9 5[1]
$s - \delta$	49 42 39	49 59 52	50 16 31	50 26 17[1]
$s - z$	1 49 17	1 31 55	1 15 7	1 5 30[1]
lg. sin $(s - \varphi)$ . . .	9.49964	9.50621	9.51231	9.51596
lg. sin $(s - \delta)$ . . .	9.88241	9.88424	9.88611	9.88704
lg. sec. s	0.46491	0.47099	0.47689	0.48041
lg. sec. $(s - z)$ . . .	0.00022	0.00015	0.00010	0.00008
lg. tg^2 $\tfrac{1}{2}t$	9.84718	9.86159	9.87541	9.88349
lg. tg $\tfrac{1}{2}t$	9.92359	9.93079	9.93770	9.94174
$\tfrac{1}{2}t^0$	39° 59′ 7″	40° 27′ 14″	40° 54′ 16″	41° 10′ 7″
t^0	79 58 14	80 54 28	81 48 32	82 20 14
t^h	5^h 19^m 53^s	5^h 23^m 38^s	5^h 27^m 14^s	5^h 29^m 21^s [2]
Zeitgleichung . . .	— 3 36	— 3 36	— 3 36	— 3 36
Mittl. Zeit d. Beob.	5 16 17	5 20 2	5 23 38	5 25 45
Uhrzeiten der Beob.	5 18 17	5 22 4	5 25 36	5 27 43
Δu	— 2 0	— 2 2	— 1 58	— 1 58 [3]

Δu Kr. links   — 2^m 1^s } Mittel $\Delta u = -$ 1^m 59.5^s [4]
Δu Kr. rechts — 1 58 }

---

[1]) Die Summe dieser Zahlen muſs wieder gleich s sein. [2]) Das sind also die „wahren Zeiten". [3]) Stand der Uhr gegen mittlere Zeit. [4]) Um so viel geht die Uhr vor.

Am 8. Mai 1902 (astronom.) (Donnerstag) wurde zu Ba-Nsso in Kamerun auf 6° 12.7′ Nordbreite der Stern **Prokyon** $\alpha = 7^h\, 34^m\, 9^s$ und $\delta = +5°\, 28'\, 29''$ zur Zeitbestimmung beobachtet; es wurden mit einem kleinen Universalinstrument Zenitdistanzen gemessen. Luftdruck 623 m/m; Lufttemperatur $+17°$. Die Rechnung stellt sich wie folgt:

Kreislage	Uhrzeit	Kreisabl.	Gemessene Zenitdistanz	Wegen Refr. korr. Zenitd.	lg. cos z
r	11ʰ 6ᵐ 30ˢ	301° 42′ 37″	58° 4′ 23″	58° 5′ 36″	9.72307
r	7 45	24 38	58 22 22	58 23 35	71940
l	9 39	58 37 45	58 50 45	58 51 58	71352
l	10 58	56 45	59 9 45	59 10 58	70952
	Zenitpunkt	359 47 0	Rfr. +1 13	lg. cpl. Nenner	0.00454

lg. $\dfrac{\cos z}{\cos\varphi\,\cos\delta}$	Addit. Logarith.		lg. cos t	t^h
9.72761	1.70903	1.70046	9.71904	3ʰ 53ᵐ 42ˢ
72394	70536	69671	71529	3 54 54
71806	69948	69071	70929	3 56 48
71406	69548	68663	70521	3 58 5
8.01858		8.01858	$\alpha =$	7 34 9

lg. d. zweiten Teiles d. Formel (3)		Sternzeit d. Beob.	Δu	
cos φ 9.99744	tg. φ 9.03700	11ʰ 27ᵐ 51ˢ	+21ᵐ 21ˢ	21ᵐ 19.5ˢ r
cos δ 9.99802	tg. δ 8.98158	29 3	21 18	
Summe 9.99546	Summe 8.01858	30 57	21 18	21 17.0 l
		32 14	21 16	
			Mittel $\Delta u =$	21ᵐ 18.3ˢ

Wie man sieht, ist bei der eben angeführten Methode der Zeitbestimmung die Kenntnis der geographischen Breite erforderlich, und zwar um so genauer, je weiter vom I. Vertikal die Beobachtung der Höhe stattgefunden hat. Beobachtet man auf beiden Seiten des Meridians je einen Stern bei gröfserem Stundenwinkel, wie es stets rätlich ist, so wird aus dem Mittel der Resultate ein Fehler in φ sowohl als auch in andern Daten je besser eliminiert, je mehr beide Höhen gleich waren.

Deshalb wird eine Kenntnis der Breite ganz unnötig sein, wenn man vor und nach dem Durchgang eines Gestirnes durch den Meridian die Zeiten gleicher Höhen beobachtet. Es entspricht dann, wie auch geometrisch sofort einzusehen, das Mittel aus den beiden Beobachtungszeiten derjenigen für des Gestirnes Durchgang durch den Meridian; es ist also unmittelbar

$$\alpha - \tfrac{1}{2}(U_1 + U_2) = \Delta u.$$

Hat man dagegen gleiche Höhen der Sonne, was sogar meistens der Fall sein wird, beobachtet, so werden diese nicht zu gleichen Stundenwinkeln derselben, d. h. nicht zu $24^h - t^h$ resp. t^h

wahrer Zeit gehören, sondern es muſs wegen der Änderung der Deklination der Sonne dann an das Mittel aus beiden Beobachtungszeiten, welches also nicht 24^h resp. 0^h wahrer Zeit ist, eine Korrektion angebracht werden. Diese nennt man die **Mittagsverbesserung**[1]); bezeichnet man sie mit dt, so ist:

$$dt = \left(\frac{\tang \varphi}{\sin t} - \frac{\tang \delta}{\tang t}\right) d\delta,$$

wo dt in wahrer Zeit ausgedrückt ist. Beachtet man nun, daſs der Stundenwinkel der Sonne gleich der wahren Zeit ist, so erhält man, wenn U_1 und U_2 die Beobachtungszeiten, in mittlerer Zeit ausgedrückt, U_0 die Uhrzeit des wahren Mittags und t den mit dem δ der ersten Beobachtungszeit berechneten Stundenwinkel bezeichnen:

$$U_1 = U_0 - t$$
$$U_2 = U_0 + t + dt$$

und daraus $\quad U_0 = \tfrac{1}{2}(U_1 + U_2) - \tfrac{1}{2} dt.$

Die Gröſse $\tfrac{1}{2}(U_1 + U_2)$ wird der unverbesserte Mittag, $-\tfrac{1}{2} dt$ die Mittagsverbesserung genannt. Es genügt dt in mittlerer Zeit anzunehmen und mit dem δ zu berechnen, das für den Mittag gilt. Im „N. J." ist die stündliche Veränderung von δ angegeben, die man also mit der Zeit zwischen beiden Beobachtungen, in Stunden ausgedrückt, zu multiplizieren hat, um $d\delta$ zu erhalten, wobei aber das Zeichen der stündlichen Veränderung wohl zu berücksichtigen ist. Da $d\delta$ in Bogensekunden erhalten wird, $\tfrac{1}{2} d\delta$ aber in Zeitsekunden auszudrücken ist, so wird man $d\delta$ durch 30 dividieren, um gleich $\tfrac{1}{2} d\delta$ in Zeitsekunden zu erhalten. Ist U die Zeit des wahren Mittags entweder in mittlerer Zeit oder in Sternzeit ausgedrückt, je nach der Zeit, in welcher U_0 gegeben ist, so folgt stets als Uhrkorrektion

$$\Delta u = U - U_0.$$

Geht z. B. die Uhr nach mittlerer Zeit, so wird, wenn die Zeitgleichung für den mittleren Mittag gegeben ist, die wahre Zeit des mittleren Mittags:

$$U = 24^h - \text{Zeitgl. und daraus } \Delta u = U - U_0.$$

Es ist sehr ratsam, stets eine Reihe von Sonnenhöhen hintereinander in der Weise zu nehmen, daſs man die Alhidade

---

[1]) Hat man die Höhen symmetrisch zur Mitternacht gemessen, also in der Reihenfolge Nachmittag—Vormittag, so ist die sogen. **Mitternachtsverbesserung** anzubringen, die sich nur durch ein Vorzeichen von der Mittagsverbesserung unterscheidet. (Für beide sind die Tafeln in: Albrecht, Hilfstafeln gegeben.)

um eine runde Anzahl Minuten verstellt und darauf die Zeit beobachtet, zu welcher derselbe Sonnenrand diese Höhe erreicht. Beobachtet man mit einem Sextanten am Vormittag den Moment der beginnenden Überdeckung der beiden Sonnenbilder, so entspricht am Nachmittag dieser Beobachtung der Moment der beginnenden Trennung und umgekehrt. Zur Erlangung gleichartiger Beobachtungen ist es daher geraten, die Beobachtungen beide Male in gleicher Anzahl auf beide Ränder zu verteilen.

Beispiel: 17./18. April 1886 (18. April bürgerlicher Zeit) wurden in Berlin (Polhöhe $\varphi = 52^0\ 30.3'$) mit einem Sextanten und einem Chronometer, welcher nach mittlerer Zeit ging, folgende Beobachtungen angestellt:

Sonnenrand	Höhe	Vormittag U_1	Nachmittag U_2	$\frac{1}{2}(U_1 + U_2)$
Oberer	35° 20'	22ʰ 1ᵐ 50.3ˢ	4ʰ 1ᵐ 3.5ˢ	1ʰ 1ᵐ 26.9ˢ
"	35 40	22 4 26.4	3 58 27.6	27.0
Unterer	35 30	22 7 18.8	3 55 34.8	26.8
"	35 50	22 9 57.2	3 52 56.0	26.6
			Mittel	1ʰ 1ᵐ 26.8ˢ

Die Zeit zwischen den Beobachtungen am Vormittage und Nachmittage ist anfangs $5^h\ 59^m\ 13^s$, am Ende $5^h\ 42^m\ 59^s$, also im Mittel $5^h\ 51^m\ 6^s = 5.852$ Stunden. Nach dem „N. J." ist die stündliche Bewegung der Sonne in Deklination $= + 52.2''$, so daſs $d\delta = 52.2'' \times 5.852 = 305.5''$ und daher $\frac{1}{2} d\delta$ in Zeitsekunden $= 305.5'' : 30 = 10.18^s$.

Aus dem „N. J." entnimmt man noch: Zeitgleichung $= - 0^m\ 43.2^s$, $\delta = + 10^0\ 53'\ 49''$.

Die Zwischenzeit $5^h\ 51^m\ 6^s$ entspricht dem Mittel des doppelten Stundenwinkels der Sonne, es ist daher noch $t = 2^h\ 55^m\ 33^s = 43^0\ 53'$.

Aus den angegebenen Werten erhält man:

$$\frac{tg\ \varphi}{\sin t} \cdot \tfrac{1}{2} d\delta = 19{,}14^s{}^{1)}$$

$$\frac{tg\ \varphi}{tg\ t} \cdot \tfrac{1}{2} d\delta = 2{,}04$$

---

[1]) Für die Berechnung des Wertes von dt enthalten die Albrechtschen Hilfstafeln sehr bequeme Tafeln, indem dort dem Ausdruck für dt die bekannte Form
$$-(A\ tg\ \varphi - B\ tg\ \delta)\ \mu$$
gegeben wird, wobei allerdings μ die Änderung der Sonnendeklination in 48 Stunden bedeutet. A und B sind mit der halben Zwischenzeit $\frac{1}{2}(U_2 - U_1)$ tabuliert.

```
        Mittagsverbesserung − ½ dt =  −    17,1
½ (U₁ + U₂) =                     1ʰ 1ᵐ 26,8
Uhrzeit im wahren Mittag     1  1   9,7
        Zeitgleichung         −  0  43,2
Uhrzeit im mittl. Mittag     1  0  26,5
```
Also Uhrstand $\Delta U = -1^\mathrm{h}\,0^\mathrm{m}\,26{,}5^\mathrm{s}$.

Dieser Uhrstand bezieht sich eigentlich auf den wahren Mittag, weil die Beobachtungen in bezug auf diesen symmetrisch sind. Bei erheblichem Uhrgang ist dies zu berücksichtigen.

§ 17. Bestimmung der Zeit aus Beobachtungen der Durchgänge von Gestirnen durch die Meridianebene.

Obgleich auf Reisen die Zeitbestimmung aus Höhenbeobachtungen mittels Sextant oder Universalinstrument meist völlig genügen wird und ihre Ausführung sich, ohne an einen bestimmten Moment gebunden zu sein, bewirken läfst, so ist es doch klar, dafs, falls man in der Lage sein würde, den Moment des Durchganges eines Gestirnes durch den Meridian genau zu beobachten, die Bestimmung von Δu sich sehr vereinfachen liefse. Ein Mittel dazu gibt nun sowohl das Universalinstrument, wenn man die Horizontalachse genau von Ost nach West stellen kann, oder auch ein kleines Durchgangsinstrument. Namentlich die letzteren werden gegenwärtig so einfach, billig und doch stabil gebaut, dafs sich bei gröfserer Ausrüstung und für längeren Aufenthalt an einem Orte die Mitnahme eines solchen empfiehlt.

Könnte man das Instrument so aufstellen, dafs die Horizontalachse des Fernrohres sich genau in der Richtung Ost-West befände, so würde die Beobachtung eines Sternes an einem in der Absehlinie des Fernrohres befindlichen Faden sofort die Sternzeit der Beobachtung (= AR. oder Gerade Aufsteigung) ergeben, wenn diese Absehlinie[1]) senkrecht zur Umdrehungsachse steht. Da aber die Aufstellung des Instrumentes nie fehlerfrei sein wird, so sei i die Neigung der Umdrehungsachse des Instrumentes, positiv genommen, wenn das westliche Ende höher ist; k das Azimut eines südlichen Punktes, welcher in der zur Umdrehungsachse senkrechten Ebene liegt, und zwar positiv genommen, wenn er sich östlich vom Südpunkte befindet;

---

[1]) Als Absehlinie ist diejenige Linie zu betrachten, welche den Mittelfaden im Gesichtsfelde mit der Mitte des Objektivs verbindet.

Beispiel für die Bestimmung der Uhrkorrektion und zugleich einer Längenbestimmung[1]) **mittels der Beobachtung von Mond und Mondsternen bei ihrer Kulmination. Kleines Durchgangsinstrument.**

1903 Februar 11. Bafeni. Westafrika. $\varphi = + 9° 7' 33''$.

Die Rechnung stellt sich wie folgt:

Kreis Ost

	α Cancri	χ Cancri	☾ I. Rd.	o Leonis	ϱ Leonis
Neigung d. horiz. Achse	$i = -0.33^s$	-0.03^s	-0.04^s	-0.35^s	$+0.03^s$
Deklination	$\delta = +12° 14'$	$+11° 4'$	$+10° 21'$	$+10° 20'$	$+9° 48'$
Uhrzeit d. Durchganges durch d. Mittelfaden	$8^h 54^m 30.26^s$	$9^h 3^m 48.70^s$	$9^h 30^m 21.08^s$	$9^h 37^m 17.67^s$	$10^h 29^m 1.10^s$
Korr. weg. Inst.-Fehler $\begin{cases} Ii \\ Cc \\ Kk \end{cases}$	-0.34 -0.18 -0.01	-0.03 -0.14 -0.01	-0.02 -0.18 $\{0.21^2)$ -0.01	-0.36 -0.18 0.00	-0.03 -0.18 0.00
Durchgangszeit d. den Meridian (U_{ick})	$8^h 54^m 29.73^s$	$9^h 3^m 48.48^s$	$9^h 30^m 20.87^s$	$9^h 37^m 17.13^s$	$10^h 29^m 0.95^s$
$t = T☾ - T*$	$+35^m 51.14^s$	$+26\ 32.39$	$(\cdot 1\ 10.03$	$-6\ 56.26$	$-58\ 40.08$
$\alpha *$	$8\ 53\ 13.01$	$9\ 2\ 31.74$	$9\ 36\ 0.52$	$10\ 27\ 44.23$
Δu	$-1\ 16.72$	$-1\ 16.74$		$-1\ 16.61$	$-1\ 16.72$

Mittel $\Delta u = -1^m 16.70^s$

α ☾ I. Rd. $9^h 29^m 4.15^s$
                                   4.13
                                   4.26
                                   4.15
                                   4.17
☾ r $9\ 29\ +1\ 10.03$
α ☾ Centr. $9\ 30\ 14.20$

α ☾ Centr. Bafeni $9^h 30^m 14.20^s$
α ☾ „ Con. d. Tp. 9 30   6.06 (Paris)
Differenz   8.14^s
Änderung v. α in 1^m d. Länge 2.5225
$\lambda = \dfrac{8.14}{2.5225} = 3^m 13.2^s$ gegen Paris

Kreis West

	β Urs. maj.	
	-0.01^s	$+0.29^s$
	$+56° 54'$	$57^h 18.33^s$
	$10^h 57^m 19.37^s$	$+0.36$
	-0.01	$57\ 18.69$
	$10\ 57\ 19.36$	

Mittel $10\ 57\ 19.03$
       $\alpha\ 10\ 56\ 1.76$
Differenz — 1.1695

Berechnung des Kollimations- fehlers aus β Urs. maj.

Durchgangszeit Ost $10\ 57\ 19.36$
                West $57\ 18.69$
Differenz 0.67
$2 \sec \delta$ . . 3.66

$c = \pm \dfrac{0.67}{3.66} = \pm 0.18^s \begin{cases} \text{West} \\ \text{Ost} \end{cases}$

---

[1]) Vergl. dazu Seite 68.
[2]) Sind die Instrumentenfehler groß, so muß die Summe derselben beim Mond noch mit einem Faktor multipliziert werden, der von der Bewegung desselben in einer Zeitsekunde herrührt. Dieser Faktor schwankt zwischen 1.015 u. 1.035. — Bei seiner „genauen Berechnung sind die Lehrbücher d. sph. Astronomie zu vergleichen.

Anm. zu Seite 44. Das Azimut k findet man dadurch, daſs man die Werte U_{ic}, d. h. die für den Kollimationsfehler und die Neigung korrigierten Durchgangszeiten sowohl für die Zeitsterne als auch für den Polstern (U'_{ic}) bildet, aus ersteren das Mittel nimmt und dann die Gleichung ausrechnet:

$$k = \frac{(\alpha' - U'_{ic}) - (\alpha - U_{ic})}{K' - K},$$

wo die mit Indices versehenen Werte für den Polstern und die andern für die Mittel aus den α u. U_{ic} der Zeitsterne zu nehmen sind. Ebenso ist K' der Azimutkoeffizient $\frac{\sin(\varphi - \delta)}{\cos \delta}$ für den Polstern und K der für das Mittel der Zeitsterne.

Man hat im vorliegenden Falle $k = +0.23^s$.

---

endlich sei c der Kollimationsfehler oder die Abweichung des Winkels zwischen Absehlinie und Umdrehungsachse von 90 Grad. Ist c positiv, d. h. tritt der Stern zu früh an den Mittelfaden, so ist in der oberen Kulmination an die beobachtete Durchgangszeit folgende Korrektion (R) anzubringen:

$$R = +i \frac{\cos(\varphi - \delta)}{\cos \delta} + k \frac{\sin(\varphi - \delta)}{\cos \delta} + c \sec \delta \text{ für Kreis: West.}$$

In der andern Lage des Instrumentes ist c dann negativ zu nehmen. Für untere Kulmination hat man für erstere Lage die Korrektion

$$R = +i \frac{\cos(\varphi + \delta)}{\cos \delta} + k \frac{\sin(\varphi + \delta)}{\cos \delta} - c \sec \delta.$$

Sei U die so korrigierte Uhrzeit, so ist die Uhrkorrektion gegen Sternzeit $\varDelta u = \alpha - U$. Die Neigung i wird durch das Niveau ermittelt; um k, c und $\varDelta u$ zu erhalten, sind mindestens drei Beobachtungen erforderlich, wozu man am besten einen Äquatorial- und zwei Polsterne, letztere bei gleichen Kulminationen in verschiedenen Lagen des Instrumentes, und bei oberer und unterer Kulmination in gleicher Lage des Instrumentes beobachtet.

Sind mehrere Vertikalfäden im Gesichtsfeld eingezogen, wie das namentlich bei Durchgangsinstrumenten der Fall ist, und braucht ein Stern im Äquator F^s Zeitsekunden, um von einem Faden zum andern zu kommen, so gebraucht ein andrer Stern, dessen Deklination δ ist, dazu die Zeit f^s, die sich aus $\sin(15\,f^s) = \sin(15\,F^s) \sec \delta$ ergibt. Für kein sehr groſses δ genügt $f^s = F^s \sec \delta$. In der Regel bezieht man alle Durchgänge auf den Mittelfaden und rechnet sich Tabellen, welche für die verschiedenen Deklinationen, etwa von Grad zu Grad bis $\delta = 50$ Grad fortschreitend, die Zeiten enthalten, welche ein Stern gebraucht, um vom Seitenfaden zum Mittelfaden zu gelangen. Für die Polsterne muſs man die Fädendistanzen viel enger tabulieren oder von Fall zu Fall rechnen, aber dann nach der strengen Formel oder mit Hilfe der bei Albrecht gegebenen Hilfstafel 16. In den Tafeln 17—22 sind auch für mittlere Breiten die Werte der Koeffizienten

$$\frac{\cos(\varphi-\delta)}{\cos\delta}=J;\quad \frac{\sin(\varphi-\delta)}{\cos\delta}=K \text{ und } \sec\delta=C \text{ gegeben.}$$

Es ist aber, wie schon bemerkt, ratsam, diese Art der Beobachtung nur bei festen Stationen anzuwenden, weil sich hier nur eine hinreichend feste Aufstellung des Instrumentes erreichen läſst. In nicht zu hohen nördlichen Breiten dürfte es sich aber empfehlen, das Universalinstrument so aufzustellen, daſs die optische Achse bei einer Drehung des Fernrohres nahe den Vertikalkreis des Polarsternes beschreibt. Man beobachtet alsdann zuerst den Polarstern und richtet dann das Fernrohr bei festgeklemmtem Horizontalkreis auf einen Stern, welcher dem Äquator nahe ist. Indem man diese Beobachtung nach Umlegung des Fernrohres wiederholt, wobei man vor Anfang der zweiten Beobachtung den Horizontalkreis ein wenig dreht und mit einer neuen Einstellung des Polarsternes auch die eines zweiten Zeitsternes verbindet. Aus einem solchen Satz kann man die Zeit mit groſser Schärfe bestimmen. Die Reduktion dieser Beobachtungen ist aber zu umständlich, um hier auf dieselbe näher eingehen zu können[1]). Der Vorzug dabei ist der, daſs man mit einem genäherten Uhrstande das Azimut des Polarsternes für den Moment der Beobachtung rechnet; mit diesem Azimut, welches natürlich auch für den Südstern gilt, rechnet man dessen Stundenwinkel zur Zeit seines Antrittes an den Mittelfaden, und damit erhält man auf die bekannte Weise die Sternzeit der Beobachtung. Da der Polarstern sein Azimut nur langsam ändert, wird meist eine einmalige Näherung für $\varDelta u$ schon ausreichen.

§ 18. Bestimmung des Ganges einer Uhr aus den Verschwindungszeiten.

Ist man längere Zeit an demselben Orte, so kann man den Gang der Uhr auch dadurch bestimmen, daſs man das Verschwinden eines Sternes hinter einem senkrechten, nicht zu niedrigen terrestrischen Gegenstand beobachtet. Damit das Auge an den verschiedenen Abenden stets dieselbe Position einnimmt,

---

[1]) Besondere Anleitungen für die Berechnung solcher Beobachtungen hat der russische Astronom Döllen und später Prof. Harzer in Kiel herausgegeben.

befestigt man ein Diopter, oder weit besser, ein Fernrohr an der Stelle, von welcher aus man beobachtet.

Liegen zwischen den beiden Beobachtungen mehrere Tage, so muſs man, soll das Resultat genau werden, auch der Ortsveränderung des Gestirnes Rechnung tragen, wie sie durch Präzession und Nutation hervorgebracht werden. Man hat dann, wenn α_1 und α_2, resp. δ_1 und δ_2 die Rektaszensionen und Deklinationen für beide Beobachtungen sind, die n Tage auseinander liegen:

$$\delta u = \frac{1}{n} \left\{ U_1 - U_2 + (\alpha_2 - \alpha_1) - \frac{\delta_2 - \delta_1}{15} \cdot \frac{\sin M \cdot tg\, t}{\cos \delta \cos (\delta + M)} \right\}, \text{ wo}$$

$\operatorname{tg} M = \operatorname{cotg} \varphi \cdot \cos t$ und $t = 15\,(U + \varDelta u - \alpha)$ ist.

Ging die Uhr nach mittlerer Zeit, so ist dem Ausdruck für δu noch die Gröſse $- 3^m 55.90^s$ hinzuzufügen, d. h. die Differenz zwischen einem Sterntag und einem mittleren Tag. Die Berechnung von M braucht nur genähert ausgeführt zu werden.

§ 19. Breitenbestimmung aus Höhenmessungen.

Bei allen Beobachtungen, aus denen man die geographische Breite ermitteln will, ist darauf Rücksicht zu nehmen, daſs die Orte der beobachteten Gestirne zur Zeit der Beobachtung mit Rücksicht auf die Zeit sich nur wenig ändern, so daſs ein Fehler in der Uhrangabe resp. dem Uhrstande keinen gröſseren Fehler in der Zenitdistanz veranlassen kann. Diese Forderung wird von allen Sternen besonders in der Nähe des Meridians, d. h. bei ihrer Kulmination erfüllt, dabei darf aber die Zenitdistanz selbst nicht zu klein werden (nicht kleiner als 30 Grad). Für Sterne, welche dem Pol nahe sind, wird ein Fehler in der Zeitangabe wegen ihrer langsamen Bewegung immer nur einen geringen Einfluſs auf die Höhenmessung haben; dieselben können daher zum Zwecke der Breitenbestimmung in jedem Stundenwinkel mit Vorteil beobachtet werden. (Im allgemeinen wird nur der Polarstern oder noch δ Urs. min. auf der nördlichen Halbkugel für die hier behandelten Zwecke in Betracht kommen).

Hat man die Zenitdistanz z genau im Meridian gemessen, so ist für

Obere Kulmination $z = \pm (\varphi - \delta)$ also $\varphi = \delta + z$
Untere „ $z = 180 \mp (\varphi + \delta)$ „ $\varphi = \pm (180 - z) - \delta$,

wobei südliche Breiten und südliche Deklinationen negativ zu nehmen sind. Bei der unteren Kulmination gilt das obere

Zeichen für nördliche Breiten und Deklination, das untere für südliche. In der oberen Kulmination wird man in bezug auf das Zeichen nicht zweifelhaft sein können, da man stets eine genäherte Kenntnis der Breite haben wird.

§ 20. Breitenbestimmung aus Zirkummeridianhöhen.

Hat man jedoch, was meist der Fall sein wird, schon wegen der Vervielfältigung der Beobachtungen, die Zenitdistanzen z nur in der Nähe des Meridians, in den Stundenwinkeln t gemessen, so werden dieselben alle gröfser sein als z_0, und zwar um Beträge, die von t abhängen; dieselben seien $\varDelta z$; dann hat man

$$z_0 = z - \varDelta z = \pm (\varphi - \delta) \text{ oder } \varphi = \delta \pm (z - \varDelta z).$$

Die Gröfse $\varDelta z$ findet man am besten durch Näherung mittels der Gleichung

$$\sin \tfrac{1}{2} \varDelta z = \frac{\cos \varphi \, \cos \delta}{\sin (z - \tfrac{1}{2} \varDelta z)} \cdot \sin^2 \tfrac{1}{2} t$$

oder auch solange $\varDelta z$ klein bleibt, und das mufs es, wenn die Methode der Zirkummeridianhöhen vorteilhaft bleiben soll,

$$\tfrac{1}{2} \varDelta z = \frac{\cos \varphi \, \cos \delta}{2 \sin (z - \tfrac{1}{2} \varDelta z)} \cdot \frac{2 \sin^2 \tfrac{t}{2}}{\sin 1''}.$$

$\varDelta z$ wird dann in Bogensekunden erhalten, und zwar bis auf etwa $0.1''$ genau, wenn $\tfrac{1}{2} \varDelta z$ kleiner als 50 Bogenminuten bleibt, und auf $1''$ genau, wenn $\tfrac{1}{2} \varDelta z$ noch kleiner als $100'$ ist. Im allgemeinen soll, für z_0 zwischen $30°$ und $70°$, t nicht gröfser als etwa 30^m genommen werden, denn sonst genügt der oben gegebene Näherungsausdruck nicht mehr, und man müfste weitere Glieder der Reihe hinzunehmen. — Für den Nenner $2 \sin (z - \tfrac{1}{2} \varDelta z)$ kann man auch setzen $2 \sin \tfrac{1}{2} (z_0 + z)$, und wenn z_0 und z nicht viel voneinander verschieden sind, kann man dafür auch setzen $\sin z_0 = \sin (\varphi - \delta)$, wo φ nur sehr genähert bekannt zu sein braucht. Dann lautet der Ausdruck

$$\varphi = \delta + \left(z - \frac{\cos \varphi \, \cos \delta}{\sin (\varphi - \delta)} \cdot \frac{2 \sin^2 \tfrac{t}{2}}{\sin 1} \right)[1].$$

Für den Faktor $\dfrac{2 \sin^2 \tfrac{t}{2}}{\sin 1''}$, welcher häufig mit m bezeichnet wird, gibt es sehr bequeme Tafeln, welche ihn mit dem Argumente t

---

[1] Soll noch genauer gerechnet werden, so würde dieser Formel für φ noch das Glied $\cotg (\varphi - \delta) \cdot \left(\dfrac{\cos \varphi \, \cos \delta}{\sin (\varphi - \delta)} \right)^2 \dfrac{2 \sin^4 \tfrac{1}{2} t}{\sin 1''}$ hinzuzufügen sein, welches aber für $z > 40°$ und $t < 30^m$ unter $2''$ bleibt.

Breitenbestimmung aus Beobachtungen der Sonne.

25. Juli 1900. Zirkummeridianhöhen der Sonne zu Gauas, Südwestafrika.

Es war an diesem Tage $\Delta u = -2^h\ 9^m\ 57^s$; $\delta_\odot = +19°\ 53'\ 33''$
$r_\odot = 15'\ 47''$ (φ genähert) $= -19°\ 40'$
Luftdruck $= 680$ mm Lufttemp. $= +23°$ $\pi_\odot = 8{,}7''$
Zeitgl. $-6^m\ 17^s$

Die Rechnung stellt sich, wie folgt:

	Uhrzeit	Wahre Zeit	t	$z_\odot$	$z_\odot$ Centr. A.	$\dfrac{2\sin^2\frac{t}{2}}{\sin 1''}$	z_0	
$\odot$	$14^h 12^m 10^s$	$10^h\ 55^m\ 56^s$	$-4^m 10^s$	$39°\ 26'\ 45''$	$39°\ 42'\ 32''$	$48''$	$39°\ 41'\ 44''$	
$\odot$	13 51	57 37	$-2\ 29$	26 15	42 2	17	45	} $\odot$ Mittel $39°\ 41'\ 44''$
$\odot$	15 4	58 50	$-1\ 16$	26 0	41 47	4	43	
$\odot$	16 22	0 0 8	$-0\ 2$	57 24	41 37	0	37	
$\odot$	17 24	1 10	$+1\ 4$	57 34	41 47	3	44	} $\odot$ Mittel 39 41 42
$\odot$	18 45	2 31	$+2\ 25$	57 49	42 2	16	46	

Δu + Zeitgl. $2^h\ 6^m\ 14^s$ $\sigma = -6''$

$\cos \varphi$ . . . . $-0{,}3574$
$\cos \delta$ . . . . $0{,}3584$
$\mathrm{cosec}\ (\varphi - \delta)$. $-0{,}7158$
$\log (\mathrm{tg}.\varphi - \mathrm{tg}.\delta)$ $9{,}8548\,n$
$\log \Delta \delta$ . . . $1{,}5073$
$\log$ Koeff. . . . $9{,}4059$

$\log \sigma$ . . . . $0{,}7680$

$\sigma = +6^s$

$\cos \varphi \cos \delta$ . . . $9{,}97390$
$\cos \delta$ . . . . $9{,}97329$
$\log \dfrac{\cos \varphi \cos \delta}{\sin (\varphi - \delta)}$ $0{,}14429 = \log A$
$1{,}40 = A$

Mittel . . . . $39°\ 41'\ 43''$
Refr. + Parall. . . 40
$\varphi - \delta_\odot$ 39 42 23
$\delta_\odot$ 19 53 33
φ . . . . . = 19 48 50

Eine nochmalige Rechnung mit dem genaueren Werte von φ ergibt dasselbe Resultat, wäre also unnötig.

Neumayer, Anleitung. 3. Aufl. Bd. I.

ohne weiteres zu entnehmen gestatten. (Albrecht, Hilfstafeln Nr. 27 bis 29. Auch wegen der höheren Glieder der Reihe findet man dort das Weitere. Seite 53 ff.)

Hat man die Sonne in der Nähe des Meridians beobachtet, so ändert sich die Deklination dieses Gestirnes während der Beobachtung. Deshalb nehme man für alle Reduktionen diejenige Deklination, welche bei der Kulmination der Sonne im wahren Mittage stattfindet, und rechne den Stundenwinkel nicht von der Zeit T des Meridiandurchganges ab, sondern von der Zeit der größten Höhe T_1. Bezeichnet μ die Deklinationsänderung in Bogensekunden während 48 Stunden, so erhält man $T_1 - T$, in Zeitsekunden ausgedrückt, durch

$$T_1 - T = \frac{\mu}{188{,}5} (\operatorname{tang} \varphi - \operatorname{tang} \delta).$$

§ 21. Breite aus Messung der Höhen polnaher Sterne.

Besonders für die nördliche Halbkugel in nicht zu niederen Breiten kommen noch die Höhenmessungen des Polarsternes in Betracht. Dieselben liefern, wie schon erwähnt, jederzeit, auch bei nur genäherter Kenntnis der Zeit, eine gute Breite. Leider ist auf der südlichen Halbkugel kein heller Stern dem Pole so nahe, daß er für solche Messungen mit Vorteil benutzt werden könnte. Hat man Höhen- oder Zenitdistanzen des Polarsternes gemessen, so kann man dieselben unter gewissen Bedingungen auch stets nach den obigen Formeln reduzieren; bequemer aber ist hier entweder die direkte Rechnung jeder einzelnen Höhe oder eine spezielle, für den Polarstern abgeleitete Reihenentwicklung. Im ersteren Fall hat man zu setzen:

$$\sin \delta = n \sin N$$

und

$$\cos \delta \cos t = n \cos N.$$

daraus hat man
$$\cos (N - \varphi) = \frac{1}{n} \cos z.$$

Man findet also aus den ersten beiden Gleichungen N und n, nämlich
$$tg\ N = tg\ \delta \cos t$$
und dann $n = \dfrac{\sin \delta}{\sin N}$ oder gleich $\dfrac{\cos t \cos \delta}{\cos N}$, je nachdem $\sin N$ oder $\cos N$ das größere ist. Kennt man $N - \varphi$, so ist natürlich auch φ bekannt. Da N aus der Tangente gefunden wird, muß über das Vorzeichen besonders entschieden werden.

Bequemer, namentlich für eine gröfsere Anzahl von Einzelmessungen, ist die Berechnung der Breite mit Hilfe der Formel

$$\varphi = 90^\circ - (z + p \cos t - M \sin^2 t - N),$$

wo $\qquad M = \tfrac{1}{2} p^2 \sin 1'' \, tg \, \varphi$

und $N = \tfrac{1}{6} p^3 \sin^2 1'' (1 + 3 tg^2 \varphi) \sin^2 t \cos t$ gesetzt ist.

In dieser Formel ist N selbst bei Zenitdistanzen bis 30° nicht gröfser als $1''$ und nimmt mit der geographischen Breite schnell ab, so dafs es in den hier in Betracht kommenden Fällen stets vernachlässigt werden kann. Für die in der Formel φ vorkommende Gröfse finden sich in den Albrechtschen Hilfstafeln sehr bequeme Tafeln (Nr. 26), indem dort mittlere Werte für M und N mit einem mittleren Wert von p berechnet sind, welche nur noch kleiner, ebenfalls tabulierter Korrektionen bedürfen, die von der Veränderung von p mit der Zeit abhängen. Wenn M_0 und N_0 für p_0 gelten, so hat man mit dem aus den Jahrbuch für den betreffenden Tag zu entnehmenden p nur zu rechnen:

$$M = M_0 \frac{p^2}{p_0^2} \text{ und } N = N_0 \frac{p^3}{p_0^3}, \text{ wo } \frac{p^2}{p_0^2} \text{ und } \frac{p^3}{p_0^3}$$

aus Tafeln entnommen werden können. Die Einfachheit der Rechnung läfst das folgende Beispiel erkennen.

Bestimmung der Breite aus Beobachtungen des Polarsternes.

Es wurde am 1. September 1902 α Ursae min. mit einem Universalinstrument beobachtet.

Es war die A. R. des Sternes $1^h 24^m 51^s$ d. Dekl. $= + 88^\circ 47' 4''$;
$(\varphi) = 51^\circ 32'$ Nordbreite $\qquad p = \quad 1 \quad 12 \quad 56$
$\qquad\qquad\qquad\qquad\qquad\qquad\qquad\quad = \qquad\qquad 4376''$

$\Delta u = - 52^s$ gegen Sternzeit.
$M = 58.5''; \; \frac{p^2}{p_0^2} = 0.998.$

Die Rechnung mit Hilfe der Albrechtschen Tafeln stellt sich, wie folgt:

	Uhrzeit	t^a	t^0	z	$\cos t$
Kr. L.	$22^h 1^m 0^s$	$3^h 24^m 43^s$	$51^\circ 10' 45''$	$37^\circ 41' 51''$	9.79719
	2 57	22 46	50 41 30	41 25	80174
Kr. R.	7 55	17 48	49 42 0	41 25	81076
	10 18	15 25	48 51 15	40 28	81821
$a + \Delta u$	25 25 43				

	$\sin^2 t$	$p \cos t$	$M \sin^2 t$	$(90 - q)$	
Kr. L.	9.783	45' 41''	35''	38° 26' 57''	26' 58''
	777	46 10	35''	27 0	
Kr. R.	765	47 8	34''	27 59	27 56
	754	47 57	33''	27 52	

$$(90 - q) = 38° 27' 27''$$
$$\text{Refr.} = +\ 44$$
$$(90 - \varphi) = 38\ 28\ 11$$
$$\varphi = 51° 31' 49''$$

§ 22. Bestimmung der Breite aus zwei oder drei nahe dem Meridian gemessenen Höhen eines Sternes, wenn nur die Zwischenzeit bekannt ist.

Es kann auf Reisen leicht der Fall eintreten, daſs man nicht in der Lage ist, eine Zeitbestimmung auszuführen, also der Stand der Uhr unbekannt ist. Deshalb soll man aber doch nicht unterlassen, einige Höhenmessungen, wenn sich die Gelegenheit dazu bietet, in der Nähe des Meridians auszuführen, denn auch dann läſst sich bei Kenntnis der Zwischenzeit (also wenn möglich auch des Uhrgangs) aus zwei Höhen, wenn auch δu unbekannt ist, aus drei Höhen eine brauchbare Breite ableiten. Im letzteren Fall ist es wünschenswert, daſs die beiden Zwischenzeiten nahezu gleich sind.

1. Im ersten Fall hat man, wenn U_1 und U_2 die beiden Uhrzeiten sind (die zweite wegen event. Ganges verbessert) und h_1 resp. h_2 die zugehörigen Höhen:

$$\varphi = 90° + \delta - \left\{ \tfrac{1}{2}(h_1 + h_2) + a \Delta t^2 + \frac{[\tfrac{1}{4}(h_1 - h_2)]^2}{a \Delta t^2} \right\}.$$

Darin bedeutet $\quad a = \dfrac{\cos \varphi \cos \delta}{\sin(\varphi - \delta)} \cdot 1{,}9635$

und $\quad \Delta t = \tfrac{1}{2}(t_2 - t_1)$.

Für die Berechnung von a lassen sich die in den nautischen Tafeln enthaltenen sogenannten „Kulminationssekunden" verwenden.

2. Ist auch nichts über das Verhalten der Uhr bekannt (also δu unbekannt), so liefern drei Höhen doch ein Resultat für φ. Es ist dann, wenn h_1, h_2 und h_3 die zu den Uhrzeiten U_1, U_2 und U_3 gehörigen Höhen sind, zu setzen:

$$b = \frac{h_1 - h_2}{t_2 - t_1}; \quad c = \frac{h_2 - h_3}{t_3 - t_2} \text{ und } d = \frac{c - b}{t_3 - t_1},$$

damit erhält man die Zeit T des Meridiandurchganges

$$T = \frac{t_2 + t_1}{2} - \frac{b}{2d} \text{ oder gleich } \frac{t_2 + t_3}{2} - \frac{c}{2d}.$$

Kennt man T, dann läfst sich φ leicht aus einer oder zur Kontrolle besser aus mehreren der Grundgleichungen bestimmen, die lauten:

$$\varphi = 90^0 + \delta - \{h_1 + d\,(t_1 - T)^2\}$$
$$= 90^0 + \delta - \{h_2 + d\,(t_2 - T)^2\}$$
$$= 90^0 + \delta - \{h_3 + d\,(t_3 - T)^2\}$$

An die Stelle solcher Rechnungen kann mit Vorteil auch immer die graphische Auswertung der Messungen treten, indem man auf Millimeterpapier die Zeiten als Abszissen und die wegen Refraktion event. Durchmesser und Parallaxe korrigierten Höhen als Ordinaten in geeignetem Mafsstab aufträgt und durch die Endpunkte der Ordinaten eine Kurve zieht. Der höchste Punkt dieser Kurve wird die Ordinate, d. h. die Höhe für die Kulmination angeben und damit in bekannter Weise φ zu finden gestatten. Bei sorgfältiger Zeichnung kann man auf diese Weise φ leicht bis auf wenige Zehntel der Bogenminute finden. Überhaupt gewährt eine graphische Darstellung der Messungsresultate in sehr vielen Fällen eine gute und recht lehrreiche Übersicht für den Beobachter.

§ 23. Bestimmung der Breite aus Beobachtungen nahezu gleicher Zenitdistanzen im Norden und Süden des Zenits.

Hat der Reisende ein Durchgangsinstrument mit einer empfindlichen Libelle, die direkt an die Horizontalachse geklemmt werden kann, oder ist am Universalinstrument die Libelle entsprechend angebracht (was leicht gemacht werden kann), oder hat er gar ein oben näher beschriebenes Zenitteleskop zur Verfügung, so können die Breitenbestimmungen mit grofser Genauigkeit dadurch ausgeführt werden, dafs man Sterne auswählt, welche nördlich und südlich vom Zenit in sehr nahe gleicher Zenitdistanz kulminieren, für welche also $\frac{1}{2}(\delta_1 + \delta_2)$ sehr nahe gleich φ ist. Man hat dann nur nötig, diese Sterne bei ihrer Kulmination zu beobachten, indem man zwischen beiden Kulminationszeiten das Instrument in seinen Lagern umlegt oder um die Vertikalachse dreht. Die Zwischenzeit darf nicht zu grofs sein (etwa 5—10 Minuten). Haben die Sterne nicht genau gleiche Zenitdistanz, so läfst sich die Differenz, wenn nicht ein Mikrometerfaden im Okular ist, auch mittels der Libelle oder einer der Fufsschrauben, deren Ganghöhe dann genau bekannt sein und die im Meridian stehen mufs, bestimmen, und das ganz besonders gut, wenn im Gesichtsfelde mehrere Horizontalfäden ausgespannt sind, deren Distanz bekannt ist. Auf diese Weise kann die Differenz der Zenitdistanzen gemessen werden (dieselbe soll 5—10 Bogenminuten nicht übersteigen), und man hat dann, wenn von Refraktionsverschiedenheiten abgesehen wird, die gerade bei dieser Methode wegen der zu wählenden kleinen Zenitdistanzen (10—30°) sicher ohne Belang sind,

$$\varphi = \tfrac{1}{2}(\delta_1 - \delta_2) + \tfrac{1}{2}(z_1 - z_2).$$

Im übrigen kann hier auf diese Methode nicht weiter eingegangen werden; auch die scharfe Auswertung der Resultate wird immer nach der Rückkehr des Reisenden einem Fachmann überlassen werden müssen, wegen der nötigen Diskussion der einzelnen Daten, welche zur Messung von $(z_1 - z_2)$ benutzt worden sind und wegen der Ausrechnung möglichst zuverlässiger Werte für die Deklinationen der Sterne. Die Methode eignet sich nur gut, wenn der Reisende längere Zeit an einem Orte bleibt, dessen Position vielleicht schon früher nahezu bekannt war, denn dann kann schon vor der Reise ein entsprechendes Beobachtungsprogramm gemacht werden.

§ 24. Bestimmung der Breite aus Durchgangsbeobachtungen im I. Vertikal.

Bleibt der Reisende längere Zeit an einem Orte, so kann zur Breitenbestimmung sowohl Universalinstrument als Durchgangsinstrument (letzteres wegen größerer Stabilität vorzuziehen) in der Weise verwendet werden, daß man die Umdrehungsachse in den Meridian stellt; dann wird bei fehlerfreiem Instrument die Absehenslinie die Ebene des I. Vertikals

Fig. 6.

beschreiben. Beobachtet man mit einem so aufgestellten Instrument die Zeiten der Durchgänge von Gestirnen durch den Ost- und durch den Westvertikal, so liefern die Zwischenzeiten eine sehr scharfe Bestimmung der Größe $(\varphi - \delta)$, welche sich als Pfeil eines sphärischen Kreissegmentes darstellt (Fig. 6). Nach den Beziehungen der sphärischen Astronomie ist dann

$$\sin(\varphi - \delta) = 2 \sin \varphi \cos \delta \sin \tfrac{1}{2}(t_w - t_o)$$

oder auch

$$tg\,\varphi = tg\,\delta \sec \tfrac{1}{2}(t_w - t_o).$$

Die erste Formel enthält wiederum φ auch auf der rechten Seite der Gleichung; es wird aber auch da für die erste Rechnung ein nur einigermaßen genäherter Wert von φ genügen, um sofort einen schon nahe richtigen zu finden.

In der Praxis wird die Umdrehungsachse nicht genau horizontal liegen; es wird dieselbe auch nicht genau von Nord nach Süd gerichtet sein. Deshalb müssen noch wegen dieser Abweichungen Korrekturen angebracht werden. Die wichtigste, die sich nicht durch Anordnung der Beobachtungen eliminieren läßt, ist die für eine Neigung der Horizontalachse. Sie beträgt $\frac{1}{2}(i_0 + i_w)\cos z$, wo i_0 resp. i_w diese Neigungen für den Ost- resp. Westdurchgang bedeuten. — Dazu kommen noch Korrektionen wegen der Abweichung der Horizontalachse von der Meridianrichtung mit $\pm k \sin z$, je nachdem die Achse beim Ost- oder Westdurchgang um k'' von dem Meridian abweicht, und eine solche wegen des Kollimationsfehlers im vollen Betrage desselben. Dabei ist zu bedenken, daß z immer nur klein (10^0—20^0) sein wird. Die genaue Auswertung der Beobachtung kann der Reisende aber meist nicht selbst oder wenigstens erst nachträglich ausführen.

Zur Bestimmung des Azimutes k müssen auch einige Sterne an jedem Abend in großen Zenitdistanzen beobachtet werden. Eine Änderung des Azimutes während der Beobachtungsdauer ist am schädlichsten. Die Beobachtungen müssen abwechselnd mit Kreis Nord und Kreis Süd ausgeführt werden, oder es muß das Instrument während der Ost- und Westdurchgänge umgelegt werden, wodurch der Einfluß des Kollimationsfehlers eliminiert wird.

§ 25. Bestimmung der Zeit und Breite aus Beobachtungen eines oder mehrerer Gestirne in verschiedenen oder gleichen Höhen oder in gleichen Vertikalkreisen.

Wie schon oben bemerkt, lassen sich aus den Höhenmessungen zweier Gestirne bei verschiedenen Höhen auch Zeit und Breite gleichzeitig bestimmen. Sollen diese Resultate aber genau ausfallen, so ist es nötig, daß man bei der Auswahl der Gestirne resp. der Stellen am Himmel, an denen man beobachtet, gewisse Punkte beachtet, die im wesentlichen aus der oben angegebenen Differentialgleichung folgen (Seite 35). Man muß bei Beobachtung von Höhen danach streben, den Azimutunterschied nahe gleich 90^0 zu wählen, so daß ein Gestirn nahe dem Meridian, das andere nahe dem ersten Vertikal steht, oder besser, daß man vier Gestirne so auswählt, daß je eines im Süden und Norden (zur Breite) und je eines im Osten und Westen (zur Zeit) beobachtet wird. Am besten sollen dann die Zeitsterne die Breitenbeobachtungen zwischen sich schliefsen. Es würden sich Formeln angeben lassen, nach denen die Gesamtrechnungen gemeinsam durchgeführt werden könnten; doch ist das insofern nicht zu empfehlen, als durch solche Rechnungen leicht Ablesefehler u. dergl. unentdeckt bleiben. Es ist durchaus anzuraten, die Berechnung der Stundenwinkel und der Breiten einzeln vorzunehmen; dabei wird für die Berechnung der t zunächst ein genäherter Wert der Breite eingeführt und sodann aus den in der Nähe des Meridians angestellten Beobachtungen mit Hilfe der genäherten Kenntnis von Δu die Breite schärfer (meist schon völlig genau genug) gefunden werden.

Als besondere Fälle sind die zu unterscheiden (sie bieten mancherlei Vorteile), in denen man in **gleichen** Höhen oder in **gleichen** Vertikalen beobachtet hat; es können dann auch die vier Höhen durch drei in nahezu äquidistanten Azimuten ersetzt werden.

1. Namentlich der erstere Fall, welcher an das bekannte Gaufssche Problem der drei gleichen Höhen anknüpft, ist hier von Bedeutung. Die absoluten Höhen selbst sind dabei im allgemeinen gleichgültig; es mufs nur ihre Gleichheit gewährleistet sein.

Hat man zu den drei Zeiten U_1, U_2 und U_3 drei Gestirne in der (ihrem Betrage nach übrigens gleichgültigen) Höhe h beobachtet, so findet sich, wenn die Differenzen $U_2 - U_1$ und $U_3 - U_2$ nötigenfalls wegen Uhrgang (δu) korrigiert sind und man der Einfachheit wegen setzt

$$\tfrac{1}{15} \tau_1 = (U_2 - U_1) - (\alpha_2 - \alpha_1)$$
$$\tfrac{1}{15} \tau_2 = (U_3 - U_2) - (\alpha_3 - \alpha_1)$$

und aufserdem hat man aus der ersten und zweiten Beobachtung:

$m \sin M = \sin \tfrac{1}{2} \tau_1 \cotg \tfrac{1}{2} (\delta_2 - \delta_1)$
$m \cos M = \cos \tfrac{1}{2} \tau_1 \tg \tfrac{1}{2} (\delta_2 + \delta_1)$ und damit mit $N = \tfrac{1}{2} \tau_1 - M$
$\tg \varphi = m \cos(t + N);$

aus der ersten und dritten Beobachtung aber in gleicher Weise:

$m' \sin M' = \sin \tfrac{1}{2} \tau_2 \cotg \tfrac{1}{2} (\delta_3 - \delta_1)$
$m' \cos M' = \cos \tfrac{1}{2} \tau_2 \tg \tfrac{1}{2} (\delta_3 + \delta_1)$ und damit $N' = \tfrac{1}{2} \tau_2 - M'$
$\tg \varphi = m' \cos(t + N')$

In beiden Gleichungen für $\tg \varphi$ kommen φ und t als Unbekannte vor und lassen sich daraus finden, indem man die Gleichungen für t auflöst und setzt:

$$\tg \vartheta = \frac{m}{m'}, \text{ womit wird:}$$

$$\tg (t + \tfrac{1}{2}(N + N')) = \tg(45^\circ - \vartheta) \cotg \tfrac{1}{2}(N' - N),$$

dann ist $\qquad \Delta u_1 = \alpha + t - U_1$

gültig für die Beobachtung des ersten Sternes. In den obigen Gleichungen sind m, m', M, M', N, N' und ϑ Hilfsgröfsen, die nur zur Erleichterung der Rechnung dienen. Trotzdem bleibt die Auswertung der Beobachtungen etwas umständlich. Hält man sich längere Zeit an einem Ort auf, und beobachtet man immer dieselben Sterne, was mehrere Wochen hindurch möglich ist, so kann die Rechnung durch Hilfstafeln abgekürzt werden.

2. Gelingt es dem Reisenden z. B., mit einem Durchgangsinstrument oder auch mit einem Universalinstrument zwei Höhen verschiedener Sterne beim Durchgang durch denselben Vertikalkreis zu messen, so läfst sich daraus Zeit und Breite recht genau finden; doch soll hier von der Wiedergabe der dazu nötigen Formeln wegen ihrer weniger übersichtlichen Form abgesehen werden; die Berechnung überläfst der Reisende später besser einem Fachmann, weil auch die genaue Auswertung der Instrumentalfehler dabei eine gröfsere Rolle spielt; es ist auf alle Fälle das Achsenniveau dabei sorgfältig abzulesen und der Kollimationsfehler der Absehenslinie kurz nach der Beobachtung in zuverlässiger Weise an einem irdischen Objekt eventuell an einer in gröfserer Entfernung aufgestellten Lampe zu bestimmen (vergl. auch Zeitbestimmung im Vertikal des Polarsternes, S. 46).

3. Sind zwei verschiedene Höhen desselben Sternes beobachtet, so läfst sich auch daraus Zeit und Breite finden; es mufs dann auch die eine Höhe nahe am Meridian (für die Breite) und eine im Osten oder Westen liegen. Die zu benutzenden Formeln sind dann, wenn h_1 und h_2 die Höhen, δ die Deklination des Sternes und t_1 und t_2 die zu den Höhen gehörigen Stundenwinkel sind:

$$\sin \tfrac{1}{2}(t_2 + t_1) = \frac{\sin h_1 - \sin h_2}{2 \cos \varphi \cos \delta \sin \tfrac{1}{2}(t_2 - t_1)}$$
$$\cos (\varphi - \delta) = \sin h_1 - 2 \sin \tfrac{1}{2} t_1 \cos \varphi \cos \delta.$$

Auf den rechten Seiten der Gleichung ist für φ ein genäherter Wert einzuführen und $t_2 - t_1$ eventuell wegen Uhrganges zu korrigieren. Die Rechnung ist so anzuordnen, dafs h_1 und t_1 zu dem in der Nähe des Meridians beobachteten Gestirne gehören.

In neuerer Zeit hat man mehrfach auch wieder auf die Messung von Höhendifferenzen zurückgegriffen. Dieselben sind, da sie nur einen differentiellen Charakter tragen, von manchen Fehlerquellen frei, und es können daher die betreffenden

Methoden, deren Auswertung meist nicht sehr umfangreich ist, nur empfohlen werden. Das Nähere darüber mufs aber in den nautischen Schriften nachgesehen werden.

§ 26. Anwendung der Photographie zur Bestimmung der Breite und der Zeit.

Heutigentags ist fast jeder Reisende mit einer photographischen Camera ausgerüstet, und es ist deshalb wohl angebracht, auch hier deren Verwendung für die Zwecke der geographischen Ortsbestimmung zu erläutern, soweit dies in einfacher Weise, und ohne dafs die höchste Genauigkeit angestrebt wird, geschehen kann. Denkt man sich eine photographische Camera so aufgestellt, dafs das Objektiv nach dem Zenit gerichtet ist und die empfindliche Platte somit sehr nahe senkrecht zur Lotlinie steht, so werden die Gestirne, welche sich auf der Platte abbilden, vermöge ihrer täglichen Bewegung Kreisbögen auf derselben ziehen, welche nach der Entwicklung der Platte zum Vorschein kommen. Könnte man nun auf der Platte denjenigen Punkt angeben, welcher das Zenit abbildet, und sind in den Kreisbögen Marken dadurch angebracht, dafs man zu bestimmten Zeiten (d. h. etwa 5 bis 10 Sekunden lang), welche man an einem Chronometer abliest und aufschreibt, das Objektiv verdeckt, so würde es leicht sein, durch Abmessung des Abstandes dieser Zeitmarken vom Zenitpunkt und durch Messen der Winkel, welche diese Richtungen am Zenitpunkt einschliefsen, Breite und Zeit zu finden. Die Breite allein würde man auffinden, wenn man den kürzesten Abstand derjenigen Kurven vom Zenitpunkt mifst, welche den Weg von Sternen darstellen, die während der Expositionszeit den Meridian passiert haben. Es handelt sich also darum, auf irgendeine Weise auf der Platte denjenigen Punkt zu finden, welcher das Zenit abbildet. Die Messung der Strecken auf der Platte kann dann, falls keine gröfsere Genauigkeit nötig wird, mit einem guten, etwa in halbe Millimeter geteilten Mafsstab ausgeführt werden.

Der Bildpunkt des Zenits läfst sich auf mehrfache Weise finden.

1. Man hängt neben der Camera an einem dünnen Drahte ein Lot auf, welches man zur Dämpfung der Schwingungen in ein Glas mit Öl oder Wasser tauchen läfst. Wird der Draht beleuchtet, so wird auf der Platte ein Bild desselben als Strich erscheinen, welcher offenbar durch den Zenitpunkt hindurchgehen mufs. Hängt man jetzt das Lot an einer andern

Stelle neben der Camera auf, beleuchtet wieder, so wird ein zweiter Strich auf der entwickelten Platte erscheinen, welcher den ersten Strich in einem Punkte schneidet, der dann offenbar die Abbildung des Zenits ist. Von diesem aus würden dann die obenerwähnten Entfernungen zu messen sein[1]).

2. Der Zenitpunkt läfst sich auch dadurch finden, dafs man die Camera während der Exposition auf den Himmel um eine genau vertikale Achse dreht. Das Bild eines feststehenden Sternes würde dann auf der Platte während der Drehung einen Kreis beschreiben, dessen Zentrum das Zenit darstellt. Kennt man von diesem Kreis zwei diametrale Punkte, so wird auch die Mitte ihrer Verbindungslinie dem Zenit entsprechen. Man hat also nur nötig, die Camera während der Exposition um 180^0 um eine vertikale Achse zu drehen, um der gestellten Bedingung zu genügen. Die Aufnahme wird folgendermafsen vor sich zu gehen haben. Nachdem der Apparat aufgestellt ist, welcher aus einer um eine vertikale Achse drehbaren Camera besteht (Schnaudersche Zenitcamera), wird Kassette und Objektiv geöffnet; dann läfst man die Sternbilder etwa ein oder zwei Minuten auf die Platte wirken, bedeckt das Objektiv zehn Sekunden lang und läfst dann wiederum ein oder zwei Minuten das Licht der Sterne auf die Platte wirken. Nun dreht man die Camera um 180^0 und macht eine ganz gleiche Aufnahme wie in der ersten Lage; jetzt dreht man die Camera zurück und macht eine dritte ganz gleiche Aufnahme. Dabei ist nur darauf zu achten, dafs die Unterbrechung der Sternspur in der zweiten Lage der Camera genau in die Mitte der Zeiten fällt, zu welcher die Unterbrechung in erster und dritter Lage stattfanden. Die Verbindungslinien, welche die Stelle der zweiten Unterbrechung mit der Mitte zwischen der ersten und dritten verbinden, werden dann alle, falls man die Spuren mehrerer Sterne in Betracht zieht, sich in einem Punkte, dem Bildpunkte des Zenits, schneiden.

3. Auch durch die Benutzung eines kleinen Kollimatorfernrohres kann man den Zenitpunkt markieren, indem man dasselbe mit der optischen Achse senkrecht gerichtet über der

---

[1]) Da ein blanker Metallfaden bei Beleuchtung mit einer Lampe unklare Striche gibt, so kann man dies Verfahren dadurch zweckmäfsig abändern, dafs man an dem Faden zwei übereinander befindliche polierte Metallkugeln zentrisch, in einem Abstande von etwa einem halben Meter, anreiht. Die Reflexe an diesen Kugeln werden dann zwei senkrecht übereinanderliegende Lichtpunkte liefern, durch welche sich auf der Platte die erwähnten Linien schärfer fixieren lassen.

mit der Kassettenfläche auf einer horizontalen Unterlage in der Mitte über dem Objektiv aufhängt. Wenn man sodann das Fadenkreuz beleuchtet, so wird dasselbe, sobald es im photographischen Fokus des Fernrohres steht, auf der Platte ein Bild erzeugen. Dreht man sodann die Aufhängevorrichtung des Fernrohres um 180°, so wird, wenn die Absehenslinie nicht genau senkrecht stand, bei nochmaliger Beleuchtung des Fadenkreuzes dasselbe eine zweite Marke auf der Platte hervorbringen. Die Mitte zwischen beiden Kreuzungspunkten der Fäden wird sodann der Bildpunkt des Zenits sein, falls die Camera während der Operation ganz unverrückt geblieben ist. Vor und nach Fixierung des Zenitpunktes, zu welchem Zwecke der kleine Kollimatorapparat auf einem besonderen Stative über dem Objektiv der Camera angebracht wird, läfst man die Sterne etwa eine halbe Stunde lang ihre Spuren aufzeichnen (Methode nach Schwarzschild).

Bei der zweiten und dritten Methode ist es nötig, die vertikale Richtung der Umdrehungsachse der Camera resp. des Kollimatorapparates durch Libellen zu kontrollieren, um etwaige Abweichungen in Rechnung bringen zu können. Auf die Ausmessung und Berechnung kann hier weiter, als es oben schon andeutungsweise geschehen ist, nicht eingegangen werden, da der Reisende im Felde meist nicht in der Lage ist, seine Aufnahmen zu entwickeln, noch weniger aber Mittel besitzt, dieselben genauer auszumessen. Es wird sich vielmehr stets empfehlen, die erhaltenen Aufnahmen an eine mit den nötigen Apparaten versehene Sternwarte (z. B. Göttingen) einzusenden und dort von einem Fachmann auswerten zu lassen.

Es galt hier nur den Reisenden darauf aufmerksam zu machen und zu zeigen, dafs mit verhältnismäfsig geringen Mitteln auch auf photographischem Wege brauchbare Breiten- und Zeitbestimmungen zu erlangen sind, und die Methoden zu skizzieren, nach welchen er seinen Apparat zu solchen Zwecken nutzbringend anwenden kann.

IV. Bestimmung der geographischen Länge und Azimutmessungen.

§ 27. Die verschiedenen Methoden der Längenbestimmung und das Wesen derselben.

Da es sich hier darum handelt, den Zeitunterschied zweier Orte zu ermitteln, so bieten sich für die Längenbestimmung drei verschiedene Wege dar. Erstens kann man die Zeit des einen Ortes direkt vermittels Uhren oder Chronometer nach dem zweiten übertragen und dieselben mit der dort herrschenden durch Zeitbestimmungen gefundenen vergleichen. Zweitens können an beiden Orten gleichzeitig sichtbare Phänomene (Pulversignale, elektrische Signale, Mondfinsternisse, Verfinsterungen der Jupitertrabanten) beobachtet werden, wodurch man unmittelbar die Differenz der Ortszeiten erhält. Drittens endlich können Mondbeobachtungen zur Längenbestimmung verwandt werden. Da nämlich der Mond uns so nahe ist, so verändert sich sein auf den Erdmittelpunkt reduzierter Abstand von einem andern Himmelskörper oder einer Ebene, deren Lage für jede Zeit bekannt ist, infolge seiner Eigenbewegung schnell genug, um die Zeit eines bestimmten Abstandes mit Sicherheit angeben zu können. Kennt man daher die Zeit eines Abstandes (sei es Berührung, wie bei Sonnenfinsternissen und Sternbedeckungen, oder eine gröfsere Entfernung, wie bei Monddistanzen) oder endlich direkt den Rektaszensionsunterschied zwischen Mond und ihm nahestehenden Sternen für eine bestimmte Ortszeit (z. B. für Greenwich oder Pariser Zeit), für welche diese angulären Distanzen im voraus berechnet und in den Jahrbüchern tabuliert sind, so kann man auf Grund der gemessenen Abstände auch die zugehörige Zeit des Nullmeridians bestimmen. Dann ist die Längendifferenz sofort gleich dem Unterschied beider Zeiten. Dabei ist erforderlich, dafs alle beobachteten Winkel so reduziert werden, als ob man sie vom Erdmittelpunkt aus gemessen hätte, denn nur für diesen können die Tafelwerte gegeben werden. Im allgemeinen ist immer eine genäherte Kenntnis der geographischen Länge vorauszusetzen, da dann sowohl die Reduktionsrechnungen als auch die Interpolation der Zeiten des Nullmeridians wesentlich erleichtert werden. — Es ist unter dieser Voraussetzung nur nötig, Verbesserungen dieser angenommenen Längendifferenz zu berechnen, und gerade dieser Umstand ist besonders bei Mondhöhenmessungen von Wichtigkeit.

§ 28. Längenbestimmung durch Zeitübertragung.

Was zunächst die Zeitübertragung betrifft, so ist wegen der Behandlung der Uhren auf § 4 zu verweisen. Auf der Reise kann man sich aber nie auf den Gang einer Uhr verlassen; es müssen daher stets mehrere Uhren in Anwendung kommen. Vorausgesetzt mufs dabei werden, dafs auf Grund einer Reihe von Beobachtungen oder auf andere Weise der tägliche Gang δu der Uhren sowohl vor als nach der Reise zwischen beiden Orten bekannt ist, dafs weiterhin kurz vor der Abreise vom ersten Ort (A) eine gute Zeitbestimmung und gleich nach der Ankunft am zweiten Ort (B) eine ebensolche ausgeführt werden kann[1]). Ist für den Ort A $\varDelta u_a$ und δu_a bekannt und sodann auch für den Ort (B) $\varDelta u_b$ und δu_b ermittelt, so hat man die Zeit der Reisedauer $(T_b - T_a) + (U_b - U_a) = D$ zu berechnen, wo D also gleich der Anzahl der zwischenliegenden Tage

$$+ (U_b - U_a)$$

ist. U_a und U_b sind die Uhrangaben für die letzte resp. erste Zeitbestimmung in A resp. B. Es ist dann direkt:

Längendifferenz $\quad \lambda = \varDelta u_a + D \dfrac{\delta u_a + \delta u_b}{2} - \varDelta u_b.$

Jede Uhr liefert einen Wert von λ, und diese müssen dann je nach der Zuverlässigkeit der Uhren miteinander zum Mittelwert verbunden werden. Ein Urteil über diese kann der Reisende sich dadurch verschaffen, dafs er seine Uhren regelmäfsig täglich miteinander vergleicht. Sicherer wird allerdings der wahrscheinlichste Wert von λ später nach Diskussion des ganzen Materials von einem Fachmann ermittelt werden können.

§ 29. Längenbestimmung durch Beobachtung gleichzeitiger Phänomene.

Die zweite Art bedarf nur einer kurzen Erörterung, da die Verfinsterungen in den Ephemeriden zum voraus berechnet sind. Wegen der unsicheren Schattengrenzen und des allmählichen Verschwindens resp. Wiederaufleuchtens gibt diese Methode aber keine zuverlässigen Resultate, die **Mondfinsternisse** noch weniger als die **Verfinsterungen der Jupitertrabanten**, zu deren Beobachtungen man überdies noch ein gutes Fernrohr haben mufs. Die Verschiedenheit der Beobachter und der Fernrohre hebt man teilweise auf, wenn Eintritt und Austritt aus dem Schatten beobachtet werden kann. Auch dadurch kann der Beobachter seinen und seines Instrumentes konstanten Fehler teilweise bestimmen, dafs er an einem bekannten Orte Verfinsterungen beobachtet und das Resultat mit anderweitig bekanntem Resultate vergleicht. — Von den Signalen fallen die elektrischen auf Reisen fort; die andern dienen nur für kurze Entfernungen.

---

[1]) Wenn der tägliche Gang der Uhren während des Transportes ein anderer ist als in Ruhe, so mufs man durch Schleifenbildung der Reiserouten erst das δu für den Transport zu bestimmen suchen.

§ 30. Längenbestimmung aus Sonnenfinsternissen und Sternbedeckungen.

Diese Ereignisse gewähren sehr zuverlässige Resultate; sie finden jedoch nur selten statt. Für denselben Ort beträgt die Anzahl der Sternbedeckung in einem Jahre:
für Sterne inkl. 4. Gröfse: im Mittel 6, selten mehr als 9.
„ „ „ 5. „ „ „ 20, „ „ „ 27.
Sonnenfinsternisse sind sogar höchstens drei im Jahre.

Die Vorausberechnung der Finsternisse und der Sternbedeckungen findet sich in den Ephemeriden, und es sind dort zugleich die Grenzen auf der Erdoberfläche angegeben, innerhalb deren diese Erscheinungen sichtbar sind. Im N. J. sind die Bedeckungen durch den Mond nur für diejenigen Sterne angegeben, welche vierter Gröfse und heller sind, und es sind für diese Sterne Hilfsgröfsen mitgeteilt, welche die Rechnung für die Ableitung der Länge aus der Beobachtung einer Bedeckung sehr erleichtern[1]). Tritt der Stern am hellen Mondrande ein, so ist die Beobachtung des Eintritts unsicher, da man den Stern schon oft vom Monde bedeckt glaubt, wenn dies noch nicht der Fall ist. Es ist daher zu empfehlen, am hellen Mondrande nur den Eintritt von Sternen erster und zweiter Gröfse zu beobachten, die Beobachtung des Austritts am hellen Mondrande aber auf Sterne erster Gröfse zu beschränken; es sei denn, dafs der Reisende ein genügend lichtstarkes Fernrohr zur Verfügung hat. Mit einem Fernrohr von 6 cm Öffnung und 60 facher Vergröfserung wird man am hellen Mondrande Sterne vierter Gröfse überhaupt nicht mehr sehen, während ein solches Fernrohr ausreichend ist, um bei schmaler Mondsichel kurz nach dem Neumonde noch den Eintritt von Sternen siebenter Gröfse am dunkeln, jedoch vom Erdlichte matt erleuchteten Mondrande beobachten zu können. Es ist dringend zu raten, die Beobachtung einer etwa stattfindenden Sternbedeckung nicht zu versäumen und sich in der Zeit kurz nach dem Neumonde nicht auf die in den Ephemeriden angegebenen Sterne zu beschränken, da die Berechnung solcher Bedeckungen ja später ausgeführt werden kann. Man richte das Fernrohr häufig auf die nächste Umgebung des Mondes, um zu sehen, ob ein hinreichend heller Stern vorhanden ist, welcher zur Bedeckung kommen kann; aus der nach einiger Zeit sichtbaren relativen Bewegung des Mondrandes gegen den

---

[1]) Hierzu sind auch die gewöhnlich in den „Annalen der Hydrographie" erscheinenden Hilfsgröfsen nach Stechert zu vergleichen. —

Stern wird man auf die Zeit und den Ort am Mondrande für den Eintritt sowohl als auch einigermafsen für den Austritt schliefsen können. Eine einzige gut beobachtete Sternbedeckung gibt, wenn die Bedeckung nicht zu nahe am südlichen oder nördlichen Mondrande erfolgt, und vorausgesetzt, dafs man den Stand der Uhr gegen Ortszeit genau kennt, eine bessere Längenbestimmung als mehrere Beobachtungen von Monddistanzen und Mondhöhen. Bei Sonnenfinsternissen können immer nur die Kontakte der Ränder beider Gestirne beobachtet werden; deren sind es vier: erster äufserer, erster innerer, zweiter innerer und zweiter äufserer Kontakt, von dem alle selten an einem Orte sichtbar sein werden. Der erste davon ist am unsichersten.

Auf die Methoden der Berechnung der Länge aus Sternbedeckungen und noch weniger aus Sonnenfinsternissen kann hier nicht eingegangen werden, da dieselben ziemlich umfangreich sind und aufserdem auch weitergehendere astronomische Kenntnisse erfordern, als in diesem Falle vorausgesetzt werden sollen.

§ 31. Längenbestimmung aus Monddistanzen.

Ein gutes Mittel für die Längenbestimmung bieten die Monddistanzen insofern, als sich diese Beobachtungen stets, mit Ausnahme weniger Tage während des Neumondes, anstellen lassen. Die Reduktion derselben ist jedoch etwas umständlich; sie läfst sich aber doch während der Reise ausführen, wenn auch nur bis zu einer gewissen Genauigkeitsgrenze. Am besten eignen sich für den Reisenden dazu die in den Jahrbüchern und besonders im „N. J." gegebenen Tafeln. Mit deren Hilfe gestaltet sich die Rechnung dann noch verhältnismäfsig kurz, während sie nach den strengen Formeln wegen des starken Einflusses der Mondparallaxe ziemlich umständlich wird. (Vergl. dazu die Handbücher der Nautik und Wislicenus, „Geographische Ortsbestimmungen".) Auch graphische Methoden lassen sich angeben. — Die Rechnung nimmt folgenden Verlauf: Es sind entweder mit der Monddistanz gleichzeitig durch einen zweiten Beobachter die Höhen der Gestirne beobachtet worden, oder diese müssen nach den Formeln für die Zenitdistanz bei gegebener Zeit berechnet werden. Damit hat man entweder die scheinbaren oder die wahren Höhen (Erdmittelpunkt). Mit Hilfe dieser wird der Einflufs von Refraktion und Parallaxe auf die Distanz gerechnet (Tafeln 7, 13 und 14 des „N. J."). Damit erhält man die Daten für die Berechnung der Korrektion der Distanz, zu welcher noch diejenige wegen des Mondradius und, wenn die Sonne statt eines Sternes verglichen ist, auch der Radius dieser Richtung der Distanz (Tafeln 9a bis 12) hinzukommt, um die Distanz der Zentren zu liefern. Mit dieser Distanz der Mittelpunkte wird die Azimutdifferenz resp. der Unterschied im Stundenwinkel gerechnet und aus diesem dann die Distanz am Erdmittelpunkt, welche mit den Daten des Jahrbuches verglichen werden kann. Für die Interpolation enthält das „N. J." auch Tafeln (Tafel 17). Des weiteren muſs auf die angeführte Literatur verwiesen werden. — Die Monddistanzen sind offenbar dann am günstigsten, wenn dieselben sich am raschesten ändern. Infolge der elliptischen Mondbahn und aus einigen andern Ursachen kann die tägliche Änderung zwischen 8 und 16 Grad schwanken; ein Beobachtungsfehler von $10''$ in der Distanz bringt, je nachdem, einen Längenfehler von $7^{1}/_{2}$ und $3^{3}/_{4}$ Bogenminuten hervor. Beobachtungen bei niederen Höhen sind wegen der Unsicherheit der Refraktion und der umständlichen Rechnung, welche sie wegen der Parallaxe fordern, zu vermeiden. Zuweilen wird es ratsam sein, den helleren Mond etwas abzublenden, während am Tage, wenn Distanzen zwischen Mond und Sonne gemessen werden, letztere stark abgeblendet werden muſs. Der Fehler, der dabei durch eine etwaige prismatische Gestalt der Blendgläser hervorgebracht werden kann, muſs aber bekannt sein oder durch Drehung der Gläser um $180°$ eliminiert werden (vergl. S. 17). Auſserdem spielt die Exzentrizität des Sextanten, wenn ein solcher verwendet wird, und der Indexfehler eine groſse Rolle. Ihren Einfluſs kann man aufheben, wenn man Sterne von nahe gleichem östlichen und westlichen Abstande vom Monde am selben Tage miſst. Der Indexfehler ist aber doch stets zu bestimmen. Auch muſs man, wenn möglich, Distanzen zur Zeit des ersten und letzten Viertels messen.

§ 32. Längenbestimmungen aus Mondhöhen.

Diese Methode eignet sich besonders für niedere Breiten, wo die Richtung der täglichen Bewegung nahe mit dem Vertikalkreise zusammenfällt. Die Höhen müssen in dem Stundenwinkel genommen werden, in welchem die Eigenbewegung des Mondes den gröſsten Einfluſs auf die Änderung des Stundenwinkels hat. Wächst die Deklination des Mondes stark, so müssen bei höheren nördlichen Breiten die Höhen im westlichen Stundenwinkel genommen werden. In höheren südlichen Breiten sind die Höhen dagegen im ersteren Falle im Westen, im zweiten im Osten zu beobachten; gut ist es aber immer, zu beiden Seiten des Meridians möglichst gleich viele Messungen zu machen. Zur Eliminierung der Fehler des Instrumentes und der Beobachtungsmethode selbst ist es erforderlich, daſs die Sternhöhen immer so nahe als möglich den Mondhöhen gemessen werden und diesen auch nahe gleich sind. Ist der Unterschied nur gering, so beobachte man zuerst die eine Höhe und warte, bis das andere Objekt dieselbe Höhe erreicht. Man hat dann nur die beiden Zeiten zu notieren; zur Sicherheit, daſs sich das Instrument während der kleinen Bewegung um die Vertikalachse nicht verstellt hat, ist jedoch auch jedesmalige Ablesung der Höhenlibelle unbedingt nötig.

Die erstere Methode beruht auf der Messung absoluter Höhen, die zweite auf Höhendifferenzen.

a) Messung absoluter Höhen.

Hat man ein gewöhnliches Universalinstrument, so empfiehlt es sich, die absoluten Höhen zu messen und nur darauf zu achten, daſs der Stern nicht zu weit vom Mond entfernt ist (in Deklination nicht über 10—15°, in Rektaszension nicht über 5°), da sonst die Instrumentalfehler zu starken Einfluſs haben können.

Hat man mittels des Sternes die Zeitbestimmung ausgeführt, so erhält man aus der Höhenmessung des Mondes und der Uhrkorrektion den Stundenwinkel des Mondrandes. Mit den Angaben des Jahrbuches betr. Radius, welche man auch schon zur Berechnung des Stundenwinkels mit einer genäherten Länge interpoliert hat, findet man die Zenitdistanz der Mondmitte. Stundenwinkel und Sternzeit der Beobachtung liefern sodann die Rektaszension des Mondes. Diese wird im allgemeinen von der mit der genäherten Länge interpolierten abweichen. Die Differenz beider Werte gibt sodann einen Anhalt für die Korrektion der angenommenen Länge, wenn dieselbe durch die Änderung der Rektaszension des Mondes in einer gewissen, auch der Längendifferenz zugrunde gelegten Zeiteinheit (etwa die Zeitminute) dividiert wird. Numerisch würde der Verlauf der Rechnung folgender sein: Sind α_{C}, δ_{C}, r und π (Horizontalparallaxe) des Mondes mit der genäherten Länge (λ) aus dem Jahrbuch entnommen, und ist φ die Breite des Beobachtungsortes, so hat man, wenn z die Zenitdistanz des Mondes und Δu der aus dem mondnahen Sterne gefundene Uhrstand ist, zu rechnen:

1. $r' = r + sr^2 \cos z + \frac{1}{2} s^2 r^2$, dabei ist $\log s = 5.2495 - 10$ und r in Bogensekunden anzusetzen. (Das dritte Glied fast stets unnötig.)

2. Sodann ist $z' = z \pm r' \begin{Bmatrix} \text{oberer} \\ \text{unterer} \end{Bmatrix}$ Rand.

3.[1]) $\sin \pi_1 = \dfrac{\sin \pi}{\sqrt{1 - e^2 \sin^2 \varphi}}$ und $\delta_1 = \delta + e^2 \pi_1 \sin \varphi \cos \delta$

$\log e^2 = 7.8244 - 10$.

Damit hat man:

4. $\sin \frac{1}{2} t_{\mathbb{C}} = \sqrt{\dfrac{\sin \frac{1}{2} [z_1 + (\varphi - \delta_1)] \sin \frac{1}{2} [z_1 - (\varphi - \delta_1)]}{\cos \varphi \cos \delta_1}}$.

5. $\alpha'_{\mathbb{C}} = U_{\mathbb{C}} + \Delta u \pm \frac{1}{15} t \cdot$ Mond im $\begin{Bmatrix} \text{Osten} \\ \text{Westen} \end{Bmatrix}$ beobachtet.

Die Korrektion ($\Delta \lambda$) der genäherten Länge (λ) ist dann

$$\Delta \lambda = \pm \dfrac{\alpha_{\mathbb{C}} - \alpha'_{\mathbb{C}}}{\Delta a + \dfrac{\Delta \delta}{15} \left(\dfrac{\tang \varphi}{\sin t} - \dfrac{\tang \delta}{\tang t} \right)},$$

wo Δa und $\Delta \delta$ die Änderungen der Mondkoordinaten in der Zeiteinheit (Minute) sind. Bei t ist auf das Vorzeichen zu achten. — Bezüglich des Vorzeichens vom $\Delta \lambda$ gilt das $\begin{Bmatrix} \text{obere} \\ \text{untere} \end{Bmatrix}$ für $\begin{Bmatrix} \text{östl.} \\ \text{westl.} \end{Bmatrix}$ Längen.

b) Messungen von Höhendifferenzen.

Wie oben bei der Besprechung der Instrumente erwähnt, hat man in neuerer Zeit auch leichte und handliche Instrumente spez. für die Messung von Höhendifferenzen gebaut. Mit ihrer Hilfe ist es dann möglich, diese Differenzen in der Weise sicher zu messen, daß man zunächst das eine Gestirn in Höhe einen oder mehrere Horizontalfäden passieren läßt und sodann, ohne die Absehenslinien in ihrer Neigung gegen den Horizont zu ändern, das zweite Gestirn in gleicher Weise beobachtet. Kleine Änderungen in der Neigung gibt eventuell die Ablesung einer mit dem Fernrohre direkt zu verbindenden empfindlichen Libelle.

Hat man die beiden Zeitmomente der entsprechenden Durchgänge notiert, so läßt sich daraus die Differenz der

---

[1]) Die Formeln 3 brauchen für die Tropen nicht gerechnet zu werden. Es ist $\pi_1 = \pi$ und $\delta_1 = \delta$ zu setzen.

Stundenwinkel und sodann die Höhe des Mondes berechnen, und diese wird dann mit der Soll-Höhe, wie sie die mit der genäherten Länge interpolierten Daten des Jahrbuches liefern, verglichen und daraus die Korrektion der Längendifferenz abgeleitet. Diese Rechnung ist, wenn sie scharf geführt werden soll, erheblich umständlicher als die des vorigen Abschnittes; sie mag daher hier nur angedeutet werden. Aus $a_{\mathbb{C}}$ und $\delta_{\mathbb{C}}$, r und π mittels (λ) aus dem Jahrbuch interpoliert, rechnet man die Sternzeit der Beobachtung des Mondes $U + \varDelta u$, daraus mit $a_{\mathbb{C}}$ den Stundenwinkel

$$t_{\mathbb{C}} = U_{\mathbb{C}} + \varDelta u - a_{\mathbb{C}},$$

welcher sodann mit $\delta_{\mathbb{C}}$ und φ die wahre Höhe h_0 des Mondes liefert (§ 14). Diese sollte mit der beobachteten wahren Höhe h stimmen, wenn die Länge richtig angenommen, wenn also $a_{\mathbb{C}}$ und $\delta_{\mathbb{C}}$ mit richtiger Zeit des Nullmeridians, also mit richtiger Längendifferenz λ, entnommen wären. Hat aber die Länge einen Fehler von $\varDelta \lambda$ Zeitsekunden, und ändern sich $a_{\mathbb{C}}$ und $\delta_{\mathbb{C}}$ in 1^m um $\varDelta a$ und $\varDelta \delta$ Bogensekunden, woraus eine Höhenänderung $\varDelta h$ folgen mag, so ist

$$\varDelta \lambda = \frac{h - h_0}{\varDelta h} \cdot 60,$$

wo $h - h_0$ in Bogensekunden auszudrücken ist.

$\varDelta h$ erhält man am bequemsten aus

$m \sin M = \cos \varphi \cos t \qquad \cos h \sin p = \cos \varphi \sin t$
$m \cos M = \sin \varphi \qquad \cos h \cos p = m \cos (\delta + M)$

(p für östlichen Stundenwinkel negativ).

Es ist dann: $\varDelta h = \cos p \cdot \varDelta \delta + \cos \delta \sin p \cdot \varDelta a$.

§ 33. Längenbestimmungen aus Mondkulminationen.

Verfügt man über ein kleines Durchganginstrument oder über ein einigermaßen stabil aufgestelltes Universalinstrument[1]), so ist die Beobachtung der Mondkulmination und derjenigen einiger Sterne **vor** und **nach** dem Mond, die mit diesem nahe gleiche Deklination haben, das einfachste, zuverlässigste Verfahren, welches zur Auswertung nur sehr geringer Rechnungen bedarf, namentlich wenn man die Koeffizienten der Instrumentalfehler einer Tafel entnehmen kann. Wie oben im § 17 gezeigt wurde, erhält man durch Beobachten der Durchgänge der bekannten Gestirne durch die Fäden eines nahezu im Meridian

---

[1]) Prof. Schnauder hat gezeigt, daß bei genügender Übung und Vorsicht schon die kleinen Hildebrandschen Universale genügen können.

aufgestellten Fernrohres auch die Zeiten ihrer Durchgänge durch den Meridian, wenn die Korrektionen wegen der Instrumentalfehler angebracht werden (vergl. Seite 45). Hat man nun nicht nur Sterne, sondern auch den Mondrand auf diese Weise beobachtet, so liefern, wenn der Uhrgang bekannt ist oder aus den Sternendurchgängen mitbestimmt wird, die Differenzen der Beobachtungszeiten unmittelbar auch die Differenz (f) zwischen den Rektaszensionen (α) der Sterne und der des Mondrandes ($\alpha_\mathbb{C}$). Aus den Jahrbüchern kann man die Durchgangszeit für den Mondradius entnehmen und erhält damit die Reduktion (d) von Mondrand auf Mondzentrum. Dann ist offenbar

Stern 1) $T_1 + f_1 \pm d = \alpha$ Mondzentrum Sterne vor
2) $T_2 + f_2 \pm d = \quad\quad$ „ dem Mond[1]).

Stern 3) $T_3 - f_3 \pm d = \quad\quad$ „ Sterne nach
4) $T_4 - f_4 \pm d = \quad\quad$ „ dem Mond.

Die Werte für α Mondzentrum liefern im Mittel die Rektaszension des Mondzentrums zur Zeit seines Durchganges durch den Meridian des Beobachtungsortes; das Jahrbuch gibt diesen Wert für die Kulmination am Nullmeridian, und es wird dann ganz einfach sein

$$\lambda = \frac{\alpha_\mathbb{C} \text{ (beob.)} - \alpha_\mathbb{C} \text{ (Jahrbuch)}}{\Delta \alpha},$$ [2])

wenn $\Delta \alpha$ die Rektaszensionsänderung für die Einheit der Längendifferenz ist. Man erhält also λ in Zeitminuten, wenn $\Delta \alpha$ auch für eine Zeitminute aus dem Jahrbuch entnommen wird. Sowohl **Nautical Almanac** als auch **Connaissance des Temps** enthalten für diese Rechnung sehr bequeme Angaben und auch die ausführliche Erläuterung für ihren Gebrauch.

§ 34. Verwendung photographischer Aufnahmen zur Längenbestimmung.

Auch zur Längenbestimmung können unter günstigen Umständen photographische Aufnahmen mit Reisecameras verwendet werden. Natürlich können dabei nur Aufnahmen des Mondes in Frage kommen. Steht in der Nähe des Mondes, etwa innerhalb 30°, ein Stern, und zwar am besten nahezu auf demselben Parallel, so können auf der Platte Bilder von Mond und Stern zugleich erzeugt werden. Es wird nun zwar bei

---

[1]) Das obere Verzeichnis gilt für das erste Viertel (I. Rand), das untere für das letzte Viertel (II. Rand) des Mondes.
[2]) Beispiel siehe Seite 44.

kleinen Objektiven der Stern kein Momentbild, und der Mond wird, wenn länger auf ihn exponiert wird, ein undeutliches und in die Länge gezogenes Bild geben. Man muſs deshalb kurze und lange Expositionen in geeigneter Weise miteinander verbinden. Dabei verfährt man z. B. folgendermaſsen: Nachdem das Objektiv resp. die Bildebene auf unendlich eingestellt ist und die Mitte zwischen Mond und Stern etwa in die Mitte der Platte fällt (etwas nach derjenigen Seite zu, von welcher die Sternbilder herzukommen scheinen), wird dafür gesorgt, daſs für längere Zeit die Camera unberührt stehen bleiben kann. Jetzt wird die Kassette geöffnet und darauf etwa 1—2 Minuten exponiert, dann schlieſst man das Objektiv für etwa zwei Minuten und macht dann am besten mit Hilfe eines Momentverschlusses eine ganz kurze Exposition 0,5—1,0 Sekunde; nun schlieſst man wieder für zwei Minuten und öffnet nach deren Ablauf das Objektiv während einiger Minuten. Dadurch erhält man zwei langgestreckte und genau in der Mitte dazwischen ein scharfes schwaches Mondbild, dieses letztere wird dann korrespondieren mit der Mitte zwischen den zwei Sternspuren, welche dieser auf der Platte gezogen hat. Ist das Objektiv lichtstark und der Stern hell genug (erste Gröſse oder ein Planet), so wird man auch unter der Lupe eventuell das Momentbild des Sternes wahrnehmen können. Solcher Aufnahmen kann man auf derselben oder auf verschiedenen Platten an einem Abend mehrere machen. Zur Auswertung kann natürlich der Reisende unterwegs aus dem schon oben (§ 26) angeführten Grunde kaum schreiten. Aber gelingt es, die Platten in gutem Zustande mit nach Hause zu bringen, so läſst sich mit Hilfe geeigneter Meſsapparate und Methoden die Distanz Mond—Stern ausmessen für die natürlich genau aufzuzeichnenden Expositionsmomente, wozu immer eine sehr sorgfältige Zeitbestimmung erforderlich ist. — Vorteilhaft wird es aber immer sein, wenn auch für die photographische Methode der Reisende unter sachverständiger Leitung sich hat einüben können.

Zum Schluſs der Erläuterungen über die Längenbestimmungen vermittels Mondbeobachtungen ist noch darauf aufmerksam zu machen, daſs alle Berechnung der Längendifferenz aus solchen nur bis zu einem gewissen Grade, selbst wenn der Reisende die oft langwierige Rechnung ausführen könnte und wollte, scharfe Resultate liefern können, da die in den Mondephemeriden gegebenen Rektaszensionen und Deklinationen nicht völlig richtig sind. Die Theorie der Mondbewegung ist eine so komplizierte, daſs es bis jetzt noch nicht möglich ist, auf Jahre voraus den Mondort bis auf Bogensekunden genau anzugeben. Die jeder Mondbeobachtung entsprechenden Koordinaten desselben lassen sich nur aus gleichzeitigen oder einschliefsenden Beobachtungen an festen Observatorien ableiten, so dafs dieselben immer erst nachträglich bekannt werden. Aus diesem Grunde sowohl als auch wegen mancher Schwierigkeiten, welche bei der Diskussion von Mondbeobachtungen auftreten, ist es jedenfalls nötig, die gesammelten Beobachtungsdaten nach der Rückkehr einem Astronomen vom Fach zur definitiven Berechnung zu übergeben. Der Reisende mufs nur mit der gröfsten Gewissenhaftigkeit dafür sorgen, dafs alle zur späteren Reduktion nötigen Daten in genügender Vollständigkeit aufgezeichnet werden. Damit dieses aber mit richtigem Verständnisse geschehen kann, ist es wünschenswert, wenn er sich auch mit den Rechnungsmethoden so weit vertraut macht, dafs er beurteilen kann, auf was er alles zu achten hat, und von welcher Wichtigkeit die einzelnen Angaben sind.

§ 35. Azimutmessungen.

Das Azimut A eines Gestirnes oder der Winkel am Zenit zwischen dem Meridian und dem Vertikalkreise dieses Gestirnes wird aus der gegebenen Polhöhe φ, der Zenitdistanz z und der Deklination δ erhalten nach

$$\sin \tfrac{1}{2} A = \sqrt{\frac{\sin (s-\varphi) \cos (s-z)}{\cos \varphi \sin z}} \qquad (1)$$

oder

$$\operatorname{tg} \tfrac{1}{2} A = \sqrt{\frac{\sin (s-\varphi) \cos (s-z)}{\cos s \, \sin (s-\delta)}} \qquad (2)$$

wo wieder

$$s = \tfrac{1}{2}(\varphi + z + \delta) \text{ ist.}$$

Ist der Stundenwinkel t bekannt, so ist noch

$$\sin z \, \sin A = \cos \delta \, \sin t \qquad (3)$$
$$\sin z \, \cos A = \sin \varphi \, \cos \delta \, \cos t - \cos \varphi \, \sin \delta.$$

Um das Azimut A eines terrestrischen Gegenstandes mit einem Reflexionsinstrumente zu bestimmen, beobachte man die Distanz desselben von einem Gestirn und reduziere den gemessenen Winkel nach § 11 auf den Horizont. Dieser reduzierte Winkel ist die Differenz der Azimute des Gegenstandes und des Gestirnes. Das Azimut des letzteren sowie die für die Reduktion notwendigen Zenitdistanzen erhält man aus obigen Formeln durch Rechnung, wenn die Zeit und also auch der Stundenwinkel bekannt sind. Sonst beobachte man die Zenitdistanz gleich mit, und zwar beobachte man alternierend Zenitdistanz und Winkel mit dem Gegenstande, damit alles auf denselben Zeitmoment reduziert werden kann. Das Gestirn soll sich immer nicht zu weit von dem irdischen Objekte und nahe in gleicher Höhe befinden; jedenfalls sind Höhen über 30—40° zu vermeiden. Befinden beide Objekte sich im Horizonte, so erhält man auch mit dem Sextanten die Azimutdifferenz unmittelbar.

Um das Azimut einer Richtung mit dem Universalinstrument zu bestimmen, hat man zunächst diejenige Ablesung des Horizontalkreises zu ermitteln, welche der Richtung des Fernrohres nach dem Südpunkte entspricht. Wird dann diese Ablesung von der für eine andere Richtung subtrahiert (vorausgesetzt, daſs der Kreis in der Richtung von Süd durch West usw. geteilt ist), so hat man das Azimut der letzteren Richtung. Ist die Zeit genau bekannt, so beobachte man irgendeinen Stern in gröſseren Zenitdistanzen, lese den Horizontalkreis ab und subtrahiere von dieser Ablesung das für die Beobachtungszeit berechnete Azimut des Sternes. Ist die Zeit weniger genau bekannt, so kann man einen dem Pole nahen Stern in jedem Stundenwinkel oder einen andern zwischen Zenit und Pol kulminierenden Stern zur Zeit der gröſsten Digression[1]) beobachten. Besser aber verbindet man mit der Ablesung des Horizontalkreises zugleich die des Vertikalkreises, wobei aber Sterne zu wählen sind, deren Zenitdistanz sich bedeutend rascher ändert als das Azimut, also wieder Sterne, die sich nahe in gröſster Digression befinden. Beobachtet man rasch hintereinander in beiden Lagen des Instrumentes, so erhält man eine Zenitdistanz z und eine Ablesung für das Azimut, die man als für das Mittel der Beobachtungszeit gültig betrachten darf. Wird mit z das Azimut berechnet und das Resultat von der Ablesung des Horizontalkreises subtrahiert, so erhält man wieder den Südpunkt. Wegen der Umlegung des Instrumentes kann man diesen als frei vom Kollimationsfehler betrachten; er ist aber noch für die Neigung i der horizontalen Achse zu korrigieren, wenn z kleiner als 60—70° ist. Denkt man sich diese Achse bis zum Horizonte verlängert, so wird das eine Ende einen Punkt des Horizontes treffen, dessen Azimut um 90° gröſser ist als das beobachtete. Liegt dieses Achsenende

---

[1]) **Digression** nennt man diejenigen Punkte der scheinbaren täglichen Bewegung eines Sternes, in denen er seine gröſsten Azimute nach Westen oder Osten vom Meridian erreicht. Dort ist die Azimutänderung gleich Null und ein Fehler in Δu also unmerklich bei der Berechnung von A.

zu hoch, so betrachte man die durch das Niveau ermittelte Neigung i als positiv. An das durch Rechnung gefundene Azimut ist dann die Korrektion $+i \operatorname{cotg} z$, an den eben gefundenen Südpunkt also $-i \operatorname{cotg} z$ anzubringen.

Anmerkung, betreffend die Tafeln und Handbücher, welche der Reisende aufser den Jahrbüchern noch mit sich führen sollte.

Th. Albrecht, Logarithmisch-trigonometrische Tafeln mit fünf Stellen, oder die ähnlichen Tafeln von Becker, Bremiker, sowie eine vierstellige Logarithmentafel (etwa auch Bremiker).

Th. Albrecht, Formeln und Hilfstafeln für geographische Ortsbestimmungen. III. Auflage.

W. F. Wislicenus, Handbuch der geographischen Ortsbestimmungen auf Reisen, zum Gebrauche für Geographen und Forschungsreisende.

Im übrigen ist zu empfehlen für diejenigen, welche sich auch über die Ableitung der Formeln orientieren wollen: W. Jordan, Grundzüge der astronomischen Zeit und Ortsbestimmung, oder eines der umfangreicheren Lehrbücher der sphärischen Astronomie, die aber mehr für das Studium daheim als für den Feldgebrauch eingerichtet sind.

Aufnahme des Reiseweges und des Geländes.

Von
Peter Vogel.

Einleitung.

Wer in wenig erforschten Gebieten reist, kann durch Aufnahme des Weges und des umliegenden Geländes der Geographie wesentliche Dienste leisten. Die dazu erforderlichen Kenntnisse und praktischen Fertigkeiten in der Handhabung der Instrumente hat man sich bereits bis zu einem gewissen Grade in der Heimat anzueignen. Die besonderen Verhältnisse im Forschungsgebiete werden zwar manche der zu Hause geübten Methoden modifizieren, immerhin aber wird ein gut vorgebildeter Reisender gleich von Anfang an hinsichtlich des Grades der Genauigkeit, womit er arbeiten muſs, das richtige Gefühl haben und nichts versäumen, was für die schlieſsliche wissenschaftliche Verarbeitung des gewonnenen Materials von Wichtigkeit ist.

Man soll sich auch zu Hause bereits einen Plan über die Arbeiten, die man ausführen will, machen und sich dabei nicht zuviel vornehmen. Wer den Reiseweg sorgfältig aufnehmen, die nötigen direkten Ortsbestimmungen machen und ein gutes Bild der allgemeinen Oberflächenverhältnisse des bereisten Gebietes schaffen will, ist nicht nur tagsüber reichlich beschäftigt, sondern sitzt auch des Nachts noch manche Stunde an der Kerze, wenn die Reisegefährten schon im Zelte oder in der Hängematte der Ruhe pflegen.

Die Aufgabe, welche in erster Linie zu lösen ist, ist die Bestimmung des Reiseweges nach Richtung und Entfernung oder, wie man zu sagen pflegt, die Aufnahme des Itinerars. Es werden zu diesem Zwecke von einem auf der Karte bereits festgelegten oder durch direkte Ortsbestimmung erst festzulegenden Ausgangspunkte aus die einzelnen Teile des Reiseweges durch Bussole und Entfernungsbestimmung bis zu einem ebenfalls bereits festgelegten oder festzulegenden Punkte aufgenommen und die zugehörigen Höhen über irgend einem Nullpunkte gemessen.

Wo direkte Ortsbestimmungen nicht nötig sind, wie z. B. bei Durchquerungen von Inseln, deren Küsten bereits aufgenommen sind, oder bei geringen Entfernungen (bis zu 100 km), kann jeder Gebildete, der die nötige Sorgfalt aufwenden will, mit nur wenigen Hilfsmitteln ein brauchbares Itinerar liefern. Wer auf große Entfernungen arbeiten und bis zur definitiven Vermessung (Triangulation) des bereisten Gebietes brauchbares Material liefern will, bedarf guter Schulkenntnisse in der Trigonometrie, Übung in der Handhabung geodätischer Instrumente und einiger Gewandtheit im topographischen Zeichnen. Die Anleitung zu direkten Ortsbestimmungen gibt die Abhandlung des Herrn Prof. Ambronn; im folgenden sollen nun die Instrumente und Methoden behandelt werden, die zur Aufnahme des Itinerars sowie zu den sich daran anschließenden geographischen Arbeiten benutzt werden können. Der Leser wird finden, daß mancher einfache Abschnitt verhältnismäßig breit und elementar, mancher schwierige dagegen nur kurz behandelt ist. Man möge das damit entschuldigen, daß auch der nur mit den einfachsten Mitteln ausgestattete Anfänger Rat finden soll; bei schwierigeren Arbeiten, die nur ein Vorgebildeter ausführen kann, wird oft ein Wink genügen.

I. Entfernungsmessung.

§ 1. Schrittmaß.

Das Abschreiten von Entfernungen ist ein vorzügliches Mittel zur Entfernungsbestimmung auf Reisen. Allerdings ist die Länge des Schrittes auch bei derselben Person wechselnd; sie hängt selbst bei gleicher Steigung ab von der Bodenbeschaffenheit (z. B. 100 Schritt auf aufgeweichtem Boden entsprechen ungefähr 96 Schritt auf festem), von der Last, welche man trägt, von der Bekleidung, insbesondere vom Schuhwerk (Höhe der Absätze), von der Tageszeit und dem Grade der Ermüdung und wird vom Winde beträchtlich beeinflußt. Man kann die Schrittlänge eines Mannes von 1,70 m Körperhöhe zu 80 cm annehmen und für je 5 cm Körperhöhe mehr oder weniger 1 cm zu- oder abrechnen. Jeder Beobachter soll durch Abschreiten einer Strecke von bekannter

Länge seine individuelle Schrittlänge bestimmen und keinen Versuch machen, sich einen Normalschritt anzugewöhnen, weil er einen solchen für die Dauer doch nicht einhalten kann. Man zähle Doppelschritte, beginne stets auf demselben Fuße mit Null und spreche jede Zahl zweisilbig aus, also die einsilbigen zweimal. Bei einiger Übung und günstigen Verhältnissen können Entfernungen durch Abschreiten auf 2—3 % genau bestimmt werden. Hat der Weg Steigung oder Gefälle, so verkleinert sich die Schrittlänge. Jordan fand z. B. für seinen auf horizontalem Wege 77 cm langen Schritt als Horizontalprojektion x die folgenden Werte:

Steigung aufwärts α	Schrittwert horizontal x_1	Gefälle abwärts α	Schrittwert horizontal x_2
0°	77 cm	0°	77 cm
5°	70 „	5	74 „
10°	62 „	10	72 „
15°	56 „	15	70 „
20°	50 „	20	67 „
25°	45 „	25	60 „
30°	38 „	30	50 „

Bezeichnet s die Schrittlänge in der Horizontalebene, so lassen sich diese Zahlen darstellen durch die Formeln $x_1 = s(1 - \sin \alpha)$ für das Aufwärtsgehen und $x_2 = s\left(1 - \sin \frac{\alpha}{2}\right)$ für das Abwärtsgehen.

Um den Horizontalwert der gezählten Schritte berechnen zu können, notiert man die Größe des Gefälles, in Graden geschätzt, wofür man sich leicht eine gewisse Fertigkeit aneignet, wenn man sie öfters mit dem Gefällmesser bestimmt. Übrigens kann man diese Reduktion auch mit Hilfe des Federbarometers, das ja ohnehin an jedem Bruchpunkte des Profils abgelesen werden sollte, bestimmen. (Vergl. Jordan, Vermessungskunde II, 6. Aufl., S. 657 und Tabelle [29].)

Da das Zählen der Schritte auf der Reise nicht längere Zeit durchgeführt werden kann, wenn man nicht die wichtigsten Beobachtungen versäumen will, wurden Schrittzähler konstruiert, die aber für den Forschungsreisenden nur von zweifelhaftem Werte sind, da sie nur bei geringen Steigungen und auf guten Wegen befriedigende Resultate liefern. Hängen sie nicht vollständig vertikal in der Tasche, so liefern sie leicht bis zu 10 % falsche Resultate; wer einen trägt, wird ihn leidlich finden, sobald er aber noch einen zweiten nimmt, wird er finden, welch große Differenzen beide haben. Wer Schrittzähler benutzen will, tut am besten, drei Personen mit je einem auszurüsten und das Mittel aus den Ablesungen zu nehmen; sie haben immerhin den Vorteil, daſs sie bei sehr wechselnden Geschwindigkeiten eine rasche Ermittlung der zurückgelegten Entfernung ermöglichen, und daſs sie beim wirklichen Schrittzählen vor groben Zählfehlern ($\pm$ 100 Schritt) schützen. In jedem Falle sollten sie die Zahl der Schritte unmittelbar angeben, nicht aber die nach irgendeinem Verhältnisse umgerechnete Entfernung in Metern. Will man sie zu Pferde benützen, so hängt man sie am Vorderzeuge der Tiere an und bestimmt auf abgemessenen Strecken die entsprechenden Zahlen für Schritt, Trab und Galopp. Die Instrumente werden dabei sehr stark mitgenommen, so daſs man sich bei längeren Reisen mit Reservestücken ausrüsten muſs.

§ 2. Marschzeit.

Eines der wichtigsten Mittel des Forschungsreisenden, um die zurückgelegte Entfernung zu messen, ist die Marschzeit, wenn damit eine sorgfältige Schätzung der Geschwindigkeit verbunden wird. Letztere wird ganz von den Verhältnissen abhängen. Die Ermittlung ihres Durchschnittswertes kann, falls sie nicht zu sehr wechselt, durch direkte Breitenbestimmung geschehen, wenn ein Teil des Weges in nahezu meridionaler Richtung führt. Sucht man nämlich das mit Hilfe eines vorläufig angenommenen Geschwindigkeitswertes gezeichnete oder gerechnete Itinerar zwischen die zwei astronomisch bestimmten Punkte einzupassen, so ergibt sich ohne weiteres der Reduktionsfaktor für die angenommene Geschwindigkeitszahl. Die Breite kann man leicht auf $1/3$ bis $1/4$ Minute genau bestimmen; da nun einer Breitenminute 1,85 km entsprechen, so bekommt man durch Breitenbestimmungen die Entfernung bis auf etwa $1/2$ km: das gibt bei einer Strecke von 25 km einen Fehler von 2 %. Kann man von diesem Mittel keinen Gebrauch machen, so empfiehlt es sich, eine Strecke von 1—2 km mit Meſsband oder Stahldraht durch vorausgeschickte Leute messen zu lassen oder durch Triangulation zu bestimmen und aus der entsprechenden Marschzeit die Geschwindigkeit abzuleiten; auch das nachher zu besprechende Meſsrad kann Verwendung finden.

Die Geschwindigkeit eines Fuſsgängers beträgt auf gebahnten Wegen 5 bis 5.5 km in der Stunde. Höhnel legte den Konstruktionen seiner ostafrikanischen Itinerare in 1 : 100 000 folgende Maſse zugrunde:

	In der Minute	Länge auf der Zeichnung	Daher Geschwindigkeit i. d. Stunde
Langsam	33 Schritte	0.25 mm	1.5 km
Langsamer Karawanenschritt	49 „	0.33 „	2.0 „
Karawanenschritt	65 „	0.50 „	3.0 „
Guter Karawanenschritt	77 „	0.59 „	3.5 „
Ziemlich schnell	90 „	0.70 „	4.2 „
Schnell	110 „	0.87 „	5.2 „

Für Kamelkarawanen fand Jordan 4.0 km in der Stunde. Für Maultierkarawanen fand ich in Matto Grosso selten mehr als 4.1 km in der Stunde; Maultiere, geritten, legen nach Th. Fischer in Marokko 5.5 km in der Stunde zurück, Reitkamele ebensoviel. Zu Pferde kann man bei flottem Schritte 6 km in der Stunde rechnen. Der Ochsenwagen legt in Südwestafrika etwa 4.6 km in der Stunde zurück.

§ 3. Meſsrad.

Zur Messung der Wegelängen kann man sich auch des Rades bedienen. Es gibt eigne Meſsräder, die zum Schieben durch einen Mann eingerichtet und mit einem Zählwerke versehen sind, das die Zahl der Umdrehungen oder der zurückgelegten Meter unmittelbar angibt. Wer die Unkosten eines richtigen Meſsrades scheut, kann sich wohl ein Velozipedrad mit einem Zählwerke versehen, in eine Gabel fassen und durch einen Mann bewegen lassen. Es scheint mir dabei besser, wenn dieser, in der Gabel gehend, das Rad zieht, als wenn er es schiebt. Es ist von besonderer Wichtigkeit, daſs die Ebene des Rades immer vertikal bleibt. Aus diesem Grunde liefert da, wo die Reise mit dem Wagen gemacht wird, die durch ein Zählwerk bestimmte Umdrehungszahl eines Wagenrades besonders gute Werte für die Wegelänge, bessere, als sie ein einzelnes Meſsrad gibt. Wo das Fahrrad verwendet werden kann, kann man gewiſs auch auf diese Weise brauchbare Längen erhalten, wenn man die Reifen stets gut aufgepumpt hält. In allen Fällen ist der Wert einer Raddrehung nicht aus dem Durchmesser zu berechnen, sondern an abgemessenen Strecken bei verschiedener Bodenbeschaffenheit zu bestimmen. (Vergl. Fergusons Instrumente, Seite 101.)

§ 4. Meſsband.

Am sichersten und einfachsten miſst der Reisende Entfernungen mit einem Stahlmeſsband von 20—50 m Länge. Dasselbe wird entweder mit durch die Endringe gesteckten Ziehstäben oder direkt mit Handgriffen gespannt. In jedem

Falle sollten die Endringe durch Wirbel drehbar sein. Für Messungen von geringerer Genauigkeit kann auch ein Band aus Stoff mit eingewebten Drähten benutzt werden, wenn es häufig kontrolliert wird. Die zu messende Linie wird in Abschnitten von 50—100 m durch Fluchtstäbe abgesteckt. Der hintere Mann A bringt den Anfangspunkt des Bandes auf den Anfangspunkt der zu messenden Linie und weist den vorausgehenden B in diese ein; letzterer bezeichnet, wenn das Band richtig gespannt ist, sein Ende durch einen Nagel, der im Bedarfsfalle noch durch einen Zweig usw. kenntlich gemacht wird. Nun legt A sein Ende am Nagel an, weist B wieder ein usw. und nimmt beim Weitergehen den Nagel mit sich. Die Zahl der Nägel, die A am Ende der Messung hat, gibt die Zahl der Bandlängen an. Ist das Meſsband nur in Dezimeter geteilt, so wird das letzte Stückchen mit dem Taschenmaſsstabe bestimmt. Ist man genötigt, eine Strecke ohne Gehilfen abzumessen, so richtet man sich zunächst einen Hilfspunkt (Stab, Stein auf einem Stück Papier usw.) in der Rückwärtsverlängerung der Strecke ein; dann schlägt man am Anfangspunkt der Strecke einen Nagel in den Boden, legt den Ring des Meſsbandes darum, bringt den Endpunkt des gespannten Bandes durch Zielung über den Anfangspunkt und dem Hilfspunkt in die zu messende Strecke und markiert ihn wieder durch einen Nagel. Nun wird der erste Nagel herausgezogen, der Ring um den zweiten gelegt und in gleicher Weise weitergemessen. Im Resultate muſs natürlich die Länge zwischen dem Nullpunkte des Meſsbandes und der Mitte des Nagels entsprechend berücksichtigt werden. Sind die einzelnen Meſsbandlagen nicht wagerecht, so hat man mit Hilfe eines Gefällmessers, als welchen man hier auch einen Gradbogen auf Pappe mit Senkel benützen kann, die Neigungen zu messen. Dies geschieht, wenn man ohne Ziehstäbe arbeitet, am einfachsten dadurch, daſs sich die beiden Bandzieher gerade stellen und der eine mit dem Gefällmesser nach einem seiner Augenhöhe entsprechenden Punkt seines Gehilfen zielt. Ist l die zu reduzierende Strecke, α ihr Neigungswinkel, so ist die auf dem Horizont reduzierte Strecke $x = l \cos \alpha$ oder $x = l - \dfrac{h^2}{2l}$, wenn h den Höhenunterschied der Endpunkte bezeichnet. Die Reduktion kann auch dadurch erhalten werden, daſs man den Höhenunterschied mit dem Aneroid miſst.

Handelt es sich um genaue Messungen, z. B. für eine Basis, so wird man die zu messende Strecke zuerst durch eine gespannte Schnur bezeichnen und bei einer vorläufigen Messung die Punkte, an welche die Enden des Bandes zu liegen kommen, durch einen eingeschlagenen Pflock oder Stein oder sonstwie bezeichnen. Bei der eigentlichen Messung wird dann die Endmarke des Bandes auf dem Pflocke durch einen Bleistiftstrich senkrecht zur Bandrichtung gemarkt. Das Band muſs dann stets gleich stark gespannt sein (7—10 kg); es kann dies dadurch kontrolliert werden, daſs man am Ende eine der für 50 Pfennige käuflichen Federwagen anhängt. Natürlich ist auch die Temperatur des Meſsbandes zu berücksichtigen, was insbesondere beim Gebrauch in tropischer Sonne nicht leicht ist. Daher soll seine Länge womöglich bei der Temperatur und der Spannung, unter der es benützt wird, geeicht werden. Man erhält natürlich auch verschiedene Werte für die Länge, je nachdem man das Band ganz auf dem Boden aufliegend, teilweise aufliegend oder ganz frei durchhängend benutzt. Letztere Art ist da, wo der Boden nicht eben ist, am meisten zu empfehlen. Bei einem Meſsbande, welches um den Betrag h durchhängt, ist die wagerechte Entfernung der Endpunkte $x = l - \dfrac{8\,h^2}{3\,l}$. Für Messungen gröſserer Strecken dürften Stahldrähte ganz besonders zu empfehlen sein, da Stahlbänder sehr leicht abreiſsen. Über die von Benoit und Guillaume in Paris verwendeten Drähte aus Nickelstahl „Invar" vergleiche man das Referat in der Zeitschrift für Vermessungskunde, 1904, S. 340. Sie benützten Drähte von 1,65 mm Dicke und 24 m Länge bei einer Spannung von 10 kg; wiederholte gröſsere Spannungen brachten noch keine wahrnehmbare Dehnung hervor, solange sie unter 40 kg blieben. Der Draht ist so aufzuwinden, daſs der entstehende Ring immer den Durchmesser hat, welchen ihm der Fabrikant gab.

Um Meſsbänder und Nivellierlatten usw. nachmessen zu können, sollte ein gut ausgerüsteter Reisender zwei Kontrollmeter mit Schneiden an den Enden haben. Einen einfachen hölzernen zusammenlegbaren Meterstab, welcher sorgfältig verglichen ist, soll jeder in der Tasche mit sich führen.

§ 5. Entfernungsmesser.

Die direkte Abmessung einer Strecke liefert die genauesten Resultate und führt, wo es sich nur um einige oder wenige Strecken handelt, auch am raschesten zum Ziel. Bisweilen aber sind, wie im Hochgebirge, Hindernisse im Gelände, oder es sind, wie bei topographischen Aufnahmen in groſsem Maſsstabe sehr viele Längen von einem Punkte aus einzumessen.

Da kann es nützlich sein, die zu messende Länge AB als Seite eines Dreiecks ABC zu bestimmen, von welchem eine zweite Seite BC, die „Basis" und die erforderlichen Winkel bekannt sind, beziehungsweise gemessen werden.

Die zahlreichen Instrumente, welche man erfunden hat, um die erforderlichen Stücke auf möglichst einfache Weise und mit einem Mindestaufwand von Rechnung zu finden, heifsen **Entfernungsmesser**. Je nachdem die Basis am Ziele oder beim Beobachter ist, unterscheidet man Entfernungsmesser mit und ohne Latte. Die letzteren werden zumeist bei der Entfernungsmessung für militärische Zwecke gebraucht; von den zahlreichen Konstruktionen, auf welche hier nicht näher eingegangen werden kann, können sicher auch einzelne seitens des Forschungsreisenden Verwendung finden; wo z. B. zwei Beobachter zusammen arbeiten, liefert der Tesdorpfsche Entfernungsmesser mit einer durch einen gespannten Draht von 25 m Länge gegebenen Basis sehr brauchbare Resultate. Auch der — leider etwas schwere — stereoskopische Entfernungsmesser von Zeifs wäre hier zu erwähnen. In England wurde der Entfernungsmesser von Barr & Stroud lebhaft empfohlen (Engineering, 1896, S. 232 und 264, Referat v. Hammer, Zeitschrift f. Instr., 1896, S. 249).

Meistens sind Distanzmesser mit Latte im Gebrauch. Die für sie mafsgebenden Gesichtspunkte sind folgende:

Ist das gleichschenklige Dreieck sehr langgestreckt, also ε sehr klein, so kann man die Seite $BC = l$ mit dem ent-

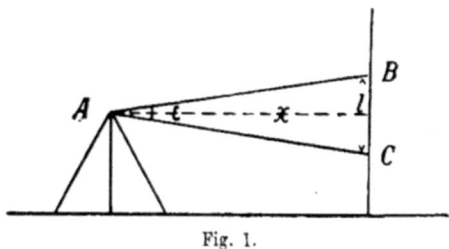

Fig. 1.

sprechenden Bogen eines Kreises vom Halbmesser x verwechseln und also

$$l = x \text{ arc } \varepsilon = x \varepsilon^0 \frac{\pi}{180^0} = \frac{x \varepsilon^0}{\varrho^0}$$

setzen; daraus ergibt sich

$$x = \frac{l \varrho^0}{\varepsilon^0} \varrho^0 = \frac{l \varrho'}{\varepsilon'} \varrho' = \frac{l \varrho''}{\varepsilon''} \varrho'', \text{ wobei } \varrho^0 = \frac{180^0}{\pi} = 57.2978^0,$$

$\varrho' = 60 \cdot \varrho^0 = 3437.75$ und $\varrho'' = 60 \cdot \varrho' = 206265''$ ist.

Je nachdem nun l konstant und ε veränderlich ist, oder umgekehrt, unterscheidet man Distanzmesser mit konstanter und

Distanzmesser mit veränderlicher Lattenlänge; bei den Instrumenten der letzteren Art wählt man ε gewöhnlich so, dafs $\varrho'' : \varepsilon'' = k = 100$ wird, woraus sich $\varepsilon'' = 2063'' = 34' 23''$ ergibt. In dieser Weise ist der Reichenbachsche Fadendistanzmesser eingerichtet, mit welchem das Fernrohr des Theodolites versehen sein sollte. Es sind zwei zum horizontalen Mittelfaden parallele Fäden in der dem Winkel $34' 23''$ entsprechenden Entfernung eingezogen; der Beobachter stellt sein Instrument zentrisch über den Anfangspunkt der zu messenden Linie und liest auf einer am Endpunkt vertikal aufgestellten Latte die Länge l ab, welche zwischen den beiden äufseren Parallelfäden im Fernrohr liegt; dann ist die gesuchte Entfernung $x = c + kl$; dabei bedeutet k die Multiplikationskonstante, gewöhnlich 100, und c die Additionskonstante; letztere ist gleich dem Abstande des äufseren Brennpunktes des Objektives von der Horizontalachse des Fernrohres, also gleich der Summe aus der Brennweite des Objektives und dem Abstande der Objektivmitte von der Drehachse des Fernrohres; sie ist bei anallaktischen Fernrohren gleich Null und kann bei den Reiseinstrumenten mit kurzem Fernrohre gewöhnlich vernachlässigt werden, so dafs die Entfernung $x = kl$ ist.

Ist die Zielrichtung schief, so dafs die durch den Mittelfaden bestimmte Fernrohrachse mit der Horizontalen den

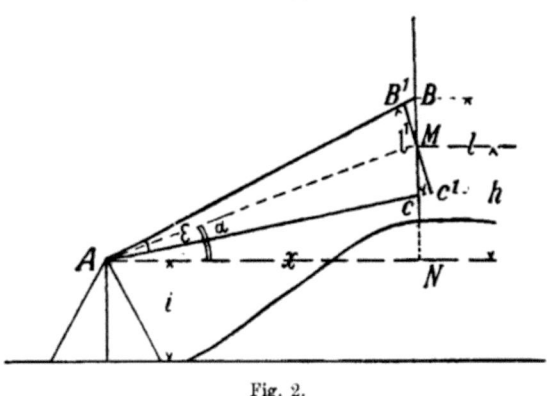

Fig. 2.

Winkel $MAN = \alpha$ bildet, so ergibt sich aus der zwischen den beiden äufseren Fäden auf der vertikalen Latte abgelesenen Länge $BC = l$ die zur Ziellinie senkrechte Lattenlänge $B'C' = l'$ genügend genau durch die Gleichung $l' = l \cos BMB' = l \cos \alpha$; es ist daher $AM = kl' = kl \cos \alpha$ und die gesuchte Horizontalentfernung $AN = AM \cos \alpha = kl \cos^2 \alpha$. Bezeichnet $h = MN$ die Höhe des vom Mittelfaden gedeckten Punktes M der Latte

über der Horizontalen durch die Kippachse des Fernrohres, so ist $h = AN$ tang $\alpha = kl \sin \alpha \cos \alpha$, also
$$h = \tfrac{1}{2} kl \sin 2\alpha.$$
Wer viele Entfernungen und Höhen auf diese Weise zu berechnen hat, bedient sich dazu zweckmäfsig der Hilfstafeln für Tachymetrie von Jordan. Als Latte kann man, wenn man keine eigentliche Distanzlatte hat, eine Nivellierlatte benützen, an welcher man eine Zielscheibe von 5—10 cm Durchmesser in derselben Höhe über dem unteren Ende (als Zielpunkt M) anbringt, welche die Horizontalachse des Fernrohres über dem Boden hat.

Mit einem Fernrohr von geringer Vergröfserung kann man mittels des Fadendistanzmessers nur geringe Entfernungen messen. Daher ist bei manchen Reisetheodoliten das Fernrohr mit einer Distanzschraube (Tangentialschraube) versehen, d. h. es kann mittels einer feinen, mit Trommelteilung versehenen Schraube, deren Umdrehungszahl an einer Skala abgelesen werden kann, um seine Horizontalachse gedreht werden. Kennt man den Winkelwert eines Trommelteiles, so kann man durch Einstellung von zwei Zieltafeln, welche im Abstande l voneinander an einer **vertikalen** Latte befestigt sind, den Abstand der Latte nach der Formel $x = \dfrac{l \varrho}{\varepsilon}$ (Seite 81) bestimmen. Bei den Hildebrandschen Reisetheodoliten ist das Verhältnis so gewählt, dafs die Entfernung $x = \dfrac{10\,000}{n}$ Meter ist, wenn einer Bewegung des Mittelfadens über 1 m Latte n Trommelteile entsprechen. Ist die Zielrichtung nach der Mitte beider Tafeln schief unter dem Winkel α gegen den Horizont, so ist $x = \dfrac{10\,000}{n} \cos^2 \alpha$. Es empfiehlt sich für derartige Messungen die Verwendung eines Basisbandes, wie es Hildebrand seinen Theodoliten beigibt. Es besteht aus einem Stahlbande, welches an einer Stange straff gespannt werden kann und von Meter zu Meter gelocht ist, so dafs man zwei Zieltafeln aufstecken kann, welche in die Lochung einschnappen.

Von Wichtigkeit ist bei all diesen Messungen, dafs die Zieltafeln möglichst weit, mindestens zwei Meter, voneinander entfernt sind, und dafs die untere mit Rücksicht auf die Strahlenbrechung wenigstens 1 m über dem Boden ist. Die Latte mufs mittels eines daran befestigten Senkels oder einer Dosenlibelle **genau vertikal und möglichst ruhig ge-**

halten werden; befindet sie sich nicht in der Vertikalebene der Ziellinie, so sieht dies der Beobachter am Vertikalfaden.

Hat der Theodolit Repetitionseinrichtung oder eine der vorigen ähnliche Tangentialschraube am Horizontalkreise, so kann man die Meſslatte mit Zieltafeln auch in horizontaler Lage verwenden; sie erhält dann, wie Figur 3 zeigt, auf der Seite der Zieltafeln einen metallenen Bügel mit Scharnieren in Gestalt eines gleichschenkeligen Dreieckes derart, daſs die

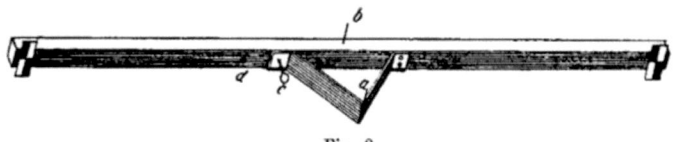

Fig. 3.

Verbindungslinie der Spitze a des Dreieckes mit der Mitte b der Latte, die durch je einen überstehenden Stift markiert sind, senkrecht zur Latte steht. Beim Transport wird der Bügel links bei c losgeschraubt, gestreckt und dann bei d wieder festgeschraubt. Die Latte wird von einem Gehilfen am Endpunkte der zu messenden Strecke horizontal so aufgestellt, daſs die Linie ba nach dem Beobachter im Anfangspunkte der Strecke gerichtet ist. Wird nun der Winkel ε, unter welchem die Entfernung l der beiden Zieltafeln erscheint, gemessen, so ist die gesuchte Entfernung $x = \dfrac{l}{2} \operatorname{ctg} \dfrac{\varepsilon}{2} = \dfrac{l \varrho''}{\varepsilon''}$.

Diese Methode hat den Vorzug, daſs der Beobachter die wagrechte Stellung der Latte am Horizontalfaden und den rechten Winkel an der zu messenden Strecke durch die Deckung der beiden Spitzen a und b kontrollieren kann.

Wenn eine gröſsere Strecke, z. B. 1 km, mit Hilfe des Distanzmessers gemessen werden soll, so zerlegt man sie in eine Anzahl ungefähr gleicher Teile und miſst jeden einzelnen von der Mitte aus durch Zielungen nach seinem Anfangs- und Endpunkt[1]).

---

[1]) Die Verwendung der horizontalen Latte zu Basismessungen von höherer Genauigkeit wurde für koloniale Zwecke empfohlen in den Abhandlungen: „Beschreibung des Basismeſsverfahrens mittels horizontaler Distanzlatte" von H. Böhler und „Eine Erweiterung des Böhlerschen Basismeſsverfahrens" von Kapitänleutnant Kurtz, beide in v. Danckelmans Mitteilungen, XVIII. Bd. 1895. Obwohl beide Methoden die Basismessung vom Gelände in hohem Maſse unabhängig machen, dürften sie wegen der vielen dazu notwendigen Instrumente und der umständlichen Rechnungen wohl nur selten Anwendung finden.

II. Winkelmessung.
§ 6. Kompaſs.

Eine Richtung wird durch ihr Azimut, d. h. durch den Winkel, welchen sie mit der Nordrichtung bildet, bestimmt. Man zählt das Azimut in der Richtung der Uhrzeigerbewegung, von Norden über Osten herum von 0—360°. Zur Richtungsbestimmung dient im allgemeinen der Kompaſs. Bei seiner Benutzung ist sorgfältig acht zu geben, daſs er nicht durch in der Nähe befindliches Eisen beeinfluſst wird. Der Beobachter hat deshalb besonders Waffen, stählerne Brillengestelle und Uhrketten, Messer, Werkzeuge und dergl. abzulegen und darauf zu achten, daſs auch keiner der in der Nähe stehenden Gehilfen solche bei sich hat. Das Gehäuse des Kompasses soll eisen- und nickelfrei, daher auch nicht vernickelt sein. Die Nadel soll die Form einer dünnen, hochkantig stehenden Lamelle mit schneidenförmigen Enden haben, da sie dann infolge des Luftwiderstandes rasch zur Ruhe kommt und groſse Richtkraft besitzt. Ein kleines Schieberchen auf der Lamelle ermöglicht die Ausgleichung der Inklination. Die Spitze der Pinne, auf welcher sich die Nadel dreht, muſs aufs feinste geschliffen und genau im Mittelpunkte der Teilung sein.

Zur Prüfung der Empfindlichkeit lenkt man die Nadel wiederholt aus ihrer Ruhelage ab; sie muſs dann immer wieder auf denselben Punkt zurückkehren. Zur Erhaltung der Schärfe der Spitze muſs die Nadel nach dem Gebrauche durch die Sperrvorrichtung von der Pinne abgehoben werden; dagegen soll man sie bei längerer Nichtbenutzung und Aufbewahrung an einem Orte schwingen lassen, damit die Richtkraft nicht leidet.

Zur Feststellung der Wegrichtung dient gewöhnlich ein Taschenkompaſs, ein einfaches Instrumentchen von 3—6 cm Durchmesser. Die Teilung soll von Nord über Ost von 0—360° herumlaufen; es genügt, wenn sie von 10 zu 10° ausgeführt ist, und wenn nur die Hauptstriche N, S, O, W angegeben sind. Der Pfeil, welcher häufig 10° westlich vom Nullpunkte angebracht ist, und zur Ausschaltung der Miſsweisung dienen soll, ist unnötig und darf nicht verwendet werden, da die Miſsweisung von Ort zu Ort wechselt. Die Sperrvorrichtung soll durch Verschiebung mit dem Daumen bequem ein- und ausschaltbar sein.

Will man eine Peilung vornehmen, so hält man den Kompaſs horizontal vor sich, so daſs das blaue Ende der Nadel auf Null einspielt, zielt dann in der zu bestimmenden Richtung über die Mitte der Nadel und liest die entsprechende Ziffer der Teilung ab. Die Methode erscheint auf den ersten Blick sehr roh; man wird sich aber nach einigen Versuchen überzeugen, daſs man damit auf 5—10° genau peilen kann, und das reicht für flüchtige Aufnahmen meist aus. Bedenkt man, daſs man dieses Verfahren zu Pferd oder Kamel, zu Wagen, zu Schiff, während des Gehens, kurz überall anwenden kann, wo alle andern Mittel den Dienst versagen, so wird man es bei fortgesetzter Beschäftigung mit flüchtigen Aufnahmen hauptsächlich anwenden und durch Übung auszubilden suchen.

Manche ziehen es vor, einen Kompaſs mit rechteckiger Fassung zu verwenden, die der Nord-Südrichtung parallele Seite in die zu peilende Richtung zu bringen und dann den Teilstrich, auf welchen das Nordende der Nadel einspielt, abzulesen. In diesem Falle muſs die Teilung von Nord über West laufen, damit die abgelesene Zahl sofort das von Nord über Ost gezählte Azimut liefert. Im Feldbuche soll jeder Reisende Skizzen seiner Kompasse einzeichnen, aus denen man die Art der Teilung ersehen kann.

Sollen Richtungen bis auf einen Grad genau gemessen werden, so verwendet man einen Peilkompaſs, d. h. einen Kompaſs, der mit einer Dioptervorrichtung versehen ist. Figur 4 stellt einen solchen dar, der beim Gebrauche auf einen etwa 1.5 m langen Stock mit Metallspitze gesteckt wird. Die Teilung läuft gegen den Uhrzeiger von 0—360°. Statt des Fadens bei B hat sich eine Glasplatte mit eingeritztem Striche sehr bewährt. Um eine Richtung zu peilen, dreht man den wagrecht gestellten Kompaſs, bis man, durch den Schlitz sehend, den Faden vor dem zu peilenden Punkte hat,

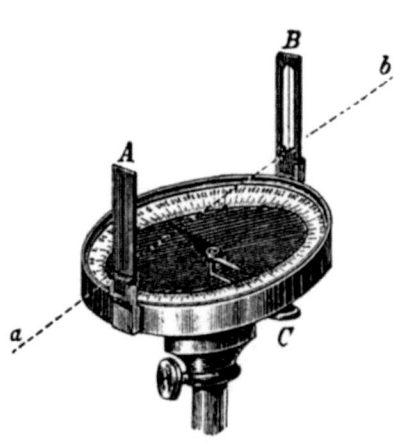

Fig. 4.

und liest dann die Stellung des Nordendes oder, bei höherer Genauigkeit, beider Nadelenden ab. Bedeuten in letzterem Falle n und s die Ablesungen der Nord- bezw. Südspitze der Nadel, so ist das magnetische Azimut der Richtung

$$\frac{n + s + 180°}{2}, \text{ wenn } n > s \text{ und } \frac{n + s - 180°}{2}, \text{ wenn } n < s$$

ist. Vor jeder Ablesung ist leicht auf das Deckelglas zu klopfen.

Seit einiger Zeit verfertigt A. Meifsner in Berlin einen Fluidkompafs, welcher in freier Hand benutzt oder mittels einer unten angebrachten Hülse auf einem Stock befestigt werden kann. Er hat eine rechteckige Form (9.1 × 10.4 cm), eine Höhe von 2.7 cm und ein Gewicht von 600 g, mit Aufsteckhülse und Etui von 800 g. (Preis 100 Mk.) (Figur 5.) Die 5.5 cm lange Nadel ist mit zwei beiderseits 1 cm entfernten Röhrchen verbunden, welche in der Füllflüssigkeit

Fig. 5.

so viel Auftrieb liefern, dafs die Nadel nur mit minimalem Gewicht auf der Pinne ruht. Die gegen die Uhrzeigerrichtung laufende Teilung ist (im Gegensatz zur Anordnung bei den Fluidkompassen auf Schiffen) fest im Gehäuse. Der Linie 0—180° entspricht die Richtung der Diopter, welche an zwei gegenüberliegenden Seiten des Gehäuses umgelegt werden können. Das Instrument ist wegen der Schnelligkeit und Sicherheit, mit welcher sich die Nadel einstellt, sehr empfehlenswert, zumal, da es zu Freihandpeilungen auch zu Pferd benutzt werden kann. In den afrikanischen Kolonien hat es sich in den letzten Jahren sehr bewährt.

Eine andre Art des Peilkompasses ist die Schmalkalder

Bussole oder Prismenbussole. Bei ihr ist die aus Aluminium gefertigte und in der Uhrzeigerrichtung geteilte Rose mit der Nadel fest verbunden und hat am Südpol den Nullpunkt der Bezifferung. Mit Hilfe einer am Diopterschlitz befestigten Prismenlupe kann man die Peilung ablesen, wenn der Diopterfaden auf den zu peilenden Punkt gerichtet ist. Die Schmalkalder-Bussole hat den Vorteil, daſs man damit aus freier Hand ungefähr auf $1°$ genau peilen kann; trotzdem kann ich sie nach meinen Erfahrungen ebensowenig wie Jordan empfehlen. Die Methode, aus aufeinanderfolgenden Schwingungen die Ruhelage abzuleiten, liefert bei einem in freier Hand gehaltenen Instrumente keine günstigen Resultate; da nun aber bei den langsamen Schwingungen der mit der Rose belasteten Nadel viel Zeit vergeht, bis letztere zur Ruhe kommt, so bringt, zumal bei mehreren Peilungen, die Verwendung der Prismenbussole gegenüber der Stockbussole keinen Zeitgewinn, während die Ablesungen bei ersterer entschieden unsicherer sind.

Bei Peilungen mittels Diopters kommt es in gebirgigem Gelände nicht selten vor, daſs man einen Punkt, weil er zu tief oder zu hoch liegt, im Diopter nicht sehen kann. In diesem Falle macht man vom Abloten Gebrauch; man bringt zwischen Auge und Punkt einen Senkel oder einen vertikal schwebend gehaltenen Stab und sucht sich im Gelände einen dahinter gelegenen Punkt, der im Diopter sichtbar ist; sollte kein solcher vorhanden sein, so läſst man in der betreffenden Richtung durch einen Gehilfen irgendeine Marke (Pflock, Stein auf einem Blatt Papier) anbringen und peilt dann diese.

§ 7. Miſsweisung der Magnetnadel.

Bekanntlich fällt die Richtung der magnetischen Achse der Nadel nicht in den Meridian; der Winkel, welchen die magnetische Nord-Südlinie, der magnetische Meridian, mit dem astronomischen Meridian bildet, heiſst die Deklination oder Miſsweisung der Magnetnadel. Sie ändert sich von Ort zu Ort und unterliegt säkularen und täglichen Schwankungen. Ihre Mittelwerte für bestimmte Zeitpunkte sind auf den nach v. Neumayers Entwurf vom Reichsmarineamt herausgegebenen Karten „Linien gleicher magnetischer Deklination" oder in Berghaus' physikalischem Atlas gegeben. Da diese Karten aber den Verlauf der Linien nur in groſsen Zügen darstellen, und da Abweichungen von den Mittelwerten infolge von lokalen Einwirkungen durch Gesteine (altes Massengestein und junges Eruptivgestein) und besonderen tektonischen Verhältnissen gar nicht selten sind, muſs der Reisende imstande sein, die Miſsweisung selbst zu bestimmen. Am zweckmäfsigsten geschieht dies mit Hilfe des Theodolits; man stellt ihn in A auf und bestimmt das astronomische Azimut a eines entfernten Punktes B; dann peilt man mit Hilfe des Kompasses von A aus den Punkt B und erhält dadurch das magnetische Azimut m von B; die Differenz $a-m$ beider Azimute gibt dann die Mifsweisung, einschliefslich des Kollimationsfehlers des Kompasses, d. h. des Winkels, welchen die Diopterlinie des Kompasses mit der Linie $0-180°$ der Teilung bildet. Die Mifsweisung ist östlich, d. h. der Nordpol der Nadel ist östlich vom astronomischen Meridian, wenn $a-m$ positiv, westlich, wenn $a-m$ negativ ist. Am bequemsten gestaltet sich die Beobachtung, wenn der Theodolit mit einer Bussole versehen ist, oder wenn eine solche auf seine Horizontalachse aufgesetzt werden kann. Die Bestimmung des astronomischen Azimuts, wozu der Polarstern auf der nördlichen Halbkugel besonders geeignet ist, lehrt die Abhandlung von Prof. Ambronn, Seite 71.

Ist man genötigt, die Mifsweisung des Kompasses ohne Theodolit zu bestimmen, so kann man dazu den Polarstern in seiner oberen oder unteren Kulmination benutzen. Da sich die geraden Aufsteigungen des Polarsternes und des Sternes χ (Mizar) im Grofsen Bären (des mittleren im Schwanze) nahezu um 12^h unterscheiden, so ist der eine in der oberen Kulmination, wenn der andre in der untern ist. Beobachtet man also an einer senkrechten Linie, z. B. an einem Lot oder an einer Hauskante, den Zeitpunkt, an welchem beide Sterne im gleichen Vertikal sind, und sichert die betreffende Richtung dadurch, dafs man mittels einer Laterne einen Pflock in einiger Entfernung vom Lote einweist, so hat man die Nord-Südlinie; peilt man diese am andern Tag, so erhält man die Mifsweisung des Kompasses. In einer beliebigen Stellung aufserhalb des Meridians hat der Polarstern ein Azimut, welches für jede Stunde Orts—Sternzeit in Tafel I des Nautischen Jahrbuches gegeben ist; sein gröfster Betrag hängt von der geographischen Breite φ ab, nach der Formel $\sin a = \dfrac{\cos \delta}{\cos \varphi}$; die folgende Tafel gibt a für 1906, wo seine Deklination $\delta = +88°\,48{,}3'$ ist.

Breite	0°	30°	40°	50°	60°
Gröfste Ausweichung	1°12'	1°23'	1°34'	1°51'	2°23'

In den Tropen geht die Sonne so steil auf und unter, dafs man bei einigermafsen freiem Horizont durch Peilung des Auf- und Unterganges und Mittelbildung ein leidliches Resultat erhalten wird. Ergab z. B. bei einer Peilung mittels des Stockkompasses die Sonne

beim Aufgang das Azimut 117.4⁰
beim Untergang 257.0⁰
so ist das Mittel $m = 187.2°$ das magnetische Azimut des Südpunktes.

Da das astronomische Azimut desselben $a = 180.0°$ ist, so ist die Mifsweisung $a - m = -7.2°$, d. h. 7.2° westlich. Durch Wiederholung des Verfahrens an mehreren Tagen kann man im Mittel wohl auf eine Genauigkeit von 0.1° kommen, hat aber zu beachten, dafs nur zur Zeit der Solstitien das genaue Mittel aus der Aufgangs- und Untergangspeilung die Südlinie gibt, und dafs wegen der stetigen Änderung der Sonnendeklination noch eine kleine Korrektion anzubringen ist, welche den Betrag von $\pm 0{,}15°$ erreichen kann.

Kann man nur den Aufgang oder den Untergang des Gestirnes beobachten, so kann man aus seiner Deklination δ und aus der Breite φ des Beobachtungsortes das astronomische Azimut a' (auf der nördlichen Halbkugel vom Südpunkte, auf der südlichen vom Nordpunkte aus gezählt) genügend genau berechnen durch die Formel

$$\cos a' = -\frac{\sin \delta}{\cos \varphi}.$$

Wäre z. B. die vorige Peilung des Sonnenunterganges unter der Breite $\varphi = +25° 11'$ bei einer Sonnendeklination $\delta = -18° 10'$ angestellt worden, so ergibt sich aus

$$\cos a' = -\frac{\sin(-18° 10')}{\cos 25° 11'}, \quad a' = 69° 51';$$

dann wäre das astronomische Azimut vom Nordpunkte ab über Ost gezählt $a = a' + 180° = 249.85°$. Da nun $m = 257.0°$ war, ergibt sich die Mifsweisung $a - m = -7.15°$ oder rund 7.2° westlich. Das Sonnenazimut bei irgendwelcher Tageszeit läfst sich auch berechnen und kann in manchen Fällen benutzt werden. Die Tageszeit müfste allerdings selbst wieder astronomisch bestimmt werden; indessen kann man sich dazu ebenfalls der auf- und untergehenden Sonne bedienen, wie zu den korrespondierenden Kompafsablesungen. Man schreibt einfach die Zeiten für den Aufgang und Untergang der Sonne nach der Taschenuhr auf und nimmt das Mittel für den wahren Mittag. Sogar nur die Notierung des Auf- oder Unterganges kann zur Zeitbestimmung dienen, wie folgende Notiz aus Professor Aschersons Tagebuch auf dem Wege von Dachel nach Farafrah zeigt: „20. Febr. 1874, $6^h 42^m$ Sonnenaufgang ziemlich aus der Ebene". Die Breite war $\varphi = 26° 25'$, die Sonnendeklination $\delta = -10° 57'$; damit berechnet man den Stundenwinkel t der aufgehenden Sonne aus der Gleichung

$$\cos t = \frac{\sin h - \sin \varphi \sin \delta}{\cos \varphi \cos \delta},$$

wo $h = -0° 35'$ zu setzen ist, als wahrer Höhenwinkel des durch Refraktion scheinbar gehobenen Sonnenmittelpunktes. Die Rechnung ergibt $t = 85° 4' = 5^h 40^m$, von Mittag ab gezählt, d. h. hier $6^h 20^m$; von Mitternacht ab gezählt. Wenn die Uhr $6^h 42^m$ zeigte, so ging sie $0^h 22^m$ vor, oder sie verlangte eine Standkorrektion von $-0^h 22^m$ gegen wahre Zeit. Um den Augenblick der Beobachtung in mittlerer Zeit zu erhalten, käme noch die Zeitgleichung mit $+14^m$ hinzu; es wäre also $6^h 20^m + 14^m = 6^h 34^m$; daraus würde sich eine Uhrkorrektion von -8^m gegen mittlere Zeit ergeben.

Übrigens interessiert uns in solchen Fällen gerade die wahre Zeit. Aus dem Stundenwinkel der Sonne (wahre Zeit) kann man das Azimut berechnen durch die Gleichung

$$\cotg a = \cotg t \sin \varphi - \frac{\tg \delta \cos \varphi}{\sin t}.$$

Dieses Verfahren, Azimute zu bestimmen, kann von Nutzen sein, wenn man eine richtig gehende Uhr, aber keinen Kompaſs bei sich hat. Wenn dann etwa ein Punkt in der Schattenrichtung selbst liegt, so braucht man nur die Zeit dazu aufzuschreiben, um eine sehr gute Peilung berechnen zu können. Oder man kann auch Notizen haben wie diese: Sonnenuntergang zwei Faustwinkel rechts vom Punkte P; dann rechnet man zwei Faustwinkel $= 20°$ und kann damit das Azimut P berechnen.

§ 8. Theodolit.

Für genaue topographische Aufnahmen ist der Theodolit das wichtigste Instrument. Will der Reisende zugleich astronomische Ortsbestimmungen machen, so wird er ein Instrument wählen, dessen Höhenkreis ebenso fein, besser aber feiner geteilt ist als der Horizontalkreis. Das Fernrohr kann zentrisch oder exzentrisch angebracht sein; die letztere Einrichtung wird man vorziehen, wenn das Schwergewicht auf astronomische Ortsbestimmung gelegt wird; die erstere ist dagegen für topographische Messungen angenehmer. Jedenfalls soll der Theodolit mit zentrischem Fernrohre so eingerichtet sein, daſs letzteres ohne Verstellung des Okularauszuges durchzuschlagen ist und ein prismatisches Okular für Beobachtung kleiner Zenitdistanzen besitzt. Für Reisende, welche keine Beobachtungen von hoher Präzision vornehmen, wird es in den meisten Fällen genügen, wenn der Horizontalkreis 1', der Vertikalkreis aber 20" bis 30" mit Hilfe von je zwei einliegenden (nicht aufliegenden) Nonien abzulesen gestattet; dazu reichen Kreisdurchmesser von 8 bis 10 cm aus.

Um die magnetische Mifsweisung und magnetische Azimute messen zu können, soll eine Bussole mit dem Instrumente verbunden sein oder damit verbunden werden können; das setzt voraus, dafs bei der ganzen Konstruktion kein Eisen verwendet ist, was sich übrigens auch wegen der Gefahr des Rostens empfiehlt. Die Bezifferung der Höhenkreisteilung dürfte am zweckmäfsigsten nach Zenitdistanzen durchlaufend von 0^0 bis 360^0 sein. Das Fernrohr von mindestens zehnfacher Vergröfserung soll eine Zielvorrichtung zum rohen Einstellen und aufserdem einen Reichenbachschen Distanzmesser haben, wenn nicht andre Vorrichtungen zum Entfernungsmessen vorhanden sind. Mit Rücksicht auf die gröfsere Haltbarkeit ist einem Kreuze von Spinnenfäden ein auf Glas geritztes vorzuziehen. Legt man auf scharfe Messung von Horizontalwinkeln Gewicht, so nimmt man einen Repetitionstheodolit, mit welchem man auch von der Distanzmessung mit horizontaler Latte (Seite 84) zweckmäfsig Gebrauch machen kann. Es mufs jedenfalls eine zum Höhenkreise parallele Libelle (Alhidadenlibelle) vorhanden sein; die Reiterlibelle auf der Horizontalachse hat für topographische Zwecke wenig Wert. Die Libellen sind auf ihre Empfindlichkeit zu prüfen, da es nicht selten vorkommt, dafs bei älteren Stücken das Glas durch die Füllflüssigkeit korrodiert ist, wodurch die Blase ihre Beweglichkeit verliert. Der Winkelwert eines Libellenteiles sollte auf dem Glase eingeätzt oder wenigstens auf der Fassung angegeben sein. Jedenfalls ist er von dem Beobachter auf das sorgfältigste zu bestimmen und im Feldbuche vorne einzutragen. Für jede Libelle sollte eine in die Fassung passende gefüllte Reserveglasröhre mitgeführt werden.

Die Stativbeine sollen zusammenschiebbar[1]) und die Schrauben zum Feststellen der einzelnen Teile so versichert sein, dafs sie auf keinen Fall verloren werden können. Verschiedenartig sind die Einrichtungen zur Verbindung des Instrumentes mit dem Stativ; am meisten angewandt ist wohl immer noch das Federgestänge; für topographische Arbeiten

---

[1]) Sehr praktisch ist das Patentreisestativ von A. Meifsner in Berlin.

Aufnahme des Reiseweges und des Geländes. 93

ist mit Rücksicht auf die bequeme Zentrierung eine Konstruktion empfehlenswert, wobei das Instrument auf dem Stativkopfe um 3—4 cm verschiebbar ist.

Ein starker Schirm mit zusammenlegbarem Stocke zum Schutze gegen Sonne, Regen und Wind sowie eine Schutzkappe aus Wachs- oder Kautschuktuch gehören zu einer Theodolitausrüstung.

Von den vielen vorzüglichen Instrumenten, die jetzt in Deutschland gebaut werden, ist als ein Beispiel der „kleinste Reisetheodolit" von Max Hildebrand in Freiberg in Sachsen

Fig. 6.

in Fig. 6 dargestellt; sein Horizontalkreis hat 8 cm, sein Vertikalkreis 9.5 cm Durchmesser; beide sind in $1/3°$ geteilt; die Nonien des ersten geben 60", die des zweiten 30". Beide Kreise sind mit Schutzdecken und drehbaren Ableselupen versehen. Das Fernrohr hat 12 cm Brennweite, 20 mm Öffnung, elffache Vergröfserung. Die Schraube zur feinen Bewegung um die Horizontalachse kann als Mikrometerschraube mit geteilter Trommel ausgebildet werden, so dafs man sie zur Distanzmessung benutzen kann (S. 83). Auf die Horizontalachse kann ein Magnetinstrument aufgesetzt werden. Das Gewicht des Instrumentes beträgt 1.6 kg; sein Verpackungskästchen ist 17 cm lang und 16 cm breit und hoch.

Von den vielen mechanischen Werkstätten, welche allen Ansprüchen genügende Instrumente zu liefern imstande sind, seien hier nur genannt: Karl Bamberg in Friedenau bei Berlin (Nr. 31, 34, 157 der Preisliste), F. W. Breithaupt & Sohn in Cassel (Nr. 207, 208), Otto Fennel Söhne in Cassel (Nr. 49), Gustav Heyde in Dresden, A. Meifsner in Berlin (Dörgens Universal-Instrument für Architekten und Ingenieure), Ludwig Tesdorpf in Stuttgart.

Mit dem Gebrauche des Theodolits mufs sich der Reisende schon zu Hause vertraut machen. Wir sehen hier von einer ausführlichen Anleitung ab und geben nur die wichtigsten Anhaltspunkte.

Der Beobachter stellt die Okularlinse im Okularauszug ein für allemal so, dafs er das Fadenkreuz scharf sieht. Dann hat er sich vor jeder Beobachtung zu überzeugen, dafs das Fadenkreuz keine Parallaxe hat, d. h. dafs das Bild des angezielten Gegenstandes mit der Ebene des Fadenkreuzes zusammenfällt. Man erkennt dies daraus, dafs sich ein scharf eingestelltes Bild gegen das Fadenkreuz nicht verschiebt, wenn man das Auge vor dem Okular hin und her bewegt. Ist eine Parallaxe vorhanden, so hat man den Okularkopf, d. h. die Röhre, welche Okular und Fadenkreuz enthält, zu verschieben, bis die Parallaxe beseitigt ist. Die Stellung, bis zu welcher der Okularkopf für unendlich entfernte Zielpunkte herausgedreht werden mufs, wird auf ihm durch einen Strich bezeichnet.

Fernrohr und Achsensystem sind in der richtigen Stellung, wenn:

1. die Libellenachse senkrecht zur Vertikalachse,
2. die Horizontalachse (Kippachse) senkrecht zur Vertikalachse (Stehachse),
3. die Zielachse senkrecht zur Horizontalachse ist.

Zu 1. Man überzeugt sich zuerst, dafs die Fufsschrauben genügend fest in ihren Muttern sitzen, und sucht das Instrument in der bekannten Weise horizontal zu stellen; kann man dabei erreichen, dafs die Libelle bei einer Drehung des Oberteiles um 360° fortwährend einspielt, so ist die Libellenachse senkrecht zur Vertikalachse. Gelingt dies nicht, so stellt man die Libelle parallel zur Verbindungslinie zweier Fufsschrauben und bringt sie mit diesen zum Einspielen. Hierauf wird der Oberteil um 180° gedreht und von dem sich zeigenden Ausschlag der Libelle die eine Hälfte durch die Korrektionsschrauben der Libelle, die andre durch die betreffenden zwei Fufsschrauben weggebracht. Dreht man dann den Oberteil um 90° und bringt den auftretenden Libellenausschlag durch die dritte Fufsschraube weg, so ist (wohl erst nach mehrmaliger Wiederholung des Verfahrens) die Libellenachse senkrecht zur Vertikalachse und letztere wirklich vertikal, d. h. das Instrument steht horizontal. Der lotrechten Stellung der Vertikalachse ist besondere Aufmerksamkeit zu schenken, denn der aus schiefer Achsenstellung entspringende Fehler (Aufstellfehler) kann durch Messung in beiden Kreislagen nicht ausgeschaltet wurden. Er ist um so gröfser, je steiler die Zielungen sind.

Zu 2. Diese Bedingung soll der Mechaniker erfüllt haben; ist dies nicht der Fall, so kann der daraus entspringende Fehler durch Messung in beiden Kreislagen beseitigt werden. An die Änderung der Achsenstellung sollen sich nur wirklich Sachverständige wagen.

Zu 3. Der Winkel c, um welchen sich der Winkel der Zielachse des Fernrohres mit der Horizontalachse von einem rechten unterscheidet, heifst der Kollimationsfehler (Zielachsenfehler); um ihn zu bestimmen, geht man bei zentrischem Fernrohre folgendermafsen vor. Man zielt einen entfernten Punkt A an, liest auf dem Horizontalkreise a (z. B. 25° 30') ab, schlägt das Fernrohr durch, stellt wiederum A ein und liest nun auf dem gleichen Nonius wie vorher b (z. B. 205° 34') ab. Ist nun $b-a=180°$, so ist kein Kollimationsfehler vorhanden; ist aber $b-a-180=k$ (z. B. 205° 34'—25° 30' —180° = 0° 4'), so ist der Kollimationsfehler $c=\dfrac{k}{2}$ (z. B. 0° 2'); um ihn wegzubringen, stellt man den Nonius auf $b-c$ (z. B. 205° 32') und verschraubt das Fadenkreuz mittels der beiden horizontalen Stellschrauben am Okularkopfe, bis es den Punkt a deckt. Ist das Fernrohr exzentrisch angebracht und seine Achse um die Länge e von der Vertikalachse entfernt, so kann man wie oben geschildert vorgehen, wenn man einen sehr weit entfernten Punkt anzielen kann; steht kein solcher zur Verfügung, so markiert man sich zwei Punkte, A und B, in einer zur Zielrichtung senkrechten Geraden, deren Horizontalabstand gleich $2e$ ist, zielt bei Fernrohr links nach dem linken Punkte A und nach dem Durchschlagen bei Fernrohr rechts nach dem rechten Punkte B und verfährt im übrigen wie vorhin. Der Kollimationsfehler fällt durch Messung in beiden Kreislagen heraus.

Messung der Horizontalwinkel.

Das Instrument soll im Schatten stehen oder durch einen Schirm beschattet sein. Jede Winkelmessung soll zur Ausschaltung der Instrumentalfehler einmal bei „Kreis links" und einmal bei „Kreis rechts" gemacht werden. Hat man eine Reihe von Punkten einzumessen (Satzmessung), so beginnt man etwa bei Kreis links mit dem am weitesten links gelegenen Punkte, mifst in dieser Kreislage bis zum letzten Punkte rechts durch und stellt schliefslich im gleichen Sinne weitergehend den ersten Punkt der Kontrolle halber nochmal ein. Dann wird das Fernrohr durchgeschlagen und bei Kreis rechts, mit dem am weitesten rechts gelegenen Punkte beginnend, die ganze Reihe in entgegengesetzter Richtung nochmals gemessen und endlich der am weitesten rechts gelegene Punkt nochmals eingestellt. Die Mittel aus den entsprechenden Ablesungen werden dann weiter verwendet. Wo der Horizontalkreis um das Untergestell drehbar ist, verdreht man ihn zur möglichsten Ausschaltung der Teilungsfehler bei zwei Sätzen um 90°. Bei exzentrischem Fernrohr ist die Messung in beiden Kreislagen notwendig, wenn die Entfernung d des angezielten Punktes nicht so grofs ist, dafs der Winkel α, unter welchem man den Abstand e der Vertikalachse des Instrumentes von der Fernrohrachse vom Punkte aus sehen würde (d. h. die Parallaxe der Exzentrizität) vernachlässigt werden kann. (Ist z. B. $c = 0.1$ m, $d = 1000$ m, so ist $\alpha = \dfrac{0.1}{1000} \cdot \varrho'' = \dfrac{206265}{10000} = 20.6''$; vergl. S. 81).

Die Stativbeine haben die unangenehme Eigenschaft, dafs sie sich mit der Sonne drehen, so dafs man am Ende einer längeren Beobachtungsreihe eine andre Ablesung erhält, wenn man den ersten Punkt wieder einstellt. Daher empfiehlt es sich, eine gröfsere Anzahl von Punkten, welche von einem Standpunkte aus gemessen werden sollen, in mehrere Sätze zu teilen und jeden Satz in beiden Kreislagen durchzumessen.

Die Messung einzelner Winkel kann, wenn das Instrument mit Repetitionseinrichtung versehen ist, wesentlich verschärft werden. Wir lassen für die Satzmessung sowie für die Einzelmessung ein Aufschreibeschema folgen, aus welchem man zugleich die vorhandenen Rechenproben ersehen kann.

Aufnahme des Reiseweges und des Geländes.

Horizontalwinkel (Satzmessung).   Instrument:
Beobachter:
Ort und Zeit:

Ziel	Lage	Nonius I ° ′ ″	Nonius II ° ′ ″	Mittel ° ′ ″	Richtung ° ′ ″	Gemittelte Richtung ° ′ ″	Bemerkungen
		Standpunkt A (Kreis 0°)					
B	K. l.	0 01 30	180 01 40	0 01 35	0 00 00	0 00 00	
C		11 24 00	191 24 30	11 24 15	11 22 40	11 22 33	
D		75 48 20	255 48 30	75 48 25	75 46 50	75 46 45	
	Probe:	$\frac{13\,50\ +\ 14\,40}{2}$		= 14 15	87 9 30	87 9 18	
				3× 1 35	= 4 45		
					87 14 15		
		Kreis 90°					
D	Kr. r.	166 11 40	346 11 50	166 11 45	75 46 40		
C		101 47 30	281 47 30	101 47 30	11 22 25		
B		90 25 00	270 25 10	90 25 05	0 00 00		
		$\frac{24\,10\ +\ 24\,30}{2}$		= 24 20	87 09 05		
				3× 25 05	= 1 15 15		
					88 24 20		

Horizontalwinkel (Repetitionsmessung).   Instrument:
Beobachter:
Ort und Zeit:

Ziel	Fach	Nonius I ° ′ ″	Nonius II ° ′ ″	Mittel ° ′ ″	n facher Winkel ° ′ ″	Einfacher Winkel ° ′ ″	Bemerkungen
		Standpunkt A					
B		5 23 10	185 23 30	5 23 20			
C	1 fach	(19 12)			57 36 05	19 12 02	
C	3 fach	62 59 20	242 59 30	62 59 25			
B	3 fach	5 23 20	185 23 30	5 23 25	57 36 00	19 12 00	
		$\frac{45\,50\ +\ 46\,30}{2}$		= 46 10	57 36 03	19 12 01	

Messung der Zenitdistanzen.

Am einfachsten ist es, man bringt in dem horizontal gestellten Instrumente den Zielpunkt in das Gesichtsfeld, läfst die Alhidadenlibelle mittels der am passendsten gelegenen Fufsschraube einspielen und bringt dann den Horizontalfaden nahe der Mitte mit dem Zielpunkte zum Decken. Mifst man in dieser Weise in beiden Kreislagen, so muſs bei einem vollständig berichtigten Instrumente, dessen Teilung Zenitdistanzen gibt, die Summe beider Ablesungen $a_1 + a_2 = 360°$ sein. Der halbe Unterschied zwischen 360° und der Summe beider Ablesungen, also $\frac{360 - (a_1 + a_2)}{2}$ heiſst der Indexfehler; bringt man ihn an a_1 und a_2 mit seinem Vorzeichen an, so erhält man die wahre Zenitdistanz.

Schema nebst Rechenproben für Zenitdistanzen.

Instrument:
Beobachter: Barometer: 716 mm
Ort und Zeit: Thermometer: + 5.5°

Ziel	Lage	Nonius A ° ′ ″	Nonius B ° ′ ″	Mittel ° ′ ″	Indexfehler	Wahre Zenitdistanz ° ′ ″	Bemerkungen
			Standpunkt A				
B	Kr. l.	81 20 40	261 20 20	81 20 30	−15″	81 20 15	Ziel zitternd
	Kr. r.	278 40 00	98 40 00	278 40 00	−15″	278 39 45	
		360 00 40	360 00 20	360 00 30 Indexf. −15″	−30″	360 00 00	

Zieht man es vor, die Stellung des Instrumentes nicht zu ändern, sondern den Stand der Libelle abzulesen, so hat man das unmittelbar nach der Einstellung zu tun; die Zahl der Teilstriche, um welche die Blasenmitte von der Mitte der Röhre absteht, ist dann mit dem Winkelwert eines Libellenteiles zu multiplizieren und mit dem richtigen Vorzeichen an der Kreisablesung anzubringen. Zu diesem Zwecke bringt man sich auf der Seite der Libellenfassung, welche einer positiven Korrektion der Kreisablesung wegen Libellenstandes entspricht, das Zeichen +, auf der andern das Zeichen − an, und zwar nach der Regel: „Die Richtung von der negativen nach der positiven Seite der Libelle entspricht der Richtung der Teilung auf dem oberen Teile des Höhenkreises".

Es empfiehlt sich, wenn die Einstellung gemacht und eventuell die Libelle abgelesen ist, das Instrument um die Vertikalachse so zu drehen, daſs der Kreis bequem abgelesen werden kann.

Ist es bei einer gröſseren Reihe von Zenitdistanzen nicht möglich, alle in beiden Kreislagen zu messen, so muſs dies wenigstens bei einem Punkte geschehen, um dadurch den Indexfehler zu erhalten.

§ 9. Spiegelinstrumente.

Sextant und Prismenkreis, welche zur See unentbehrlich sind, leisten auch zu Lande in Verbindung mit einem Quecksilberhorizont in der Hand dessen, der damit umzugehen gewohnt ist, ganz ausgezeichnete Dienste. Ich behaupte sogar, dafs sie für Breiten und Zeitbestimmungen wegen Entbehrlichkeit des Stativs und der Libelle dem Theodolit vorzuziehen sind. Für terrestrische Messungen jedoch ist letzterer dem Spiegelinstrumente so überlegen, dafs jeder, der sich nicht mit beiden Arten von Instrumenten ausrüstet, einen Theodolit vorziehen wird. Wir brauchen daher auf die Spiegelinstrumente hier nicht weiter einzugehen und bemerken nur, dafs sie im Boote für die Bestimmung kleiner Winkel zum Zweck der Distanzmessung ungemein brauchbar sind. Es ist dabei jedoch zu beachten, dass die gemessnen Winkel um die „Schiefenparallaxe" λ zu vergröfsern sind, wenn das links gelegene Ziel nicht sehr weit entfernt ist. Diese beträgt, wenn l den Abstand des linken (also des nicht gespiegelten Zieles) vom Beobachter und a die Entfernung des Drehungspunktes der Alhidade von der Fernrohrachse bezeichnet $\lambda = 206265'' \frac{a}{l}$. Ist also $a = 3$ cm und $l = 300$ m, so beträgt sie $21''$.

Sehr nützlich um Winkel auf $1'$ bis $2'$ aus freier Hand zu messen, ist ein Dosensextant (Breithaupt in Kassel).

§ 10. Winkelschätzungen.

Nicht selten handelt es sich darum, die Gröfse eines Winkels wenigstens ungefähr zu bestimmen, wenn man gerade keine Instrumente zur Hand hat[1]). Das einfachste Mittel dazu ist der Faustwinkel; die vorgestreckte Faust bedeckt zwischen dem Mittelknöchel des Daumens und der andern Handseite ungefähr $10°$. Durch Aneinandersetzen solcher Faustwinkel und Einschätzen des Reststückes zwischen den Knöcheln (für 1 Knöchel $2°$) kann man einen beliebigen Winkel auf etwa $2°$ genau ermitteln, wenn man sich einen persönlichen Wert empirisch verschafft hat.

Wenn man den Arm wagrecht ausstreckt und den Daumen senkrecht hält, so verschiebt sich letzterer um etwa $6°$, wenn

---

[1]) Vergl. P. Kahle, „Krokieren für technische und geographische Zwecke", Zeitschrift für praktische Geologie 1894—1897.

man ihn erst mit dem einen und dann mit dem andern Auge anvisiert.

Um den Sehwinkel nach zwei Punkten genauer zu messen, nimmt man bei ausgestrecktem Arm einen Zentimetermaſsstab ungefähr senkrecht zur Halbierungslinie des Winkels in die Hand, stellt das Ende auf den einen Punkt ein und verschiebt den Daumennagel auf dem Maſsstabe so lange, bis er den andern Punkt deckt. Da die Entfernung des Auges vom Maſsstabe bei dieser Stellung durchschnittlich 57 cm beträgt, so entspricht die am Daumennagel abgelesene Zentimeterzahl der Zahl der Grade des eingestellten Winkels.

Höhenwinkel miſst man mit lotrechtem Maſsstabe und hält dabei den Nullpunkt nach oben und den Daumennagel in einer geschätzten Horizontalen durch das Auge. Bei Tiefenwinkeln hält man den Maſsstab in entsprechender Weise ohne Umdrehung der Hand mit dem Nullpunkt nach unten. Wer dieses Verfahren öfter benutzen will, wird sich die Stellung der Hand, bei welcher der Maſsstab 57 cm entfernt ist, am Spiegel bestimmen.

Durch Vergleichuug mit dem Sonnen- oder Monddurchmesser, welche $1/2^0$ betragen, kann man kleine Winkel schätzen.

§ 11. Fergusons Instrumente.

Th. Ferguson in Schanghai hat drei interessante Instrumente zur Routenaufnahme erfunden, die er als Pedograph, Hodograph und Zyklograph bezeichnet.

Der Pedograph dient zur automatischen Aufzeichnung des Lageplans eines begangenen Weges. Die Längenmessung ist auf das Schrittmaſs begründet. Die Tätigkeit des Aufnehmenden beschränkt sich darauf, daſs er einen am Instrumente angebrachten Knopf stets so dreht, daſs eine Magnetnadel auf eine bestimmte Marke und auſserdem eine grobe Libelle einspielen. Der kleinste Maſsstab, in welchem man damit aufnehmen kann, ist 1:50000. Es ist hier nicht der Ort, das Instrument näher zu beschreiben; wir verweisen auf Prof. Hammers Referate in der Zeitschrift für Instrumentenkunde 1903 S. 277 und in Peterm. Geograph. Mitteilungen 1903 Heft VIII, so wie auf die Schrift des Verfertigers Dr. van Huffel, Direktor der „Niederländischen Instrumentenfabrik" in Utrecht. Preis des Instrumentes 110 fl. holl.; in Holzfassung 180 Mk., in Aluminium 220 Mk., bei Breithaupt in Kassel. Prof. Hammer sagt: „Ein Präzisionsinstrument ist der Pedograph selbstverständlich nicht, er gibt nur die Genauigkeit, die man durch

Abschreiten auf langen Linien erhalten kann. Trotzdem wird er sicher zur Wegskizierung auf ebenem Gelände sehr wertvolle Dienste leisten. Dabei ist besonders hervorzuheben, daſs weder die Nacht (wo nur eine Laterne zur Beobachtung der Kompaſsnadel die Ausrüstung zu vervollständigen hat) noch Regen oder Nebel, noch z. B. die Art der Bodenbedeckung (Wald, Busch, hohes Gras, wie z. B. so oft in Afrika) das Geringste an der Brauchbarkeit des Instruments ändert. Nur ist auf der andern Seite nochmals daran zu erinnern, daſs das Instrument auf andrer als ebener Fläche zunächst versagt, wenigstens was die Richtigkeit der Entfernungen anbetrifft, während die Richtungen der einzelnen Wegstücke auch dann noch richtig angegeben werden. Doch wird auch noch auf mäſsigen Steigungen und Gefällen ein gewandter Arbeiter, der seine Schrittlängen dem Gefälle anzupassen weiſs, eine brauchbare Aufnahme zustande bringen können. Auf ebener Fläche soll die Genauigkeit, mit der die Weglänge registriert wird, etwa 3% betragen, die Genauigkeit in der Richtung der einzelnen Wegstrecken leicht innerhalb 2^0 gehalten werden können."

Der Hodograph ist zur selbsttätigen Aufnahme auf dem Wasser zurückgelegter Wege von komplizierter Form bestimmt. Vergl. Ref. v. Prof. Hammer in der Zeitschr. f. Instrumentenkunde 1903 S. 50.

Der Zyklograph besorgt die selbsttätige Aufnahme des Weges, den ein das Instrument tragendes Fahrzeug zurücklegt. Es ist besonders zur Anwendung auf dem Fahrrad bestimmt, kann aber auch über dem Rade eines andern Fuhrwerks angebracht werden. Eine günstige Beurteilung desselben nebst Beschreibung findet man in Prof. Hammers Referat in der Zeitschr. f. Instrumentenkunde 1904 S. 57.

§ 12. Zeichenausrüstung.

Ein kleines Reiſsbrett (etwa 26 × 36 cm), „Skizzierbrett" (Fig. 7), das man zum Aufzeichnen des Itinerars braucht, kann zu örtlichen Aufnahmen gute Dienste leisten, wenn es auf seiner untern Seite mit einer Vorrichtung versehen ist, mit der man es auf einem Stative (etwa dem des photographischen Apparates) befestigen kann. Man stellt es, eventuell mit Hilfe einer Dosenlibelle, möglichst wagrecht, markiert auf dem mit Reiſsnägeln aufgespannten Papier durch eine eingesteckte Nadel den Standpunkt A, legt an der Nadel ein Diopterlineal oder einen prismatischen Maſsstab an, der mit einer aus zwei Spitzen bestehenden Ablesevorrichtung versehen ist, und zeichnet die Richtungen nach den bemerkenswerten Punkten der Umgebung sofort an der Linealkante auf; unter diesen mufs auch die Richtung nach einem zweiten Standpunkte B sein. Um die angezielten Punkte später wiederzuerkennen, empfiehlt es sich, auf einem um A beschriebenen Kreise eine Profilzeichnung des Geländes zu machen. Dann wird auf dem Strahle AB die der Entfernung beider Standpunkte entsprechende Länge aufgetragen, das Brett in B aufgestellt und so gedreht, dafs der Strahl BA nach dem ersten Standpunkte gerichtet ist; schneidet man dann die Punkte des Geländes wiederum ein, so erhält man den Lageplan. Selbstverständlich kann man in ähnlicher Weise die verschiedenen andern Methoden der Mefstischaufnahme (Seitwärts- und Rückwärtseinschneiden) verwenden. Man versäume dabei nie, die magnetische Nord-

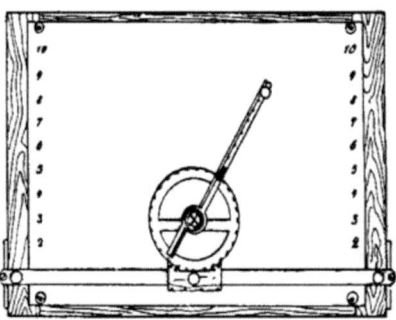

Fig. 7.

richtung genau aufzuzeichnen oder die Richtung nach der Sonne anzugeben und das Datum mit Zeitangabe beizusetzen.

Zum Auftragen der gepeilten Richtungen kann man sich auf sein Zeichenpapier einen (blauen) Vordruck machen lassen, wie ihn die Figur 9 zeigt; man hat dann gleich zu jeder Richtung eine Parallele auf dem Blatte; hat die Ziehkante des Winkels, den man verschiebt, eine Millimeterteilung, so kann man beim Itinerarzeichen auf jeder gezogenen Richtung auch gleich die Entfernung auftragen.

Ich habe das in Figur 7 abgebildete, von Naumann angegebene Reifsbrett mit Strahlenzieher von Gustav Heyde in Dresden benutzt und sehr bewährt gefunden. Man versieht das Blatt oben und unten mit einer flüchtigen Teilung von je 2 cm, stellt die Messingschiene stets auf je zwei entsprechende Teilpunkte und verschiebt dann den Vollkreis an ihr, bis die auf die Peilung eingestellte Alhidade durch den Punkt geht, in welchem man die Richtung antragen will. Die Ziehkante hat eine Millimeterteilung, an der man die Entfernung abtragen kann. In zwei Löcher der Alhidade kann man Spitzen einschrauben, so dafs das Instrument auch gleich als Skizzierbrett verwendbar ist; in diesem Falle wird der auf einem Glimmerplättchen eingeritzte Mittelpunkt des Teilkreises über den Standpunkt, von welchem aus gepeilt wird, aufgestellt. Der Kreis ist bei meinem Instrumente in Drittelsgrade geteilt; doch ist eine Teilung in ganze Grade entschieden vorzuziehen.

Auch eines der bekannten halbkreisförmigen Strahlenzieher kann man sich mit bedienen, deren Alhidade eine mindestens 10 cm über den Kreis hinausragende Ziehkante mit Millimeterteilung haben. Sie werden an einer die NS-Linie gebenden Reifsschiene verschoben, bis die Ziehkante durch den Scheitel des Winkels läuft.

Will man von einem Punkte aus eine ganze Reihe von Strahlen, deren Richtung mit dem Theodolit gemessen wurde, mit grofser Genauigkeit eintragen, so beschreibt man um den Punkt einen Kreis von 100 mm Halbmesser und trägt in diesen die den Winkeln entsprechenden Längen der Sehnen ein, die man einer Sehnentafel entnimmt. (Damit man nur Winkel $< 45°$ zu zeichnen hat, zieht man erst zwei aufeinander senkrechte Strahlen.)

Das Zeichenpapier wird im Formate des Skizzierbrettes geschnitten mitgenommen. Gröfsere Bogen oder schon vorbereitete Kartennetze werden zusammengerollt in einer Blechbüchse verpackt. Wer nicht mit dem Skizzierbrett arbeitet, läfst je zehn Blätter des Zeichenpapieres zu einem Block vereinigen und kann dann einen solchen in einer mit Tragriemen versehenen Krokiermappe, auf der der Block durch Gummibänder befestigt werden kann, bei sich führen.

Die Feldbücher (Format 13×20 cm) sollen aus sehr gutem quadrierten Papier und in Wachsleinwand gebunden sein. Säcke aus Kautschuktuch (Ballonstoff), welche wasserdicht zugebunden werden können, sind zur Aufbewahrung der Feldbücher und Routenzeichnungen sehr zweckmäfsig.

Von Bleistiften benutzt man Faber Nr. 3 und 4. Einen Bleistift, sowie einen Blau- und Rotstift bindet man mit einer Angelschnur an den Rockknöpfen an, um sie immer zur Hand zu haben. Eine Schachtel guter Krokierstifte, flüssige und feste Tusche, Radiergummi, Pauspapier, ein Paar guter Winkel (Hartgummi oder Aluminium), ein 20 cm langer prismatischer Mafsstab und ein Reifszeug oder wenigstens ein Taschenzirkel mit Bleistift und Federeinsatz (Riefler in Kempten) dürften alles sein, was der Zeichner noch braucht.

III. Höhenmessung.

§ 13. Quecksilberbarometer.

Da der Luftdruck in den höheren Schichten der Atmosphäre geringer ist als in den tieferen, so ist durch die Messung des Unterschiedes des Luftdruckes an zwei verschiedenen Punkten die Möglichkeit gegeben, auf deren Höhenunterschied einen Schluſs zu ziehen.

Das wichtigste Instrument zur Bestimmung des Luftdruckes ist das Quecksilberbarometer; es zeigt die Höhe einer Quecksilbersäule an, welche einer Luftsäule von demselben Querschnitte das Gleichgewicht hält. Da sich aber die Dichte des Quecksilbers mit seiner Temperatur, das Gewicht mit der geographischen Breite und mit der Höhe über dem Meeresspiegel ändert, so hat man eigentlich jede Ablesung eines Quecksilberbarometers, um sie mit andern vergleichbar zu machen, auf einen Normalstand zu bringen, nämlich auf $0°$ Temperatur und auf die Schwere am Meeresspiegel unter $45°$ geographischer Breite. Um die Temperaturkorrektion bestimmen zu können, muſs an jedem Barometer ein Thermometer angebracht sein, dessen Stand bei jeder Beobachtung (und zwar am besten v o r der des Barometers) abzulesen ist. Die Reduktion auf $0°$, welche für je $1°$ C. etwa 0.1 mm beträgt, ist verschieden nach dem Material, aus welchem die Skala des Barometers besteht. Für die Messingskala ist im Anhange die Hilfstafel III gegeben, die Reduktion ist für Temperaturen über Null mit negativem, für solche unter Null mit positivem Zeichen an der Ablesung anzubringen.

Bezeichnet Q den auf $0°$ reduzierten Stand des Quecksilberbarometers unter der geographischen Breite φ bei einer Meereshöhe H, so gilt für den wegen Schwere und Meereshöhe auf $45°$ Breite und Meeresspiegel reduzierten Stand Q_0 die Formel

$$Q_0 = Q\,(1 - 0.00265 \cos 2\,\varphi)\left(1 - \frac{2\,H}{r}\right),$$

wobei $r = 6370000$ m ist u. wofür man genügend genau setzen kann

$$= Q - 0.00265\,Q \cos 2\,\varphi - \frac{2\,QH}{r}.$$

Den Betrag der Korrektion $- 0.00265\,Q \cos 2\,\varphi - \frac{2\,QH}{r}$ gibt die Tabelle VI. Bei der Höhenberechnung, wo es sich im allgemeinen nur um die Unterschiede der Barometerstände handelt, kann die Reduktion wegen der Breite unterbleiben, wenn beide Orte in Breite weniger als $1°$ entfernt sind; ebenso kann die auf den Meeresspiegel unterbleiben, wenn der Höhenunterschied weniger als 500 m beträgt. Dagegen sind beide Reduktionen scharf zu rechnen, wenn man die Korrektion von Siedethermometern und Aneroiden dem Quecksilberbarometer gegenüber bestimmen will (S. 107).

Es ist nicht nötig, hier auf die verschiedenen Konstruktionen der Quecksilberbarometer näher einzugehen. Jedenfalls soll ein Reiseinstrument möglichst einfach sein; Millimeterteilung, event. mit Nonius, genügt vollkommen. Das Gefäfsbarometer von Fortin dürfte immer noch am häufigsten angewandt werden; in vielen Fällen wird auch das Darmersche Heberbarometer, bei welchem die beiden Schenkel durch einen Schlauch aus bestem Pará-Gummi verbunden sind, ausreichen, da sich damit eine Genauigkeit von 0.1—0.2 mm erzielen läfst. Es zeichnet sich durch geringes Gewicht, einfachen Transport und billigen Preis aus[1].

Wer in der Nähe seines Beobachtungsgebietes ein Standbarometer (vergl. S. 112) aufstellt und bis zu dem betreffenden Punkte zu Schiffe gelangen kann, wählt als Quecksilberstandbarometer am besten ein Gefäfsbarometer mit reduzierter Skala, wie sie z. B. von Fuefs in Berlin-Steglitz hergestellt werden.

Die Quecksilberbarometer sollen nicht nur vor und nach der Reise, sondern auch unterwegs, so oft man an eine meteorologische Station kommt, mit den Normalinstrumenten verglichen werden (Physikalisch technische Reichsanstalt, Seewarte etc.). Der mittlere Fehler einer Luftdruckbestimmung mittels eines Reisequecksilberbarometers kann auf 0.1—0.2 mm veranschlagt werden, was einem Höhenunterschiede von 1—2 m entspricht. Sollte eine kleine Luftblase von 1—2 mm Durchmesser im oberen Teile der Röhre beim Neigen derselben sichtbar werden, so macht diese das Instrument noch nicht unbrauchbar, da sie einen hinreichend konstanten Einflufs hat, so dafs derselbe gemeinsam mit den andern Fehlern bei der Vergleichung in Rechnung gebracht werden kann.

Bei der Ablesung wird immer die Kuppe der Quecksilbersäule eingestellt, Korrektionen wegen Kapillarität werden nicht angebracht, sondern mit der Standkorrektion gegenüber einem Normalinstrument zusammengenommen.

Leider ist der Transport des Quecksilberbarometers sehr schwierig, so dafs es für den Reisenden stets ein Sorgenkind ist; am sichersten ist es noch, er trägt es selbst; läfst er es von jemand anderm tragen, so empfiehlt es sich, einen möglichst

---

[1] Ausgeführt durch die Grofsherzogl. Sächsische Fachschule und Lehrwerkstätte für Glasinstrumentenmacher in Ilmenau. Preis einschliefslich Futteral 40—60 Mk.

zerbrechlichen, unverpackten Gegenstand, z. B. einen Porzellanteller, mit ihm zusammen zu binden, weil man an dem Zerbrechen desselben sofort sehen kann, daſs das Instrument miſshandelt wurde. Beim Transport auf Lasttieren wird das Barometer in seinem Futteral nochmals in eine Kiste mit Holzwolle verpackt, welche mittels Flügelschrauben bequem geschlossen werden kann.

§ 14. Siedethermometer.

Bekanntlich liegt der Siedepunkt des Wassers um so tiefer, je geringer der darauf lastende Luftdruck ist. Den Zusammenhang zwischen beiden zeigt die folgende Tabelle, worin t die Siedetemperatur in Celsiusgraden, Q_0 den zugehörigen, auf $45°$ Breite und Meeresspiegel reduzierten Barometerstand bezeichnet.

| t | Q_0 | t | Q_0 | t | Q_0 | t | Q_0 |
o	mm	o	mm	o	mm	o	mm
97.0	681.9	98.0	707.1	99.0	733.2	100.0	760.0
97.1	684.4	98.1	709.7	99.1	735.8	100.1	762.7
97.2	686.9	98.2	712.3	99.2	738.5	100.2	765.5
97.3	689.4	98.3	714.9	99.3	741.1	100.3	768.2
97.4	691.9	98.4	717.5	99.4	743.8	100.4	771.0
97.5	694.4	98.5	720.1	99.5	746.5	100.5	773.7
97.6	696.9	98.6	722.7	99.6	749.2	100.6	776.5
97.7	699.5	98.7	725.3	99.7	751.9	100.7	779.3
97.8	702.0	98.8	727.0	99.8	754.6	100.8	782.1
97.9	704.6	98.9	730.5	99.9	757.3	100.9	784.9
98.0	707.1	99.0	733.2	100.0	760.0	101.0	787.7

Einer Luftdruckdifferenz von 0.1 mm entspricht also eine Differenz der Siedetemperaturen von $0.004°$. Wenn ein Grad der Thermometerskala in 20 Teile geteilt ist und man noch ein Zehntel eines Teiles, also $0.005°$, schätzen kann, so entspricht dies fast der Schärfe, mit der man Barometer abliest.

Die Gefäſse, in welchen die Siedetemperatur beobachtet wird, müssen besonders sorgfältig hergestellt sein; von den verschiedenen Konstruktionen sind die nach v. Danckelman (Gewicht 1.8 kg), Habel (1.1 kg), Grützmacher (2.1 kg) ausgeführten (Fueſs in Berlin-Steglitz) wohl am häufigsten verwendet. Die Grützmachersche zeichnet sich dadurch aus, daſs eine Überhitzung des Dampfes fast ausgeschlossen ist, und daſs sie auch bei stürmischem Wetter sicher gebrauchsfähig bleibt. Die Thermometer sollten aus Jenaer Glas 59 III hergestellt und gleich mit einer Luftdruckteilung, statt mit einer Gradteilung versehen sein. Man versehe sich mit einem Vorrat von 98 % denaturiertem Spiritus. Wer in Tiefland und Hochgebirge beobachtet, nimmt, damit die Skalenteile nicht zu klein werden, zwei Thermometer, von denen das eine die Luftdruckteilung für Siedetemperaturen von 101° bis 93°, das andere die für Temperaturen unter 93.5° hat.

Beim Gebrauche suche man sich einen möglichst windgeschützten Ort, verwende ganz reines, salzfreies Wasser (Regenwasser) sowie Flammen von möglichst gleicher Höhe (3—4 cm) und sorge, daſs die Öffnung, aus welcher der Dampf abströmt, nicht durch kondensierte Wassertropfen teilweise verschlossen ist. Das Thermometer muſs lotrecht hängen, damit das Quecksilbergefäſs nicht an der Dampfröhre anlehnt. Die Ablesung hat immer gleich viel Minuten (etwa 5) nach Beginn des Siedens zu geschehen. Den Faden läſst man nur so weit aus der Dampfröhre herausschauen, daſs man ihn gerade ablesen kann. Nicht selten kommt es vor, daſs das Quecksilber abdestilliert; daher ist das Thermometer vor der Benutzung zu untersuchen, ob sich nicht kleine, abgelöste oder abdestillierte Quecksilbertropfen im oberen Teile der Röhre befinden; ist dies der Fall, so versucht man sie zunächst durch die Wirkung der Zentrifugalkraft beim Schwingen des Thermometers herabzubekommen. Gelingt dies nicht, so muſs das Thermometer in einer Kochsalzlösung so weit erhitzt werden, daſs der Faden bis zu den abgelösten Tropfen steigt und sie dann beim Erkalten wieder mit herabnimmt. Es ist dabei höchste Vorsicht anzuwenden, da das Thermometer sehr leicht zersprengt werden kann.

Der aus der Siedetemperatur abgeleitete Barometerstand, zu dessen Berechnung die oben gegebene Tabelle ausreicht, gibt, falls das Instrument fehlerfrei ist, den wahren Luftdruck und bedarf also keiner Schwerereduktion; es mag dies zugleich mit der Korrektion des Quecksilberbarometerstandes an folgendem Beispiele erklärt werden.

Vergleichung des Stationsbarometers Fueſs 718 mit dem Siedethermometer Fueſs 102.

Desterro $\varphi = -27° 36'$, $H = +20$ m; 27. Mai 1887 2^h 18

Quecksilberbarometer Fueſs 718   Thermometer 102
Ablesung . . . . . 768.4 mm (+ 18.9°)   Siedetemperatur 100.150°
Reduktion auf 0° C   — 2.36   Entsprechender Luftdruck 764.1 mm
     „   „   45° Br. — 1.16   (— 768 · 0.0026 cos 55° 12′)
     „   auf Meeressp.   0.00
Reduzierter Stand $Q_0 = 764.9$ mm

somit Korrektion des Thermometers Fueſs 102 gegen das Quecksilberbarometer Fueſs 718
764.9 — 764.1 = + 0.8 mm.

Cuyabá $\varphi = -15° 36'$, $H = +220$ m; 24. Juli 1887 2^h 40.

Fuefs 718	Thermometer 102
Ablesung . . . . . 752.1 mm	$(+26.7°)$ Siedetemperatur 99.497°
Reduktion auf 0° C — 3.25	Entsprech. Luftdruck 746.4 mm
" " 45° Br. —1.70	
" auf Meeressp. — 0.03	

Reduzierter Stand $Q = 747.1$ mm

somit Korrektion des Thermometers Fuefs 102 gegen Fuefs 718
$747.1 - 746.4 = +0.7$ mm.

Hätte man die Schwerereduktion des Quecksilberbarometers nicht berücksichtigt, so hätte sich bei der ersten Beobachtung eine Korrektion von + 1.9, bei der zweiten eine solche von + 2.4 mm und somit eine scheinbare Verschiebung des Nullpunktes von 0.5 mm ergeben, während er sich tatsächlich nur um 0.1 mm verändert hat.

Werden die Siedethermometer, deren man mindestens zwei haben soll, mit der genügenden Sorgfalt gehandhabt, so können sie das Quecksilberbarometer für fast alle praktischen Zwecke, insbesondere für die Kontrolle der Aneroide, ersetzen und sind ihm sogar überlegen wegen der Leichtigkeit und Gefahrlosigkeit des Transportes.

§ 15. Federbarometer.

Das eigentliche Gebrauchsinstrument zur Luftdruckmessung für den Reisenden ist das Federbarometer (Aneroid). Es ist wegen der Einfachheit der Handhabung und der Leichtigkeit des Transportes dem Quecksilberbarometer und dem Siedethermometer weit überlegen. Da bei ihm der Luftdruck durch die Elastizität des gewellten Deckels einer luftleeren Blechbüchse gemessen wird, so gibt ein ordentlich berichtigtes Instrument den Luftdruck ohne weiteres, d. h. die auf 0° C. reduzierte Ablesung bedarf keiner Korrektion wegen geographischer Breite und Meereshöhe. Leider hat es den Fehler, dafs es seinen Stand durch Stöfse usw. leicht ändert, und dafs es durch die elastische Nachwirkung des federnden Deckels bei starken Druckänderungen sehr beeinflufst wird.

Von den verschiedenen Konstruktionen, welche von den deutschen Fabriken (namentlich Bohne in Berlin) in vorzüglichster Weise hergestellt werden, ist für Reisezwecke nur diejenige mit Zeigerablesung zu empfehlen, da mit ihr die Beobachtung am raschesten vor sich geht und auch zu Pferd ausgeführt werden kann. Für genaue Beobachtungen sollte der Durchmesser der Teilung nicht kleiner als $6^{1}/_{2}$ cm sein, obwohl auch Instrumente mit 5 cm Skalendurchmesser noch brauchbare

Resultate liefern, zumal, da man diese noch in der Westentasche und dadurch in konstanter Temperatur und vor Stöfsen möglichst gesichert mit sich führen kann.

Die Einwirkung der Temperatur ist im allgemeinen sehr beträchtlich, wenn die Instrumente gegen Wärmeeinflufs nicht kompensiert sind; da man sich aber auf die Kompensation nicht vollständig verlassen kann, so sollte jedes gröfsere Instrument mit einem inneren Thermometer versehen sein, das bei den Beobachtungen regelmäfsig mit abgelesen wird. Aufserdem sind die Aneroide vor Temperaturwechsel, insbesondere vor direkter Bestrahlung durch die Sonne, möglichst zu schützen, was durch Transport in einem mit Filz ausgelegtem Holzkasten geschehen kann.

Temperaturkoeffizient.

An jeder Ablesung eines nicht oder nicht vollständig kompensierten Aneroids ist die Temperaturkorrektion anzubringen. Um den entsprechenden Koeffizienten zu finden, kann man folgendermafsen vorgehen: Man setzt das Instrument möglichst verschiedenen Temperaturen aus, indem man es im Winter erst im warmen Zimmer liegen läfst und es dann vor das Fenster legt, im Sommer aber eventuell einen Eisschrank zu Hilfe nimmt. Beobachtet man dann die entsprechenden Standänderungen (natürlich beide Male in derselben Höhenlage), so kann man daraus den Temperaturkoeffizienten ableiten; als Beispiel möge die diesbezügliche Bestimmung für das Instrument Elliot 2224 durch Jordan dienen.

Karlsruhe, 27. November 1874.

Zeit	Inneres Thermometer	Elliot 2224	Quecksilberbarometer reduziert
9ª 20	$+13.5^0$	748.2 mm	749.1 mm
11ª 50	-2.5^0	747.3 mm	748.7 mm
Differenzen	$\varDelta t = 16.0^0$	$\varDelta F = 0.9$ mm	$\varDelta Q = 0.4$ mm

Da sich der Luftdruck zwischen beiden Beobachtungen um $\varDelta Q = 0.4$ mm verändert hat, so beträgt die Abnahme des Standes des Aneroids durch die Abkühlung um $\varDelta t = 16.0^0$ nur $\varDelta F - \varDelta Q = 0.5$ mm; daher ergibt sich die Abnahme für 1^0 als $\dfrac{\varDelta F - \varDelta Q}{\varDelta t} = \dfrac{0.5}{16.0} = 0.031$ mm. Acht solche Beobachtungen ergaben die Werte 0.024, 0.044, 0.011, 0.032, 0.031, 0.035, 0.016, sonach im Mittel 0.028.

Da sich der Stand mit abnehmender Temperatur vermindert, so muſs von einer bei $+t$ gemachten Ablesung, um sie auf 0^0 zu reduzieren, der Betrag $0.028\,t$ abgezogen werden; es ist also der auf 0^0 reduzierte Stand von Elliot 2224: $F_0 = F - 0.028\,t$. Danach ergibt sich die folgende Reduktionstabelle:

Temperaturen $-5\ +0\ +5\ +10\ +15\ +20\ +25\ +30\ +35$,
Reduktionen $+0.14\ \ 0.00\ -0.14\ -0.28\ -0.42\ -0.56\ -0.70\ -0.84\ -0.98.$

Die Temperaturkoeffizienten sind im allgemeinen negativ und betragen bei nicht kompensierten Instrumenten 0.1 bis 0.2 mm für 1^0 C. Sie sind übrigens bei verschiedenem Druck verschieden und wachsen gewöhnlich bei abnehmendem Druck nach der positiven Seite hin, so daſs also z. B. ein Instrument, welches bei 760 mm den Koeffizienten -0.02 hat, bei 420 mm einen solchen von $+0.04$ haben kann. Vielfache Untersuchungen haben ergeben, daſs Federbarometer bei tiefen Temperaturen weniger zuverlässig sind als bei höheren.

Teilungsfehler.

Die Teilungen der besseren Instrumente sind im allgemeinen so gut, daſs sie eine Luftdruckdifferenz auf 1 bis 2 °/o richtig angeben; da sich aber auch Teilungsfehler von 5 °/o und mehr finden, so sind die Instrumente auch in dieser Hinsicht zu untersuchen. Ein einfaches Mittel hierzu besteht in einer Bergbesteigung, mit Zuziehung eines Quecksilberbarometers, welches man von Zeit zu Zeit aufstellt und gemeinsam mit dem Federbarometer abliest. Sind Q_0 die auf 0^0 C. und auf den Meeresspiegel reduzierten Stände des Quecksilberbarometers und F_0 die auf 0^0 C. reduzierten Stände des Aneroids, und hat man z. B.:

	Q_0	F_0	$Q_0 - F_0$
am Fuſse des Berges	743.6 mm	742.5 mm	$+1.1$ mm
auf dem Gipfel . .	690.4 „	688.3 „	$+2.1$ „
Differenzen	53.2 mm	54.2 mm	-1.0 mm

so sieht man, daſs bei einer Abnahme der Ablesung um 54.2 mm das Aneroid um 1.0 mm zu wenig zeigt; dies ergibt für jedes mm unter 742.5 eine Korrektion von $\dfrac{+1.0}{54.2} = 0.019$ mm.

Man hat daher

$$Q_0 = F_0 + 1.1 + 0.019\,(742.5 - F_0)\ \text{mm},$$

wofür man auch schreiben kann

$$Q_0 = F_0 + 0.8 + 0.019\,(760 - F_0)\ \text{mm}, \qquad (1)$$

als Formel, um die wahre Gröſse des Luftdrucks aus der auf 0^0 reduzierten Federbarometerablesung abzuleiten.

Das am häufigsten und auch von der physikalisch-technischen Reichsanstalt angewandte Verfahren zur Untersuchung der Teilungsfehler der Aneroide besteht darin, daſs sie zusammen mit einem Quecksilberbarometer unter den Rezipienten einer Luftpumpe gebracht werden, in welchem die Luft nach und nach verdünnt wird. Die erhaltenen Beobachtungszahlen werden graphisch oder mittels der Methode der kleinsten Quadrate ausgeglichen und liefern dann den Korrektionsfaktor.

Verbindet man die Formel (1) mit der Formel, welche die Reduktion der direkten Ablesung F auf $0°C$ liefert, so erhält man eine Gleichung von der Form
$$Q_0 = F + a + bt + c\,(760 - F);$$
darinnen bedeutet a die **Standkorrektion**, d. h. denjenigen Betrag, welcher mit seinem Vorzeichen an der wegen Temperatur und Teilungsfehler bereits berichtigten Ablesung des Federbarometers angebracht werden muſs, damit sie den wahren Luftdruck gibt. Sie ist, wie schon früher bemerkt, sehr veränderlich, einerseits durch die auf der Reise unvermeidlichen Erschütterungen und andrerseits durch die **elastische Nachwirkung**. Die letztere Eigenschaft bewirkt ein „Nachhinken" des Aneroids, d. h. es braucht einige Zeit, bis es den dem herrschenden Luftdruck entsprechenden Stand richtig anzeigt. Besteigt man z. B. einen Berg, so wird es noch einige Zeit nach der Ankunft fallen; ist man wieder ins Tal herabgekommen, so wird es noch einige Zeit steigen, so daſs man eigentlich immer zu kleine Differenzen erhält. Selbst bei den gewöhnlichen Luftdruckschwankungen, welche in unsern Gebieten etwa 30 mm betragen, treten infolge der elastischen Nachwirkungen Standänderungen auf, die von einem zum nächsten Tage 0.4 mm betragen können. Man soll daher, wo es möglich ist, vermeiden, das Aneroid groſsen Luftdruckänderungen auszusetzen. Wenn man einen hohen Berg besteigt, wird man nur eines der Instrumente mit hinaufnehmen und das in den tiefen Lagen benützte Gebrauchsinstrument am niedrigsten Punkte, an den man wieder zurückkommt, hinterlassen; dann kann man auch durch Vergleichung beider nach dem Abstiege die Gröſse der elastischen Nachwirkung des oberen beobachten. Hat man einen unten bleibenden Reisebegleiter, so soll dieser an der unteren Station jede Viertelstunde die Aneroide ablesen. Da die Gröſse der elastischen Nachwirkung auch von der Geschwindigkeit, mit welcher die Druckänderung vor sich gegangen ist, und von der Dauer der Einwirkung abhängt, so bleibt, um der ganzen Kalamität möglichst zu entgehen, nichts anderes übrig als eine häufige, im

Gebirgslande täglich, im Flachlande mindestens alle drei Tage vorzunehmende Vergleichung der Aneroide mit dem Quecksilberbarometer oder Siedethermometer. Übrigens hat Watkins ein Berganeroid angegeben (bei J. J. Hicks, 8 Hatton Garden in London), auf welches man den Luftdruck nur während der Ablesung wirken läfst, das somit der Wirkung des äufseren Luftdruckes im allgemeinen vollständig entzogen ist. Da E. Whymper damit sehr gute Erfahrungen gemacht hat (Meteorologische Zeitschr. 1899 S. 29), verdient das Instrument weitere Verwendung und Prüfung. Zeigt ein Federbarometer infolge eines Stofses eine Standänderung, deren Entfernung wünschenswert ist, so hat man dazu zwei Mittel: wenn die Änderung bedeutend ist, entfernt man das Deckelglas, zieht den Zeiger ab, welcher auf seiner Achse nur durch Reibung sitzt, und steckt ihn in der gewünschten Lage wieder auf; handelt es sich nur um eine kleine Berichtigung, so dreht man die durch ein Loch am Boden des Gehäuses sichtbare Schraube, welche den Druck der grofsen Spannfeder gegen die Büchse ändert, mittels eines Schraubenziehers, bis der Zeiger den gewünschten Stand hat.

Bei Reisen zu Pferde kommt es vor, dafs sich die Grundplatte von schweren Instrumenten infolge der fortwährenden Erschütterungen vom Gehäuse losreifst. Ich habe in einem solchen Fall unterwegs den Schaden dadurch behoben, dafs ich Löcher durch den Gehäuseboden schlug und die Grundplatte von aufsen anschraubte. Es empfiehlt sich daher für Reisende, welche reiten, kleinere und damit leichtere Aneroide zu verwenden.

Der Reisende soll stets mehrere Instrumente besitzen, welche täglich mindestens einmal miteinander verglichen werden; an wichtigen Beobachtungspunkten werden alle abgelesen. Dabei hat man das Instrument immer in derselben Lage, am besten horizontal, zu halten und vor dem Ablesen durch Klopfen auf das Gehäuse leicht zu erschüttern. Um das Auge stets in derselben Richtung gegen die Zeiger zu haben, dreht man das Aneroid so, dafs die Zeigerspitze gerade vom Körper absteht und das Spiegelbild des Auges im Deckel halbiert, und liest dann ab.

§ 16. Selbstschreibende Barometer.

In nicht wenigen Ländern sind die meteorologischen Stationen so selten, dafs der Reisende die zur Höhenberechnung erforderlichen korrespondierenden Beobachtungen nur aus sehr entfernten Orten bekommen kann. In diesem Falle sollte er sich an einem dem Forschungsgebiete möglichst nahen Punkte selbst eine Station schaffen, welche ihm die nötigen Beobachtungen liefert. Er kann dies mit Hilfe eines der selbstschreibenden Aneroide mit sieben Tage-Uhrwerk (Preis 70 bis 100 Mk.), falls er an einer der letzten Stationen eine gewissenhafte Persönlichkeit findet, welche das Instrument bedient, täglich durch Anstofsen eine Zeitmarke macht und den gleichzeitigen Stand eines Quecksilberbarometers oder wenigstens eines Aneroids aufschreibt. Das Registrierbarometer ist in einem Raume, dessen Temperatur sich möglichst wenig ändert, womöglich also in einem Keller oder in einem Zimmer, dessen Wände von der Sonne nicht beschienen werden, aufzustellen. Um beim Fehlen von Kontrollablesungen wenigstens die Sicherheit zu haben, dafs das Papier richtig auf die Trommel gelegt war, sollte letztere nahe dem unteren Rande drei feine Spitzen haben, welche sich ins Papier eindrücken und dadurch die Lage der Teilung gegen die Trommel später erkennen lassen.

Eine Schwierigkeit, welche hierbei zu überwinden ist, besteht darin, dafs die Leute an solchen Plätzen gewöhnlich die Ortszeit nicht genügend genau haben. Der Beobachter wird meist auf eine Sonnenuhr angewiesen sein, welche ihm der Forschungsreisende eventuell selbst erst herzustellen hat. Ich möchte empfehlen gleich eine der Sonnenuhren mitzunehmen, welche Dr. Maurer in der Zeitschr. f. Instrumentenkunde 1903 S. 207 beschrieben hat. Diese können ohne astronomische Bestimmungen, ohne Kompafs und ohne besondere Vorkenntnisse an jedem Orte richtig aufgestellt werden, dessen Breite bis auf $1/2^0$ genau bekannt ist. Ihre Teilung gibt fünf Minuten, eine Minute kann noch geschätzt werden; sie sind $20 \times 10 \times 10$ cm grofs und werden von A. Meifsner in Berlin angefertigt.

Gegenwärtig kommt ein äufserst kompendiöses, selbstschreibendes Taschenaneroid (französisches Fabrikat) in den Handel[1]), welches mit einem 24 Stunden laufenden Uhrwerk versehen den Barometerstand alle drei Minuten durch einen Punkt registriert. Es mifst $12 \times 8.5 \times 3.5$ cm, wiegt 450 g und hat auf dem Papierstreifen eine Höhenteilung bis 2400 oder 5000 m. Der Papierstreifen ist 6 cm hoch, und es entspricht einer Stunde eine Streifenlänge von 3 mm. Das In-

---

[1]) Bei Rodenstock, München, Preis 250 Mk.

strumentchen ist mit allem Zubehör in einem Kästchen von 18 × 14 × 5.5 cm verpackt. Ich hatte keine Gelegenheit es zu untersuchen, glaube aber, daſs es für Forschungsreisende unter Umständen nützlich sein kann.

§ 17. Thermometer.

Zur Berechnung des Höhenunterschiedes zweier Orte aus der Luftdruckdifferenz ist es notwendig, die mittlere Temperatur der zwischen ihnen liegenden Luftsäule zu kennen; man nimmt als solche im allgemeinen das Mittel aus den Temperaturen an der oberen und unteren Station an. Womöglich sollte man sich so einrichten, daſs man mit der Temperatur zugleich die Feuchtigkeit messen kann, und dementsprechend mit einem Psychrometer, d. h. mit einem trockenen und einem feuchten Thermometer beobachten. Um die Temperatur möglichst unbeeinfluſst von der Sonnenstrahlung zu bekommen, verwendet man ein Aſsmannsches Taschen-Aspirations-Psychrometer, wie es von Fueſs in Berlin-Steglitz hergestellt wird. Bei demselben saugt ein durch eine Feder bewegter kleiner Ventilator einen Luftstrom an dem durch doppelte Hülsen vor Bestrahlung geschützten Thermometergefäſse vorbei; man liest es ab, wenn es seinen Stand nicht mehr ändert und tut dies so rasch als möglich, damit die Körpertemperatur keinen Einfluſs ausüben kann. In Ermangelung eines Aſsmannschen Thermometers bedient man sich des Schleuderthermometers. Er ist das ein am besten in ganze Grade geteiltes kurzes Thermometer, das an einer etwa 50 cm langen Schnur (Angelschnur) befestigt ist und mit möglichst gestrektem Arme im Kreise geschwungen wird, bis es seinen Stand nicht mehr ändert (etwa 1—2 Minuten). Das Gefäſs sollte ebenfalls gegen Strahlungen geschützt sein. Joh. Greiner in München und Fueſs in Berlin-Steglitz liefern derartige Instrumente auch zu zweien als Psychrometer verbunden. Man kann natürlich auch mit einem gewöhnlichen Thermometer die Temperatur bestimmen, wenn man es im Schatten aufhängen kann.

Wo der Reisende Gelegenheit hat, ein Registrierbarometer als Standinstrument aufzustellen, empfiehlt es sich auch ein Registrierthermometer dazuzugeben, das in ähnlicher Weise zu bedienen ist wie das Barometer (Zeitmarke, Kontrollablesung an einem daneben aufgehängten Quecksilberthermometer). Da hiebei wohl auf die Aspiration verzichtet werden muſs, so genügt für diesen Zweck die einfache Form, wie sie M. Sendtner in München für 65 Mk. liefert. Alle Thermometer sollen vor der Reise sorgfältig mit Normalinstrumenten verglichen werden. Die Nummer des benützten Instruments ist im Beobachtungsbuch anzugeben. Für die Zwecke der Höhenberechnung genügt es, wenn jede Stunde und aufserdem auf besonders wichtigen Punkten Temperaturbeobachtungen gemacht werden. Bei längerem Aufenthalt an demselben Orte wird man die üblichen Beobachtungsstunden 7 a 2 p 9 p einhalten, um klimatologisch nutzbare Werte zu erhalten.

IV. Anwendungen.

§ 18. Aufnahme des Reiseweges.

Wer eine für geographische Zwecke brauchbare Routenaufnahme machen will, hat an einem Punkte mit sicher bestimmten geographischen Koordinaten anzufangen und die Arbeit womöglich bis zu einem zweiten ebensolchen oder, eine Schleife machend, bis zum Ausgangspunkte durchzuführen. Im letzteren Falle wird man in unbekanntem Gebiete womöglich einen andern Weg als auf der Ausreise wählen, sich aber bemühen, diesen zu berühren oder zu schneiden, weil dadurch eine gute Kontrolle der Aufnahme ermöglicht wird. Wo man den Reiseweg eines Vorgängers schneiden kann, soll man dies an einem Punkte tun, der sich identifizieren läfst. Benützt man bei der Abreise oder Ankunft eine Strecke weit eine vielbegangene Strafse, so versäume man nicht, auch diesen Teil aufzunehmen, weil sonst das Itinerar „in der Luft hängt". Keinesfalls darf die Arbeit jemals eine Unterbrechung erleiden.

Die Aufnahme des Reiseweges geschieht am besten zu Fufs; dabei wird man auf guten Wegen eine Strecke von 20 und einigen Kilometern täglich bearbeiten können. Die Richtungen der einzelnen Wegstrecken werden mit dem Taschenkompafs auf 5° genau gepeilt (Seite 85); dafs dies ausreicht, beweist die in § 19 gegebene Fehlertheorie.

Wer mit Karawane reist, nimmt am besten seinen Platz hinter ihr; wird an der Spitze eine Flagge getragen, so kann man in leidlich offenem Gelände den Weg schon auf beträchtliche Entfernung einpeilen und sich dadurch von kleinen Krümmungen unabhängig machen. Man hat dabei auch den Vorteil, für kurze Zeit stehen bleiben zu können, um eine Peilung zu machen oder Gesteinsproben zu nehmen, ohne diesen Halt notieren zu müssen, wenn man die gleichmäfsig fortmarschierende Karawane im Geschwindschritt wieder einholt. Wo man rückwärts schauend einen Punkt des zurückgelegten Weges wieder erkennen kann, soll man ihn nochmals peilen. Erleichtert werden diese Rückwärtspeilungen, die gar nicht oft genug gemacht werden können, wenn man einen Mann, womöglich einen Berittenen, hinter sich nachkommen läfst.

Jeder bemerkenswerte Punkt wird womöglich an drei voneinander genügend entfernten Punkten gepeilt, das erste Mal mit Schätzung der Entfernung, da man nicht weifs, ob man ihn später wieder sieht. Auch einmalige Peilungen können von Wichtigkeit sein, wenn der betreffende Punkt schon festgelegt ist oder von einem andern Reisenden auch nur einmal gepeilt worden ist. Für nahe Punkte genügt der Taschenkompafs, für entfernte benutzt man den Peilkompafs.

Wo es die Zeit erlaubt, wird man dem Wege benachbarte Höhen besteigen, um von ihnen aus Fernpeilungen mit dem Peilkompasse oder dem Theodolit zu machen, Rundsichten mit dem Skizzierbrette aufzunehmen und Profilskizzen zu zeichnen. Von besonderem Werte sind photogrammetrische Rundsichten, von welchen der nächste Abschnitt dieses Werkes handelt. Man darf keinesfalls versäumen, den Beobachtungspunkt an das Itinerar anzuschliefsen.

Sehr wichtig ist eine sorgfältige Aufschreibung der einheimischen Namen, wo solche vorhanden sind; wo sie fehlen, sind die von den ersten Entdeckern gegebenen Namen anzunehmen. Wo neue erforderlich sind, wähle man in erster Linie Bezeichnungen, aus denen auf die Beschaffenheit, Lage usw. des betreffenden Gegenstandes geschlossen werden kann; den eignen Namen auf der Karte verewigen zu wollen, ist unbescheiden.

Zur Bestimmung der zurückgelegten Entfernungen bedient man sich eines der früher angegebenen Hilfsmittel. Wo der Marsch ohne besondere Hindernisse vorwärts geht, ist die Marschzeit das einfachste, wenn gleichzeitig sorgfältige Schätzungen der Geschwindigkeit gemacht werden. In offenem Gelände, wo der Pflanzenwuchs nicht hinderlich ist, kann ein Reisender, der über genügend Leute verfügt, die zurückgelegten Strecken mit einem Mefsdraht von 50 oder 100 m Länge messen lassen.

Zieht man durch Wald, in welchem der Weg erst freigemacht werden mufs, so wird man, wenn die Sonne scheint, den vorausgehenden Leuten die einzuhaltende Richtung von Zeit zu Zeit durch den Winkel geben, unter welchem sie den Schatten schneiden soll. Ist der Weg bereits vorhanden, so kann man umgekehrt aus der Richtung, unter welcher er den

Datum: 29. August 1887. Mittag/Abend } Besteck $\varphi = -13° 59.2$; $\lambda =$

Nr.	Ort	Zeit h	Zeit m	Pause min.	Δt min.	Peilung $\alpha°$	Barometer mm	Thermometer +	Entfernung l	$l \sin \alpha$ +	$l \sin \alpha$ −	$l \cos \alpha$ +	$l \cos \alpha$ −	Bemerkungen
0	Lagerplatz	6	44				711.5	17.0						
1	. . . . .	7	3		19	310	07.4		630		483	405		2.0 km
2	An Abstieg	7	35	8	24	0	07.9		1200		0	1200		3.0 km
3	. . . . .	8	30	45	10	45	12.5		500	354		354		
4	. . . . .	10	3	54	39	0	17.4	32.2	1950		0	1950		
5	Bach nach 75°, 1 m br.	10	28		25	0	14.4		1250		0	1250		
6	. . . . .	10	50	5	17	350	15.0		850		143	837		10h 55 Bach nach 40°
7	. . . . .	11	10		20	340			1000		342	940		
8	Bach nach 45°, 2m br., 0.2 m t.	11	17		7	310	17.0		350		268	225		
9	„ „ 60°, 1.5 m br. trock.	0	7		50	350	17.4	35.0	2500		434	2462		
10	. . . . .	0	30		23	10	15.8		1150	200		1133		
11	. . . . .	0	47		17	30	16.8		850	425		736		
12	„ „ 110°	1	0		13	10	15.8		650	113		640		
13	. . . . .	1	15		15	30	15.8		750	375		650		
14	. . . . .	1	34		19	30	16.3		950	475		823		1h 49 Bach nach 85°
15	. . . . .	2	1		22	60			1100	953		550		2 m br. 0.3 tief
16	Lagerplatz an einem Quellflusse des Kulischu	2	28	5	27	60	18.9	37.0	900	779		450		2.0 km
		7	44	117	347					3674−1675		14 605		
				1h 57	5h 47					1999		[$l \cos \alpha$]		
										[$l \sin \alpha$]				

Schatten schneidet, erkennen, wann und wieviel sich seine Richtung ändert, ohne stets auf den Kompafs sehen zu müssen. In dichtem Urwalde versagt dieses Mittel, und auch das Peilen ist beschwerlich, da man nur ganz kurze Sichten hat. Hier empfiehlt sich vielleicht die akustische Methode, welche Houdaille und Macaire an der Elfenbeinküste verwendet haben. Sie liefsen einen Mann etwa 50—100 m vorausgehen, der auf einer schrillen Pfeife Signale gab; nach diesen Signalen gelang es, auf 50 m Entfernung die Richtung bis auf 1^0, auf 100 m bis auf 2^0 und auf 500 m bis auf 10^0 genau zu treffen. Sonst hilft nur fleifsiges Peilen, Zählen der Schritte usw. Wesentlich besser wird natürlich die Aufnahme unter so ungünstigen Bedingungen, wenn man sie auf dem Rückwege nochmals macht; man ist dann wohl berechtigt, den zweiten Messungen ein doppelt so grofses Gewicht beizulegen wie den ersten.

Über die Art, wie man unterwegs die Beobachtungen notiert, sind die Meinungen geteilt. Ich habe bei sehr ausgedehnten Routenaufnahmen in Matto Grosso folgendes Verfahren bewährt gefunden: Man läfst auf die Seiten 1 und 3 eines einmal gefalteten Blattes das auf S. 117 stehende Formular autographieren, dessen Führung durch das eingesetzte Beispiel ohne weiteres klar ist. (Wer einen Schrittzähler benutzt, wird für diesen noch eine weitere Spalte nehmen.) Jeden Tag wird ein neues Quartblatt in das Feldbuch eingelegt und dort mit Hilfe einer am Rücken durchgezogenen Schnur festgehalten. Auf den Rückseiten des Formulars wird der Reiseweg skizziert, während im Feldbuche alle weiteren Notizen, Profile usw. eingetragen werden.

Die Routenskizze wird am untern Rande des Blattes angefangen und unter ungefährer Einhaltung der Entfernungen und der Winkel an den Bruchstellen gezeichnet; an jeder der letzteren wird die Nummer, unter welcher sie im Formulare eingetragen ist, angeschrieben. Kommt man durch eine vorher nicht erwartete Biegung des Weges vorzeitig an den Rand des Blattes, so fängt man eine neue Seite an und vergifst dabei nicht, dafs der Endpunkt auf der einen Seite mit dem Anfangspunkte auf der neuen übereinstimmen mufs. Ansteigender Weg wird durch ⋛, fallender durch ⋐ angedeutet. Gewässer werden mit Blaustift eingezeichnet und mit einem die Richtung ihres Laufes angebenden Pfeile versehen; Breite und Tiefe der Erosionsfurche werden im Feldbuche notiert.

Will man kein Formular der obigen Art verwenden, so wird man die Routenskizze in das Feldbuch oder in eines der bei Dietrich Reimer erschienenen Routenaufnahmebücher

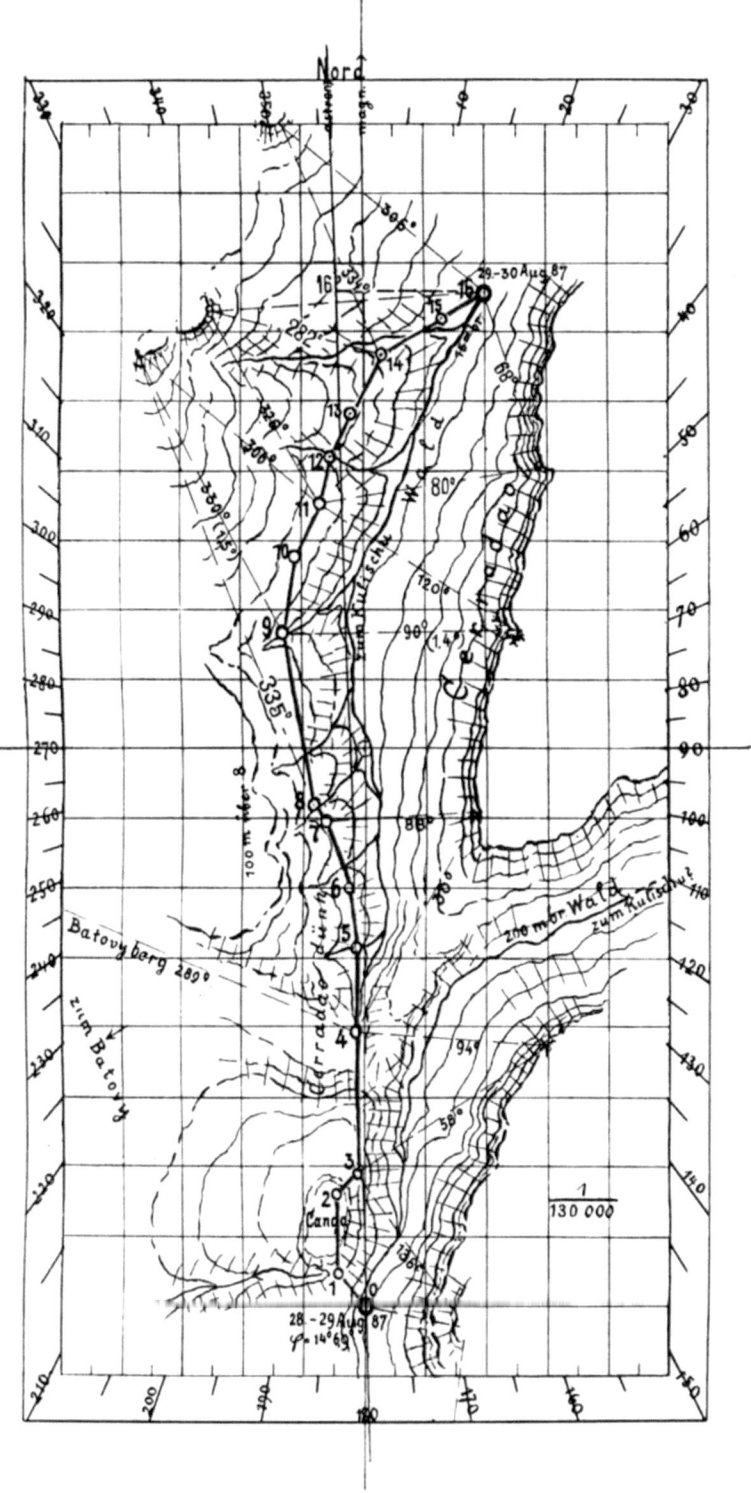

Fig. 8.

zeichnen und die Zeiten und Peilungen an den Linienzug setzen; um Verwechslungen zu vermeiden, schreibt man stets die Zeiten links neben den Bruchpunkt, die Peilungen rechts der gepeilten Linie entlang; aufserdem gibt man am Rande die Marschgeschwindigkeit in Kilometern pro Stunde an.

Das Gelände wird mit Rotstift durch Formlinien dargestellt. Notizen über Vegetation, Gestein usw. werden, soweit es der Raum erlaubt, gleich auf der Skizze oder im Feldbuche eingetragen.

Nur wenige Reisende werden imstande sein, täglich nach der Ankunft auf dem Lagerplatze das Itinerar auszuarbeiten, d. h. sauber zu zeichnen oder zu berechnen, so vorteilhaft dies auch für eine richtige Wiedergabe des Gesehenen ist. Es sollte aber keiner versäumen, wenigstens die Notizen nochmals durchzusehen und zu ergänzen, sowie die Namen und Zahlen mit Tinte oder flüssiger Tusche (letztere hat den Vorzug, sich nicht zu verwischen, wenn das Papier nafs wird) nachzuschreiben.

Für spätere Verwertung des Materials, namentlich durch andere Personen, ist es zur Vermeidung von Zweifeln nötig, in jedem Feldbuch und für die allenfalls gesondert verpackten Itenerarformulare baldigst Verzeichnisse der darin behandelten Wegestrecken mit Vermerk über deren Anschlüsse in anderen Feldbüchern aufzustellen.

§ 19. Fehlertheorie der Kompafs-Itinerare.

Die einfachen theoretischen Gesetze über Fehlerfortpflanzung in Kompafs-Itineraren sind für den Praktiker so wichtig und geben so wertvolle Fingerzeige, dafs wir im folgenden die Jordansche Ableitung derselben geben wollen.

Wir wollen ein ideales Itinerar annehmen, welches nahezu geradlinig sich in n gleich langen Strecken s auf die Entfernung S erstreckt, also:

$$S = ns, \quad n = \frac{S}{s} \qquad (1)$$

Der mittlere Kompafspeilungsfehler sei $= \delta$, dann ist die mittlere Querabweichung m für die Strecke s gegeben durch:

$$m = s\delta \quad \text{oder} \quad = s\frac{\delta^0}{\varrho^0} \qquad (2)$$

je nachdem δ in analytischem Mafse oder δ^0 in Gradmafs genommen ist.

Setzt man nun n solcher Strecken zusammen, so ist, nach dem theoretischen Fehlerfortpflanzungsgesetz der Methode der kleinsten Quadrate, die mittlere Querabweichung M des letzten Punktes:
$$M = \sqrt{(s\delta)^2 + (s\delta)^2 + \ldots (s\delta)^2} = \sqrt{n(s\delta)^2} = s\delta \sqrt{n}$$
oder mit Einsetzung von n aus (1):
$$M = s\delta \sqrt{\frac{S}{s}} = \delta \sqrt{Ss} \qquad (3)$$

Zur Veranschaulichung mag ein Zahlenbeispiel dienen: Ein Tagesmarsch von 10 Stunden = 40 km sei halbstündig gepeilt, also $n = 20$ und $s = 2$ km, der mittlere Peilungsfehler sei $\delta^0 = \pm 10^0$, hiernach ist:
$$M = \frac{10^0}{57.3^0} \sqrt{40 \times 2} = \pm 1.56 \text{ km} \qquad (4)$$

Trotz der beträchtlichen Annahme $\delta^0 = \pm 10^0$ beträgt der Schlußquerfehler doch nur etwa $1^1/_2$ km, d. h. auf einem West-Ost-Marsch kaum so viel als ein astronomischer Breitenfehler von 1'.

Aus dem mittleren Querabweichungsfehler (3) berechnet man auch den mittleren Richtungsfehler der Gesamtlinie L, nämlich:
$$\varDelta = \frac{M}{S} = \delta \sqrt{\frac{s}{S}} \text{ oder } = \frac{\delta}{\sqrt{n}} \qquad (5)$$

Die Anwendung auf das Beispiel (4) gibt:
$$\varDelta = 10^0 \sqrt{\frac{2}{40}} = \pm 2.2^0 \qquad (6)$$

Man sieht hieraus deutlich, wie günstig das fortgesetzte Peilen wirkt. Nach der zweiten Form von (5) nimmt der mittlere Richtungsfehler $\varDelta$ einer Linie S mit der Quadratwurzel aus der Anzahl der Peilungen ab.

Gutgeführte Itinerare pflegen so gut zu stimmen, daß, wer sich zum erstenmal damit beschäftigt, sich wundern muß. Die vorstehende Theorie macht das ganz begreiflich.

§ 20. Herstellung der Karte.

Die Wegstrecken s und die Kompaßpeilungen a können mit Hilfe von Maßstab und Strahlenzieher oder unter Benützung von Zeichenblättern, welche den auf Seite 117 ersichtlichen Vordruck haben, aufgezeichnet werden. Man erhält dadurch die Länge S und das magnetische Azimut a_0 der durch Anfangs- und Endpunkt des Tagesmarsches bestimmten Strecke. Legt man nun, unter Benützung der Mifsweisung, durch den Anfangspunkt 0 den astronomischen Meridian und projiziert den Endpunkt auf ihn, so kann man die gutgemachte Breite und Länge bestimmen. In Fig. 8 ist die Mifsweisung $w = +1° 18'$; die Projektion $\overline{0.16'}$ der Strecke $\overline{0.16}$ auf den Meridian hat die Länge 14.55 km, die Projektion $\overline{16.16'}$ auf die Ost-Westrichtung hat die Länge 2.44 km. Dividiert man diese Zahlen mit der Gröfse einer Breiten- bezw. Längenminute unter der Mittelbreite 14° (Tafel II d. Anhangs), also mit 1.84 km bezw. 1.80 km, so erhält man als Breitenunterschied $\Delta \varphi = 7.9'$, und als Längenunterschied $\Delta \lambda = 1.3'$.

Dieses Verfahren reicht in den meisten Fällen aus und empfiehlt sich besonders demjenigen, der im Zahlenrechnen nicht besonders sicher ist; es kann aber nicht bestritten werden, dafs die Rechnung nach Koordinaten eine höhere Genauigkeit liefert.

Denkt man sich ein rechtwinkliges Koordinatensystem durch den Anfangspunkt der Itinerarstrecke, dessen $+X$-Achse der nördliche Zweig des magnetischen Meridians ist, und dessen $+Y$-Achse nach Osten läuft, so sind $s \cos a$ und $s \sin a$ die Projektionen der Strecken s auf die X- bezw. Y-Achse (vergl. Anhang, Tafel I, S. 152 und 153); bezeichnet man mit $[s \sin a]$ und $[s \cos a]$ die Summen aller dieser Projektionen, so ist

$$\tang a_0 = \frac{[s \sin a]}{[s \cos a]} \quad \text{und}$$

$$S = \frac{[s \sin a]}{\sin a_0} = \frac{[s \cos a]}{\cos a_0} \quad \text{oder auch} \quad S = \sqrt{[s \sin a]^2 + [s \cos a]^2}.$$

Bezeichnet nun w die Mifsweisung, b und l die Gröfse einer Breiten- bezw. Längenminute auf der Mittelbreite der Itinerarstrecke in Metern (Anhang Tafel II), so ist $a_0 + w = A$ das astronomische Azimut der Strecke S und

$$\frac{S \cos A}{b} = \Delta \varphi \text{ der Breitenunterschied,} \quad \frac{S \sin A}{l} = \Delta \lambda$$

der Längenunterschied des Anfangs- und Endpunktes.

Die Anwendung dieser Formeln auf unser Beispiel Seite 117 ergibt

$$[s \sin a] = +\ 1\,999 \text{ m} \qquad \log\ 1\,999 = 3{,}30101$$
$$[s \cos a] = +\ 14\,605 \text{ m} \qquad \log\ 14\,605 = 4{,}16450$$
$$a_0 = 7^0\,48' \qquad\qquad\qquad \log \operatorname{tg} a_0 = 9{,}13651$$
$$\qquad\qquad\qquad\qquad\qquad \log \cos a_0 = 9{,}99596$$
$$S = 14\,741 \text{ m} \qquad\qquad \log S = 4{,}16854$$

Der Beobachtung zufolge war $w = +\ 1^0\,18'$, somit ist $A = 7^0\,48' + 1^0\,18' = 9^0\,6'$. Aus Tabelle II des Anhangs ergibt sich für die Mittelbreite $\varphi = -14^0$

$$b = 1843 \text{ m und } l = 1800 \text{ m.}$$

Daraus folgt

$$\frac{S \cos A}{b} = \frac{14\,741 \cos 9^0\,6'}{1843} = 7.9' = \varDelta \varphi$$

und $\quad\dfrac{S \sin A}{l} = \dfrac{14\,741 \sin 9^0\,6'}{1800} = 1.3' \text{ Ost} = \varDelta \lambda.$

Das so konstruierte oder berechnete Itinerar bildet zusammen mit den astronomischen Ortsbestimmungen das Gerippe der Karte. Beide werden im allgemeinen verschiedene Resultate liefern, so daſs eine Ausgleichung zwischen ihnen erforderlich ist. Ein allgemeines Verfahren läſst sich dafür nicht angeben.

Am günstigsten liegt die Sache, wenn man das Itinerar zwischen fest bestimmten Punkten einzupassen hat; man behält dann die Lage der einzelnen Teile gegeneinander bei und dreht es so, daſs die Verbindungslinie der Endpunkte in die Linie der beiden Festpunkte fällt; hierauf wird der Fehler in der Entfernung durch proportionales Strecken oder Verkürzen weggeschafft.

Am häufigsten geht man von einem festbestimmten Punkte aus und führt das Itinerar, in Verbindung mit astronomischen Ortsbestimmungen, nach einem entfernten Punkte fort. Nun sind die direkten Breitenbestimmungen im allgemeinen verhältnismäſsig genau, während die Längenbestimmungen, wenn sie nicht mit ganz feinen astronomischen Hilfsmitteln gewonnen sind, wenig Vertrauen verdienen. Unter diesen Verhältnissen wird man der direkten Breitenbestimmung einerseits und der durch das Itinerar gelieferten Länge anderseits das gröſste Gewicht beilegen. Es wird Sache einer reiflichen Erwägung in jedem einzelnen Falle sein, im Hinblick auf die Genauigkeit der astronomischen Beobachtungen zu entscheiden, wieviel in der einen oder andern Beziehung nachgegeben werden darf.

Die Wahl des Maſsstabes der Karte hängt einerseits vom Gelände und anderseits von der Zeit ab, die man auf die

Aufnahme des Reiseweges und des Geländes. 123

Aufnahme verwenden kann, also im wesentlichen von der Geschwindigkeit, mit der man reist. Man soll ihn nicht gröfser nehmen als notwendig ist, um alle aufgenommenen Einzel-

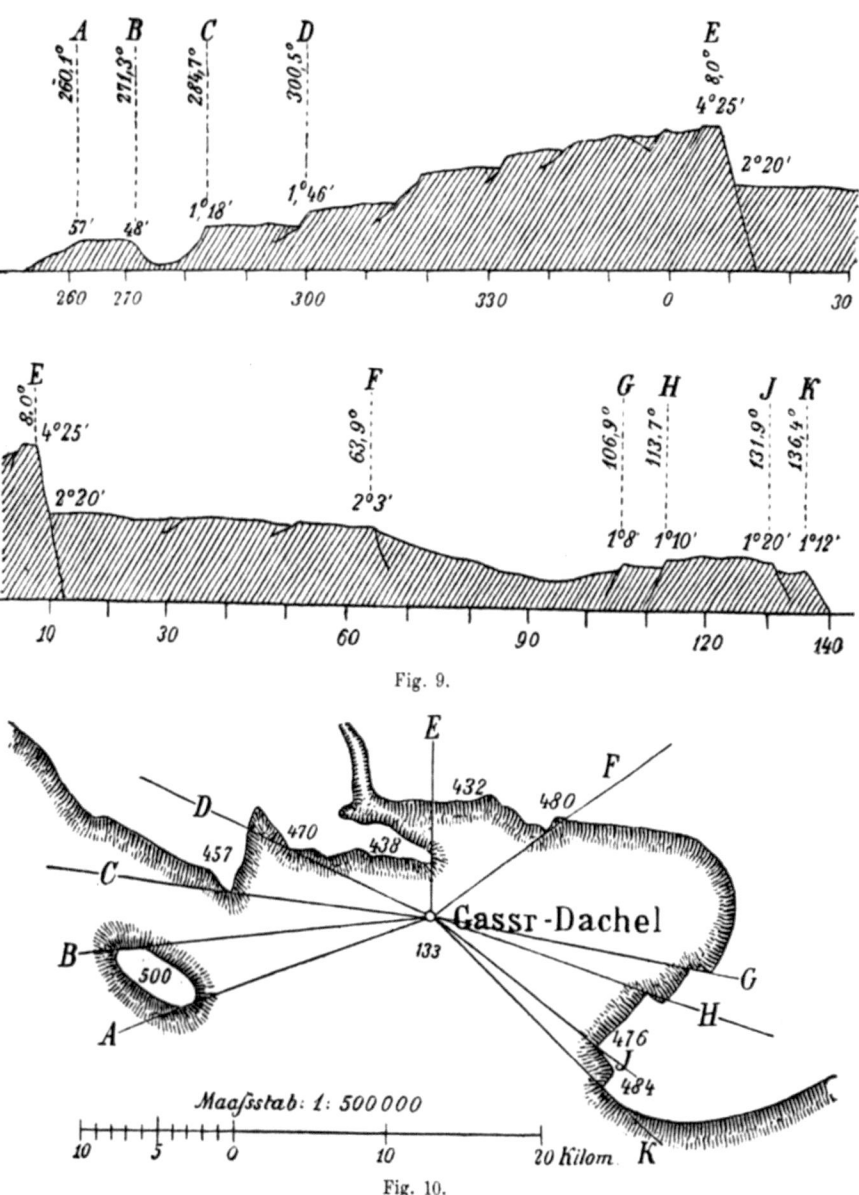

Fig. 9.

Fig. 10.

heiten darauf unterbringen zu können. Ein kleiner Mafsstab hat den Vorteil, dafs man Fernpeilungen auf das Blatt bringen und dadurch das Gelände in seinen grofsen Zügen leichter feststellen kann. Wenn man in engen Tälern, auf Flüssen oder in dichtem Busche reist, wo nur kurze Peilungen möglich sind, empfiehlt sich bei der Itineraraufzeichnung zunächst ein größerer Maßstab und nachfolgende Reduktion. Ich würde als größten Maßstab 1 : 50 000 empfehlen; in vielen Fällen wird 1 : 250 000 oder 1 : 500 000 genügen. Das schließt nicht aus, daß man bei Aufnahmen einzelner wichtiger Örtlichkeiten bis zu 1 : 5000 hinaufgeht.

Das Kartennetz kann mit Hilfe der Tabelle II des Anhanges mit genügender Genauigkeit hergestellt werden. Für tropische Gebiete kann man die Parallelkreise als parallele Gerade darstellen. Man zieht also durch die Mitte des Blattes eine vertikale Gerade als den mittleren Meridian, trägt auf ihr die der betreffenden Breite und dem Maßstabe entsprechenden Längen der Meridiangrade auf und zieht durch die erhaltenen Punkte Senkrechte zum Mittelmeridian, welche dann die Parallelkreise darstellen. Auf dem obersten und untersten Parallelkreise trägt man nun vom Mittelmeridian nach beiden Seiten die ihnen entsprechenden Gradlängen ab; dann geben die Verbindungslinien entsprechender Punkte die Meridiane.

Für außertropische Gebiete zeichnet man das Antiparallelogramm, dessen parallele Seiten den Längen eines Grades auf den äußersten Parallelkreisen und dessen nichtparallele Seiten der Länge der Meridianbogen zwischen diesen entsprechen. Dieses Antiparallelogramm trägt man am Mittelmeridian beiderseits so oft als möglich an, indem man Kreisbogen beschreibt, deren Halbmesser die parallelen Seiten und die Diagonalen sind. Teilt man dann die Meridiane in einzelne Grade, so geben die Verbindungslinien entsprechender Teilpunkte die Parallelkreise.

§ 21. Aufnahme des Geländes.

Die während der Itineraraufnahme ausgeführten Peilungen werden es bis zu einem gewissen Grade ermöglichen, einen Lageplan des benachbarten Geländes herzustellen; um diese zu einem wirklichen Bilde derselben zu vervollständigen, bedarf man noch der Höhen der einzelnen Punkte, welche aus den Profilskizzen, Höhenwinkeln, Aneroidablesungen usw. in der früher besprochenen Weise abzuleiten sind. Doch auch diese können nur voll ausgenützt werden, wenn man die charakteristischen Linien des Geländes scharf zu Papier zu bringen versteht. Das vorzüglichste Hilfsmittel für die Geländeaufnahme ist die Photogrammetrie, von welcher der nächste

Abschnitt von Professor Finsterwalder handelt. Wo man länger Zeit hat, kann man durch Triangulierung (Seite 127) das Gerippe für einen Geländeabschnitt in vollständigster Weise festlegen.

Als Beispiel mögen die Figuren 9 und 10 dienen, welche in Verbindung mit der Figur 12 eine Aufnahme des Randgebirges der Oase Dachel durch Jordan darstellen.

Die eingeschriebenen Azimute, z. B. 260.1° bei A, sind magnetisch, welche durch Subtraktion von 7,4° Mifsweisung in astronomische verwandelt wurden; die übrigen Winkel, z. B. 4° 25' bei E, sind mit dem Theodolit gemessene Höhenwinkel. Die in Figur 10 benutzten Entfernungen sind durch Triangulierung gewonnen.

Für eine flüchtige Aufnahme eines Gebietes von mäfsiger Ausdehnung (etwa 1 km) genügt vielfach der Kompafs in Verbindung mit dem Schrittmafs, wenn dazu noch Handrifszeichnungen nach dem Augenmafs gemacht werden. Figur 11, Seite 126 gibt Jordans Aufnahme der Oase Farafrah als Beispiel.

In der Figur 11 sind die Schrittmafse auf jeder Geraden durchlaufend eingeschrieben. Die mit dem Taschenkompafs ausgeführten Peilungen sind durch Pfeilspitzen mit beigeschriebenem Azimut angedeutet. Einzelne örtliche Schrittmafse sind durch beigesetzte Striche (z. B. — 60 — und — 33 — als Gebäudelängen) von den Mafsen des grundlegenden Polygons unterschieden.

Will man etwas genauer vorgehen, z. B. bei der Aufnahme eines Ruinenfeldes, so wird man zunächst ein oder mehrere grofse Dreiecke festlegen, welche das betreffende Gebiet einschliefsen und in diese dann eine Reihe von kleineren Dreiecken, deren Eckpunkte wichtige Punkte sind, einspannen. Wer nur über ein Bandmafs verfügt, wird alle Seiten messen und damit sehr gute Resultate erzielen können. Die weitere Arbeit kann dann mit dem Skizzierbrett gemacht werden.

Soll eine solche Aufnahme aufser der Situation auch die Höhen geben, so wird man die grofsen Dreiecke trigonometrisch aus einer Basis ableiten und die Detailaufnahme mit einem Tachymeter ausführen. Als Beispiel für das letztere Verfahren nennen wir die Aufnahme der Ruinenstadt Priëne in Kleinasien durch Kummer (Zeitschr. f. Vermessungskunde 1899, S. 473—491).

§ 22. Triangulierung.

Im allgemeinen spielt die Triangulierung bei Aufnahmen auf Reisen eine untergeordnete Rolle. Es ist ganz unmöglich,

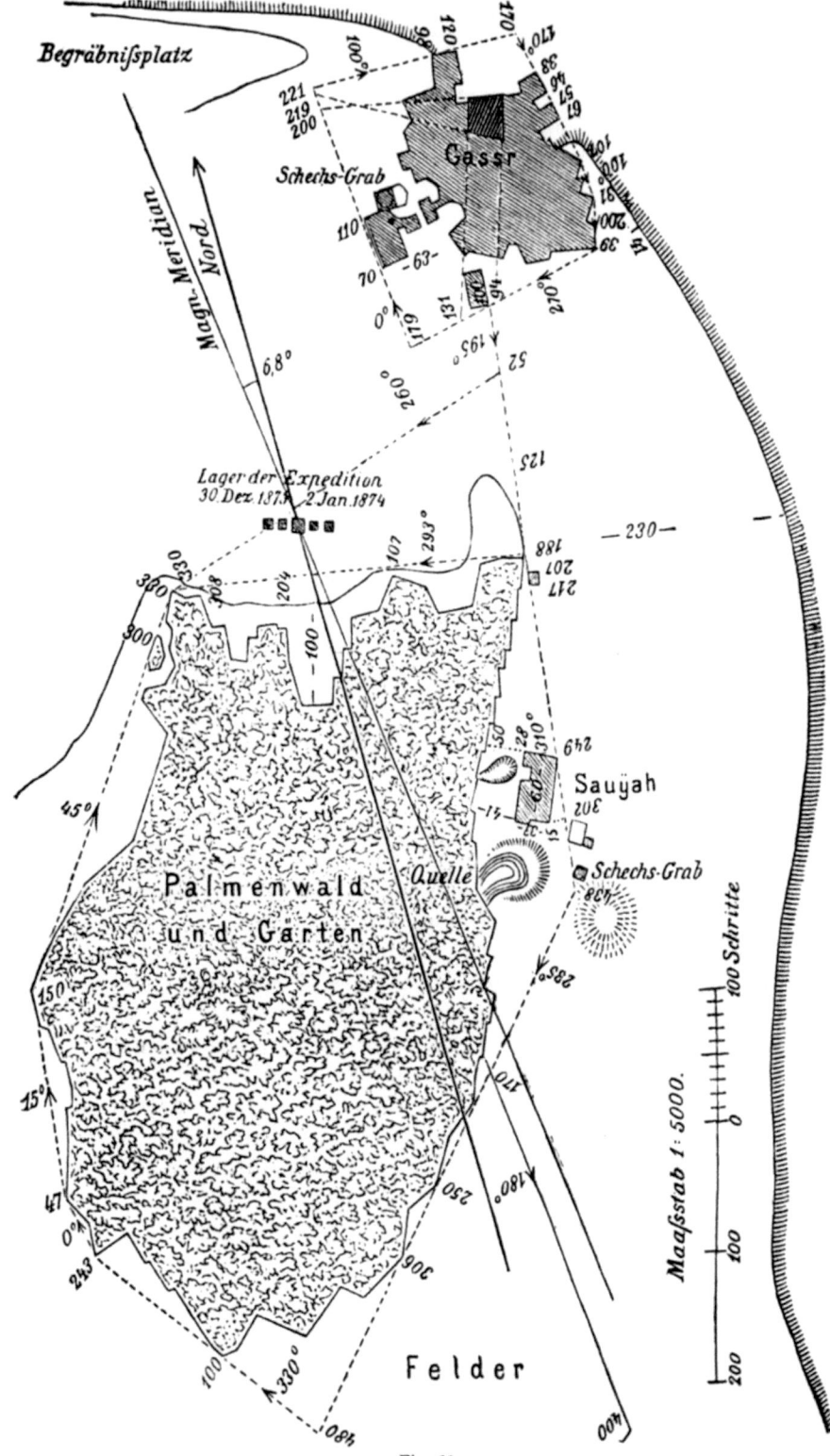

Fig. 11.

den Zusammenhalt der Itinerare durch Triangulierung zu erlangen und auch bei zeitweiligem Aufenthalt an demselben Orte, wo sich durch Messung einer kleinen Basis und etlicher Winkel eine gute Grundlage schaffen läfst, kann man gewöhnlich nicht daran denken, auf den Hauptpunkten Signale aufzustellen. Im wesentlichen mufs man sich mit den natürlichen Zielpunkten, Bergspitzen, Felsvorsprüngen, einzelnen Bäumen, etwaigen hervorragenden Gebäuden usw. begnügen, ohne vorhergehende Erkundigungen sofort messen und nachher aus den zerstreuten Messungen das zusammensetzen, was sich in Dreiecken vereinigen läfst.

Als Beispiel für eine derartige Arbeit, bei welcher es genügt, die Winkel auf $1'$ genau abzulesen, geben wir im folgenden die Triangulierung des Oasenkessels von Dachel, wie sie Jordan am 11. und 15. Januar 1874 ausgeführt hat.

Auf einem Hügel nördlich der Stadt Dachel wurde ein Basisdreieck $(A)(B)(C)$ ausgewählt (Fig. 12), $(A)(B) = 305.00$ m und $(B)(C) = 117.10$ m mit einem Stahlband gemessen, dazu mit dem Theodolit die drei Winkel:

$$(A) = 22^\circ 11', \quad (B) = 78^\circ 8', \quad (C) = 79^\circ 41'; \qquad (1)$$

damit werden die beiden gemessenen Seiten unter sich trigonometrisch kontrolliert und auch die dritte Seite bestimmt:

$$(A)(B) = 305.00 \text{ m}, \quad (B)(C) = 117.05 \text{ m}, \quad (A)(C) = 303.39 \text{ m} \quad (2)$$

Aus besonderen Gründen (Zusammenwirkung mit einer photographischen Aufnahme) wurde in der Nähe von (A) ein zweiter Punkt P_1 gewählt, im Abstand $(A)P_1 = 20.00$ m, welcher gewissermafsen als exzentrischer Punkt neben (A) zu betrachten ist.

Es wurden vier feste Punkte ins Auge gefafst:

$W = $ Wohnhaus der Expedition,
$\text{I} = $ westliches Minaret der Stadt Dachel,
$\text{II} = $ mittleres „ „ „ „
$\text{III} = $ östliches „ „ „ „

Diese Punkte sind je dreifach von $(A)(B)(C)$ oder P_1 angezielt, und für alle acht Punkte wurde nun ein Koordinatensystem gewählt mit (A) als Nullpunkt, $+X$ nach Norden, $+Y$ nach Osten. Das Anfangs-Azimut $[(A)(B)] = 23^\circ 35'$ wurde hierbei durch den Theodolitkompafs erhalten, dessen Mifsweisung zuvor astronomisch bestimmt war. Die Koordinatenberechnung ergab folgendes:

Punkt	Ordinate y	Abszisse x	
(A)	0,0 m	0,0 m	
P_1	+ 19,8 „	+ 3,1 „	
(B)	+122,1 „	+279,6 „	
(C)	+217,5 „	+211,7 „	(3)
I	+ 78,3 „	—349,5 „	
II	+230,8 „	—330,6 „	
III	+358,9 „	—299,7 „	

Zur Weiterausdehnung des Netzes bot sich ein Punkt P_2 auf einem Hügel nordöstlich. Derselbe wurde aus zwei Dreiecken mit je zwei Winkeln bestimmt:

aus dem Dreieck $P_2 P_1$ III $\quad y_2 = + 724.4 \quad x_2 = + 364.8$

„ „ „ $\quad P_2 P_1$ II $\quad \underline{y_2 = + 725.6 \quad x_2 = + 365.3}$ (4)

Mittel $P_2 \quad y_2 = + 725.0 \quad x_2 = + 365.0$.

Nachdem auch P_2 mit einer Palmrippe weit sichtbar gemacht war, fand sich später auf einer Düne im Südwesten ein Punkt P_3, von dem aus nahezu alles Bisherige sichtbar war. Bei regulärer Triangulation würde P_3 vor den Messungen auf P_1 und P_2 aufgesucht und bebakt worden sein, und es wären die Zielungen $P_1 P_3$ sowie $P_2 P_3$ vorhanden. Da dieses bei uns nicht der Fall ist, kann P_3 nur pothenotisch ziemlich ungünstig berechnet werden. Die Zielungen von P_3 nach P_1, II und P_2 gaben pothenotisch

$$P_3 \quad y_3 = - 329.0 \quad x_3 = + 1780.0.$$

Eine Probe schien hier sehr nötig; eine solche wurde durch die Azimute des Theodolitkompasses gewonnen, und die darauf gegründeten Dreiecksberechnungen P_1, P_2, P_3 und I, III, P_3 gaben nur Abweichungen von 1—2 m gegen die pothenotische Bestimmung, so dafs im Mittel genommen wurde:

$$P_3 \quad y_3 = - 330.0 \text{ m}, \quad x_3 = + 1780.0 \text{ m}. \quad (5)$$

Die Einschneidung und Berechnung für eine einzelne hohe Palme östlich in der Stadt, eines grofsen Schech-Grabes nordöstlich und des Cailliaudbaumes westlich in der Wüste konnten nun ohne Schwierigkeit gemacht werden.

Nun war ein Basisdreieck P_1, P_2, P_3 mit Seiten von 1—2 Kilometer Länge bestimmt, und auf dieser Basis konnte man hoffen, die etwa 10 km entfernten Gebirgsecken des Oasenkessels trigonometrisch zu erfassen.

Da das Gebirge völlig vegetationslos ist, war Anzielen ohne künstliche Signalisierung wohl möglich; die Punkte wurden in perspektivischen Handrissen von der Art von Fig. 9, Seite 123 mit A, B, C, D, E, F, G, H, J, K be-

Aufnahme des Reiseweges und des Geländes. 129

zeichnet, und so von den verschiedenen Standpunkten aus wieder erkannt.

Um die Genauigkeit zu veranschaulichen, bezw. um Nachrechnung zu ermöglichen, geben wir die orientierten Abrisse der Messungen, auch zum Teil für (A) (B) (C), und nachher die Koordinaten.

Die Höhen beziehen sich auf die barometrisch bestimmte Höhe des Expeditionshauses W als Ausgangspunkt und sind zwischen W, (A), P_1, P_2, P_3 trigonometrisch übertragen, was leicht zu machen war. Zuerst haben wir die Abrisse für (A), (B) und (C).

Standpunkt (A)		Standpunkt (B)		Standpunkt (C)	
E	0° 58′	(C)	125° 25′	Schech	122° 39′
(B)	23 35	J	125 46	J	125 44
(C)	45 50	K	130 10	K	130 11
P_1 (20.0 m)	81 12	III	157 46	Palme	147 31
Schech	102 46	II	169 56	III	164 33
Palme	119 43	(A)	203 35	II	178 34
III	129 52	A	251 56	I	193 56
II	145 5	B	263 6	W	202 9
W	162 36	E	359 1	(A)	225 42
I	167 23			A	252 14
				B	263 19
				(B)	305 36
				E	357 28

Abrisse für P_1, P_2 und P_3, a = Azimut, h = Höhenwinkel.

Standpunkt P_1 $H = 133$ m			Standpunkt P_2 $H = 132$ m			Standpunkt P_3 $H = 104$ m		
	a	h		a	h		a	h
E	0° 38′	+4° 25′	E	348° 52′	+4° 42′	E	4° 0′	+3° 16′
E'		+2 20	E'	351 18	+2 31	E'	5 20	+2 2
F	56 51	+2 3	F	55 46	+2 15	P_1	11 6	+0 52
Schech	85 32	−4 40	G	101 13	+1 10	I	15 56	+0 21
G	99 34	+1 8	H	108 16	+1 6	II	21 9	+0 27
H	106 20	+1 10	J	127 34	+1 26	III	24 57	+0 24
Palme	120 48	−1 48	K	131 56	+1 16	P_2	26 12	+0 38
J	124 32	+1 20	III	208 49	−1 12	F	48 38	+1 53
K	129 4	+1 12	II	215 25	−1 3	G	. .	. .
III	181 43	−2 11	Schech	216 19	−5 19	H	99 21	+1 10
II	147 37	−2 24	I	222 50	−1 6	J	116 55	+1 33
I	170 30	−3 12	W	230 32	−1 44	K	122 33	+1 26
C-Baum	229 48	−1 32	C-Baum	235 2	−0 54	C-Baum	232 41	−0 7
A	252 44	+0 57	P_1	242 50	−0 1	A	258 29	+1 6
B	264 1	+0 48	A	252 19	+0 56	B	269 38	+0 54
C	277 18	+1 18	B	263 0	+0 44	C	285 12	+1 24
D	293 6	+1 46	C	275 25	+1 12	D	302 47	+1 40
			D	289 27	+1 50			

Mit diesen Angaben kann man die ganze Triangulierung, soweit sie auf Figur 12 (S. 132) dargestellt ist, berechnen, bezw. die im nachfolgenden angegebenen Schlufsresultate nachrechnen. Diese Schlufsresultate sind als Koordinaten auf den Anfangs-

Neumayer, Anleitung. 3. Aufl. Bd. I.

punkt W, d. h. das Wohnhaus der Expedition reduziert worden, mit $+x$ nach Norden, $+y$ nach Osten, wie die folgende Tabelle zeigt:

Punkt	Ordinate y	Abszisse x	Höhe über dem Meer	Bemerkungen
Wohnhaus der Expedition W.	± 0 m	± 0 m	108 m	Erdfläche am Haus = 100 m
Basispunkt (A)	− 57	+ 183	133	
" (B)	+ 65	+ 463	133	
" (C)	+ 160	+ 395	133	
Trig. Standpunkt P_1	− 37	+ 186	133	
" P_2	+ 668	+ 548	132	
" P_3	− 387	− 1597	104	
Minaret I	+ 21	− 166	115	Spitze
" II	+ 174	− 148	118	"
" III	+ 302	− 117	118	
Großes Schechs-Grab	+ 429	+ 222	106	Boden = 97 m
Einzelne Palme	+ 496	− 132	116	Spitze
Cailliaud-Baum	− 923	− 563	104	Boden
Edmonstone A	− 16 024	− 4783	436	Rücken des Berges 485 m
" B	− 17 922	− 1712	407	
Dschebel-Lifte C	− 13 097	+ 1858	442	
" D	− 9 240	+ 4030	455	
" E	+ 2	+ 3931	423	
Amphitheater F	+ 7 663	+ 5255	465	
" G	+ 17 128	− 2712	496	
Dschebel-Dschefata H	+ 14 490	− 4050	440	
" J	+ 10 876	− 7313	461	
" K	+ 11 523	− 9199	469	

Über die Genauigkeit dieser Resultate kann insofern gut Rechenschaft gegeben werden, als jeder Punkt aus mindestens zwei Dreiecken berechnet worden ist.

Schon die Abrisse auf Seite 129 geben durch die Azimutdifferenzen als Parallaxen zu erkennen, ob die Schnitte an den entfernten Zielpunkten mehr oder weniger spitz sind.

Wir wollen die Parallaxen, mittleren Entfernungen und Koordinatenwidersprüche für drei Punkte beispielshalber zusammenstellen:

Punkt	Berechnungs-basis	Mittlere Entfernung	Parallaxe	Koordinaten-Widersprüche Δy	Δx
A	$P_3 P_1$	16.4 km	5° 45′		
A	$P_3 P_2$	16.7 "	6° 10′	2 m	2 m
E	$P_1 P_2$	3.4 "	11° 46′		
E	$P_3 P_2$	4.5 "	15° 8′	2 "	18 "
K	$P_1 P_3$	14.5 "	6° 31′		
K	$P_2 P_3$	14.3 "	9° 23′	31 "	12 "
Mittel		11.6 km	9° 7′	± 11 m	

Diese zufällig herausgegriffenen Angaben charakterisieren auch die Genauigkeit im ganzen. Wenn hiernach bei den fernen Gebirgsecken ohne künstliche Signalisierung mittlere Koordinatenfehler von rund 10 m vorkommen, so ist das so günstig, als je zu erwarten war. Solche Fehler sind beim Auftragen einer geographischen Karte verschwindend.

Wenn man etwa noch fragt, ob alle die vorgelegten Winkelmessungen (Seite 129—130) nicht auch rein graphisch mit dem Strahlenzieher hätten verwertet und dadurch viele Rechenarbeit hätte erspart werden können, so ist diese Frage zu verneinen. Die trigonometrische Berechnung macht allerdings viel mehr Mühe als die Zeichnung, allein diese Mühe lohnt sich reichlich in der Sicherheit und weiteren Verwertbarkeit der Resultate in beliebigem Mafsstab. Strahlenschnitte mit Parallaxen von 5^0-10^0 sind in der Zeichnung sehr mifslich und führen zu fortgesetztem Ändern und Probieren.

Anders als im Vorhergehenden geschildert ist die Sache, wenn es die Aufgabe eines Reisenden ist, eine gröfsere Fläche zu triangulieren oder eine Dreieckskette von einem Punkte zu einem zweiten zu führen, wie dies bei den Grenzvermessungen in den Kolonien in den letzten Jahren wiederholt geschah. Da der Beobachter in diesem Falle bereits in der Heimat auf die besondere Aufgabe vorbereitet sein wird, so können wir uns mit einigen Bemerkungen über die Basismessung und über die Signale begnügen.

Ist man imstande Breitenbestimmungen zu machen, die auf wenige Sekunden genau sind, so wäre es in einem Gelände, wo man genügende Fernsicht hat, am einfachsten, eine astronomische Basis zu benutzen; zu diesem Zwecke würde man an zwei möglichst entfernten und möglichst auf demselben Meridiane gelegenen Punkten die Breiten und gegenseitigen Azimute durch astronomische Beobachtungen bestimmen, daraus ihre Entfernung berechnen und dann diese beiden Punkte als Basisendpunkte verwerten. Jedoch mufs von diesem manchmal benutzten Verfahren abgeraten werden, weil die Genauigkeit dieser Basis an sich nicht sehr grofs sein kann (auf 60 km bei einem Breitenfehler von $4''$ zu je 30 m etwa 1 : 500), und weil die Lotstörungen, welche besonders an den Rändern von Einbruchsgebieten, in Faltungsgebirgen und in grofsen Vulkangebieten nicht selten sind, sehr schädlichen Einflufs ausüben können. Als Beweis für letzteres ist anzuführen, dafs Kohlschütter zwischen Kambwe und Langenburg in Ostafrika auf eine Entfernung von 41 km eine Lotstörung von $0,6'$, entsprechend einer Entfernung von 1100 m, feststellte[1]).

Wo es das Gelände erlaubt, ist es am einfachsten und genauesten, die Basis unmittelbar und wiederholt zu messen.

---

[1]) Vergl. Verhandlungen des 13. deutschen Geographentages und Mitteilungen aus den deutschen Schutzgebieten XIII (1900).

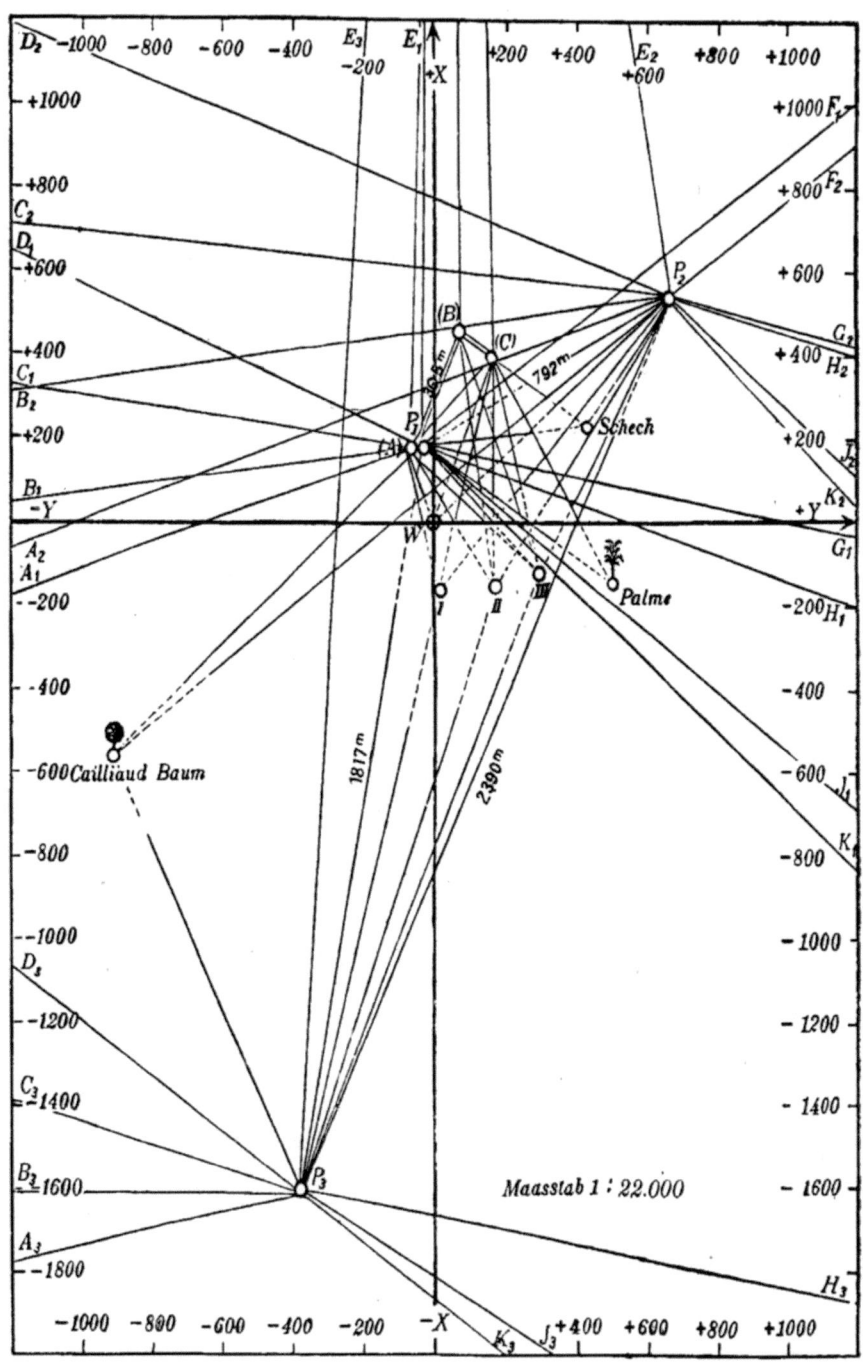

Fig. 12.

Die Hilfsmittel dazu haben wir auf S. 78—84 besprochen. Es wäre noch darauf aufmerksam zu machen, daſs bei den an die Basis anschlieſsenden Winkelmessungen eine sorgfältige Zentrierung von besonderer Wichtigkeit ist. Am Ende einer Dreieckskette ist womöglich eine Kontrollbasis zu messen und an die Kette anzuschlieſsen.

Zeitraubend und manchmal schwierig ist die Aufstellung der Signale. In Ostafrika haben sich für groſse Entfernungen (bis zu 80 km) drei oder vierseitige Pyramiden von 5—6 m Höhe aus Bäumen oder Bambus (gut verankert) mit einer Grundfläche von 2—3 m Seite als zweckmäſsig erwiesen; der obere Teil wird bei hellem Hintergrunde mit Gras, dunklem Stoff oder Zweigen, bei dunklem mit weiſsem Stoffe verkleidet. Die Verkleidung reicht nur so weit herunter, daſs die Zielungen bei zentrisch unter dem Signale aufgestelltem Instrumente nicht behindert sind. Das Zentrum der Station ist der Kreuzungspunkt der Seitenkanten, welcher auf dem Boden durch einen festen Pfahl bezeichnet wird, dessen Stellung man durch Abloten bestimmt. Sonst können auch die Stämme einzelner Bäume, welche man beim Abholzen der Bergkuppen stehen lieſs, als brauchbare Signale dienen. Auf kurze Entfernungen (1—5 km) genügt zur Kenntlichmachung einzelner Bäume ein Umwickeln des Stammes mit weiſsem Papier oder Stoff. Wer über genügend brauchbare Hilfskräfte verfügt, kann durch Benutzung von Heliotropen Signalbauten ersparen (vergl. den Abschnitt: Nautische Vermessungen Nr. 2).

§ 23. Polygonzüge.

Nicht selten ist wegen zu dichter Bewaldung in flachem Gelände oder wegen der Schwierigkeiten, die einer Besteigung von Berggipfeln entgegenstehen oder wegen des durch Abbrennen des Kampes entstehenden Höhenrauches die Triangulierung erschwert oder unmöglich. In solchen Fällen kann man sich der Polygonzüge bedienen.

Man läſst, wo dies nötig ist, 2—3 m breite Schneuſsen durch den Wald schlagen und vom Unterholz säubern und vermarkt die Bruchstellen mit Baken; die Entfernungen werden mit dem Meſsband oder Meſsdraht, unter Berücksichtigung der Temperatur und der Neigung der einzelnen Bandlagen bestimmt. Die Winkel können mit dem Theodolit oder einem Bussoleninstrument gemessen werden. Mit dem Theodolit erzielt man eine höhere Genauigkeit, insbesondere bei gröſseren Seitenlängen. Als Brechungswinkel gilt von den zwei sich zu 360° ergänzenden Winkeln zwischen zwei Strahlen stets derjenige, welcher vom vorhergehenden zum folgenden Punkte im Sinne des Uhrzeigers durchlaufen wird (Figur 13).

Mit einem Bussoleninstrument geht die Arbeit rascher vonstatten, besonders wenn man immer einen Bruchpunkt überspringt (was aber nicht zu empfehlen ist). Aufserdem hat man dabei den Vorteil, dafs ein Fehler in der Ablesung eines Winkels nicht wie beim Theodolitzug das ganze Polygon, sondern nur die betreffende Strecke um den Messungsfehler verdreht. Als Nachteil hat man in den Kauf zu nehmen, dafs man von der örtlich und zeitlich wechselnden Mifsweisung abhängig ist, welche an einzelnen Orten so abnorme Werte annehmen kann, dafs man die Bussole gar nicht verwenden kann.

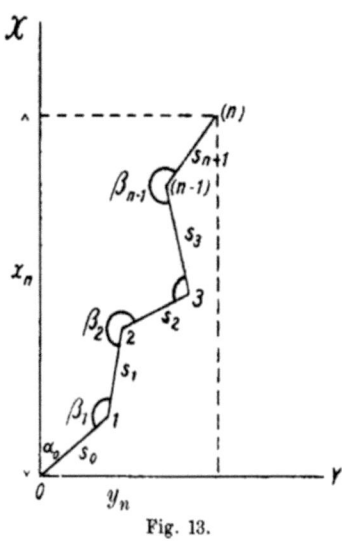

Fig. 13.

Die Bussole liefert die magnetischen Azimute und nach Anbringung der Mifsweisung die astronomischen Azimute a direkt. Bei der Theodolitmessung hat man das astronomische Azimut mindestens einer Strecke zu bestimmen, bei ausgedehnten Zügen wird man nach je 10 bis 15 km eine sorgfältige Azimutbeobachtung machen. Angenommen a_0 ist das Azimut der ersten Strecke s_0, so erhält man die astronomischen Azimute $a_1, a_2 \ldots$ der übrigen aus den gemessenen Polygonwinkeln $\beta_1, \beta_2 \ldots$ durch die Gleichungen

$$a_1 = a_0 + \beta_1 \pm 180°, \quad a_2 = a_1 + \beta_2 \pm 180°, \ldots$$
$$a_{n-1} = a_{n-2} + \beta_{n-1} \pm 180°,$$

in welcher das obere oder untere Vorzeichen von 180° zu nehmen ist, je nachdem die vorhergehende Summe kleiner oder gröfser als 180° ist.

Legt man durch den Ausgangspunkt 0 ein Koordinatensystem, dessen $+X$-Achse mit dem nördlichen Zweig des Meridians zusammenfällt und dessen $+Y$-Achse nach Osten gerichtet ist, so erhält man die Koordinaten der einzelnen Punkte durch die Gleichungen

$$x_0 = 0 \qquad\qquad\qquad y_0 = 0$$
$$x_1 = x_0 + s_0 \cos \alpha_0 \qquad y_1 = y_0 + s_0 \sin \alpha_0$$
$$x_2 = x_1 + s_1 \cos \alpha_1 \qquad y_2 = y_1 + s_1 \sin \alpha_1$$
$$\vdots \qquad\qquad\qquad\qquad \vdots$$
$$\underline{x_n = x_{n-1} + s_{n-1} \cos \alpha_{n-1} \qquad y_n = y_{n-1} + s_{n-1} \sin \alpha_{n-1}}$$
Probe: $x_n = [s \cos \alpha]$ \qquad Probe: $y_n = [s \sin \alpha]$.

Die Strecken x_n und y_n kann man durch Division mit der Länge des Meridian- bezw. Parallelkreisbogens von $1'$ unter der dem Polygonzuge entsprechenden Mittelbreite in Minuten, Breite und Länge verwandeln (Anhang Tafel II); dadurch erhält man dann aus der Breite φ_0 und der Länge λ_0 des Ausgangspunktes die Breite und Länge des Endpunktes des Zuges. Bei beträchtlicher mittlerer Meereshöhe H und großer Zuglänge wird eine vorgängige Reduktion der Entfernungen auf den Meeresspiegel (durch Multiplikation mit $\dfrac{r}{r+H}$, wo $r = 6\,370\,000$ m ist) erforderlich sein. Bei längerer ost-westlicher Erstreckung der Theodolitzüge sind außerdem noch die Beträge der Meridional-Konvergenz zu berücksichtigen.

§ 24. Flußaufnahmen.

Da Flußläufe und Rückenlinien von Gebirgen die Form des Geländes im wesentlichen bestimmen, so ist deren gute Kartierung von besonderer Wichtigkeit und auf alle Fälle nützlicher als die Festlegung eines Pfades, der vielleicht nach wenigen Jahren wieder vollständig verwachsen ist.

Zur ungefähren Messung kleinerer **Flußbreiten** kann man sich des Gefällmessers (§ 27) bedienen. Ist h die Höhe des Auges über dem Wasserspiegel, α die Depression der Wasserlinie am jenseitigen Ufer in Graden, so ist die Flußbreite $b = h \cot \alpha = \dfrac{57.3^0\, h}{\alpha^0}$. Für eine größere Breite bedient man sich eines Distanzmessers oder bestimmt sie als Kathete eines rechtwinkeligen Dreiecks, dessen andre Kathete man dem Ufer entlang mißt und dessen Winkel etwa mit dem Peilkompaß gemessen wird. Wer über ein Spiegelinstrument verfügt, schickt ein Kanu von bekannter Länge an das jenseitige Ufer, mißt dessen scheinbare Länge a und berechnet daraus die Breite.

Die Aufnahme des **Flußlaufes** ist eine einfache Polygonzugmessung, wenn man in oder am Bett entlang gehen kann; in den meisten Fällen wird man aber die Arbeit im Boote zu machen haben. Die Schwierigkeit liegt dann in der Bestimmung der Entfernungen. Die besten Resultate erhält man natürlich, wenn man sie mittels Distanzmessers von einem Bruchpunkte zum andern mifst. Der Schaubsche Distanzmesser[1]) dürfte dazu besonders zweckmäfsig sein; auch ein Spiegelsextant oder Prismenkreis mit Winkelablesung von 10″ oder 20″ leistet gute Dienste. Die Mannschaft eines vorausfahrenden Bootes stellt eine mit zwei Zieltafeln versehene, möglichst lange Latte horizontal oder lotrecht auf, und der Beobachter bestimmt im nachfolgenden Boote, welches während der Messung festgelegt wird, den entsprechenden Sehwinkel. Nach der Ablesung, welche durch ein Signal angezeigt wird, bezeichnet das Lattenboot den Aufstellungspunkt der Latte genügend genau und fährt dann an die nächste Station.

Läfst man dem Beobachtungsboote ein anderes Boot vorausfahren, das durch eine straffgehaltene Leine oder Cipó von bekannter Länge mit ihm verbunden ist, so kann man sich dadurch besonders in vielgewundenen Gewässern leidliche Entfernungsbestimmungen verschaffen.

In den meisten Fällen wird die Fahrzeit das Mafs der Entfernung geben; die Geschwindigkeit des Bootes mufs dann bei verschiedenen Stromgeschwindigkeiten durch Abfahren von gemessenen Strecken bestimmt werden. Die Aufnahme bei der Bergfahrt bietet den Vorteil, dafs man wegen der langsamen Fahrt Zeit zu den einzelnen Arbeiten hat; dagegen hängt die Geschwindigkeit der Fahrt nicht nur von der Stromgeschwindigkeit, sondern ganz besonders vom Stande der Ermüdung der Ruderer ab, was bei der Talfahrt in viel geringerem Grade der Fall ist. Bei grofsen Stromgeschwindigkeiten hat man wohl überhaupt keine Zeit, Entfernungen zu messen; man sei in diesem Falle nicht ängstlich; peilt man nur die Richtungen fleifsig mit Aufschreibung der Zeit, so erhält man immerhin ein leidliches Bild der verschiedenen Windungen; die strenge Richtigkeit im Mafsstabe ist von untergeordneter Bedeutung, da die Fehler bei der Reduktion auf die kleinen Mafsstäbe geographischer Karten gewöhnlich verschwinden. Man versäume nicht, möglichst häufig Breitenbestimmungen zu machen.

Geht die Fahrt nicht zu rasch vonstatten, so wird man, im Fahrzeuge sitzend, die Peilungen und Entfernungen gleich auf dem Zeichenbrette auftragen, und die Flufsbreiten, Sandbänke, Untiefen, seitlich mündenden Zuflüsse, Altwässer usw. einzeichnen, sowie Notizen über Form und Bewaldung der Ufer und über die geologischen Verhältnisse machen.

---

[1]) Vergl. Handbuch der nautischen Instrumente S. 354.

Die Höhe von Wasserfällen und das Gefälle in längeren starken Stromschnellen ist trigonometrisch oder durch einfaches Nivellement zu bestimmen. Die Höhen der höchsten Hochwassermarken am Ufer und am Gebüsche über dem jeweiligen Wasserstande sind zeitweise zu messen.

Um Aufschluſs über die **Wassermenge** zu erhalten, hat man an einer möglichst geradlinigen Strecke das **Profil** des Flusses und die **Wassergeschwindigkeit** zu bestimmen. Man vermarkt ungefähr in der Mitte dieser Strecke die Linie, in welcher das Profil gemessen werden soll, auf beiden Ufern, und zwar da, wo man weiter hinausschauen kann, beiderseits mit zwei Baken, an deren Deckung das messende Boot erkennt, daſs es sich auf der Profillinie befindet. Auf dieser Linie ist eine Reihe von Tiefen zu messen. Der Abstand des messenden Bootes vom Ufer wird mittels Distanzmessers (Spiegelinstrument) oder trigonometrisch vom Ende einer am Ufer abgelesenen Standlinie aus bestimmt.

Will man eine genaue Profilaufnahme machen, so spannt man eine in gleichen Abständen mit Schwimmern versehene Leine oder verzinkte Stahlschnur über den Fluſs und miſst die Tiefe an den durch die Schwimmer bestimmten Punkten. Man erhält auf diese Weise das Profil als eine Reihe von Trapezen.

Die **Tiefenmessung** selbst kann bei geringen Tiefen und geringer Stromgeschwindigkeit mittels einer in Dezimeter geteilten Stange geschehen; unter schwierigeren Verhältnissen verwendet man ein Lot an einer dünnen verzinkten und gemarkten Stahlschnur unter Berücksichtigung des Winkels, unter welchem das Lot durch die Strömung abgetrieben wird.

Die Messung der **Stromgeschwindigkeit** geschieht am genauesten mit Hilfe des Woltmanschen Flügels[1]), der auch am Lote befestigt werden kann. Man miſst damit an den Mittelpunkten der vorhin genannten Trapeze die Geschwindigkeiten. Die Summe der Produkte aus den Flächeninhalten der Trapeze und der zugehörigen Geschwindigkeiten liefern dann die Wassermenge, welche in der Sekunde durch das Profil flieſst. Hat man keinen Woltmanschen Flügel, so begnügt man sich mit der Messung der Geschwindigkeiten an der Oberfläche, indem man in gleichen Entfernungen ober-

---

[1]) A. Ott in Kempten (Bayern) fertigt eine für Reisezwecke sehr praktische Form an in Holzkästchen von $23 \times 10 \times 3.5$ cm, Gewicht 0.65 kg, Preis 70 Mk.

halb und unterhalb des aufgenommenen Profils je eine Parallele zu diesem aussteckt und die Zeiten beobachtet, welche mehrere auf die Flufsbreite verteilte Schwimmer brauchen, um von der oberen Parallele zur unteren zu gelangen. Aus der mittleren Oberflächengeschwindigkeit kann man dann die mittlere Stromgeschwindigkeit berechnen. Macht man nur eine Geschwindigkeitsmessung im Stromstrich, so kann man $^4/_5$ dieses Wertes als mittlere Stromgeschwindigkeit in Rechnung setzen.

Will man das Arbeitsvermögen eines Flusses an einem Wasserfalle abschätzen, so bestimmt man die Zahl Q der Kubikmeter, welche in der Sekunde ein oberhalb gelegenes Profil durchfliefsen und den Höhenunterschied h (in Metern) zwischen den Wasserspiegeln oberhalb und unterhalb des Wasserfalles; dann ist das Arbeitsvermögen gleich

$$\frac{1000\,Q\,h}{75} = 13.3\,Q\,h \text{ Pferdestärken.}$$

Mufs man die Aufnahme in einem Boote mit gröfseren Eisenmassen, z. B. in einem Motorboote machen, so wird man die Richtungen an einem mittschiffs fest angebrachten Kompafs oder am Steuerkompafs selbst ablesen. Infolge der Einwirkung des Eisens erleidet aber jeder Kompafs an Bord eine örtliche Ablenkung (Deviation), welche besonders bestimmt werden mufs. Man bezeichnet sie als östlich oder positiv, wenn das Nordende der Nadel nach Osten aus dem magnetischen Meridian abgelenkt wird, als westlich oder negativ im entgegengesetzten Falle. Sie ändert ihre Gröfse, wenn das Boot den Kurs wechselt und mufs daher für jeden Strich des Steuerkompasses bestimmt werden. Zu diesem Zwecke sucht man sich einen Platz aus, an welchem man das Boot auf dem Flecke drehen oder einen Kreis beschreiben lassen kann. Dann bringt man einen Peilkompafs aus Land in solche Entfernung vom Boote, dafs die Eisenmassen keine Einwirkung mehr ausüben, und peilt, während das Boot eine volle Drehung macht, vom Lande aus den Kompafs auf dem Boote und vom Boote aus den Kompafs am Lande immer in dem Augenblicke, wo das Boot einem der Striche N, NNO, NO usw. anliegt. Ergeben die ersteren Peilungen die Azimute $a_1, a_2 \ldots a_{16}$, die letzteren $b_1, b_2 \ldots b_{16}$, so sind $a_1 \pm 180 - b_1$, $a_2 \pm 180 - b_2 \ldots a_{16} \pm 180 - b_{16}$ die jenen 16 Steuerstrichen entsprechenden örtlichen Ablenkungen. Aus ihnen läfst sich dann die Deviationskurve zeichnen, welche die jeder andern Richtung entsprechende Ablenkung liefert.

Diese ist dann mit ihrem Zeichen an den beobachteten Kursen anzubringen, um den wahren magnetischen Kurs zu enthalten. Reisende, welche das Motorboot aus Deutschland mitnehmen, lassen die Deviationswerte zweckmäfsig auf der Seewarte bestimmen.

Um ein Mafs für die Geschwindigkeit des Motorbootes zu erhalten, läfst man den Maschinisten jede Viertelstunde die Zahl der Umdrehungen in der Minute aufschreiben.

§ 25. Theorie der barometrischen Höhenmessung.

Die vollständige barometrische Höhenformel lautet nach Jordan:

$$h = C \log \frac{B}{b} (1 + 0.003665\, t)\left(1 + 0.377 \frac{e}{B_0}\right)(1 + \beta \cos 2\varphi)$$
$$\times \left(1 + \frac{2H}{r}\right); \qquad (1)$$

dabei bedeuten: $C = 18400$ die barometrische Konstante,

B und b die gemessenen Barometerstände unten und oben, in beliebigem, aber einheitlichem Mafse gemessen, auf $0°$ C und auf gleiche Schwere reduziert;

$0.003665 = \dfrac{1}{273}$ den Ausdehnungskoeffizienten der Luft,

t das Mittel aus den Lufttemperaturen oben und unten in C°,

e das Mittel aus den Dunstdrucken oben und unten gemessen im gleichen Mafse wie der Luftdruck,

B_0 den mittleren Luftdruck $\dfrac{B+b}{2}$,

0.377 einen von der Dichte des Wasserdampfes herrührenden Koeffizienten,

$\beta = 0.00265$ den Schwerekoeffizienten,

φ das Mittel aus den geographischen Breiten beider Orte,

H die mittlere Höhe der beiden Orte über dem Meere in Metern,

$r = 6\,370\,000$ m den Erdhalbmesser.

Die drei letzten Faktoren ändern sich so wenig, dafs man ihren Wert für weite Gebiete als konstant betrachten und mit der Konstante C vereinigen kann. Als Beispiele seien die dementsprechend vereinfachten Formeln für Deutschland und für die Libysche Wüste angeführt

Deutschland $\dfrac{e}{B^0} = \dfrac{1}{100}$, $\varphi = 50°$, $H = 500$ m,

$$h = 18464 \log \frac{B}{b} (1 + 0.003665\, t) \qquad (2)$$

Libysche Wüste $\varphi = \dfrac{e}{B_0} = \dfrac{b}{755}$, $\varphi = 27^0$, $H = 0$ m

$$h = 18\,489 \log \frac{B}{b} (1 + 0.003665\, t). \tag{3}$$

Beide Formeln unterscheiden sich nur um $\dfrac{25}{18464}$ oder 0.14 %, was ein Beweis ist, daſs man mit der Formel (2), welche wohl für Mitteleuropa brauchbar ist, auch die gewöhnlichen rohen, von Reisenden in andern Ländern gemachten Höhenmessungen berechnen kann. Für feinere Bestimmungen ist es allerdings nötig, jeweils eine besondere Mittelformel oder bei Benutzung von Tafeln Korrektionen für letztere zu berechnen.

Setzt man in der Formel (2)

$$\log \frac{B}{b} = \log B - \log b = (\log 762 - \log b) - (\log 762 - \log B),$$

so erhält man

$$h = 18\,464\,(1 + 0.003665\,t)\,(\log 762 - \log b)$$
$$- 18\,464\,(1 + 0.003665\,t)\,(\log 762 - \log B) = H_2 - H_1,$$

d. h. der Höhenunterschied h ergibt sich als Differenz zweier Höhen H_2 und H_1, welche sich auf einen Meereshorizont mit der Barometerablesung 762 mm beziehen, und welche man als Rechnungshöhen odor rohe Meereshöhen bezeichnet. Jordan hat mittels der Formel

$$h = 18\,464\,(1 + 0.003665\,t)\,(\log 762 - \log b)$$

umfangreiche, auſserordentlich bequeme Tafeln berechnet, nämlich

Barometrische Höhentafeln von Jordan, 2. bis 35° erweiterte Auflage. Stuttgart, bei Metzler 1886,

und Barometrische Höhentafeln für Tiefland und für groſse Höhen von Jordan. Hannover, bei Helwing 1896.

Erstere geben die Höhen für Barometerstände von 630 mm bis 765 mm für Zehntelmillimeter und für jeden Grad der Mitteltemperatur von $+ 5^0$ bis $+ 35^0$, letztere für Barometerstände von 730 mm bis 775 mm, von 0^0 bis 35^0 für jedes Zehntelmillimeter und auſserdem von 270 mm bis 765 mm für jedes Millimeter und für je 5^0 der Mitteltemperatur von -25^0 bis $+35^0$. Bei ihrer Benützung ist vorausgesetzt, daſs alle notwendigen Reduktionen an den Ablesungen bereits angebracht sind.

Im Anhange IV ist eine abgekürzte derartige Tafel gegeben. Ihre Anwendung erläutert folgendes Beispiel:

untere Station $B = 754$ mm Lufttemp. 22^0 } Mittel 17^0.
obere Station $b = 549$ „   „ 12^0 }

Dann erhält man aus der Spalte 15^0

für 549 mm Höhe $= 2773$ m
Korrektion für 2^0 $2 \times 9.6 = 19$ „
$\overline{\quad H_2 = 2792 \text{ m}}$

für 754 mm Höhe $= 89$ m
Korrektion für 2^0 $2 \times 0.3 = 1$ „
$\overline{\quad H_1 = 90 \text{ m}}$

Höhendifferenz $h = H_2 - H_1 = 2702$ m.

Will man diese für Deutschland berechneten Höhentafeln für ein in andern Breiten gelegenes, meteorologisch davon verschiedenes Gebiet benützen, so hat man für letzteres mit den neuen Werten von e: B_0, φ und H, die neue barometrische Konstante C_1 zu berechnen; bezeichnet dann h die Höhe, welche die mit der Konstante C berechnete Tafel gibt, h_1 die genauere Höhe, welche der Konstante C_1 entspricht, so ist

$$h_1 = C_1 \log \frac{B}{b}(1 + \alpha t) = C \log \frac{B}{b}(1 + \alpha t) + \frac{C_1 - C}{C} C \log \frac{B}{b}$$
$$\times (1 + \alpha t) = h + \frac{C_1 - C}{C} h.$$

Als Beispiel diene die Berechnung der Korrektion, welche an den Werten der Jordanschen Tafel anzubringen ist, wenn man die für die Libysche Wüste gültige Konstante $C_1 = 18\,489$ statt $C = 18\,462$ benützt; es ist

$$h_1 = h + \frac{18\,489 - 18\,464}{18\,464} h = h + \frac{1}{740} h;$$

wenn man also zur Berechnung der Beobachtungen in der Libyschen Wüste die Jordanschen Tafeln benützt, so sind die gefundenen Werte um $1:740$ ihres Betrages zu vergröfsern. (Rechenschieber!).

Die Formel (2) läfst sich auch derart umwandeln, dafs der Höhenunterschied als Produkt erscheint:

$$h = \left\{ 2 \frac{18\,464}{B + b} M (1 + 0.003665\, t) \right\}(B - b),$$

wo $M = 0.43\,429$ der Modul der Briggischen Logarithmen ist. Die Zahl in der grofsen Klammer heifst die barometrische

Höhenstufe, weil sie den Höhenwert für 1 mm Barometerdifferenz gibt.

Tafel der barometrischen Höhenstufen.

Luft-temperatur °C.	Mittlerer Barometerstand $\frac{B+b}{2}$ Millimeter												
	760	750	740	730	720	710	700	680	660	650	640	620	600
− 5	10.4	10.5	10.6	10.8	10.9	11.1	11.3	11.6	11.9	12.1	12.3	12.7	13.1
+ 0	10.6	10.7	10.8	11.0	11.1	11.3	11.5	11.8	12.2	12.3	12.5	12.9	13.4
+ 5	10.7	10.9	11.0	11.2	11.3	11.5	11.7	12.0	12.4	12.6	12.8	13.2	13.6
+ 10	10.9	11.1	11.2	11.4	11.6	11.7	11.9	12.2	12.6	12.8	13.0	13.4	13.8
+ 15	11.1	11.3	11.4	11.6	11.8	11.9	12.1	12.4	12.8	13.0	13.2	13.6	14.1
+ 20	11.3	11.5	11.6	11.8	12.0	12.1	12.3	12.7	13.0	13.2	13.4	13.9	14.4
+ 25	11.5	11.7	11.8	12.0	12.2	12.3	12.5	12.9	13.3	13.5	13.7	14.1	14.6
+ 30	11.7	11.9	12.0	12.2	12.4	12.5	12.7	13.1	13.5	13.7	13.9	14.4	14.8
+ 35	11.9	12.1	12.2	12.4	12.5	12.7	12.9	13.3	13.7	13.9	14.1	14.6	15.0

Als Beispiel diene folgende Messung der Höhe einer Sanddüne:

$9^a 5$ Barometerstand unten 760.2 mm
$9^a 23$ „ oben 751.0 „ $\quad t = +10°$.
$9^a 35$ „ unten 759.8 „

Man rechnet nun ohne Instrumentenkorrektion:

Mittel der Ablesungen unten $B = 760.0$ mm
Ablesung oben $b = 751.0$ „ $\quad$ Mittel $\frac{B+b}{2} = 755.5$ mm.
Differenz $B − b = 9.0$ mm

Aus der vorstehenden Höhenstufentafel findet man für 755 mm und 10° den Stufenwert 11.0, also die Höhe der Düne $h = 9.0 \times 11.0 = 99$ m.

Statt das Mittel aus den beiden Ablesungen unten zu nehmen, wird man da, wo die Ablesung oben zeitlich nicht in der Mitte der beiden ersteren liegt, alle Stände auf die gleiche Zeit reduzieren, unter der Annahme, daſs sich der Luftdruck mit der Zeit proportional geändert hat. In obigem Beispiele ist das Barometer in 30 Minuten um 0,4 mm gefallen, in 18 Minuten also um $18 \cdot 0.4 : 30 = 0.24$ mm, daher ist der auf die Zeit $9^a 5$ reduzierte Barometerstand oben $751.0 + 0.24 = 751.2$ mm, was in diesem Falle zum gleichen Resultate führt, da nunmehr als unterer Barometerstand 760.2 zu verwenden ist. Bei böigem Wetter werden die barometrischen Höhenmessungen sehr unsicher.

Bezüglich der Lufttemperatur braucht man bei kleinen Höhen nicht ängstlich zu sein, da ein Fehler von 1° in der Lufttemperatur nur einen Fehler von 0.3 % der Höhe, also erst bei 300 m einen Fehler von 1 m gibt.

Die Rechnung mittels der Höhenstufen hat fast nur den Vorteil, dafs man die Tafel derselben auf einem Blatte zusammen haben kann; wer barometrisch Höhentafeln besitzt, wird diese wohl in den meisten Fällen vorziehen.

§ 26. Bestimmung von Meereshöhen.

Die im vorigen Paragraphen angegebenen Methoden setzen voraus, dafs man an zwei Orten gleichzeitig mit verglichenen Instrumenten die Barometerstände sowie die zugehörigen Temperaturen beobachtet habe, und zeigen, wie man dann mittels der Tafeln den Höheunterschied findet. Ist die Höhe des einen Ortes über dem Meere bekannt, so erhält man durch Addition derselben zum berechneten Höhenunterschied ohne weiteres die Meereshöhe. Voraussetzung ist dabei, dafs der Ort, an welchem die korrespondierenden Beobachtungen angestellt wurden, vom Beobachtungsgebiet nicht zu weit entfernt ist. In Kulturländern wird man meist in 50 bis 100 km Entfernung eine Station haben, und das genügt.

Ist eine solche Basisstation nicht vorhanden, so wird man sich bemühen, durch Aufstellung eines selbstschreibenden Barometers (S. 112) eine solche zu schaffen. Man erhält dann zunächst nur relative Höhen über dieser Station. Die länger andauernden Registrierbeobachtungen ermöglichen dann eine genauere Berechnung der Höhe der Basisstation über dem Meere als nur einzelne wenige Beobachtungen; immerhin wird aber ein wirklich guter Wert dafür nicht selten erst später bestimmt werden. Daher ist zu empfehlen, in Veröffentlichungen nur relative Höhen über der Basisstation anzugeben, wenn deren Höhe nicht schon genau bekannt ist, oder wenn man Meereshöhen gibt, genau zu sagen, wie hoch dabei die Basisstation angenommen wurde, damit später geeignete Korrekturen angebracht werden können. Benützt man korrespondierende Ablesungen aus sehr entfernten Stationen (500 km), so mufs man sich auf Widersprüche in den Höhen, die aus Beobachtungen an aufeinanderfolgenden Tagen abgeleitet sind, bis zu 50 m und mehr gefafst machen.

Bekanntlich hat der Luftdruck eine jährliche und eine tägliche Periode; letztere ist am gröfsten unter den Tropen und vermindert sich mit zunehmender Breite; sie ist über dem

Lande größer als auf dem Meere und nimmt von den Küsten aus gegen das Binnenland schnell zu; fast immer ist sie bei trockener Atmosphäre größer als bei feuchter und im allgemeinen in demjenigen Monat am größten, welcher die höchste Temperatur mit der größten Trockenheit verbindet. Mit zunehmender Meereshöhe wird sie kleiner, ist aber in den Tropen selbst über 2000 m noch merkbar.

Als Beispiele für den Betrag der täglichen Periode geben wir die Abweichungen $B - B_m$ des Barometerstandes B vom Mittel B_m für die Libysche Wüste zwischen dem $27.^0$ und $29.^0$ N. B. und 0 m über dem Meere und für Cuyabá in Brasilien (Matto Grosso) unter $15^0\,36'$ S. B. und $56^0\,7'$ W. v. Gr. 220 m über dem Meere (erstere für den Winter, letztere für die Monate August mit Oktober.

Zeit	Libysche W.	Cuyabá	Zeit	Libysche W.	Cuyabá
2a	− 0.34	− 0.33	2p	− 0.48	− 0.98
4a	− 0.41	− 0.22	4p	− 0.76	− 1.62
6a	− 0.02	+ 0.55	6p	− 0.58	− 1.14
8a	+ 0.82	+ 1.41	8p	− 0.12	− 0.24
10a	+ 1.22	+ 1.53	10p	+ 0.19	+ 0.41
Mittag	+ 0.47	+ 0.54	Mittern.	+ 0.05	+ 0.12

Man sieht, daß an beiden Orten, wie überall, der Luftdruck ungefähr um 10 Uhr vormittags und nachts seine größten, und um 4 Uhr vormittags und nachmittags seine kleinsten Werte erreicht. Um die Größe der täglichen Periode zu erhalten, wird man in den Tropen an jedem Ruhetag, womöglich stündliche Barometerablesungen machen. Beobachtet man ohne Standbarometer, so wird man dann mit Hilfe einer Tabelle obiger Art jede zu bestimmter Zeit unterwegs gemachte Ablesung auf das Tagesmittel reduzieren und den mittleren Stand des Barometers als konstant betrachten. Je nach den Schwankungen, die der Luftdruck von Tag zu Tag erleidet, werden die dadurch erhaltenen Resultate mehr oder weniger fehlerhaft sein; die Schwankungen sind in den Tropen, abgesehen von den Zeiten der Cyklonen gering, werden aber mit zunehmender Breite größer und können bei uns bis zu 30 mm betragen.

Die jährliche Periode des Luftdruckes in den verschiedenen Ländern ist sehr verschieden. Sie ist im Innern der Kontinente im allgemeinen größer als an den Küsten, die Minima fallen auf den Sommer, die Maxima auf den Winter. Als Beispiel geben wir die Abweichungen $B_1 - B_2$ der Monatsmittel B_1 vom Jahresmittel B_2 für Kairo ($\varphi = +30^0\,3'$) und Cuyabá ($\varphi = -15^0\,36'$)

	Kairo	Cuyabá		Kairo	Cuyabá		Kairo	Cuyabá
Jan.	+ 4.0	− 0.9	Mai	− 0.9	+ 0.8	Sept.	− 1.6	− 0.8
Febr.	+ 3.0	− 0.6	Juni	− 2.6	+ 2.8	Okt.	+ 0.8	− 1.9
März	+ 0.1	− 0.6	Juli	− 4.1	+ 3.1	Nov.	+ 2.2	− 1.9
April	− 0.8	+ 0.2	Aug.	− 3.6	+ 0.8	Dez.	+ 3.1	− 0.9

Um den Luftdruck an verschiedenen Orten, abgesehen von ihrer Höhenlage, vergleichbar zu machen, hat man ihn auf den Meeresspiegel zu reduzieren, d. h. den Luftdruck zu bestimmen, der unter dem betreffenden Ort in der Höhe des Meeresspiegels herrschen würde. Man erhält ihn, wenn man die Barometerformel (Seite 139) umgekehrt anwendet und aus h und b den Wert von B berechnet. Die diesbezüglichen Arbeiten für die ganze Erde findet man in der Abhandlung von Alexander Buchan „The mean pressure of the atmosphere and the prevailing winds over the globe for the months and for the year" in den Proceedings of the Royal Society of Edinburgh Vol. XXV April 1869, sowie mit Benutzung neuerer Materialien in der 3. Abteilung von Berghaus' physikalischem Atlas, „Atlas der Meteorologie von Julius Hann" (Gotha bei Perthes 1887), sowie in Bartholemews Physical Atlas Vol. III.

Es zeigt sich, daſs die auf den Meeresspiegel reduzierten Barometerstände für die verschiedenen Gebiete sehr verschieden sind und dabei natürlich auch die jährliche Periode zeigen. Der mittlere Luftdruck am Meeresspiegel ist selbst an verhältnismäſsig nahe aneinander gelegenen Orten sehr verschieden, denn während er z. B. an der Südspitze Südamerikas unter 55,8° S. B. im Januar 745 mm ist, beträgt er in Valdivia in Chili unter 39,9° S. B. 761 mm.

Will man aus Barometerbeobachtungen, zu denen man keine korrespondierenden Ablesungen hat, die Meereshöhe bestimmen, so sucht man sich mit Hilfe der genannten Werke für das Beobachtungsgebiet und die Beobachtungszeit den auf den Meeresspiegel reduzierten Barometerstand B und berechnet dann aus den auf das Tagesmittel reduzierten einzelnen Ablesungen b und aus B die Meereshöhe mittels der Tafeln. Nur ein mit der Meteorologie wohl vertrauter Bearbeiter wird über die dabei in Rechnung zu stellenden Temperaturen usw. einigermaſsen zutreffende Annahmen zu machen und damit leidlich richtige Resultate zu erhalten imstande sein. (Als Beispiel für eine derartige Arbeit nennen wir G. v. Elsners Abhandlung über die Höhenverhältnisse des Ngamilandes in der Zeitschr. der Ges. f. Erdkunde in Berlin 1900 S. 342 bis 362.)

§ 27. Trigonometrische Höhenmessung.

Ebenso wie die Horizontal-Triangulierung kann auch die trigonometrische Höhenmessung bei Reisen nicht als Grundlage der Gesamthöhenaufnahme dienen; sie kann aber bei lokalen Aufnahmen sehr nützliche Dienste leisten, nicht blofs für die Höhen selbst, sondern auch zur Gewinnung von Kontrollen und Verbesserungen für die Lagepläne.

Zur Messung der Höhenwinkel dient in erster Linie der Theodolit, dessen Handhabung in dieser Beziehung auf Seite 97—98 besprochen ist. Neben ihm wird man in bergigem Gelände einen Gefällmesser (Neigungsmesser) für Freihandgebrauch häufig verwenden können. Die Zahl der vorhandenen Konstruktionen ist sehr grofs. Es sind entweder Pendel- oder Libelleninstrumente. Von ersteren seien das Altazimut und der Gefällmesser von Brandis-Wolz, von letzteren Tesdorpfs Spiegeldiopterinstrument nach Abney und besonders der so vielseitig verwendbare Dosentheodolit von Hildebrand nur beispielsweise angeführt.

Die Grundformel für die trigonometrische Höhenmessung ist

$$h = h_1 + a \operatorname{tg} \alpha + \frac{1-k}{2r} a^2; \qquad (1)$$

dabei ist h der gesuchte Höhenunterschied, h_1 die Höhe der Kippachse des Instrumentes über dem Standpunkte, a die Horizontalentfernung, α der Höhenwinkel, r der Erdhalbmesser $= 6\,370\,000$ m und k der Refraktionskoeffizient, welcher in Deutschland im Mittel 0.13 beträgt.

Die Korrektion $\dfrac{1-k}{2r} a^2$ für Erdkrümmung und Refraktion hat in runden Zahlen folgende Werte:

(S. Tab. auf S. 147.)

Auf Reisen wird man Höhenwinkel kaum genauer als auf 1' messen und die Höhen nur auf 1 m genau ausrechnen, so dafs man bis zu einer Entfernung von $a = 3$ km das Glied $\dfrac{1-k}{2r} a^2$ vernachlässigen und $h = h_1 + a \operatorname{tg} \alpha$ setzen kann. Bei gröfseren Entfernungen wächst der Wert dieses Gliedes sehr rasch und bei fernen Gebirgen, die man oft mehrere Tagereisen weit sieht, ist bei der Höhenbestimmung die Erdkrümmung und Strahlenbrechung vielfach die Hauptsache; da

a	$\dfrac{1-k}{2r}a^2$	a	$\dfrac{1-k}{2r}a^2$	a	$\dfrac{1-k}{2r}a^2$
km	m	km	m	km	m
1	0.1	11	8	10	7
2	0.3	12	10	20	27
3	0.6	13	12	30	61
4	1.1	14	13	40	109
5	1.7	15	15	50	170
6	2.4	16	17	60	245
7	3.3	17	20	70	334
8	4.4	18	22	80	436
9	5.5	19	25	90	552
10	6.8	20	27	100	681

aber die letztere grofsen Schwankungen unterworfen ist, werden trigonometrische Höhenmessungen auf grofse Entfernungen sehr unsicher.

Die horizontale Entfernung wird durch Triangulation oder wiederholtes Peilen gefunden oder auch aus der Karte entnommen. Als Beispiel mag die Berechnung der Höhenunterschiede in der Oase Dachel dienen, deren Resultate auf Seite 130 mit gegeben sind.

Ein indirekter Gebrauch der Höhenwinkel besteht darin, dafs man aus einem gegebenen oder barometrisch ermittelten Höhenunterschiede h und dem gemessenen Höhenwinkel a rückwärts die Entfernung a bestimmt, wozu man die Gleichung (1) nach a aufzulösen hätte. Um diese Arbeit zu vermeiden, wurde die Tafel VI des Anhanges berechnet, in welcher $K = 0.16$ angenommen ist. Als Beispiel zur Anwendung dieser Methode, bei welcher übrigens der Höhenwinkel nicht zu klein sein darf, betrachten wir in der Figur 8 oder 9 die Gebirgsecke E und den dahinterliegenden Rand E'. Nach der ganzen Gebirgsformation kann man annehmen, dafs E und E' gleich hoch sind. In runder Zahl ist E $438 - 133 = 305$ m über dem Standpunkte; soll nun E' ebenso hoch sein, so mufs es bei $2°\,20'$ Höhenwinkel nach der Tafel VI etwa 7 km entfernt sein, wie es auch in Figur 10 eingezeichnet ist.

Schon diese verhältnismäfsig wenigen Zahlen der Tafel VI geben bei der Kartenkonstruktion nach Peilungen und Höhenwinkeln wichtige Aufschlüsse über die Möglichkeit des Zusammengehörens verschiedener Zielungen.

Von besonderem Wert ist dieses Verfahren bei der Aufnahme der Uferlinien von Seen, indem man von einem Punkte aus, dessen Höhe h über dem Wasserspiegel möglichst genau (durch Nivellement oder trigonometrisch) bestimmt wurde, mit dem Theodolit für eine Reihe von Richtungen die Depressionen α der Wasserlinie mifst. Für kleinere Entfernungen ist dann der Horizontalabstand einfach $a = h$ ctg α. Voraussetzung für die Zulässigkeit dieses Verfahrens ist, dafs die Wasserlinie nicht jenseits der Kimm, d. h. der scheinbaren Grenzlinie zwischen Luft und Wasser liegt; ob dies der Fall ist oder nicht, wird man entscheiden können, wenn man berücksichtigt, dafs die Entfernung der Kimm $d = 3.872 \sqrt{h}$ Kilometer beträgt, wenn h in Metern gegeben ist.

Hat man einen Ausblick auf das Meer, so kann man durch Messung der Kimmtiefe, d. h. des Depressionswinkels β der Kimm, die Höhe h des Beobachtungspunktes über dem Meeresspiegel in Metern ableiten mittels der Formel

$$h = \frac{\beta^2}{11621}$$

wenn β in Sekunden ausgedrückt ist.

§ 28. Nivellement.

Der Forschungsreisende wird nur selten die Zeit und das Bedürfnis haben, genaue Messungen von Höhenunterschieden durch Nivellieren auszuführen; wer es gelegentlich tun will, wird das Fernrohr seines Theodolits mit einer Libelle (am besten Reversionslibelle) versehen lassen. Wir sehen hier von einer eingehenden Besprechung des Verfahrens beim genauen Nivellieren ab.

In manchen Fällen wird man vom Freihandnivellement Gebrauch machen können, wenn man eine geschlossene Kanalwage nach Kahle[1]), einen wohlberichtigten Gefällmesser oder das Wagnersche Taschennivellierinstrument von Tesdorpf besitzt. Man kann die Instrumente in der Weise benützen, dafs man eine Latte verwendet und vom gleichen Instrumentenstandpunkte aus den Rückblick und Vorblick abliest, oder indem man (in nicht zu flachem Gelände, von der Augeshöhe Gebrauch macht. Im letzteren Falle geht man vom höheren einzunivellierenden Punkte nach abwärts, bis das Auge mit ihm in gleicher Höhe ist und bezeichnet den Punkte, an dem sich die Absätze der nebeneinandergesetzten Füfse befinden, durch einen Stein oder

---

[1]) Vergl. Zeitschr. f. Vermessungswesen 1889 S. 183—188 und 1892 S. 49—53. Fabrikanten der Kanalwage sind die Glastechniker Haack in Jena und Heinz in Aachen. Preis 2—3 Mk., einer Latte 3—6 Mk.

sonstwie, geht dann wieder abwärts, bis man das Auge in der Höhe der Marke hat usw. Das letzte Stück kann man dadurch bestimmen, daſs man sich niederbeugt und dann die Höhe des Auges über dem untern Punkte mit dem Zentimetermaſsstabe miſst. Selbstverständlich muſs die Augeshöhe des betreffenden Beobachters mit dem benützten Schuhzeuge genau bestimmt sein.

Schluſs.

Man nehme nicht zu viele Instrumente mit, sondern sehe lieber darauf, daſs man die mitgenommenen gewandt handhaben kann und daſs sie in gutem Zustande sind und bleiben. Man sehe auf eine gute, den zu erwartenden klimatischen und Transportverhältnissen entsprechende Verpackuug. Nirgends soll ein Stück nur mit Leim an einem andern befestigt sein; überall sollen Nägel oder besser Schrauben verwendet sein. Auch sorge man für wasserdichten Abschluſs der Kisten durch eingelegte Kautschukstreifen bei allen Sachen, welche durch Wasser leiden. Man verpacke nicht alle Instrumente in eine Kiste, sondern verteile sie so, daſs man sich auch noch behelfen kann, wenn ein Teil zurückbleibt oder verloren geht. Alle Barometer, Thermometer Sextanten, Bandmaſse usw. sollen auf einer wissenschaftlichen Zentrale, der physikalisch-technischen Reichsanstalt, Seewarte u. dergl. vor und auch eventuell nach der Reise geprüft werden. Man halte ein Instrumentenbuch, in welchem alle Instrumente mit den Namen der Fabrikanten, den Nummern und den Prüfungszeugnissen eingetragen und soweit als nötig beschrieben werden. Hier werden auch die fortlaufenden, unterwegs gemachten Vergleichungen im Originale notiert sowie Mitteilung gemacht, wann ein neues Instrument in Gebrauch genommen wurde.

Bei der Veröffentlichung der Beobachtungsresultate gebe man für alle Fundamentalpunkte Länge, Breite und Höhe sowie die Autorität, welche diese Zahlen bestimmt hat, an. Die Punkte, an welchen astronomische Ortsbestimmungen gemacht wurden, sind so genau zu beschreiben, daſs man sie wieder identifizieren kann; denn es hat keinen Sinn, die Breite einer 1 qkm bedeckenden Stadt auf Zehntelminuten anzugeben, wenn man nicht genau sagt, für welchen Punkt dieser Wert gilt. Auſserdem sind über die Art der Instrumente, die Methoden und Genauigkeit der Messungen sowie über die Basisstationen für die barometrische Höhenmessung ausführliche Angaben zu machen.

Bei der Veröffentlichung der Karte teile man mit, welche

früheren Karten man benützt hat. Auf der Karte selbt soll alles, was der Reisende gemessen oder so gesehen hat, dafs er es mit der dem Mafsstabe entsprechenden Genauigkeit zeichnen kann, ausgezogen werden; was er nur aus grofser Entfernung erblickt hat, ohne die Lage verbürgen zu können, ist nur zu stricheln; was er auf Grund von Erkundigungen bei Eingeborenen gibt, soll wieder in besonderer Art (etwa punktiert) dargestellt werden. Würden alle Reisenden diese Regeln beachten, so würde dem Kartographen, der später die schwierige Aufgabe hat, aus einer Reihe von Routenaufnahmen ein Kartenbild des Landes herzustellen, die Arbeit wesentlich erleichtert werden.

Anhang.

I. $s \sin a$ und $s \cos a$ für Itinerar-Berechnung.
II. Die Gradeinteilung des Erdellipsoids.
III. Reduktion des Quecksilberbarometers auf $0°$.
IV. Schwerereduktion des Quecksilberbarometers.
V. Barometrische Höhentafel.
VI. Trigonometrische Höhenmessung.

I. $s \sin \alpha$ und $s \cos \alpha$ für Itinerar-Berechnung.

s	0° 360°	180° 180°	5° 355°	185° 175°	10° 350°	190° 170°	15° 345°	195° 165°	20° 340°	200° 160°	s
	$s \sin$	$s \cos$	$s \sin$	$s \cos$	$s \sin$	$s \cos$	$s \sin$	$s \cos$	$s \sin$	$s \cos$	
1	0.0	1.0	0.1	1.0	0.2	1.0	0.3	1.0	0.3	0.9	1
2	0.0	2.0	0.2	2.0	0.3	2.0	0.5	1.9	0.7	1.9	2
3	0.0	3.0	0.3	3.0	0.5	3.0	0.8	2.9	1.0	2.8	3
4	0.0	4.0	0.3	4.0	0.7	3.9	1.0	3.9	1.4	3.8	4
5	0.0	5.0	0.4	5.0	0.9	4.9	1.3	4.8	1.7	4.7	5
6	0.0	6.0	0.5	6.0	1.0	5.9	1.6	5.8	2.1	5.6	6
7	0.0	7.0	0.6	7.0	1.2	6.9	1.8	6.8	2.4	6.6	7
8	0.0	8.0	0.7	8.0	1.4	7.9	2.1	7.7	2.7	7.5	8
9	0.0	9.0	0.8	9.0	1.6	8.9	2.3	8.7	3.1	8.5	9
10	0.0	10.0	0.9	10.0	1.7	9.8	2.6	9.7	3.4	9.4	10
11	0.0	11.0	1.0	11.0	1.9	10.8	2.8	10.6	3.8	10.3	11
12	0.0	12.0	1.0	12.0	2.1	11.8	3.1	11.6	4.1	11.3	12
13	0.0	13.0	1.1	13.0	2.3	12.8	3.4	12.6	4.4	12.2	13
14	0.0	14.0	1.2	13.9	2.4	13.8	3.6	13.5	4.8	13.2	14
15	0.0	15.0	1.3	14.9	2.6	14.8	3.9	14.5	5.1	14.1	15
16	0.0	16.0	1.4	15.9	2.8	15.8	4.1	15.5	5.5	15.0	16
17	0.0	17.0	1.5	16.9	3.0	16.7	4.4	16.4	5.8	16.0	17
18	0.0	18.0	1.6	17.9	3.1	17.7	4.7	17.4	6.2	16.9	18
19	0.0	19.0	1.7	18.9	3.3	18.7	4.9	18.4	6.5	17.9	19
20	0.0	20.0	1.7	19.9	3.5	19.7	5.2	19.3	6.8	18.8	20
21	0.0	21.0	1.8	20.9	3.6	20.7	5.4	20.3	7.2	19.7	21
22	0.0	22.0	1.9	21.9	3.8	21.7	5.7	21.3	7.5	20.7	22
23	0.0	23.0	2.0	22.9	4.0	22.7	6.0	22.2	7.9	21.6	23
24	0.0	24.0	2.1	23.9	4.2	23.6	6.2	23.2	8.2	22.6	24
25	0.0	25.0	2.2	24.9	4.3	24.6	6.5	24.1	8.6	23.5	25
26	0.0	26.0	2.3	25.9	4.5	25.6	6.7	25.1	8.9	24.4	26
27	0.0	27.0	2.4	26.9	4.7	26.6	7.0	26.1	9.2	25.4	27
28	0.0	28.0	2.4	27.9	4.9	27.6	7.2	27.0	9.6	26.3	28
29	0.0	29.0	2.5	28.9	5.0	28.6	7.5	28.0	9.9	27.3	29
30	0.0	30.0	2.6	29.9	5.2	29.5	7.8	29.0	10.3	28.2	30
31	0.0	31.0	2.7	30.9	5.4	30.5	8.0	29.9	10.6	29.1	31
32	0.0	32.0	2.8	31.9	5.6	31.5	8.3	30.9	10.9	30.1	32
33	0.0	33.0	2.9	32.9	5.7	32.5	8.5	31.9	11.3	31.0	33
34	0.0	34.0	3.0	33.9	5.9	33.5	8.8	32.8	11.6	31.9	34
35	0.0	35.0	3.1	34.9	6.1	34.5	9.1	33.8	12.0	32.9	35
36	0.0	36.0	3.1	35.9	6.3	35.5	9.3	34.8	12.3	33.8	36
37	0.0	37.0	3.2	36.9	6.4	36.4	9.6	35.7	12.7	34.8	37
38	0.0	38.0	3.3	37.9	6.6	37.4	9.8	36.7	13.0	35.7	38
39	0.0	39.0	3.4	38.9	6.8	38.4	10.1	37.7	13.3	36.6	39
40	0.0	40.0	3.5	39.8	6.9	39.4	10.4	38.6	13.7	37.6	40
41	0.0	41.0	3.6	40.8	7.1	40.4	10.6	39.6	14.0	38.5	41
42	0.0	42.0	3.7	41.8	7.3	41.4	10.9	40.6	14.4	39.5	42
43	0.0	43.0	3.7	42.8	7.5	42.3	11.1	41.5	14.7	40.4	43
44	0.0	44.0	3.8	43.8	7.6	43.3	11.4	42.5	15.0	41.3	44
45	0.0	45.0	3.9	44.8	7.8	44.3	11.6	43.5	15.4	42.3	45
46	0.0	46.0	4.0	45.8	8.0	45.3	11.9	44.4	15.7	43.2	46
47	0.0	47.0	4.1	46.8	8.2	46.3	12.2	45.4	16.1	44.2	47
48	0.0	48.0	4.2	47.8	8.3	47.3	12.4	46.4	16.4	45.1	48
49	0.0	49.0	4.3	48.8	8.5	48.3	12.7	47.3	16.8	46.0	49
50	0.0	50.0	4.4	49.8	8.7	49.2	12.9	48.3	17.1	47.0	50
51	0.0	51.0	4.4	50.8	8.9	50.2	13.2	49.3	17.4	47.9	51
52	0.0	52.0	4.5	51.8	9.0	51.2	13.5	50.2	17.8	48.9	52
53	0.0	53.0	4.6	52.8	9.2	52.2	13.7	51.2	18.1	49.8	53
54	0.0	54.0	4.7	53.8	9.4	53.2	14.0	52.2	18.5	50.7	54
55	0.0	55.0	4.8	54.8	9.6	54.2	14.2	53.1	18.8	51.7	55
56	0.0	56.0	4.9	55.8	9.7	55.1	14.5	54.1	19.2	52.6	56
57	0.0	57.0	5.0	56.8	9.9	56.1	14.8	55.1	19.5	53.6	57
58	0.0	58.0	5.1	57.8	10.1	57.1	15.0	56.0	19.8	54.5	58
59	0.0	59.0	5.1	58.8	10.2	58.1	15.3	57.0	20.2	55.4	59
60	0.0	60.0	5.2	59.8	10.4	59.1	15.5	58.0	20.5	56.4	60
	$s \cos$	$s \sin$	$s \cos$	$s \sin$	$s \cos$	$s \sin$	$s \cos$	$s \sin$	$s \cos$	$s \sin$	
s	90° 270°	270° 90°	95° 265°	275° 85°	100° 260°	280° 80°	105° 255°	285° 75°	110° 250°	290° 70°	s

Aufnahme des Reiseweges und des Geländes.

I. $s \sin \alpha$ und $s \cos \alpha$ für Itinerar-Berechnung.

s	25⁰ 335⁰	205⁰ 155⁰	30⁰ 330⁰	210⁰ 150⁰	35⁰ 325⁰	215⁰ 145⁰	40⁰ 320⁰	220⁰ 140⁰	45⁰ 315⁰	225⁰ 135⁰	s
	$s \sin \alpha$	$s \cos \alpha$	$s \sin$	$s \cos$	$s \sin$	$s \cos$	$s \sin$	$s \cos$	$s \sin$	$s \cos$	
1	0.4	0.9	0.5	0.9	0.6	0.8	0.6	0.8	0.7	0.7	1
2	0.8	1.8	1.0	1.7	1.1	1.6	1.3	1.5	1.4	1.4	2
3	1.3	2.7	1.5	2.6	1.7	2.5	1.9	2.3	2.1	2.1	3
4	1.7	3.6	2.0	3.5	2.3	3.3	2.6	3.1	2.8	2.8	4
5	2.1	4.5	2.5	4.3	2.9	4.1	3.2	3.8	3.5	3.5	5
6	2.5	5.4	3.0	5.2	3.4	4.9	3.9	4.6	4.2	4.2	6
7	3.0	6.3	3.5	6.1	4.0	5.7	4.5	5.4	4.9	4.9	7
8	3.4	7.3	4.0	6.9	4.6	6.6	5.1	6.1	5.7	5.7	8
9	3.8	8.2	4.5	7.8	5.2	7.4	5.8	6.9	6.4	6.4	9
10	4.2	9.1	5.0	8.7	5.7	8.2	6.4	7.7	7.1	7.1	10
11	4.6	10.0	5.5	9.5	6.3	9.0	7.1	8.4	7.8	7.8	11
12	5.1	10.9	6.0	10.4	6.9	9.8	7.7	9.2	8.5	8.5	12
13	5.5	11.8	6.5	11.3	7.5	10.6	8.4	10.0	9.2	9.2	13
14	5.9	12.7	7.0	12.1	8.0	11.5	9.0	10.7	9.9	9.9	14
15	6.3	13.6	7.5	13.0	8.6	12.3	9.6	11.5	10.6	10.6	15
16	6.8	14.5	8.0	13.9	9.2	13.1	10.3	12.3	11.3	11.3	16
17	7.2	15.4	8.5	14.7	9.8	13.9	10.9	13.0	12.0	12.0	17
18	7.6	16.3	9.0	15.6	10.3	14.7	11.6	13.8	12.7	12.7	18
19	8.0	17.2	9.5	16.5	10.9	15.6	12.2	14.6	13.4	13.4	19
20	8.5	18.1	10.0	17.3	11.5	16.4	12.9	15.3	14.1	14.1	20
21	8.9	19.0	10.5	18.2	12.0	17.2	13.5	16.1	14.8	14.8	21
22	9.3	19.9	11.0	19.1	12.6	18.0	14.1	16.9	15.6	15.6	22
23	9.7	20.8	11.5	19.9	13.2	18.8	14.8	17.6	16.3	16.3	23
24	10.1	21.8	12.0	20.8	13.8	19.7	15.4	18.4	17.0	17.0	24
25	10.6	22.7	12.5	21.7	14.3	20.5	16.1	19.2	17.7	17.7	25
26	11.0	23.6	13.0	22.5	14.9	21.3	16.7	19.9	18.4	18.4	26
27	11.4	24.5	13.5	23.4	15.5	22.1	17.4	20.7	19.1	19.1	27
28	11.8	25.4	14.0	24.2	16.1	22.9	18.0	21.4	19.8	19.8	28
29	12.3	26.3	14.5	25.1	16.6	23.8	18.6	22.2	20.5	20.5	29
30	12.7	27.2	15.0	26.0	17.2	24.6	19.3	23.0	21.2	21.2	30
31	13.1	28.1	15.5	26.8	17.8	25.4	19.9	23.7	21.9	21.9	31
32	13.5	29.0	16.0	27.7	18.4	26.2	20.6	24.5	22.6	22.6	32
33	13.9	29.9	16.5	28.6	18.9	27.0	21.2	25.3	23.3	23.3	33
34	14.4	30.8	17.0	29.4	19.5	27.9	21.9	26.0	24.0	24.0	34
35	14.8	31.7	17.5	30.3	20.1	28.7	22.5	26.8	24.7	24.7	35
36	15.2	32.6	18.0	31.2	20.6	29.5	23.1	27.6	25.5	25.5	36
37	15.6	33.5	18.5	32.0	21.2	30.3	23.8	28.3	26.2	26.2	37
38	16.1	34.4	19.0	32.9	21.8	31.1	24.4	29.1	26.9	26.9	38
39	16.5	35.3	19.5	33.8	22.4	31.9	25.1	29.9	27.6	27.6	39
40	16.9	36.3	20.0	34.6	22.9	32.8	25.7	30.6	28.3	28.3	40
41	17.3	37.2	20.5	35.5	23.5	33.6	26.4	31.4	29.0	29.0	41
42	17.7	38.1	21.0	36.4	24.1	34.4	27.0	32.2	29.7	29.7	42
43	18.2	39.0	21.5	37.2	24.7	35.2	27.6	32.9	30.4	30.4	43
44	18.6	39.9	22.0	38.1	25.2	36.0	28.3	33.7	31.1	31.1	44
45	19.0	40.8	22.5	39.0	25.8	36.9	28.9	34.5	31.8	31.8	45
46	19.4	41.7	23.0	39.8	26.4	37.7	29.6	35.2	32.5	32.5	46
47	19.9	42.6	23.5	40.7	27.0	38.5	30.2	36.0	33.2	33.2	47
48	20.3	43.5	24.0	41.6	27.5	39.3	30.9	36.8	33.9	33.9	48
49	20.7	44.4	24.5	42.4	28.1	40.1	31.5	37.5	34.6	34.6	49
50	21.1	45.3	25.0	43.3	28.7	41.0	32.1	38.3	35.4	35.4	50
51	21.6	46.2	25.5	44.2	29.3	41.8	32.8	39.1	36.1	36.1	51
52	22.0	47.1	26.0	45.0	29.8	42.6	33.4	39.8	36.8	36.8	52
53	22.4	48.0	26.5	45.9	30.4	43.4	34.1	40.6	37.5	37.5	53
54	22.8	48.9	27.0	46.8	31.0	44.2	34.7	41.4	38.2	38.2	54
55	23.2	49.8	27.5	47.6	31.5	45.1	35.4	42.1	38.9	38.9	55
56	23.7	50.8	28.0	48.5	32.1	45.9	36.0	42.9	39.6	39.6	56
57	24.1	51.7	28.5	49.4	32.7	46.7	36.6	43.7	40.3	40.3	57
58	24.5	52.6	29.0	50.2	33.3	47.5	37.3	44.4	41.0	41.0	58
59	24.9	53.5	29.5	51.1	33.8	48.3	37.9	45.2	41.7	41.7	59
60	25.4	54.4	30.0	52.0	34.4	49.1	38.6	46.0	42.4	42.4	60
	$s \cos$	$s \sin$	$s \cos$	$s \sin$	$s \cos$	$s \sin$	$s \cos$	$s \sin$	$s \cos$	$s \sin$	
s	115⁰ 245⁰	295⁰ 65⁰	120⁰ 240⁰	300⁰ 60⁰	125⁰ 235⁰	305⁰ 55⁰	130⁰ 230⁰	310⁰ 50⁰	135⁰ 225⁰	315⁰ 45⁰	s

II. Die Gradeinteilung des Erdellipsoids.

Geogr. Breite	Parallelkreisbogen für					Geogr. Breite	Parallelkreisbogen für				
				Zeit						Zeit	
	1°	10'	10''	1 m	1 s		1°	10'	10''	1 m	1 s
°	km	km	km	km	km	°	km	km	km	km	km
0	111.31	18.55	0.31	27.83	0.46	45	78.84	13.14	0.22	19.71	0.33
1	111.29	18.55	0.31	27.82	0.46	46	77.45	12.91	0.22	19.36	0.32
2	111.24	18.54	0.31	27.81	0.46	47	76.05	12.68	0.21	19.01	0.32
3	111.16	18.53	0.31	27.79	0.46	48	74.62	12.44	0.21	18.65	0.31
4	111.04	18.51	0.31	27.76	0.46	49	73.16	12.19	0.20	18.29	0.30
5	110.89	18.48	0.31	27.72	0.46	50	71.69	11.95	0.20	17.92	0.30
6	110.70	18.45	0.31	27.68	0.46	51	70.19	11.70	0.19	17.55	0.29
7	110.48	18.41	0.31	27.62	0.46	52	68.67	11.45	0.19	17.17	0.29
8	110.23	18.37	0.31	27.56	0.46	53	67.13	11.19	0.19	16.78	0.28
9	109.95	18.32	0.31	27.49	0.46	54	65.57	10.93	0.18	16.39	0.27
10	109.63	18.27	0.30	27.41	0.46	55	63.99	10.67	0.18	16.00	0.27
11	109.27	18.21	0.30	27.32	0.45	56	62.39	10.40	0.17	15.60	0.26
12	108.89	18.15	0.30	27.22	0.45	57	60.76	10.13	0.17	15.19	0.25
13	108.47	18.08	0.30	27.12	0.45	58	59.13	9.86	0.16	14.78	0.25
14	108.02	18.00	0.30	27.01	0.45	59	57.47	9.58	0.16	14.37	0.24
15	107.54	17.92	0.30	26.88	0.45	60	55.79	9.30	0.15	13.95	0.23
16	107.02	17.84	0.30	26.76	0.45	61	54.10	9.02	0.15	13.53	0.23
17	106.47	17.75	0.30	26.62	0.44	62	52.39	8.73	0.15	13.10	0.22
18	105.89	17.65	0.29	26.47	0.44	63	50.67	8.44	0.14	12.67	0.21
19	105.28	17.55	0.29	26.32	0.44	64	48.93	8.15	0.14	12.23	0.20
20	104.63	17.44	0.29	26.16	0.44	65	47.17	7.86	0.13	11.79	0.20
21	103.96	17.33	0.29	25.99	0.43	66	45.40	7.57	0.13	11.35	0.19
22	103.25	17.21	0.29	25.81	0.43	67	43.61	7.27	0.12	10.90	0.18
23	102.51	17.09	0.28	25.63	0.43	68	41.82	6.97	0.12	10.45	0.17
24	101.74	16.96	0.28	25.43	0.42	69	40.01	6.67	0.11	10.00	0.17
25	100.94	16.82	0.28	25.23	0.42	70	38.18	6.36	0.11	9.55	0.16
26	100.11	16.68	0.28	25.03	0.42	71	36.35	6.06	0.10	9.08	0.15
27	99.24	16.54	0.28	24.81	0.41	72	34.50	5.75	0.10	8.62	0.14
28	98.35	16.39	0.27	24.59	0.41	73	32.64	5.44	0.09	8.16	0.14
29	97.43	16.24	0.27	24.36	0.41	74	30.78	5.13	0.09	7.69	0.13
30	96.47	16.08	0.27	24.12	0.40	75	28.90	4.82	0.08	7.22	0.12
31	95.49	15.92	0.27	23.87	0.40	76	27.01	4.50	0.08	6.75	0.11
32	94.48	15.75	0.26	23.62	0.39	77	25.12	4.19	0.07	6.28	0.10
33	93.44	15.57	0.26	23.36	0.39	78	23.22	3.87	0.06	5.80	0.10
34	92.37	15.40	0.26	23.09	0.38	79	21.31	3.55	0.06	5.33	0.09
35	91.28	15.21	0.25	22.82	0.38	80	19.39	3.23	0.05	4.85	0.08
36	90.15	15.03	0.25	22.54	0.38	81	17.47	2.91	0.05	4.37	0.07
37	89.00	14.83	0.25	22.25	0.37	82	15.54	2.59	0.04	3.89	0.06
38	87.82	14.64	0.24	21.96	0.37	83	13.61	2.27	0.04	3.40	0.06
39	86.62	14.44	0.24	21.65	0.36	84	11.67	1.95	0.03	2.92	0.05
40	85.38	14.23	0.24	21.35	0.36	85	9.73	1.62	0.03	2.43	0.04
41	84.13	14.02	0.23	21.03	0.35	86	7.79	1.30	0.02	1.95	0.03
42	82.84	13.81	0.23	20.71	0.34	87	5.84	0.97	0.02	1.46	0.02
43	81.53	13.59	0.23	20.38	0.34	88	3.90	0.65	0.01	0.97	0.02
44	80.20	13.37	0.22	20.05	0.33	89	1.95	0.33	0.01	0.49	0.01
45	78.84	13.14	0.22	19.71	0.33	90	0.00	0.00	0.00	0.00	0.00

Geogr. Breite	Meridianbogen					Geogr. Breite	Meridianbogen				
	1°	10'	1'	10''	1''		1°	10'	1'	10''	1''
°	km	km	km	km	km	°	km	km	km	km	km
0	110.56	18.43	1.84	0.31	0.03	50	111.22	18.54	1.85	0.31	0.03
10	110.60	18.43	1.84	0.31	0.03	60	111.40	18.57	1.86	0.31	0.03
20	110.69	18.45	1.84	0.31	0.03	70	111.55	18.59	1.86	0.31	0.03
30	110.84	18.47	1.85	0.31	0.03	80	111.65	18.61	1.86	0.31	0.03
40	111.02	18.50	1.85	0.31	0.03	90	111.68	18.61	1.86	0.31	0.03

III.

Reduktion des Quecksilberbarometers auf 0° für Messingskale mit der Normaltemperatur 0° — 0,000162 Bt.

Temperatur C^0	Barometerstand B in Millimetern												Temperatur C^0
	600	620	640	660	680	700	710	720	730	740	750	760	
0	mm	mm	mm	mm	mm	mm	mm	mm	mm	mm	mm	mm	0
1	0.1	0.1	0.1	0.1	0.1	0.1	0.1	0.1	0.1	0.1	0.1	0.1	1
2	0.2	0.2	0.2	0.2	0.2	0.2	0.2	0.2	0.2	0.2	0.2	0.2	2
3	0.3	0.3	0.3	0.3	0.3	0.3	0.3	0.3	0.4	0.4	0.4	0.4	3
4	0.4	0.4	0.4	0.4	0.4	0.5	0.5	0.5	0.5	0.5	0.5	0.5	4
5	0.5	0.5	0.5	0.5	0.6	0.6	0.6	0.6	0.6	0.6	0.6	0.6	5
6	0.6	0.6	0.6	0.6	0.7	0.7	0.7	0.7	0.7	0.7	0.7	0.7	6
7	0.7	0.7	0.7	0.7	0.8	0.8	0.8	0.8	0.8	0.9	0.8	0.9	7
8	0.8	0.8	0.8	0.9	0.9	0.9	0.9	0.9	0.9	1.0	1.0	1.0	8
9	0.9	0.9	0.9	1.0	1.0	1.0	1.0	1.0	1.1	1.1	1.1	1.1	9
10	1.0	1.0	1.0	1.1	1.1	1.1	1.2	1.2	1.2	1.2	1.2	1.2	10
11	1.1	1.1	1.1	1.2	1.2	1.2	1.3	1.3	1.3	1.3	1.3	1.4	11
12	1.2	1.2	1.2	1.3	1.3	1.4	1.4	1.4	1.4	1.4	1.5	1.5	12
13	1.3	1.3	1.3	1.4	1.4	1.5	1.5	1.5	1.5	1.6	1.6	1.6	13
14	1.4	1.4	1.5	1.5	1.5	1.6	1.6	1.6	1.7	1.7	1.7	1.7	14
15	1.5	1.5	1.6	1.6	1.7	1.7	1.7	1.7	1.8	1.8	1.8	1.8	15
16	1.6	1.6	1.7	1.7	1.8	1.8	1.8	1.9	1.9	1.9	1.9	2.0	16
17	1.7	1.7	1.8	1.8	1.9	1.9	2.0	2.0	2.0	2.0	2.1	2.1	17
18	1.7	1.8	1.9	1.9	2.0	2.0	2.1	2.1	2.1	2.2	2.2	2.2	18
19	1.8	1.9	2.0	2.0	2.1	2.2	2.2	2.2	2.2	2.3	2.3	2.3	19
20	1.9	2.0	2.1	2.1	2.2	2.3	2.3	2.3	2.4	2.4	2.4	2.5	20
21	2.0	2.1	2.2	2.2	2.3	2.4	2.4	2.4	2.5	2.5	2.6	2.6	21
22	2.1	2.2	2.3	2.4	2.4	2.5	2.5	2.6	2.6	2.9	2.7	2.7	22
23	2.2	2.3	2.4	2.5	2.5	2.6	2.6	2.7	2.7	2.8	2.8	2.8	23
24	2.3	2.4	2.5	2.6	2.6	2,7	2.8	2.8	2.8	2.9	2.9	3.0	24
25	2.4	2.5	2.6	2.7	2.8	2.8	2.9	2.9	3.0	3.0	3.0	3.1	25
26	2.5	2.6	2.7	2.8	2.9	2.9	3.0	3.0	3.1	3.1	3.2	3.2	26
27	2.6	2.7	2.8	2.9	3.0	3.1	3.1	3.1	3.2	3.2	3.3	3.3	27
28	2.7	2.8	2.9	3.0	3.1	3.2	3.2	3.3	3.3	3.4	3.4	3.5	28
29	2.8	2.9	3.0	3.1	3.2	3.3	3.3	3.4	3.4	3.5	3.5	3.6	29
30	2.9	3.0	3.1	3.2	3.3	3.4	3.5	3.5	3.5	3.6	3.6	3.7	30
31	3.0	3.1	3.2	3.3	3.4	3.5	3.6	3.6	3.7	3.7	3.8	3.8	31
32	3.1	3.2	3.3	3.4	3.5	3.6	3.7	3.7	3.8	3.8	3.9	3.9	32
33	3.2	3.3	3.4	3.5	3.6	3.7	3.8	3.8	3.9	4.0	4.0	4.1	33
34	3.3	3.4	3.5	3.6	3.7	3.9	3.9	4.0	4.0	4.1	4.1	4.2	34
35	3.4	3.5	3.6	3.7	3.9	4.0	4.0	4.1	4.1	4.2	4.3	4.3	35

(Vergl. S. 107.)

IV. Schwere-Reduktion des Quecksilberbarometers für Breite und Höhe über dem Meere

$$-0{,}00265\, Q \cos 2\varphi - \frac{2QH}{r};\ r = 6\,370\,000\ \text{m}.$$

Breite φ	Barometerstand Q mm (Höhe H m über dem Meere)					
	760 mm (0 m)	740 mm (230 m)	720 mm (460 m)	700 mm (690 m)	680 mm (920 m)	660 mm (1150 m)
0°						
0	− 2.01	− 2.01	− 2.01	− 2.01	− 2.00	− 1.99
5	− 1.98	− 1.98	− 1.98	− 1.98	− 1.97	− 1.96
10	− 1.89	− 1.90	− 1.90	− 1.90	− 1.89	− 1.88
15	− 1.74	− 1.75	− 1.76	− 1.76	− 1.76	− 1.75
20	− 1.54	− 1.56	− 1.57	− 1.57	− 1.58	− 1.58
25	− 1.29	− 1.31	− 1.33	− 1.34	− 1.35	− 1.36
30	− 1.01	− 1.03	− 1.06	− 1.08	− 1.10	− 1.11
32	− 0.88	− 0.91	− 0.94	− 0.96	− 0.99	− 1.01
34	− 0.75	− 0.79	− 0.82	− 0.85	− 0.87	− 0.89
36	− 0.62	− 0.66	− 0.69	− 0.72	− 0.75	− 0.78
38	− 0.49	− 0.53	− 0.56	− 0.60	− 0.63	− 0.66
40	− 0.35	− 0.39	− 0.44	− 0.47	− 0.50	− 0.54
42	− 0.21	− 0.26	− 0.30	− 0.35	− 0.38	− 0.42
44	− 0.07	− 0.12	− 0.17	− 0.23	− 0.26	− 0.30
45	∓ 0.00	− 0.05	− 0.10	− 0.15	− 0.20	− 0.24
46	+ 0.07	+ 0.02	− 0.04	− 0.09	− 0.13	− 0.18
47	0.14	0.08	+ 0.03	− 0.02	− 0.07	− 0.12
48	0.21	0.15	0.10	+ 0.04	− 0.01	− 0.06
49	0.28	0.22	0.16	0.11	+ 0.05	∓ 0.00
50	0.35	0.29	0.23	0.17	0.12	+ 0.06
52	0.49	0.42	0.36	0.30	0.24	0.18
54	0.62	0.55	0.49	0.42	0.36	0.30
56	0.75	0.68	0.61	0.54	0.48	0.42
58	0.88	0.81	0.73	0.66	0.59	0.53
60	1.01	0.93	0.85	0.88	0.70	0.64
65	1.29	1.21	1.12	1.04	0.99	0.88
70	1.54	1.45	1.36	1.27	1.18	1.10
75	1.74	1.64	1.55	1.46	1.36	1.28
80	1.89	1.79	1.69	1.59	1.50	1.40
90	+ 2.01	+ 1.91	+ 1.80	+ 1.70	+ 1.61	+ 1.51

(Vergl. S. 107.)

V. Barometrische Höhentafel.

B	Lufttemperatur							Differenz für 1 mm bei 15⁰	Differenz für 1⁰
	0⁰	5⁰	10⁰	15⁰	20⁰	25⁰	30⁰		
mm	m	m	m	m	m	m	m	m	m
450	4223	4301	4378	4456	4533	4610	4688	18.8	15.5
451	4206	4283	4360	4437	4514	4591	4668	18.8	15.4
452	4188	4265	4342	4418	4495	4572	4649	18.7	15.4
453	4170	4247	4323	4400	4476	4552	4629	18.7	15.3
454	4153	4229	4305	4381	4457	4533	4609	18.6	15.2
455	4135	4211	4286	4362	4438	4514	4590	18.6	15.2
456	4117	4193	4268	4344	4419	4494	4569	18.6	15.1
457	4100	4175	4250	4325	4400	4475	4551	18.5	15.0
458	4082	4157	4232	4307	4382	4457	4532	18.5	15.0
459	4065	4139	4214	4288	4363	4437	4512	18.4	14.9
460	4047	4121	4195	4270	4344	4418	4492	18.4	14.8
461	4030	4104	4177	4251	4325	4399	4473	18.4	14.8
462	4012	4086	4160	4233	4307	4380	4454	18.3	14.7
463	3995	4068	4142	4215	4288	4361	4435	18.3	14.6
464	3978	4051	4124	4197	4270	4342	4415	18.2	14.6
465	3960	4033	4106	4178	4251	4323	4396	18.2	14.5
466	3943	4016	4088	4160	4232	4305	4377	18.2	14.5
467	3926	3998	4070	4142	4214	4286	4358	18.1	14.4
468	3909	3981	4052	4124	4196	4267	4339	18.1	14.3
469	3892	3963	4035	4106	4177	4249	4320	18.0	14.3
470	3875	3946	4017	4088	4159	4230	4301	18.0	14.2
471	3858	3928	3999	4070	4141	4211	4282	18.0	14.1
472	3841	3911	3981	4052	4122	4193	4263	17.9	14.1
473	3824	3894	3964	4034	4104	4174	4244	17.9	14.0
474	3807	3877	3946	4016	4086	4156	4226	17.9	14.0
475	3790	3859	3929	3998	4068	4137	4207	17.8	13.9
476	3773	3842	3911	3981	4050	4119	4188	17.8	13.8
477	3756	3825	3894	3963	4032	4101	4170	17.7	13.8
478	3739	3808	3877	3945	4014	4082	4151	17.7	13.7
479	3723	3791	3859	3927	3996	4064	4132	17.7	13.6
480	3706	3774	3842	3910	3978	4046	4114	17.6	13.6
481	3689	3757	3825	3892	3960	4028	4095	17.6	13.5
482	3673	3740	3807	3875	3942	4009	4077	17.6	13.5
483	3656	3723	3790	3857	3924	3991	4058	17.5	13.4
484	3639	3706	3773	3840	3906	3973	4040	17.5	13.3
485	3623	3689	3756	3822	3888	3955	4021	17.4	13.3
486	3605	3672	3738	3805	3871	3937	4004	17.4	13.2
487	3590	3656	3721	3787	3853	3919	3985	17.4	13.2
488	3573	3639	3704	3770	3835	3901	3966	17.3	13.1
489	3557	3622	3687	3753	3818	3883	3948	17.3	13.0
490	3541	3605	3670	3735	3800	3865	3930	17.3	13.0
491	3524	3589	3653	3718	3783	3847	3912	17.2	12.9
492	3508	3572	3637	3701	3765	3830	3894	17.2	12.9
493	3492	3556	3620	3684	3748	3812	3876	17.2	12.8
494	3475	3539	3603	3667	3730	3794	3858	17.1	12.7
495	3459	3523	3586	3649	3713	3776	3840	17.1	12.7

(Vergl. S. 141.)

V. Barometrische Höhentafel.

B	Lufttemperatur							Differenz für 1 mm bei 15⁰	Differenz für 1⁰
	0⁰	5⁰	10⁰	15⁰	20⁰	25⁰	30⁰		
mm	m	m	m	m	m	m	m	m	m
495	3459	3528	3586	3649	3718	3776	3840	17.1	12.7
496	3443	3506	3569	3632	3695	3759	3822	17.1	12.6
497	3427	3490	3553	3615	3678	3741	3804	17.0	12.6
498	3411	3473	3536	3598	3661	3723	3786	17.0	12.5
499	3395	3457	3519	3581	3644	3706	3768	17.0	12.4
500	3379	3441	3502	3564	3626	3688	3750	16.9	12.4
501	3363	3424	3486	3548	3609	3671	3732	16.9	12.3
502	3347	3408	3469	3531	3592	3653	3715	16.9	12.3
503	3331	3392	3453	3514	3575	3636	3697	16.8	12.2
504	3315	3375	3436	3497	3558	3618	3679	16.8	12.2
505	3299	3359	3420	3480	3541	3601	3662	16.8	12.1
506	3283	3343	3403	3464	3524	3584	3644	16.7	12.0
507	3267	3327	3387	3447	3507	3566	3626	16.7	12.0
508	3251	3311	3371	3430	3490	3549	3609	16.7	11.9
509	3236	3295	3354	3413	3473	3532	3591	16.6	11.9
510	3220	3279	3338	3397	3456	3515	3574	16.6	11.8
511	3204	3263	3322	3380	3439	3498	3556	16.6	11.7
512	3188	3247	3305	3364	3422	3481	3539	16.5	11.7
513	3173	3231	3289	3347	3406	3464	3522	16.5	11.6
514	3157	3215	3273	3331	3389	3447	3504	16.5	11.6
515	3142	3199	3257	3314	3372	3430	3487	16.4	11.5
516	3126	3183	3241	3298	3355	3413	3470	16.4	11.5
517	3111	3168	3225	3282	3339	3396	3453	16.4	11.4
518	3095	3152	3209	3265	3322	3379	3435	16.3	11.3
519	3080	3136	3193	3249	3305	3362	3418	16.3	11.3
520	3064	3120	3176	3233	3289	3345	3401	16.3	11.2
521	3049	3105	3161	3216	3272	3328	3384	16.2	11.2
522	3033	3089	3145	3200	3256	3311	3367	16.2	11.1
523	3018	3073	3129	3184	3239	3295	3350	16.2	11.1
524	3003	3058	3113	3168	3223	3278	3333	16.1	11.0
525	2987	3042	3097	3152	3206	3261	3316	16.1	11.0
526	2972	3027	3081	3136	3190	3244	3299	16.1	10.9
527	2957	3011	3065	3120	3174	3228	3282	16.1	10.8
528	2942	2996	3050	3104	3157	3211	3265	16.0	10.8
529	2926	2980	3034	3087	3141	3195	3248	16.0	10.7
530	2911	2965	3018	3071	3125	3178	3231	16.0	10.7
531	2896	2949	3002	3056	3109	3162	3215	15.9	10.6
532	2881	2934	2987	3040	3092	3145	3198	15.9	10.6
533	2866	2919	2971	3024	3076	3129	3181	15.9	10.5
534	2851	2903	2956	3008	3060	3113	3165	15.8	10.5
535	2836	2888	2940	2992	3044	3096	3148	15.8	10.4
536	2821	2873	2925	2976	3028	3080	3132	15.8	10.4
537	2806	2858	2909	2961	3012	3063	3115	15.8	10.3
538	2791	2842	2894	2945	2996	3047	3098	15.7	10.2
539	2776	2827	2878	2929	2980	3031	3082	15.7	10.2
540	2761	2812	2863	2913	2964	3015	3065	15.7	10.1

(Vergl. S. 141.)

V. Barometrische Höhentafel.

B	Lufttemperatur							Differenz für 1 mm bei 15⁰	Differenz für 1⁰
	0⁰	5⁰	10⁰	15⁰	20⁰	25⁰	30⁰		
mm	m	m	m	m	m	m	m	m	m
540	2761	2812	2863	2913	2964	3015	3065	15.7	10.1
541	2746	2797	2847	2898	2948	2998	3049	15.6	10.1
542	2732	2782	2832	2882	2932	2982	3032	15.6	10.0
543	2717	2767	2817	2867	2916	2966	3016	15.6	10.0
544	2702	2752	2801	2851	2900	2950	3000	15.6	9.9
545	2687	2737	2786	2835	2885	2934	2983	15.5	9.9
546	2673	2722	2771	2820	2869	2918	2967	15.5	9.8
547	2658	2707	2756	2804	2853	2902	2951	15.5	9.8
548	2643	2692	2741	2789	2837	2886	2934	15.4	9.7
549	2629	2677	2725	2773	2822	2870	2918	15.4	9.6
550	2614	2662	2710	2758	2806	2854	2902	15.4	9.6
551	2600	2647	2695	2743	2790	2838	2886	15.4	9.5
552	2585	2633	2680	2727	2775	2822	2870	15.3	9.5
553	2571	2618	2665	2712	2759	2806	2854	15.3	9.4
554	2556	2603	2650	2697	2744	2791	2837	15.3	9.4
555	2542	2588	2635	2682	2728	2775	2821	15.2	9.3
556	2527	2574	2620	2666	2713	2759	2805	15.2	9.3
557	2513	2559	2605	2651	2697	2743	2789	15.2	9.2
558	2498	2544	2590	2636	2682	2728	2774	15.2	9.2
559	2484	2530	2575	2621	2666	2712	2757	15.1	9.1
560	2470	2515	2560	2606	2651	2696	2742	15.1	9.1
561	2455	2500	2546	2591	2636	2681	2726	15.1	9.0
562	2441	2486	2531	2576	2620	2665	2710	15.1	9.0
563	2427	2471	2516	2561	2605	2650	2694	15.0	8.9
564	2413	2457	2501	2546	2590	2634	2678	15.0	8.9
565	2398	2442	2486	2531	2574	2618	2662	15.0	8.8
566	2384	2428	2472	2516	2559	2603	2647	14.9	8.7
567	2370	2414	2457	2501	2544	2588	2631	14.9	8.7
568	2356	2399	2442	2486	2529	2572	2615	14.9	8.6
569	2342	2385	2428	2471	2514	2557	2599	14.9	8.6
570	2328	2371	2413	2456	2499	2541	2584	14.8	8.5
571	2314	2356	2399	2441	2483	2526	2568	14.8	8.5
572	2300	2342	2384	2426	2468	2511	2553	14.8	8.4
573	2286	2328	2370	2412	2453	2495	2537	14.8	8.4
574	2272	2313	2355	2397	2438	2480	2522	14.7	8.3
575	2258	2299	2341	2382	2423	2465	2506	14.7	8.3
576	2244	2285	2326	2367	2408	2450	2491	14.7	8.2
577	2230	2271	2312	2353	2394	2434	2475	14.7	8.2
578	2216	2257	2297	2338	2379	2419	2460	14.6	8.1
579	2202	2243	2283	2323	2364	2404	2444	14.6	8.1
580	2188	2229	2269	2309	2349	2389	2429	14.6	8.0
581	2175	2215	2254	2294	2334	2374	2414	14.6	8.0
582	2161	2200	2240	2280	2319	2359	2399	14.5	7.9
583	2146	2185	2225	2265	2305	2345	2384	14.5	7.9
584	2133	2172	2212	2251	2290	2329	2368	14.5	7.8
585	2120	2158	2197	2236	2275	2314	2353	14.5	7.8

(Vergl. S. 141.)

V. Barometrische Höhentafel.

B	Lufttemperatur							Differenz für 1 mm bei 15⁰	Differenz für 1⁰
	0⁰	5⁰	10⁰	15⁰	20⁰	25⁰	30⁰		
mm	m	m	m	m	m	m	m	mm	m
585	2120	2158	2197	2236	2275	2314	2353	14.5	7.8
586	2106	2145	2183	2222	2260	2299	2338	14.4	7.7
587	2092	2131	2169	2207	2246	2284	2322	14.4	7.7
588	2079	2117	2155	2193	2231	2269	2307	14.4	7.6
589	2065	2103	2141	2179	2216	2254	2292	14.4	7.6
590	2051	2089	2127	2164	2202	2239	2277	14.3	7.5
591	2038	2075	2113	2150	2187	2225	2262	14.3	7.5
592	2024	2061	2098	2136	2173	2210	2247	14.3	7.4
593	2011	2048	2085	2121	2158	2195	2232	14.3	7.4
594	1997	2034	2070	2107	2144	2180	2217	14.2	7.3
595	1984	2020	2056	2093	2129	2165	2202	14.2	7.3
596	1970	2006	2042	2079	2115	2151	2187	14.2	7.2
597	1957	1993	2029	2065	2100	2136	2172	14.2	7.2
598	1943	1979	2015	2050	2086	2122	2157	14.1	7.1
599	1930	1965	2001	2036	2072	2107	2142	14.1	7.1
600	1917	1952	1987	2022	2057	2092	2127	14.1	7.0
601	1903	1938	1973	2008	2043	2078	2113	14.1	7.0
602	1890	1925	1959	1994	2029	2063	2098	14.1	6.9
603	1877	1911	1946	1980	2014	2049	2083	14.0	6.9
604	1863	1898	1932	1966	2000	2034	2068	14.0	6.8
605	1850	1884	1918	1952	1986	2020	2053	14.0	6.8
606	1837	1870	1904	1938	1972	2005	2039	14.0	6.7
607	1824	1857	1891	1924	1957	1991	2024	13.9	6.7
608	1810	1844	1877	1910	1943	1976	2010	13.9	6.6
609	1797	1830	1863	1896	1929	1962	1995	13.9	6.6
610	1784	1817	1850	1882	1915	1948	1980	13.9	6.5
611	1771	1803	1836	1868	1901	1933	1966	13.8	6.5
612	1758	1790	1822	1855	1887	1919	1951	13.8	6.4
613	1745	1777	1809	1841	1873	1905	1937	13.8	6.4
614	1732	1763	1795	1827	1859	1890	1922	13.8	6.4
615	1719	1750	1782	1813	1845	1876	1908	13.8	6.3
616	1706	1737	1768	1799	1831	1862	1893	13.7	6.3
617	1693	1724	1755	1786	1817	1848	1879	13.7	6.2
618	1680	1710	1741	1772	1803	1834	1864	13.7	6.2
619	1667	1697	1728	1758	1789	1819	1850	13.7	6.1
620	1654	1684	1714	1745	1775	1805	1835	13.6	6.1
621	1641	1671	1701	1731	1761	1791	1821	13.6	6.0
622	1628	1658	1688	1718	1747	1777	1807	13.6	6.0
623	1615	1645	1674	1704	1734	1763	1793	13.6	5.9
624	1602	1632	1661	1690	1720	1749	1779	13.6	5.9
625	1590	1619	1648	1677	1706	1735	1764	13.5	5.8
626	1577	1606	1635	1663	1692	1721	1750	13.5	5.8
627	1564	1593	1621	1650	1679	1707	1736	13.5	5.7
628	1551	1579	1608	1636	1665	1693	1722	13.5	5.7
629	1538	1566	1595	1623	1651	1679	1707	13.4	5.6
630	1525	1553	1581	1609	1637	1665	1693	13.4	5.6

(Vergl. S. 141.)

V. Barometrische Höhentafel.

B	Lufttemperatur							Differenz für 1 mm bei 15°	Differenz für 1°
	0°	5°	10°	15°	20°	25°	30°		
mm	m	m	m	m	m	m	m	m	m
630	1525	1553	1581	1609	1637	1665	1693	13.4	5.6
631	1513	1540	1568	1596	1624	1651	1679	13.4	5.5
632	1500	1527	1555	1582	1610	1637	1665	13.4	5.5
633	1487	1515	1542	1569	1596	1624	1651	13.4	5.5
634	1475	1502	1529	1556	1583	1610	1637	13.3	5.4
635	1462	1489	1516	1542	1569	1596	1623	13.3	5.4
636	1450	1476	1503	1529	1556	1582	1609	13.3	5.3
637	1437	1463	1489	1516	1542	1569	1595	13.3	5.3
638	1424	1450	1476	1502	1529	1555	1581	13.3	5.2
639	1412	1438	1463	1489	1515	1541	1567	13.2	5.2
640	1399	1425	1450	1476	1502	1527	1553	13.2	5.1
641	1387	1412	1437	1463	1488	1514	1539	13.2	5.1
642	1374	1399	1424	1450	1475	1500	1525	13.2	5.0
643	1362	1387	1412	1436	1461	1486	1511	13.2	5.0
644	1349	1374	1399	1423	1448	1473	1498	13.1	4.9
645	1337	1361	1386	1410	1435	1459	1484	13.1	4.9
646	1324	1349	1373	1397	1421	1446	1470	13.1	4.9
647	1312	1336	1360	1384	1408	1432	1456	13.1	4.8
648	1300	1323	1347	1371	1395	1419	1442	13.1	4.8
649	1287	1311	1334	1358	1382	1405	1429	13.0	4.7
650	275	1298	1321	1345	1368	1392	1415	13.0	4.7
651	1263	1286	1309	1332	1355	1378	1401	13.0	4.6
652	1250	1273	1296	1319	1342	1365	1388	13.0	4.6
653	1238	1260	1283	1306	1329	1351	1374	13.0	4.5
654	1226	1248	1271	1293	1315	1338	1360	12.9	4.5
655	1213	1236	1258	1280	1302	1325	1347	12.9	4.4
656	1201	1223	1245	1267	1289	1311	1333	12.9	4.4
657	1189	1211	1232	1254	1276	1298	1320	12.9	4.4
658	1177	1198	1220	1241	1263	1285	1306	12.9	4.3
659	1165	1186	1207	1229	1250	1271	1293	12.8	4.3
660	1152	1173	1195	1216	1237	1258	1279	12.8	4.2
661	1140	1161	1182	1203	1224	1245	1266	12.8	4.2
662	1128	1149	1169	1190	1211	1232	1252	12.8	4.1
663	1116	1136	1157	1177	1198	1218	1239	12.8	4.1
664	1104	1124	1144	1165	1185	1205	1225	12.7	4.0
665	1092	1112	1132	1152	1172	1192	1212	12.7	4.0
666	1080	1100	1119	1139	1159	1179	1199	12.7	4.0
667	1068	1087	1107	1126	1146	1166	1185	12.7	3.9
668	1056	1075	1094	1114	1133	1153	1172	12.7	3.9
669	1044	1063	1082	1101	1120	1119	1159	12.6	3.8
670	1032	1051	1070	1088	1107	1126	1145	12.6	3.8
671	1020	1038	1057	1076	1095	1113	1132	12.6	3.7
672	1008	1026	1045	1063	1082	1100	1119	12.6	3.7
673	996	1014	1032	1051	1069	1087	1106	12.6	3.7
674	984	1002	1020	1038	1056	1074	1092	12.6	3.6
675	972	990	1008	1026	1043	1061	1079	12.5	3.6

(Vergl. S. 141.)

V. Barometrische Höhentafel.

B	Lufttemperatur							Differenz für 1 mm bei 15⁰	Differenz für 1⁰
	0⁰	5⁰	10⁰	15⁰	20⁰	25⁰	30⁰		
mm	m	m	m	m	m	m	m	m	m
675	972	990	1008	1026	1043	1061	1079	12.5	3.6
676	960	978	996	1013	1031	1048	1066	12.5	3.5
677	949	966	983	1001	1018	1035	1053	12.5	3.5
678	937	954	971	988	1005	1022	1040	12.5	3.4
679	925	942	959	976	993	1010	1027	12.5	3.4
680	913	930	946	963	980	997	1013	12.4	3.3
681	901	918	934	951	967	984	1000	12.4	3.3
682	890	906	922	938	955	971	987	12.4	3.3
683	878	894	910	926	942	958	974	12.4	3.2
684	866	882	898	914	929	945	961	12.4	3.2
685	854	870	886	901	917	933	948	12.3	3.1
686	843	858	873	889	904	920	935	12.3	3.1
687	831	846	861	877	892	907	922	12.3	3.0
688	819	834	849	864	879	894	909	12.3	3.0
689	808	822	837	852	867	882	896	12.3	3.0
690	796	810	825	840	854	869	883	12.3	2.9
691	784	799	813	827	842	856	871	12.2	2.9
692	773	787	801	815	829	843	858	12.2	2.8
693	761	775	789	803	817	831	845	12.2	2.8
694	750	763	777	791	805	818	832	12.2	2.7
695	738	752	765	779	792	806	819	12.2	2.7
696	726	740	753	766	780	793	807	12.2	2.7
697	715	728	741	754	767	781	794	12.1	2.6
698	703	716	729	742	755	768	781	12.1	2.6
699	692	705	717	730	743	755	768	12.1	2.5
700	680	693	705	718	730	743	755	12.1	2.5
701	669	681	694	706	718	730	743	12.1	2.5
702	658	670	682	694	706	718	730	12.1	2.4
703	646	658	670	682	694	706	717	12.0	2.4
704	635	646	658	670	681	693	705	12.0	2.3
705	623	635	646	658	669	681	692	12.0	2.3
706	612	623	635	646	657	668	680	12.0	2.2
707	601	612	623	634	645	656	667	12.0	2.2
708	589	601	611	622	633	643	654	11.9	2.2
709	578	589	599	610	621	631	642	11.9	2.1
710	557	577	588	598	608	619	629	11.9	2.1
711	555	566	576	586	596	606	617	11.9	2.0
712	544	554	564	574	584	594	604	11.9	2.0
713	533	543	553	562	572	582	592	11.9	2.0
714	522	531	541	550	560	570	579	11.8	1.9
715	511	520	529	539	548	557	567	11.8	1.9
716	500	508	518	527	536	545	554	11.8	1.8
717	488	497	506	515	524	533	542	11.8	1.8
718	477	486	494	503	512	521	530	11.8	1.7
719	466	474	483	491	500	509	517	11.8	1.7
720	455	463	471	480	488	496	505	11.7	1.7

(Vergl. S. 141.)

V. Barometrische Höhentafel.

B	Lufttemperatur							Differenz für 1 mm bei 15⁰	Differenz für 1⁰
	0⁰	5⁰	10⁰	15⁰	20⁰	25⁰	30⁰		
mm	m	m	m	m	m	m	m	m	m
720	445	463	471	480	488	496	505	11.7	1.7
721	443	452	460	468	476	484	492	11.7	1.6
722	432	440	448	456	464	472	480	11.7	1.6
723	421	429	437	444	452	460	468	11.7	1.5
724	410	418	425	433	440	448	456	11.7	1.5
725	399	406	414	421	428	436	443	11.7	1.5
726	388	395	402	409	417	424	431	11.7	1.4
727	377	384	391	398	405	412	419	11.6	1.4
728	366	373	379	386	393	400	406	11.6	1.3
729	355	362	368	375	381	388	398	11.6	1.3
730	344	350	357	363	369	376	382	11.6	1.3
731	333	339	345	351	358	364	370	11.6	1.2
732	322	328	334	340	346	352	358	11.6	1.2
733	311	317	323	328	334	340	345	11.5	1.1
734	300	306	311	317	322	328	333	11.5	1.1
735	289	295	300	305	311	316	321	11.5	1.1
736	278	284	289	294	299	304	309	11.5	1.0
737	267	272	277	282	287	292	297	11.5	1.0
738	257	261	266	271	275	280	285	11.5	0.9
739	246	250	255	259	264	268	273	11.4	0.9
740	235	239	243	248	252	256	261	11.4	0.9
741	224	228	232	236	241	245	249	11.4	0.8
742	213	217	221	225	229	233	237	11.4	0.8
743	202	206	210	214	217	221	225	11.4	0.7
744	192	195	199	202	206	209	213	11.4	0.7
745	181	184	188	191	194	198	201	11.4	0.7
746	170	173	176	179	183	186	189	11.3	0.6
747	159	162	165	168	171	174	177	11.3	0.6
748	148	151	154	157	160	162	165	11.3	0.5
749	138	140	143	146	148	151	153	11.3	0.5
750	127	130	132	134	137	139	141	11.3	0.5
751	117	119	121	123	125	127	129	11.3	0.4
752	105	108	110	112	114	116	118	11.2	0.4
753	95	97	99	101	102	104	106	11.2	0.3
754	85	86	88	89	91	92	94	11.2	0.3
755	74	75	77	78	79	81	82	11.2	0.3
756	64	65	66	67	68	69	70	11.2	0.2
757	53	54	55	56	57	58	59	11.2	0.2
758	42	43	44	45	45	46	47	11.2	0.1
759	32	32	33	33	34	35	35	11.1	0.1
760	21	21	22	22	23	23	23	11.1	0.1
761	10	11	11	11	11	11	12	11.1	0.0
762	0	0	0	0	0	0	0	11.1	0.0
763	−11	−11	−11	−11	−11	−11	−12	11.1	0.0
764	−21	−21	−22	−22	−23	−23	−23	11.1	−0.1
765	−31	−32	−33	−33	−34	−34	−35	11.1	−0.1

Vergl. S. 141.)

VI. Trigonometrische Höhenmessung.

$$h = a\,\mathrm{tg}\,\alpha + \frac{1-k}{2\,r}\,a^2.$$

Höhen-winkel α	\multicolumn{20}{c}{Entfernung a in Kilometern}
	2	4	6	8	10	12	14	16	18	20	22	24	26	28	30	32	34	36	38	40
° ′	m	m	m	m	m	m	m	m	m	m	m	m	m	m	m	m	m	m	m	m
0 0	0	1	2	4	7	9	13	17	21	26	32	38	45	52	60	67	76	86	96	106
0 5	3	7	11	16	21	27	33	40	48	55	64	73	83	93	104	114	126	138	151	164
0 10	6	13	20	28	36	44	54	64	74	85	96	108	121	134	147	160	175	191	207	223
0 15	9	19	29	39	50	62	74	87	100	114	128	143	159	175	191	207	225	243	262	281
0 20	12	24	37	51	65	79	95	110	126	143	160	178	197	215	235	253	274	296	317	338
0 25	15	30	46	63	79	97	115	134	152	172	192	213	234	256	278	300	324	348	373	396
0 30	18	36	55	74	94	114	135	157	179	201	224	248	272	296	321	347	373	401	427	454
0 35	21	42	64	86	109	132	156	180	205	230	256	283	310	337	365	393	423	452	482	512
0 40	24	48	72	97	123	149	176	203	231	259	288	318	347	377	408	440	472	504	537	570
0 45	27	54	81	109	138	167	197	227	257	289	320	353	385	418	452	486	521	556	592	629
0 50	29	59	90	121	152	184	217	250	284	318	352	388	423	459	496	533	570	609	648	687
0 55	32	65	99	132	167	202	237	273	310	347	385	423	460	500	539	579	620	661	703	745
1 0	35	71	107	144	181	219	258	297	336	376	416	457	498	540	583	626	669	714	758	803
1 5	38	77	116	156	196	237	278	320	362	405	448	492	536	581	626	672	719	766	814	862
1 10	41	83	125	167	210	254	299	343	388	434	480	527	574	622	670	719	768	818	869	920
1 15	44	89	134	179	225	272	319	367	415	463	512	562	612	663	714	766	818	871	924	978
1 20	47	94	142	191	240	289	339	390	441	492	544	597	650	703	757	812	867	923	980	
1 25	50	100	151	202	254	307	360	413	467	521	576	632	687	744	801	859	917	976		
1 30	53	106	160	214	269	324	380	437	493	550	608	666	725	785	845	905	966			
1 35	56	112	168	226	283	342	401	460	519	579	640	701	763	826	888	952				
1 40	59	118	177	237	298	359	421	483	545	608	672	736	801	866	932	999				
1 45	61	123	186	249	313	377	441	506	571	637	704	771	839	907	976					
1 50	64	129	195	261	327	394	462	529	597	667	736	806	877	948						
1 55	67	135	203	273	342	412	482	552	624	696	768	841	914	989						
2 0	70	141	212	284	356	429	502	576	650	725	800	876	952							
2 5	73	147	221	296	371	446	522	599	676	754	832	911	990							
2 10	76	153	230	307	385	463	543	622	702	783	864	946								
2 15	79	158	238	319	400	481	563	646	729	812	896	981								
2 20	82	164	247	331	414	498	583	669	755	841	928									
2 25	85	170	256	342	429	516	604	692	781	870	960									
2 30	88	176	265	354	444	533	624	715	807	900	992									
2 35	91	182	273	366	458	551	645	739	833	929										
2 40	94	188	282	377	473	568	665	762	860	958										
2 45	96	193	291	389	487	586	685	785	886	988										
2 50	99	199	300	401	502	603	706	809	912											
2 55	102	205	308	412	517	621	726	832	938											
3 0	105	211	317	424	532	639	747	856	965											
3 5	108	217	326	435	545	656	767	879	991											
3 10	111	222	334	447	560	674	788	902												
3 15	114	228	343	458	574	691	808	926												
3 20	118	234	352	470	589	708	828	949												
3 25	120	240	361	482	604	726	849	972												
3 30	123	246	369	493	618	743	869	996												

Die Photogrammetrie als Hilfsmittel der Geländeaufnahme.

Von
S. Finsterwalder.

An Stelle der unmittelbaren Messungen tritt bei Geländeaufnahmen vielfach die Photographie. Die erzielten Bilder werden zur Ausmessung oder Konstruktion der dargestellten Gegenstände verwendet. Dieser Ersatz der unmittelbaren Messung ist nur dann gerechtfertigt, wenn es sich um die gleichzeitige Bestimmung einer gröfseren Anzahl von Punkten mit mäfsiger Genauigkeit handelt. Einzelmessungen von hoher Genauigkeit werden in der Regel besser und einfacher auf direktem Wege gewonnen.

1. Grundbegriffe der Photogrammetrie. Die Ebene der lichtempfindlichen Platte, auf welcher die photographische Linse das Bild entwirft, heifst Bildebene. Es wird eine perspektivisch richtig zeichnende Linse vorausgesetzt. In diesem Falle gibt es einen festen Punkt (meist im Innern der Linse), der als Zentrum bezeichnet wird und die Eigenschaft besitzt, dafs die von ihm aus nach den einzelnen Bildpunkten gezogenen Strahlen die gleichen Winkel untereinander einschliefsen, wie die vom Standpunkte des Apparates nach den entsprechenden Objektpunkten laufenden Strahlen. Ist die Lage des Zentrums gegen die Bildebene bekannt, so lassen sich die genannten Winkel aus dem Bilde entnehmen, andernfalls nicht. Die Abmessungen, welche die Lage des Zentrums gegen die Bildebene festlegen, bestimmen die innere Orientierung des photographischen Apparates; sie hängen von dessen Stellung im Raume nicht ab und sind unveränderlich, solange sich der Apparat nicht ändert. Man fällt vom

Zentrum O (Fig. 1)[1]) ein Lot OA auf die Bildebene e; dieses heifst die (optische) Achse des Apparates und soll mit der optischen Achse der Linse zusammenfallen. Der Fufspunkt A des Lotes ist der Hauptpunkt und sein Abstand vom Zentrum bis zur Bildebene heifst Bildweite D. Für die Bilder ferngelegener Gegenstände fällt sie mit der Brennweite der Linse zusammen. Hauptpunkt und Bildweite bilden die Konstanten der inneren Orientierung. Bei einem Apparate, der freihändig gebraucht wird, kann man nur die Konstanten der inneren Orientierung bestimmen. Die Stellung des Apparates im Raume wird durch die äufsere Orientierung gegeben. Man legt durch die optische Achse eine Lotebene. Der Winkel a, den sie mit der Meridianebene — im Uhrzeigersinn gerechnet — bildet, heifst das Azimut der Achse oder der photographischen Aufnahme. Der Winkel ν der optischen Achse gegen die wagrechte Ebene heifst Neigung der photographischen Aufnahme. Die Lotebene durch die optische Achse schneidet die Bildebene in einer durch den Hauptpunkt gehenden Linie VV, welche Hauptvertikale genannt wird. Die wagrechte Ebene durch das Zentrum schneidet die Bildebene im Horizont HH. Bei wagrechter optischer Achse und lotrechter Bildebene geht der Horizont durch den Hauptpunkt. Azimut, Neigung, Hauptvertikale und Horizont sind Bestimmungsstücke der äufseren Orientierung und hängen von der Stellung des Apparates im Augenblick der Aufnahme ab. Die drei letztgenannten Stücke beziehen sich auf die äufsere Orientierung gegen die Lotlinie.

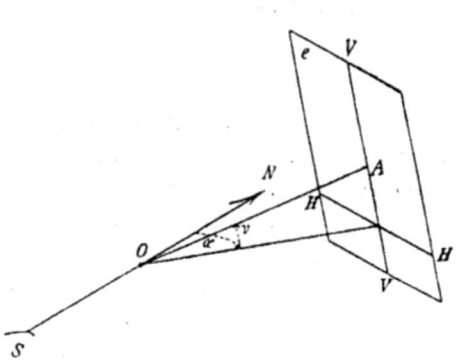

Fig. 1.

2. Photogrammetrische Apparate. Damit ein photographischer Apparat zu Messungszwecken brauchbar sei, mufs er eine perspektivisch richtig zeichnende (orthoskopische) Linse

---

[1] In allen Figuren und Konstruktionsaufgaben gehen wir der Übersichtlichkeit halber von positiven Bildern aus. Während bei der Aufnahme in Wirklichkeit die Bilder auf eine (vom Objekt aus betrachtet) hinter der Linse gelegene negative Bildebene entworfen werden, ersetzen wir dieselbe bei der Konstruktion durch eine im gleichen Abstande vor der Linse gelegene positive Bildebene.

besitzen und mit Einrichtungen versehen sein, die mindestens seine innere Orientierung im gebrauchsfähigen Zustande sichern. Wenn auch die äufsere Orientierung gegen die Lotlinie jeder Aufnahme ermittelt werden kann, nennen wir den Apparat einen Photogrammeter. Unter einem Phototheodolit verstehen wir die Vereinigung eines photographischen Apparates mit einem Theodolit, womit demnach sowohl photogrammetrische Aufnahmen als auch beliebige Horizontal- und Vertikalwinkelmessungen gemacht werden können. Für die Zwecke der Geländeaufnahme kommen nur Apparate mit konstanter Bildweite gleich der Brennweite in Betracht. Damit die Lage des Hauptpunktes auf jeder Aufnahme festgelegt werden kann, müssen stets Marken, die mit dem Apparat (nicht mit der Kassette) in fester Verbindung sind, mitabgebildet werden; am besten ist hierzu ein ebener rechteckiger Rahmen mit Einkerbungen in den Mitten der Rechtecksseiten geeignet, der entweder an der lichtempfindlichen Platte anliegt oder sich in einiger Entfernung (bis zu etwa 4 mm) in paralleler Stellung zu ihr befindet. Dieser Rahmen mufs in unveränderlicher Verbindung mit der Linse sein, was am sichersten mittels einer starren Kamera aus Metall erzielt wird. Das Bild dieses Rahmens begrenzt das Gesichtsfeld des Apparates. Auf die bekannten Abmessungen des Rahmens werden alle aus den Bildern entnommenen Mafse umgerechnet. Das Gesichtsfeld wird in der Regel durch den Winkel ausgedrückt, unter welchem die Mittellinien des Rahmens vom Zentrum der Linse aus erscheinen. Das der Längsdimension des Formates entsprechende Gesichtsfeld beträgt $45^0 - 60^0$, das des Querdimension entsprechende $35^0 - 45^0$, je nachdem die Bildweite etwas unter der Langseite des Rechteckes bleibt oder sich der Länge der Diagonalen nähert. Innerhalb dieser Grenzen pflegen bessere Objektive bis auf einige Minuten verzeichnungsfrei zu sein. In der Regel werden die Photogrammeter ausschliesslich mit senkrechter Bildebene benützt. In diesem Falle umfassen, wenn der Apparat das Querformat hat, sechs bis acht Aufnahmen den Horizont. Befindet sich der Hauptpunkt in der Mitte des Rahmens, so ist das nutzbare Gesichtsfeld in der Lotrechten mit $\pm 17.5^0 - 22.5^0$ Vertikalwinkel für Gebirgsaufnahmen zu gering, und man sieht daher eine Verschiebung der Linse in der Vertikalrichtung vor, durch welche je nach der Stellung Höhen- oder Tiefenwinkel bis zu 30^0 noch zur Abbildung kommen können. Es mufs dann die Linse ein erheblich gröfseres Format perspektivisch richtig und scharf auszeichnen. Hauptvertikale und

Horizont kann man durch ein in den Rahmen gespanntes Fadenkreuz aus Metallfäden von 0.03 - 0.05 mm Dicke zur Abbildung bringen. Arbeitet man mit kleiner Blende, so können diese Fäden bis zu 4 mm von der lichtempfindlichen Platte entfernt sein, ohne daſs sie aufhören, sich scharf abzubilden. Vielfach begnügt man sich, die Enden des Fadenkreuzes durch Einkerbungen im Rahmen zu markieren und die Fäden fortzulassen. Das Format photogrammetrischer Apparate schwankt zwischen 9×12 cm und 18×24 cm mit Bildweiten zwischen 10 cm und 27 cm. Obwohl die erzielbare Genauigkeit mit der Bildweite wächst, haben die groſsen Formate viel Nachteile gegenüber den kleinen. Das Gewicht von Apparat und Platten steigt annähernd mit dem Kubus der Bildweite. Gröſsere Apparate müssen zerlegbar gebaut werden, um transportfähig zu sein. Der Gewinn an Genauigkeit infolge Vergröſserung der Bildweite wird durch die mitvergröſserten Fehler der Linse, durch die vermehrte Unebenheit der Platten und durch den geringen Grad der Unveränderlichkeit schwerer Apparate stark beeinträchtigt. Der Vorzug der bequemeren Benützung der groſsen Bilder kann durch Vergröſserung der kleinen einigermaſsen wettgemacht werden. Für Routen- und Geländeaufnahmen mit Maſsstäben unter $1:25\,000$ in unbekannten Gebieten reicht das Format 9×12 cm mit 11 cm Bildweite aus, wobei das Gewicht des Apparates unter 3.5 kg zu halten ist. Zu genauen Einzelaufnahmen bis zu Maſsstäben von $1:5\,000$ ist das Format 12×16 cm mit 15 cm Bildweite zu empfehlen. Hier erreicht das Apparatgewicht schon 10 kg. Ein gröſseres Format, bei welchem das Gewicht bald auf 20 kg steigt, wird sich auf Reisen kaum jemals als angezeigt erweisen.

Ein Photogrammeter, welcher auſser der inneren Orientierung die äuſsere nur gegen die Lotrichtung oder auch das Azimut mittels einer Bussole gibt, braucht keine stabile vertikale Drehachse; es genügt, ihn im Moment der Aufnahme durch Libellen gegen die Lotrichtung zu orientieren; dadurch vereinfacht sich die Konstruktion bedeutend.

Als Beispiel eines kleinen Photogrammeters für Reisezwecke im Format 9×12 cm sei folgendes beschrieben (Fig. 2): Eine steife Kamera aus einem lederbezogenen Aluminiumgestell bestehend, von trapezförmigem Grundriſs trägt an der schmalen Vorderseite auf einem gutgeführten Jalousieschieber das Objektiv a, einen Zeiſsschen Protar mit 112 mm Brennweite. Die Stellung des Objektives kann nach oben und unten um je 25 mm verschoben und der

Die Photogrammetrie als Hilfsmittel der Geländeaufnahme. 169

Betrag an einer Teilung mit Nonius auf 0.1 mm abgelesen werden. 108 mm hinter dem Objektiv befindet sich der Rahmen, der in Lichten 105 × 75 mm mifst. Gegen diesen Rahmen lehnt sich die Kassette, eine hölzerne Kodak-Doppelkassette mit ausziehbarem Hartgummischieber. Die lichtempfindliche Platte befindet sich 4 mm hinter dem Rahmen im Brennpunkt des Objektives. Der Rahmen bildet sich in der Gröfse 108.8 × 77.8 mm auf die Platte ab. Kleine Unterschiede in den Kassettendicken verraten sich in den Abmessungen des Rahmenbildes. Eine nichtparallele Stellung der Platte kommt in einer Abweichung von der rechteckigen Form des Rahmenbildes zum Ausdruck und kann, wie später gezeigt wird, bei der Konstruktion einfach berücksichtigt werden. Das Gesichtsfeld beträgt in horizontaler Richtung 52°, in vertikaler, bei mittlerer Stellung des Objektives nach oben und unten ± 19°, bei der äufsersten Stellung nach oben + 30° und nach unten − 6.5° oder umgekehrt. Die

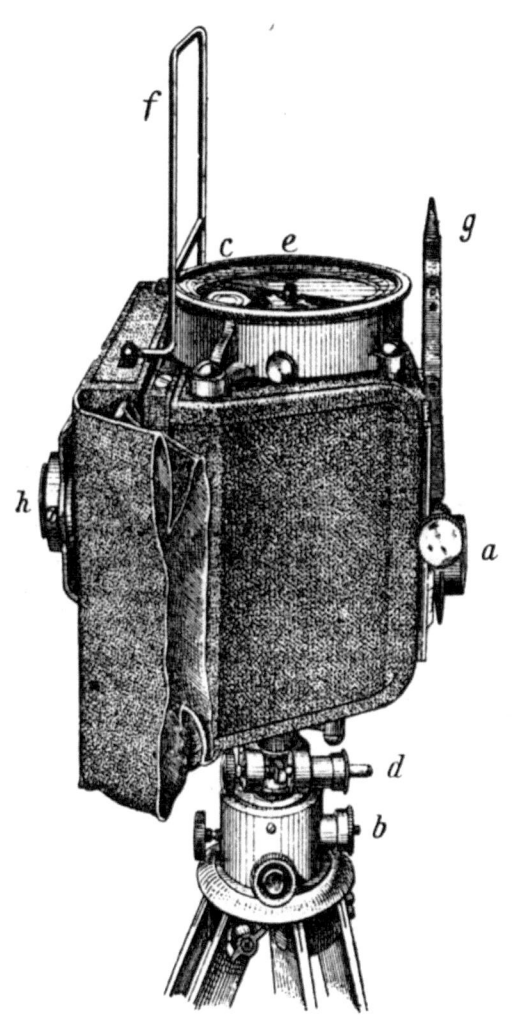

Fig. 2.

Verzeichnungsfehler der Linsen bleiben innerhalb eines Gesichtsfeldes von 73° unter 2.5'; von da ab nehmen sie rasch zu, so dafs bei äufserster Stellung des Objektives die vom Hauptpunkt etwa 39° entfernten Ecken nicht mehr ganz genau gezeichnet werden. Der Apparat ist mittels eines ein Universalgelenk und feine Horizontalbewegung d enthaltenden Stativkopfes b zu orientieren. Die Horizontalstellung wird an einer Dosenlibelle c mit 2 mm Ausschlag auf 3' kontrolliert. Letztere ist im Innern einer Bussole e (von 80 mm Teilungsdurchmesser mit Gradteilung), die zur Orientierung gegen den Meridian dient, untergebracht. Die Feineinstellung der Libelle und Ablesung an den Nadelenden geschieht, nachdem die Kassette eingeschoben und der Schieber ausgezogen ist. Um auch ohne Mattscheibe den zur Abbildung gelangenden Teil der Landschaft übersehen zu können, ist rückwärts ein aufklappbarer Sucherrahmen f in der Größe des Bildformates angebracht, dem eine mit dem Objektivschieber verbundene Marke g entspricht. Stellt man sich hinter den Apparat und bringt man die Marke mit einem Punkte der Landschaft zur Deckung, so zeigt die Stellung der Marke im Innern des Sucherrahmens an, daß der Punkt noch zur Abbildung gelangt. Der Apparat kann mit einem ganz leichten, zusammenschiebbaren Holzstativ aufgestellt sein. Um demselben im Winde die nötige Standfestigkeit zu verleihen, hängt man zwischen die Beine des Stativs ein mit Steinen beschwertes Netz, dessen Last eben den Boden berührt. Wird der Apparat mit einem in den Rahmen gespannten Fadenkreuz ausgestattet, so kann man an der Rückseite des Apparates ein weitwinkliges Okular k zum Betrachten des Fadenkreuzes anbringen und hat dann zusammen mit dem Objektiv ein einfaches Zielfernrohr, das bei den mäßigen Verschiebungen, die das Objektiv nach oben und unten zuläßt, auch Ziellinien von $\pm 15^0$ Erhebung noch zu beobachten gestattet. Der Unterschied von 4 mm zwischen der Fadenkreuzebene und der Bildebene läßt sich vor dem Anzielen entweder durch Verschiebung des Objektives um den gleichen Betrag nach vorn oder durch Vorstecken einer schwachen Konvexlinse ausgleichen. Bei Benützung einer kleinen Objektivblende kann hiervon auch abgesehen werden. In dieser Form lassen sich mit dem Apparat unmittelbare Winkelmessungen an der Bussole vornehmen. Aus der Schieberstellung beim Zielen ergibt sich der Höhenwinkel[1].

Prüfung des Photogrammeters.

a) Lotrechte Stellung der Rahmenebene bei einspielender Libelle. Kann nach Abnahme des Rückenteils durch Anlegung eines rechten Winkels mit Libelle an den Rahmen untersucht

---

[1] Ein Apparat dieser Art wird vom Mechaniker Sedelbauer in München um den Preis von 360 Mk. hergestellt. Er wiegt, Verpackung, Platten und Stativ einbezogen, 3.5 kg.

werden. Desgleichen durch eine Probeaufnahme bei kleiner Blende, wobei zwei (etwa 3 m lange, 4 m vom Apparat und 3 m unter sich entfernte) Lote nahe den lotrechten Rahmenseiten zur Abbildung gelangen. Die Lotbilder müssen parallel sein.

b) Wagrechte bezw. lotrechte Stellung der Rahmenseiten bei einspielender Libelle. Entweder durch direktes Anlegen einer Libelle auf die untere wagrechte Rahmenseite oder durch Prüfung des Parallelismus der Lotbilder und der lotrechten Rahmenseite zu untersuchen.

c) Lotrechte Richtung des Schieberweges bei einspielender Libelle. Man photographiert die beiden Lote bei höchster und tiefster Stellung des Schiebers und sonst ungeändertem Apparat auf die gleiche Platte; dann müssen sich die Lotbilder decken.

d) Ermittelung der Schieberstellung, bei welcher der Horizont in die Mittelmarken des Rahmens fällt. Nachdem der Rückenteil abgenommen ist, wird, falls nicht schon ein Fadenkreuz eingezogen ist, zwischen die Mittelmarken ein Menschenhaar ausgespannt und mit Wachs festgeklebt. Dasselbe wird durch das Objektiv hindurch mittels eines geprüften Nivellierfernrohres betrachtet und bei einspielender Dosenlibelle der Schieber so lange verschoben, bis das Haar im Fadenkreuz des Nivellierfernrohres erscheint. Bei fester Schieberstellung kann die Lage des Horizontes ermittelt werden: a) durch Photographieren der Kimm (unter Berücksichtigung der Tiefe) oder eines Objektes von bekanntem kleinem Höhenwinkel; b) durch Photographieren auf dieselbe Platte eines Punktes B vom Punkte A aus und umgekehrt. Der Horizont geht durch die Mitte beider Bilder.

e) Bestimmung der Lage der Hauptvertikalen. Vor dem horizontal gestellten Instrument wird in der Entfernung von einigen Metern ein Lot[1]) aufgehängt. Hierauf schraubt man die Linse ab und legt an den Rahmen einen Spiegel an Stelle der photographischen Platte. Man stellt sich hinter das Lot und sucht dessen Spiegelbild durch die Linsenöffnung. Durch Verschiebung des Lotes oder Drehung des Apparates bringt man das Lot, sein Spiegelbild und die Mitte der Linsenöffnung in eine Vertikalebene. Bei dieser Stellung wird die Linse eingeschraubt, der Spiegel entfernt und bei kleiner Blende eine Aufnahme gemacht. Das Bild des Lotes ist die Hauptvertikale. Sie soll mit der Verbindungslinie der Mittelmarken an den wagrechten Rahmenseiten zusammenfallen. Beträgt der Unterschied weniger als 0.5 mm, so kann man

---

[1]) Besser noch ein Doppellot mit 5 mm entfernten Parallelfäden.

die Verbindungslinie der Marken unbedenklich statt der Hauptvertikalen nehmen. Der Einfluſs einer solchen Verwechslung auf die photographierten Winkel erreicht kaum je 1′.

f) *Bestimmung der Bildweite.* Man photographiert auf dieselbe Platte vom gleichen Standpunkte aus ein sehr weit entferntes Objekt bei zwei Stellungen des Apparates, die um einen bekannten Drehwinkel (ca. 50°), der an der Bussole abzulesen ist, voneinander abweichen. Oder man miſst mit dem Theodolit einige Horizontalwinkel nach fernen Punkten, die das Gesichtsfeld des Apparates umfassen, und photographiert die angezielten Punkte, wobei die Linse (nicht die Drehachse des Apparates) zentrisch über den Theodolitstand zu bringen ist. Man kann auch ohne Theodolit mittels Stahlmeſsbandes und Sehnentafel einige Winkel abstecken, worauf man die Marken photographiert, wobei wieder die Linse (nicht die Drehachse des Photogrammeters) zentrisch über dem gemeinsamen Winkelscheitel zu stehen hat. Die Bildpunkte $P_1'\ P_2'\ P_3'\ P_4'$ (siehe Fig. 3) samt Hauptvertikale A und Rahmenseiten $L R$ werden auf den Bildhorizont projiziert, die gemessenen Winkel O ($P_1\ P_2\ P_3\ P_4$) aufgetragen und die projizierte Punktreihe so in die Winkelschenkel (mittels eines Papierstreifens) eingetragen, daſs die Punkte auf die entsprechenden Winkelschenkel zu liegen kommen und die im Hauptpunkt A auf die Punktreihe errichtete Senkrechte durch den Winkelscheitel O geht. In dieser Lage gibt die Entfernung $A O$ des Papierstreifens vom Winkelscheitel die Bildweite an. Sollte die Genauigkeit der Zeichnung, die man übrigens durch Ausführung in doppeltem Maſsstabe steigern kann, nicht genügen, so läſst sich die Lage des Winkelscheitels zur Punktreihe auch rechnerisch bestimmen, indem man nach der Methode des Rückwärtseinschneidens jenen Punkt aufsucht, von dem aus die Punkte der projizierten Punktreihe unter den gemessenen Winkeln erscheinen. Der Fuſspunkt des Lotes vom so bestimmten Punkte auf die Punktreihe gibt dann die Lage des Hauptpunktes an. Die Linien von jenem Punkte nach den durch Rahmenseiten bestimmten Enden der Punktreihe schlieſsen das horizontale Gesichtsfeld ein. Die Angabe des Gesichtsfeldwinkels $L O R$ an Stelle der Bildweite gestattet, auf einfache Weise die Bildweite nach den Rahmendimensionen des Bildes zu regeln, und ist daher vorzuziehen.

g) *Bestimmung der Miſsweisung der Kompaſsnadel.* Man photographiert ein Objekt von bekanntem Azimut und bestimmt aus dem Bild den Horizontalwinkel gegen die Hauptvertikale. Der Unterschied dieses Winkels gegenüber der Kompaſsablesung gibt die Miſsweisung einschlieſslich des Nullpunktfehlers an.

Die Photogrammetrie als Hilfsmittel der Geländeaufnahme. 173

Der beschriebene Apparat ist das Beispiel eines möglichst einfach konstruierten Photogrammeters. Verwickelter wird die Konstruktion, sobald man die Forderung stellt, daſs während der Aufnahme die lichtempfindliche Platte am Rahmen genau anliegt. Für kleine Formate kann man diese Forderung am leichtesten erfüllen, wenn man den Apparat vor jeder Aufnahme in den Wechselsack steckt und dort die Platte einschiebt. Wechselkassetten, die sonst für Photogrammeter[1]) recht brauchbar sind, verlangen meist, daſs die Platten in Rähmchen liegen, was das genaue Anlegen an einen festen Rahmen erschwert. Nur wenn das Rähmchen (siehe Fig. 4)

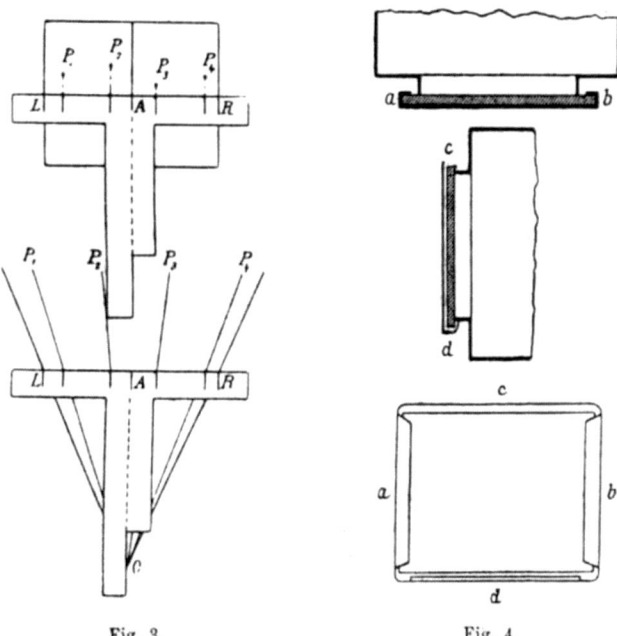

Fig. 3.   Fig. 4.

die Platte bloſs an zwei Parallelseiten $a\,b$ umfaſst, ist ein glattes Vorbeischieben am Markenrahmen denkbar. Sobald man verlangt, daſs das Laden des Apparates ohne Beeinträchtigung der Orientierung erfolgt, was bei den eigentlichen Phototheodoliten der Fall ist, steigern sich die Konstruktionsschwierigkeiten namentlich bei gröſseren Formaten.

---

[1]) Die Firma G. Secretan in Paris liefert Photogrammeter und Phototheodolite mit Wechselkassette im Format 6.5×9 cm. In Deutschland baut Gustav Heyde in Dresden Phototheodolite im Format 13×13 cm und 18×24 cm mit Magazinwechselkassette, welche nur beim Ein- und Ausladen der Platten an die Kamera gebracht wird.

Der Phototheodolit. Wenn man einen Photogrammmeter so weit ausbaut, daſs Aufnahmen unter beliebigen Neigungen vorgenommen werden können, liegt es nahe, ihn mit einem stabilen Achsensystem auszustatten und dann auch zum Winkelmesser einzurichten. Am bequemsten geschieht dies, wenn man den zuerst von Paganini[1]) ausgeführten Kunstgriff, die photographische Linse als Fernrohrobjektiv zu benützen, anwendet. Das Fernrohr des Theodolits wird rückwärts so erweitert, daſs es die Platte aufnehmen kann, die in die Ebene des Fadenkreuzes zu liegen kommt. Als solches dient entweder ein über die Rahmenebene gespanntes Kreuz aus Metallfäden oder eine auswechselbare Glasplatte mit eingeritztem Kreuz. Dasselbe wird durch das Okular betrachtet, das während der Aufnahme zurückgezogen und abgedeckt wird. Dieses Kamerafernrohr, dessen optische Leistung bei mäſsiger (bis zu zehnfacher) Vergröſserung ganz befriedigend ist, soll sowohl im geladenen wie im ungeladenen Zustand ausbalanciert sein. Man kann das erreichen, wenn die Fassung der auswechselbaren Fadenkreuzplatte gleiches Gewicht wie die geladene Kassette hat. Eine vollkommene Unveränderlichkeit der Bildweite beziehungsweise das genaue Anliegen der lichtempfindlichen Platte an den Markenrahmen kann erzielt werden: a) dadurch, daſs man die Fernrohrkamera abnehmbar macht und unmittelbar vor jeder Aufnahme im Wechselsack lädt[2]); b) durch Benützung einer einzigen genau gearbeiteten Metallkassette, die vor jeder Aufnahme im Wechselsack geladen wird[3]); c) durch Anbringung eines mit der Kamera durch einen Balg verbundenen beweglichen Rückenteiles, in welchen die Kassette eingeschoben wird. Sobald der Schieber geöffnet ist, preſst man die Kassette gegen den vorstehenden Rahmen, so daſs dieser glatt auf der Platte aufliegt. In dieser Stellung geschieht die Aufnahme[4]); d) durch Anwendung Neuhauſsscher Ledersäcke (siehe Fig. 5) an Stelle der Kassetten, aus welchen die Platten von oben in die Kamera fallen, worauf sie durch

---

[1]) Paganinis Phototheodolit für Präzisionsmessung im Format 18×24 cm ist in dem Buche Fotogrammetria, Mailand, Höpli, 1901, S. 140 beschrieben; ebendort S. 189 ein Photogrammeter gleichen Formates.

[2]) Koppe, Photogrammetrie und internationale Wolkenmessung. Braunschweig 1896.

[3]) Meydenbauer für Architekturphotogrammetrie.

[4]) v. Hübl, Mitteilungen des k. k. militärgeographischen Institutes in Wien, 19. Bd. 1899, S. 78. Wien 1900.

E. Deville, Photographic Surveying Ottawa, 1895, S. 140. Die dort beschriebenen Photogrammeter im Format 12 × 16 cm in Hoch- und Querstellung zu benutzen, gehört zweifellos zu dem Besten seiner Art und hat sich bei der kanadischen Landesaufnahme unter den schwierigsten Verhältnissen bewährt.

bewegliche Federn an den Markenrahmen angedrückt und nach
Lösung der Federn unten in einen zweiten Sack entleert werden.
Um Verletzungen der Ledersäcke durch die scharfkantigen Platten
zu vermeiden, steckt man die Platten in die früher beschriebenen
Rähmchen (siehe Fig. 4)[1]). Bei allen diesen Vorrichtungen
besteht eine gewisse Schwierigkeit darin, das Laden der Kamera
zu bewirken, ohne dafs man die Fernrohreinstellung oder doch
wenigstens die Stellung des Theodolitunterbaues ändert. Wenn

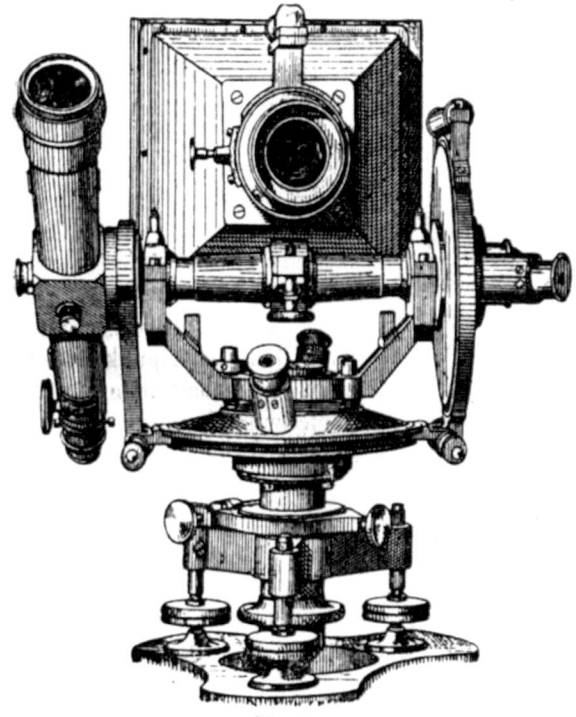

Fig. 5a.

der Theodolit mit einem eigenen Zielfernrohr versehen wird,
das dann notwendig exzentrisch liegt, kann man sich während
der Aufnahme von der richtigen Stellung der Kamera überzeugen[2]). Freilich wird bei gröfseren Formaten der Apparat

---

[1]) Finsterwalder, Photogrammetrischer Theodolit für Hochgebirgs-
aufnahmen. Zeitschrift für Instrumentenkunde, 1895, S. 371.

[2]) Ein Universalinstrument, mit allen zur geographischen Orts-
bestimmung nötigen Einrichtungen (auch Bussole) versehen, das durch
Beigabe einer auf die horizontale Drehachse aufsetzbaren und mit
dieser dann drehbaren Kamera im Formate 9×12 cm mit 11 cm
Brennweite (Voigtländers Collinear) zu einem Phototheodolit ergänzt ist,
liefert die Firma F. W. Breithaupt & Sohn in Kassel (Preis 950 Mk.,
Gewicht ohne Stativ mit Verpackung 11 kg) (siehe Fig. 5a). Die Firma
Günther & Tegetmeyer in Braunschweig baut eine Kombination von

hierdurch sehr unhandlich. Vielfach greift man noch zu dem Mittel, die Kamera fest mit dem Alhidadenteil des Theodolits zu verbinden, und verzichtet damit auf die Möglichkeit, sie zu neigen. Das Zielfernrohr wird dabei meist exzentrisch über oder neben der Kamera angebracht (siehe Fig. 5 a). Immerhin besteht auch noch in diesem Falle die Möglichkeit, das photographische Objektiv als Fernrohrobjektiv zu benützen und auf diese Weise die äußerste Verminderung des Apparatgewichtes zu erzielen. (Fig. 5.)[1]) Man macht das Objektiv innerhalb weiter Grenzen durch genaue Schlittenführung in lotrechter Richtung verschieblich und ordnet auf der Rückseite der Kamera ein um eine horizontale Achse drehbares Okular an, das zwangläufig so bewegt wird, daß es immer nach dem Mittelpunkt des Objektives zielt. So erhält man für Höhen- und Tiefenwinkel innerhalb 20° noch ganz scharfe Bilder. Statt der Vertikalwinkel liest man am Objektivschieber deren trigonometrische Tangenten ab. Man kann auf diese Weise unschwer die Genauigkeit von 1' erreichen. Die Prüfung und Berichtigung des Phototheodolits ist je nach der Einrichtung etwas verschieden; sie läßt sich aus den vorhin für den Photogrammeter angeführten und den für den Theodolit gebräuchlichen Methoden unschwer entnehmen. Falls ein eigenes Zielfernrohr vorhanden ist, oder wenn nicht das Fadenkreuz, das zur Okularbetrachtung bestimmt ist, beim Photographieren un-

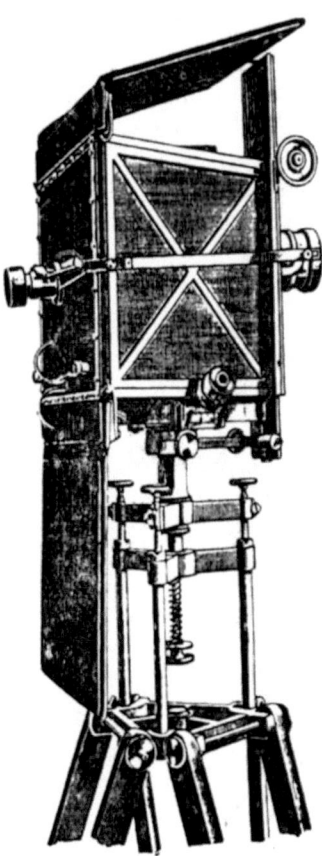

Fig. 5.

Universalinstrument für geographische Ortsbestimmung, Meßtisch und Photogrammeter: letzteren mit nicht neigbarer Kamera vom Plattenformat 13 × 13 cm und 15 cm Brennweite. Der Apparat hat Wechselkasten. Preis 900 Mk.

[1]) Vergl. den vorhergehenden Hinweis. Die Einrichtung mit den Ledersäcken hat sich — gutes Material vorausgesetzt —, wohlbewährt. Es empfiehlt sich, die Säcke in Hüllen von schwarzem Baumwollstoff zu verwahren, um minimale Lichtundichtigkeiten, wie Nadelstiche, unschädlich zu machen. Mit dieser Vorsicht sind die Säcke schon ein Jahrzehnt lang im Gebrauch.

mittelbar zur Abbildung gelangt, ist zur wechselseitigen Beziehung von photogrammetrischen und trigonometrischen Messungen die Bestimmung des Zielpunktes bei gegebener Apparatstellung auf der photographischen Platte von Wichtigkeit, die durch Anzielung eines scharfen, fern gelegenen Gegenstandes und photographische Aufnahme bei unveränderter Apparatstellung geschieht. Die vollständigen Phototheodolite[1]), welche Drehung und Neigung der Kamera gestatten, eignen sich dort, wo ein hoher Grad von Genauigkeit erstrebt wird, wie bei astronomischer Ortsbestimmung und besonderen technischen Aufgaben. Aus wiederholten Aufnahmen desselben Objektes bei durchgeschlagener und umgelegter Kamera können auch alle Instrumentenfehler unter Voraussetzung stabiler lotrechter Drehachse und genauer Kenntnis der Bildweite bestimmt oder durch Mittelbildung aus den einzelnen Messungsresultaten entfernt werden. Für topographische Zwecke sind die zuletzt beschriebenen Zwitterinstrumente, die sich mit der festen Kamera mehr den Photogrammetern nähern, weit vorzuziehen. Wenn sie auch für feinere Triangulierungen nicht ausreichen, so erfüllen sie die Aufgabe, die Stationspunkte an ein trigonometrisches Netz anzuschliefsen, in ausreichendem Mafse.

Für besondere Aufgaben der Photogrammetrie sind allerlei Instrumente gebaut worden, von welchen einige Erwähnung finden mögen. Bei Aufnahmen vom Luftballon aus kann man sich einer Kamera mit nur innerer Orientierung bedienen und aus zwei Aufnahmen desselben Geländeabschnittes diesen samt der Lage der Ballonorte hierzu indirekt bis auf den Mafsstab und die äufsere Orientierung bestimmen[2]). Oder man befestigt eine solche Kamera unter passendem Winkel an einem mit einer Dosenlibelle versehenen Gewehrkolben, den man in Anschlagstellung hält, wobei man im Augenblick der Einstellung der Dosenlibelle am Gewehrabzug den Momentverschlufs auslöst. Auf diese Weise werden Aufnahmen, die gegen die Lotlinie orientiert sind, zustande gebracht[3]). Ein ähnliches Ver-

---

[1]) Zu diesen gehören von deutschen Erzeugnissen aufser dem erwähnten Reisetheodolit von Breithaupt & Sohn in Kassel (siehe Fig. 5a) in erster Linie der Phototheodolit von C. Koppe für das Format 10 × 10 cm mit 150 mm Brennweite und Einrichtung zur Ausmessung der Bilder durch das Objektiv (siehe S. 183), welcher von Günther in Braunschweig um den Preis von 1100 Mk. geliefert wird.

[2]) Genaueres bei: S. Finsterwalder, Eine Grundaufgabe der Photogrammetrie und ihre Anwendung auf Ballonaufnahmen. Abhandlungen der k. b. Akad. d. Wiss. 2. Kl. 22. Bd. 2. Abt.; auch separat zu beziehen.

[3]) K. v. Bassus, siehe Eders Jahrbuch für Photogr. 1899, S. 164.

fahren wird sich auch bei Aufnahmen vom Boot aus empfehlen. Für unbemannte Fesselballons und Drachen hat man kombinierte Kameras ersonnen, welche den Zweck haben, das ganze von dem Beobachtungspunkt aus verfügbare Gesichtsfeld auf einmal photographisch festzulegen[1]). Mit einer weitwinkligen Kamera, deren Achse senkrecht nach unten weist, sind 5—7 symmetrisch um diese Achse angeordnete Kameras, deren Achsen Winkel von 45—30° gegen die Lotrichtung bilden, fest verbunden. Ihre Momentverschlüsse werden auf elektrischem Wege gleichzeitig geöffnet; die äußere Orientierung soll durch gondelartige Aufhängung des Ganzen oder durch mitphotographierte Libellen gewährleistet werden. Zum Zwecke hydrographischer Aufnahmen vom Schiffe aus hat Paganini[2]) einen Apparat in cardanischer Aufhängung gebaut, der eine Einrichtung trägt, mittels welcher unter Zuhilfenahme eines total reflektierenden Prismas ein Teil der Kompaßrose im Moment der Aufnahme auf die photographische Platte abgebildet wird. Ebenfalls für Küstenaufnahmen hat Th. Scheimpflug[3]) drei unter Winkeln von 60° gegeneinander geneigte Kameras mit horizontaler Achse gekoppelt, deren Gesichtsfeld den halben Horizont umfaßt. Auch hierbei werden Bussole- und Libellenstellung im Augenblick der Aufnahme photographisch festgelegt. Das gleiche Prinzip wurde in einem für Geländeaufnahmen gebauten Apparat von Bridges Lee[4]) verwendet, bei welchem auch noch handschriftliche Notizen über Zeit und Ort der Aufnahme photographisch auf das Negativ abgebildet werden.

3. Entnahme von Winkeln aus orientierten Photographien. Bei lotrechter Bildebene, bekanntem Horizont HH, bekannter Hauptvertikale VV und Bildweite D ist die Konstruktion der Horizontal- und Vertikalwinkel überaus einfach (siehe Fig. 6). Wir setzen zuerst voraus, daß die lichtempfindliche Platte am Markenrahmen genau angelegen sei und die Maße dem Negativ selbst oder einer unveränderten Kopie desselben (Diapositiv oder unfixiertes Papierpositiv) entnommen seien. Man errichtet auf einer Geraden (Bildlinie) im Punkt (A) (Hauptpunkt) die Senkrechte (optische Achse) $(A)O$ und trägt auf dieser die Bildweite D auf. Ist x die Abszisse

---

[1]) R. Thiele, siehe: Eder, Jahrbuch für Photographie. 17. Bd. 1903, S. 131. Th. Scheimpflug, ebenda. 18. Bd. S. 193, und Photographische Korrespondenz, 1903.

[2]) Fotogrammetria, Mailand, Höpli 1901, S. 236.

[3]) Mitteilungen aus dem Gebiete des Seewesens, 1898.

[4]) Der bei L. Casella in London (197, Holborn Bars) gebaute Apparat ist beschrieben in Engineering, 1897 (2), S. 314. Format 9×11 cm. Preis 900 Mk. Gewicht 14 kg.

Die Photogrammetrie als Hilfsmittel der Geländeaufnahme. 179

des Bildpunktes P', auf ein aus Hauptvertikale und Horizont bestehendes rechtwinkliges Koordinatensystem bezogen, so trägt man diese Strecke im richtigen Sinn von (A) aus auf der Bildlinie auf; dann gibt der Endpunkt (P') derselben, mit dem Zentrum O verbunden, den Grundriſs des Visierstrahles nach P, und der Winkel $(P')O(A)$ ist der Horizontalwinkel α des Visierstrahles mit der Lotebene durch die optische Achse. Um den Vertikalwinkel β des Visierstrahles zu erhalten, zeichnet man ein rechtwinkliges Dreieck, das die Ordinate y des Bild-

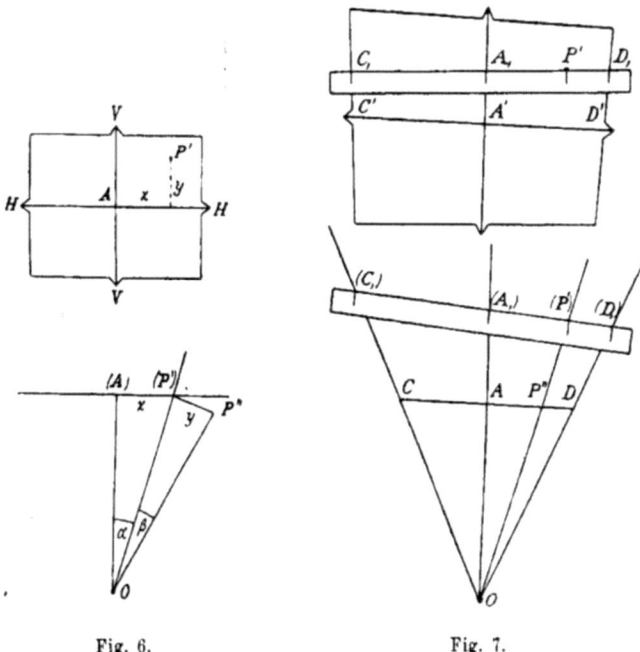

Fig. 6. Fig. 7.

punktes P' als vertikale, und die Strecke $O(P')$ als horizontale Kathete hat; der Winkel β liegt dann y gegenüber. Es ist $tg\,\beta = y : O(P')$.

Verfügt man zu den Abmessungen nicht über das Negativ selbst, sondern benützt man ein Papierkopie, die infolge der Bäder eingeschrumpft ist, oder eine Vergröfserung, welche eine unbekannte perspektivische Verzerrung erfahren hat, oder ist die Platte im Moment der Aufnahme nicht genau parallel zur Rahmenebene gelegen, so verfährt man folgendermaſsen (Fig. 7): Man zieht auf dem Bilde die Verbindungslinien der Rahmenmarken, die nun nicht mehr genau in der Mitte der Bilder der Rahmenseiten sind. Alsdann wird die wahre Rahmenbreite CD

auf einer Geraden aufgetragen, in ihrem Mittelpunkt A (Hauptpunkt) eine Senkrechte AO gleich der auf die Rahmenebene bezogene Bildweite errichtet und die Begrenzung des horizontalen Gesichtsfeldes COD gezogen. Um den einem Punkt P' des Bildes entsprechenden Strahl zu finden, legt man durch P' einen geradlinig beschnittenen Papierstreifen in der Querrichtung des Bildes, aber sonst beliebig, und markiert auf ihm die Schnittpunkte $C_1 D_1$ mit den lotrechten Rahmenseiten A_1, mit der Hauptvertikalen und dem Punkt P'. Nun überträgt man den Papier-

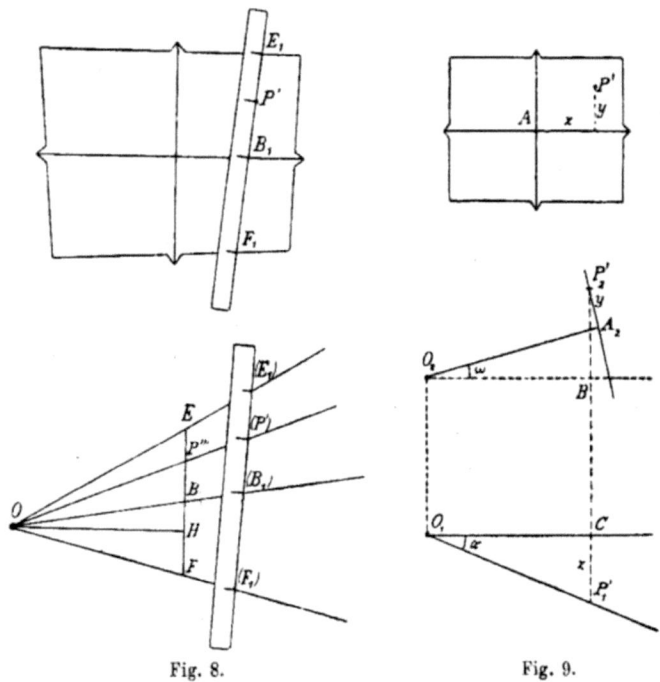

Fig. 8.   Fig. 9.

streifen in die Zeichenebene und legt ihn so, dafs C_1 auf den Strahl OC, D_1 auf den Strahl OD, A_1 auf den Strahl OA fällt, dann ist der Strahl $O(P')$ der gesuchte Visierstrahl in der Horizontalprojektion. P'' bezeichne seinen Schnittpunkt mit der Linie D. Er entspricht dem Bildpunkt in der Rahmenebene. Wenn das Rahmenbild zufällig so verzerrt ist, dafs die vertikalen Rahmenseiten parallel und dann notwendig senkrecht zum Horizont werden, genügt es, die Reihe der drei Punkte $C' A' D'$ des Horizontes in die Strahlen OC, OA, OD einzutragen und ihre Verbindungslinie als neue (zu OA allerdings schief gelegene) Bildlinie zu betrachten, auf der die Abszissen x genau so einzutragen sind wie im Falle des unverzerrten Rahmenbildes.

Zur Auffindung der **Höhenwinkel** bei verzerrtem Rahmenbilde bedient man sich einer ähnlichen Konstruktion (Fig. 8). Man trägt auf einer senkrechten Linie die wahre Höhendimension EF des Rahmens und deren Mitte B auf. In einem Punkte H, der von B so weit entfernt ist, als der Unterschied der Objektivschieberablesung bei der Aufnahme und der Normalstellung beträgt, wird eine wagrechte Linie gezogen und auf ihr die für die Rahmenebene geltende Bildweite HO abgetragen. Man zieht nun die Strahlen OE, OF und OA, von welchen die beiden ersten das vertikale Gesichtsfeld begrenzen. Um nun den Punkt P''' zu finden, welcher einem gegebenen Punkt P' des Bildes in der Rahmenebene entspricht, legt man durch P' einen Papierstreifen, annähernd parallel zu den lotrechten Seiten des Rahmenbildes, und markiert auf ihm aufser den Punkt P' noch die Schnittpunkte E_1, B_1 und F_1 mit den wagerechten Rahmenseiten und der Mittellinie. Dieser Papierstreifen wird in der Bildebene so eingepafst, dafs E_1 auf OE, B_1 auf OB und F_1 auf OF zu liegen kommt; wird nun (P') mit O verbunden, so schneidet die Verbindungslinie die Bildlinie EF im Punkte P'''. HP''' ist die Ordinate des dem Punkte P' der Bildebene entsprechenden Punktes der Rahmenebene, und der Höhenwinkel wird aus der Gleichung $tg\,\beta = HP''' : OP''$ gefunden, wobei OP'' dem Grundrifs (Fig. 7) zu entnehmen ist.

Die Entnahme der Winkel bei geneigter Bildebene geschieht am einfachsten in vorstehender Grundrifs- und Aufrifskonstruktion (siehe Fig. 9) des Bündels der Visierstrahlen, wobei als Aufrifsebene die Lotebene durch die optische Achse dient. Man trägt an einer wagrechten Linie O_2B den Winkel ω der optischen Achse gegen die Horizontale an und auf dem geneigten Schenkel die Bildweite O_2A_2 auf. In A_2, dem Aufrifs des Hauptpunktes, errichtet man ein Lot zu O_2A_2, welches den Aufrifs der Bildebene darstellt. Auf ihm trägt man die Ordinate y des Bildpunktes von A_2 aus ab und erhält so in P_2' den Aufrifs des Bildpunktes. Auf eine zweite Wagerechte lotet man die Punkte O_2 und P_2 des Aufrisses herab und erhält in O_1C den Grundrifs der optischen Achse. Von C aus wird auf CP_1' die Abszisse x des Bildpunktes abgetragen und so der Punkt P_1', der Grundrifs des Bildpunktes, erhalten. $P_1'O_1C$ ist dann der gesuchte Horizontalwinkel α des Visierstrahles nach dem Bildpunkt mit der Lotebene durch die optische Achse. Der Höhenwinkel β ergibt sich aus der Gleichung: $tg\,\beta = P_2'B : O_1P_1'$. Die einfachen Abänderungen der Konstruktion bei verzerrten Bildern mögen hier übergangen werden.

Das Aneinanderschliefsen von Bildern, die vom gleichen Standpunkt aus aufgenommen wurden.

Sind die Bilder zweier Objekte, deren Horizontalwinkel bestimmt werden soll, auf verschiedenen, vom gleichen Standpunkt aufgenommenen Photographien, so braucht man den Winkel der optischen Achsen beider Aufnahmen. Derselbe läfst sich immer ermitteln, sobald beide Aufnahmen übereinandergreifen. Die Ermittlung ist bei wagrechten Achsen überaus einfach und sollte, da sie eine wirksame Kontrolle der Konstanten der inneren und äufseren Orientierung in sich schliefst, niemals versäumt werden. Man wählt eine gröfsere Anzahl von zusammengehörigen Punkten P_1', P_2' (siehe Fig. 10) auf beiden Bildern, welche von den zunächst gelegenen senkrechten Rändern annähernd gleich weit entfernt sind, mifst die Abstände ξ', ξ'' von diesen Rändern und zieht aus je zwei zu demselben

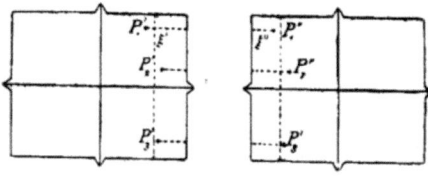

Fig. 10.

Objektpunkt gehörigen das Mittel. Diese Mittel müssen innerhalb der unvermeidlichen Messungsfehler gleich ausfallen, und ihre Gröfse $m = \dfrac{\xi' + \xi''}{2}$ kann aus einer gröfseren Zahl von Paaren solcher Punkte sehr genau bestimmt werden. Ist λ der Winkel der beiden Achsen, D die als gleich vorausgesetzte Bildweite beider Aufnahmen und b die halbe Rahmenbreite, so wird: $tg \dfrac{\lambda}{2} = \dfrac{b - m}{D}$. Bei gleichem Abstand von den Rändern müssen die Ordinaten entsprechender Punkte gleich sein, was eine Probe für die Richtigkeit des Horizontes gibt. Umfassen die Aufnahmen eines Punktes den Horizont, so mufs die Summe der Winkel λ je zweier aufeinanderfolgender Aufnahmen 360° sein, woraus eine scharfe Prüfung der Bildweite D folgt.

Eine ganz eigenartige Methode, die Winkel nach den photographierten Punkten unmittelbar auszumessen, hat Koppe[1] aus-

---

[1] Photogrammetrie und internationale Wolkenmessung. Braunschweig 1896.

gebildet. Bringt man den Apparat genau in dieselbe Orientierung gegen die Lotrichtung, die er bei der Aufnahme gehabt hat, und ersetzt man die photographische Platte durch das entwickelte Negativ der Aufnahme, das man von rückwärts passend beleuchtet, so treten durch die Linse die Strahlen unter genau denselben Winkeln aus, wie sie bei der Bilderzeugung eingetreten sind. Die Horizontal- und Vertikalwinkel der austretenden Strahlen können nun direkt mittels eines Theodolits, dessen Vertikal- und Horizontalachse durch das Zentrum der austretenden Strahlen geht, gemessen werden. Da das Zentrum zumeist im Innern der Linse liegt, muſs dieses in den Schnittpunkt der Theodolitachsen gebracht werden, was zur Voraussetzung hat, daſs die Horizontalachse des Theodolits gekröpft ist und das Fernrohr desselben in Richtung seiner Achse so weit verschoben ist, daſs der Achsenschnittpunkt frei bleibt. Die Ausmessung der Winkel durch das Objektiv hindurch kann auch auf Grund des Achsensystems des Phototheodolits vollzogen werden, falls die Kamera entweder von vornherein so liegt, daſs ihre Linse in den Achsenschnittpunkt fällt oder vor der Messung unter Beibehaltung der Orientierung gegen die Lotlinie in diese Lage verschoben wird. Im ersteren Fall hat man ein auſserhalb des Theodolits befestigtes Hilfsfernrohr nötig, das auf den auszumessenden Bildpunkt zielt; im zweiten muſs die Kamera in ihrer vertikalen Lage auſserhalb des Theodolits befestigt werden. Die Methode ist groſser Genauigkeit fähig und unabhängig sowohl von der Orthoskopie der Linse wie auch der Unebenheit der lichtempfindlichen Platte, falls das Originalnegativ und nicht etwa eine Kopie davon zur Ausmessung gelangt.

4. Photogrammetrische Rekonstruktionen aus orientierten Aufnahmen bei gegebener Lage der Standpunkte.

Zur Rekonstruktion eines Gegenstandes sind mindestens zwei Aufnahmen erforderlich, und aus ihnen lassen sich auch nur jene Teile desselben rekonstruieren, die auf beiden Aufnahmen zugleich sichtbar sind. Es seien die beiden Standpunkte O_1 und O_2 gegeben und im Grundriſs im richtigen Maſsstab eingetragen. Ebenso seien die Richtungen der optischen Achsen beider Aufnahmen bekannt und in den Grundriſs eingetragen. Wir wollen zunächst der Einfachheit halber annehmen, daſs die Achsen wagrecht, die Bildebene demnach lotrecht seien. Hauptvertikale und Horizont seien gegeben (siehe Fig. 11). Dann trägt man auf den Achsenrichtungen von O_1 und O_2 die Bildweiten auf und errichtet in ihren Endpunkten A_1 und A_2 die senkrechten Bildlinien. Nun sucht man auf den beiden Aufnahmen identische Punkte,

d. h. Bilder P', P'' ein und desselben Objektpunktes auf und mifst deren Abszissen x_1, x_2 aus. Diese werden auf den Bildlinien von den Hauptpunkten A_1 und A_2 im richtigen Sinn abgetragen und die Grundrisse der Visierstrahlen $O_1(P')$ und $O_2(P'')$ gezogen. Der Schnitt entsprechender Strahlen gibt den Grundrifs P des Objektpunktes. Um die Höhe zu finden, mifst

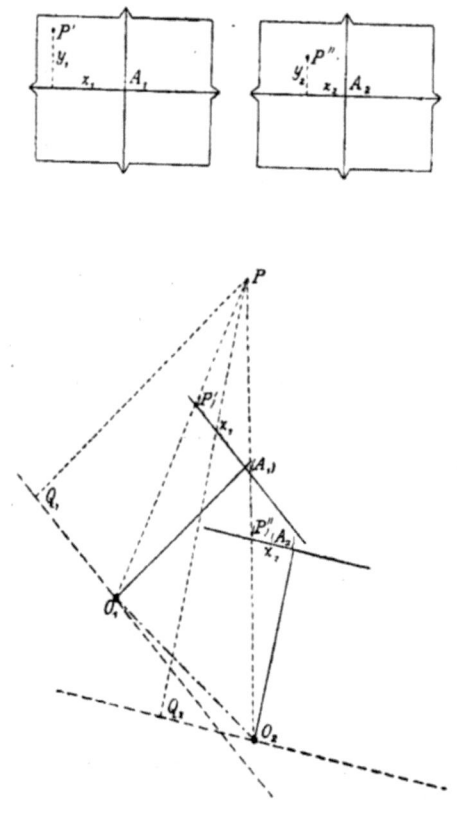

Fig. 11.

man die Ordinaten y der Bildpunkte, entnimmt dem Grundrifs die Entfernung ($E = O_1 P$) vom Standpunkt und die „schiefe Bildweite" $D' = O_1(P')$. Dann rechnet sich der Höhenunterschied h gegenüber dem Standpunkt nach der Formel: $h = \dfrac{y E}{D'}$, die am bequemsten mit dem Rechenschieber ausgewertet wird. Die Höhe des Objektpunktes wird so von jedem der beiden Standpunkte aus bestimmt, und die Übereinstimmung beider Ergebnisse gibt eine Probe für die Richtigkeit, deren Stichhaltigkeit aber sehr von den Umständen abhängt. Ihr Zutreffen bedeutet wenig, wenn z. B. Standpunkte und Objektpunkte geringen Höhenunterschied haben und der Grundrifs durch spitzen Schnitt bestimmt ist. Einfacher wird die Höhenrechnung, falls man statt der Entfernung E des Objektpunktes vom Standpunkte eine Gröfse E' einführt, welche die Entfernung PQ_1 des Objektpunktes von einer durch den Standpunkt gezogenen Parallelen zur Bildlinie darstellt und mittels eines rechten Winkels mit eingeteilten Schenkeln leicht bestimmt werden kann. Die Formel für den Höhenunterschied lautet dann: $h = \dfrac{y E'}{D}$, wo $D = O_1 A_1$ die wirkliche Bildweite ist.

Die Quotienten $y : D$ können für einen bestimmten Apparat leicht in Tafeln gebracht werden, wodurch die Höhenrechnung auf eine einfache Multiplikation zurückgeführt wird. Hat man zur Rekonstruktion des Objektes mehr als zwei Aufnahmen, z. B. n, zur Verfügung, so gibt schon die Forderung, dafs die Visierstrahlen im Grundrifs sich schneiden müssen, $n-2$ Kontrollen, und die Vergleichung der Höhenbestimmungen liefert $n-1$ weitere Kontrollen dazu, wodurch ihre Zahl auf $2n-3$ steigt. Hierbei wird die Verläfslichkeit der Punktbestimmung ganz wesentlich gefördert und aufserdem die Richtigkeit der Orientierungen wirksam geprüft.

Liegen Aufnahmen mit geneigter Bildebene und bekannter Orientierung vor, so wird die Rekonstruktion im wesentlichen dieselbe; es mufs nur, wie bei der Bestimmung der Horizontal- und Vertikalwinkel gezeigt wurde, für jede Aufnahme eine eigene Aufrifskonstruktion auf die Lotebene und durch die zugehörige optische Achse durchgeführt werden, welcher dann auch das eine Element der Höhenrechnung entnommen wird. Hier rechnet man meist nach der Formel: $h = \dfrac{y' E}{D''}$, wo $y' = P_2' B$; $D'' = O_1 P_1'$ ist. (Siehe Fig. 9.)

Bei Benützung von Phototheodoliten wird die Richtung der optischen Achse jeder Aufnahme meist direkt bestimmt; bei Verwendung von Photogrammetern vielfach indirekt, nämlich dadurch, dafs ein schon bekannter Punkt des Objektes auf der Photographie abgebildet wird. Man entnimmt dann den Winkel, den der Visierstrahl nach dem bekannten Punkt mit der Achse der Aufnahme bildet, der Photographie und trägt ihn vom Standpunkt an die auf der Karte festgelegte Richtung an, was bei wagrechter optischer Achse am einfachsten mittels eines rechten Winkels von umstehender Form geschieht (siehe Fig. 12).

Das Aufsuchen zusammengehöriger Punkte auf verschiedenen Bildern ist eine Fertigkeit, die sich nur durch Übung erlernen läfst, und niemand von denen, die an dieselbe herantreten, ahnt, welcher Ausbildung diese Fertigkeit fähig ist. Bei besonderen Lagen der optischen Achsen lassen sich einfache Kunstgriffe angeben, welche die Aufsuchung zusammengehöriger Punkte erleichtern. Sind beispielsweise zwei Aufnahmen mit paralleler Richtung der optischen Achse und gleicher Bildweite gemacht worden, und legt man die Bilder so aufeinander, dafs die Hauptpunkte und Hauptvertikalen sich decken, so gehen die Verbindungslinien zusammengehöriger Bildpunkte durch einen gemeinsamen Punkt, der als Bild des einen Aufnahmestandpunktes vom andern aufgefafst werden kann. Ist dieser Punkt durch Ziehen der Verbindungslinien zweifellos zusammengehöriger Punkte oder auch unmittelbar aus den Elementen der äufseren Orientierung gefunden, so kann man zu jedem neuen Bildpunkt der Aufnahme eine Gerade konstruieren, auf welcher der zugehörige Bildpunkt der andern Aufnahme liegen mufs[1]). Sind beide Aufnahmen so orientiert (siehe Fig. 13), dafs die optischen Achsen senkrecht auf der Verbindungslinie der beiden Standpunkte stehen und aufserdem parallel sind, so fällt der Punkt, in welchen sich die Verbindungslinien zusammengehöriger Punkte schneiden, ins Unendliche, und jene Verbindungslinien werden parallel. Der Unterschied p der Abszissen zusammengehöriger Bildpunkte ist der senkrechten Entfernung y des dargestellten Objektpunktes von der Verbindungslinie beider Standpunkte (Standlinie $= b$) umgekehrt proportional. $y = \dfrac{Db}{p}$.

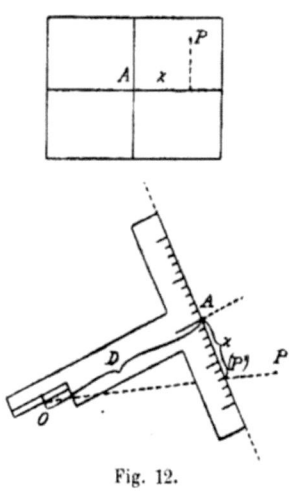

Fig. 12.

Die beiden Stellungen des Aufnahmeapparates bilden zusammen gewissermafsen einen riesigen stereoskopischen Apparat mit einem

---

[1]) Dieser Umstand ist von Wichtigkeit, wenn man am Objekte wohl zusammengehörige Linien, wie z. B. Wasserläufe, aber keine darauf befindlichen zusammengehörigen Punkte erkennen kann. Man nimmt dann auf der einen Linie einen Punkt beliebig an und sucht die zu diesem Punkt gehörige Gerade, auf welcher der zugehörige Punkt der andern Aufnahme liegen mufs.

Linsenabstand gleich der Standlinie. Werden die beiden Bilder in einen stereoskopischen Apparat gebracht, so sieht man das Objekt plastisch. Die Ausmessung der Bilder läfst sich sehr bequem und genau mit Hilfe des Zeifsschen Stereokomparators[1]) bewirken, und die Plankonstruktion gestaltet sich überaus einfach. Das Aufsuchen zusammengehöriger Punkte fällt weg und wird durch die Einstellung einer wandernden Marke auf beliebige Stellen des plastischen Stereoskopbildes ersetzt.

5. Photogrammetrische Rekonstruktionen bei unbekannter Lage der Standpunkte. Flüchtige Photogrammetrie.

Bisher setzten wir voraus, dafs die Lage der Aufnahmepunkte schon bekannt sei. Die Photogrammetrie gibt mannigfache Mittel zur Bestimmung derselben an die Hand.

a) Ist beispielsweise nur die Horizontalentfernung zweier Standpunkte bekannt, so läfst sich der Höhenunterschied derselben finden, sobald man von ihnen aus einige Objektpunkte konstruiert und deren Höhenunterschiede gegen die Standpunkte berechnet. b) Sind auf den Bildern eines Standpunktes zwei ihrer Lage nach bekannte Objektpunkte $F_1 F_2$, welche grofsen

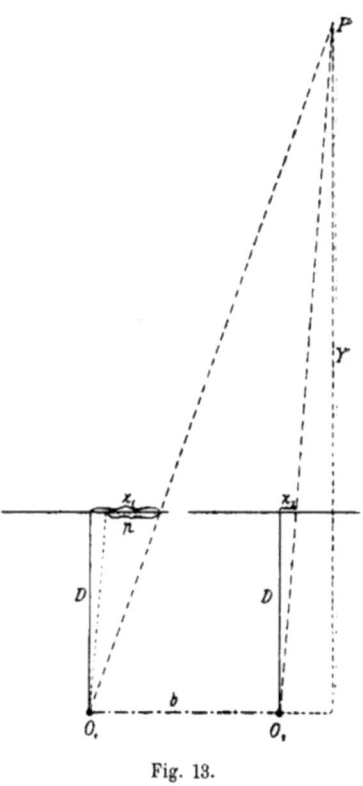

Fig. 13.

Höhenunterschied gegenüber dem Standpunkt haben, so genügt das bereits, um die Lage und Höhe der letzteren zu finden. Man entnimmt den Bildern den Horizontalwinkel α und die beiden Höhenwinkel β_l und β_{ll} nach den bekannten Objektpunkten. Für den Grundrifs des Standpunktes liefert ersterer als geometrischen Ort einen Kreis durch die beiden Objektivpunkte $F_1 F_2$, der den Peripheriewinkel α zwischen

---

[1]) Pulfrich, Zeitschrift für Instrumentenkunde. 1902. S. 229. 1903. S. 44 u. S. 317. 1904. Heft 2, und v. Hübl, Die Stereophotogrammetrische Terrainaufnahme. Mitteilungen des militärgeograph. Institutes. 23. u. 24. Band. Die Hauptschwierigkeit der Stereophotogrammetrie liegt in der Herstellung der genauen äufseren Orientierung.

ihnen faſst. Auf diesem Kreise sucht man (am einfachsten durch planmäſsiges Probieren) den Standpunkt O derart, daſs die von den Objektpunkten rückwärts gerechneten Höhen stimmen. c) Findet man drei oder mehr bekannte Objektpunkte F_1, F_2, F_3 auf den Bildern eines Standpunktes O, so läſst sich dieser durch Rückwärtseinschneiden nach dem sogen. Pothenotschen Problem finden, wobei man ja nicht vergessen darf, die durch die geringere Genauigkeit der photogrammetrisch ermittelten Winkel erweiterte Fehlergrenze in Betracht zu ziehen. Im Innern des bekannten Dreiecks F_1, F_2, F_3 wird die Bestimmung des Standpunktes auf diesem Wege immer noch recht genau ausfallen[1]. d) Die Möglichkeit, einen Standpunkt durch photogrammetrisches Vorwärts- oder Seitwärtseinschneiden festzulegen, wird sich verhältnismäſsig selten bieten; um so häufiger die Anwendung des Hansenschen Problems der zwei unzugänglichen Punkte F_1, F_2, und zwar in der Form, daſs man von zwei Standpunkten O_1, O_2 aus, die gegenseitig sichtbar sind, je eine photogrammetrische Aufnahme macht, von dem Objekt unter willkürlicher Annahme der Länge der Standlinie einen Teil mit den Punkten F_1 und F_2 konstruiert und den Maſsstab der Konstruktion dadurch hinterher bestimmt, daſs man die Abmessung $F_1 F_2$ des rekonstruierten Objektes mit jener am Objekt selbst vergleicht.

Aufnahme stehender Gewässer. Häufig hat man Gelegenheit, von einem höher gelegenen Punkt die Umrisse eines stehenden Gewässers oder eines andern, in einer Horizontalebene gelegenen Objektes zu photographieren. Aus dem Bilde läſst sich jederzeit die wahre Form des Umrisses und die Lage des Standpunktes zur Küstenlinie festlegen. Ist die Höhe des Standes über dem Wasser bekannt, so kann man auch den Maſsstab finden. Es sei in nachstehender Fig. 14: HH der Horizont der Aufnahme mit lotrechter Bildebene. Man trage nun auf der Hauptvertikalen VV von Hauptpunkt A nach unten den Höhenunterschied in dem Maſsstab der zu zeichnenden Karte ab und ziehe eine Parallele FG zum Horizont, die man, ausgehend vom Schnittpunkt mit der Hauptvertikalen, in gleiche Teile von passender Gröſse (z. B. 100 m im betreffenden Maſsstab) teilt. Diese Teilung wird nun von einem Punkt D des Horizontes, der vom Hauptpunkt A die Entfernung AD gleich der Bildweite hat, auf die Hauptvertikale projiziert, und es

---

[1] Nicht genug kann dagegen davor gewarnt werden, auf drei schlecht bestimmte Festpunkte eine pothenotische Bestimmung gründen zu wollen.

werden durch die Projektionspunkte Parallele zum Horizont gezogen. Diese bilden mit den Strahlen, die von A nach den Teilpunkten der Linie FG gehen, ein perspektivisches Netz, das die Perspektive eines in der Wasseroberfläche gelegenen Quadratnetzes von 100 m Seitenlänge darstellt. Letzteres erhält man, indem man auf einer Linie $F'G'$ die Einteilung von FG wiederholt, im Nullpunkte eine Senkrechte $(A)\,O$ von

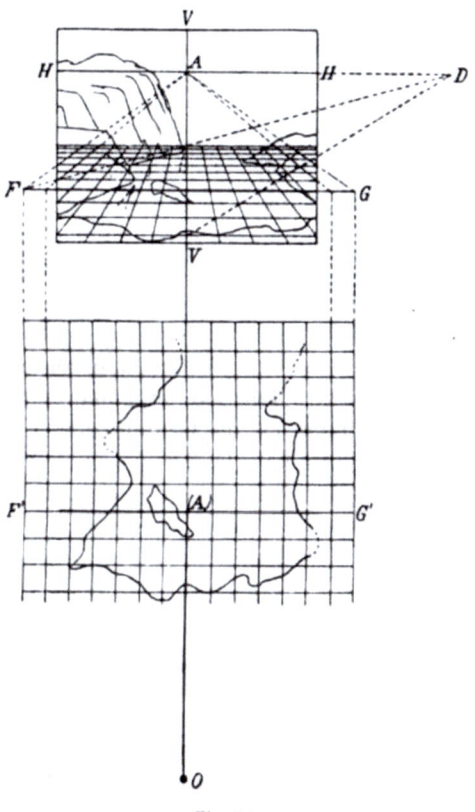

Fig. 14.

der Länge gleich der Bildweite errichtet, wobei O dann den Grundriſs des Standpunktes darstellt. Die Teilung wird vom Nullpunkt aus auch auf der Senkrechten aufgetragen, und durch die Teilpunkte werden Parallele zu $F'G'$ gezogen. Diese bilden zusammen mit der Senkrechten durch die Teilpunkte von F' das gesuchte Quadratnetz, in welches die Küstenumrisse aus dem Bildnetz zu übertragen sind.

Flüchtige Aufnahmen. Mittels der Photogrammetrie lassen sich noch Aufgaben bewältigen, die mit den gewöhnlichen Hilfsmitteln der Meſskunst kaum durchführbar sind und die unter die Bezeichnung „flüchtige Aufnahmen" zusammengefaſst werden mögen. Flüchtig soll dabei ausdrücken, daſs die Standpunkte nicht durch gegenseitige Messungen verbunden zu sein brauchen. Es wird dabei nur vorausgesetzt, daſs die Aufnahmen mit innerer und äuſserer Orientierung (letztere wenigstens in bezug auf die Lotlinie) gemacht werden. Sind an den dargestellten Gegenständen genügend groſse Höhenunterschiede vorhanden, so ist zur Rekonstruktion des Gegenstandes und der Standpunkte aus einer Serie von Aufnahmen aus nötig: 1. daſs alle Punkte des Gegenstandes von zwei Standpunkten aus sichtbar sind, 2. daſs alle Standpunkte sich derart in Paare ordnen lassen, daſs jeder in zwei Paaren vorkommt und in jedem Paar Aufnahmen zusammengehörige Bildpunkte zu finden sind. Läſst man die Voraussetzung genügend groſser Höhenunterschiede fallen, wie z. B. bei Küstenaufnahmen, so tritt an Stelle der zweiten Forderung die, daſs alle Standpunkte sich derart in Gruppen zu je dreien ordnen lassen, daſs jeder in zwei Gruppen vorkommt und daſs sich in jeder Gruppe von drei Aufnahmen zusammengehörige Bildpunkte finden lassen. Die zuletzt genannten Rekonstruktionen, bei welchen man es im Grunde genommen nur mit Horizontalwinkeln zu tun hat, lassen sich unter Voraussetzung äuſserer Orientierung der Aufnahmen mittels der Magnetnadel auf die von Lambert zuerst behandelte Aufgabe zurückführen, die in den nautischen Kompendien unter der Bezeichnung des Problems der sechs Punkte vorkommt. Photogrammetrisch kann man dieselbe folgendermaſsen fassen: Von drei nicht weiter bekannten Standpunkten O_1, O_2, O_3 sind Aufnahmen desselben Geländeabschnittes gemacht und gegen den magnetischen Meridian orientiert; man soll den Grundriſs des Geländes und der Standpunkte bis auf den Maſsstab bestimmen (siehe Fig. 15). Zu diesem Behufe wählt man auf den drei Aufnahmen die Bilder einer gröſseren Zahl (mindestens drei) von Objektpunkten P_1, P_2, P_3 und zeichnet sich die zugehörigen Visierstrahlen von einem gemeinsamen Zentrum O aus in der richtigen Orientierung auf. Es mögen die Strahlen vom ersten Standpunkt aus mit $\alpha_1, \beta_1, \gamma_1, \ldots$, vom zweiten aus mit $\alpha_2, \beta_2, \gamma_2 \ldots$, vom dritten aus mit $\alpha_3, \beta_3, \gamma_3 \ldots$ bezeichnet werden. Zunächst wählt man die Standpunkte O_1 und O_3 beliebig, was nur einer Annahme über den Maſsstab der Konstruktion gleichbedeutend ist. Der Winkel, unter welchem vom ersten Objektivpunkt P_1 aus die Standlinie $O_1 O_3$ erscheint, ist aus der Figur bekannt und gleich dem der Strahlen $\alpha_1 \alpha_3$.

Die Photogrammetrie als Hilfsmittel der Geländeaufnahme. 191

Damit ist dieser Objektpunkt P_1 auf einen Kreis mit dem Peripheriewinkel $a_1 a_3$ über $O_1 O_3$ gebannt. Nimmt man für die verschiedenen möglichen Lagen dieses Punktes P_1 zu den

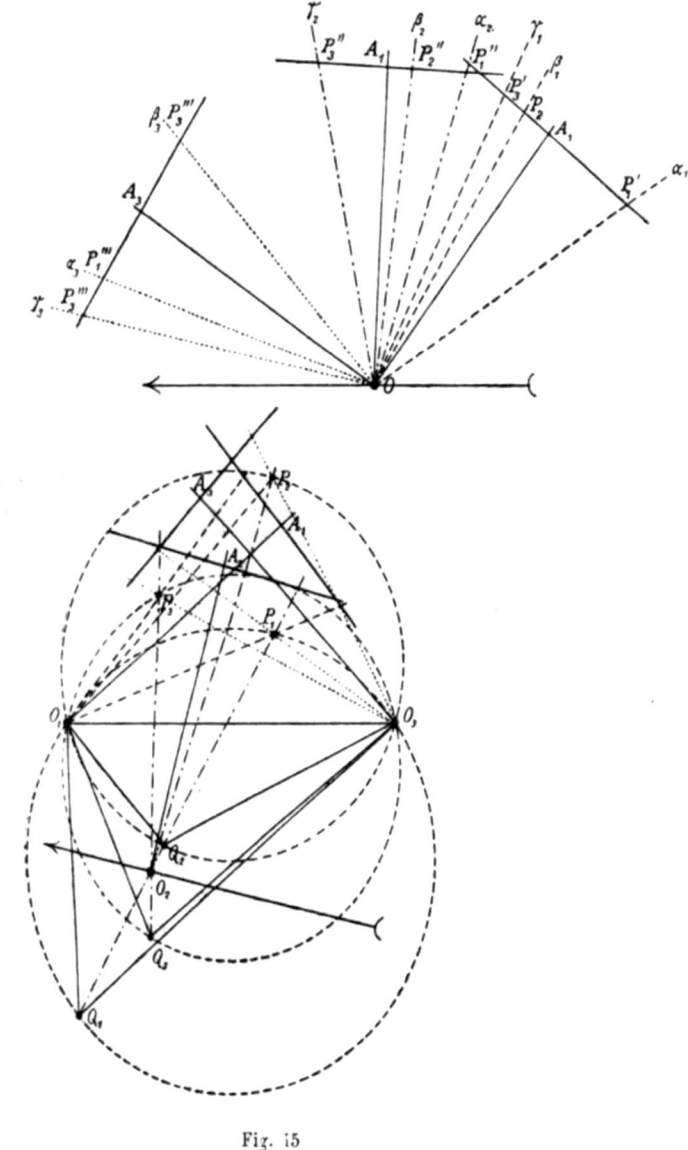

Fig. 15

Strahlen $P_1 O_1$ und $P_1 O_3$ auch noch jenen hinzu, der mit $P_1 O_1$ den Winkel $a_1 a_2$ und mit $P_1 O_3$ den Winkel $a_3 a_2$ einschliefst, so geht dieser Strahl in der richtigen Lage des

Punktes P_1 durch den unbekannten Standpunkt O_2, in allen möglichen Lagen aber durch einen festen Punkt des genannten Kreises, den sogenanten Collinsschen Hilfspunkt Q_1, der aus dem Dreieck O_1, Q_1, O_3, das bei O_3 den Winkel $a_2 a_1$, bei O_1 den Winkel $a_2 a_3$ hat, konstruiert werden kann. Jedem Objektpunkt $P_1, P_2, P_3 \ldots$ entspricht so ein Collinsscher Hilfspunkt Q_1, Q_2, Q_3, mit dem verbun-

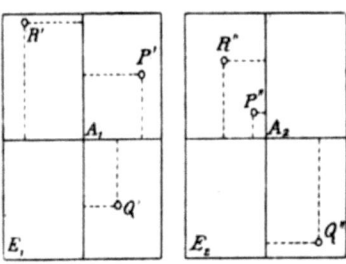

den er eine durch O_2 gehende Gerade liefert. Diese Geraden bilden die bekannten Winkel $a_1 \beta_1 \gamma_1 \ldots$ miteinander; daher kann O_2 durch Rückwärtseinschneiden nach den Collinsschen Hilfspunkten $Q_1, Q_2, Q_3 \ldots$ gefunden werden. Mit O_2 ergibt sich auch die Lage der Nordlinie durch O_2, worauf die Konstruktion der Strahlen $O_1 P_1, O_2 P_2, O_1 P_3 \ldots$ $O_2 P_1, O_2 P_2, O_3 P_3 \ldots$ keinen Schwierigkeiten mehr begegnet.

Während man bei Aufserachtlassung der Höhenwinkel mindestens Aufnahmen von drei Standpunkten nötig hat, um eine Rekonstruktion durchzuführen, genügen unter Berücksichtigung derselben bereits zwei solche. Nehmen wir zunächst an, dafs auch die Orientierung gegen den Meridian gegeben sei. Zur Rekonstruktion fehlen dann nur noch die Winkel der Verbindungslinie der beiden Standpunkte O_1, O_2

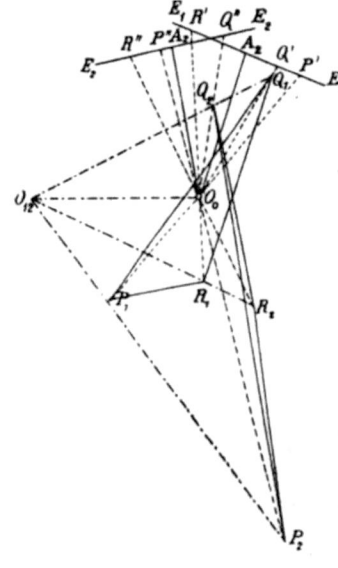

Fig. 16.

(Standlinie) (siehe Fig. 11) gegen die Meridianrichtung und gegen den Horizont. Man findet sie auf folgende Weise (s. Fig. 16): Durch einen festen Punkt O, der sich in der Entfernung „Eins" über dem Punkte O_0 einer Hilfsebene befindet, werden zu allen Strahlen Parallele gezogen und ihre Durchschnitte mit der Hilfsebene bezeichnet. Zu einer Anzahl von Raumpunkten $P, Q, R \ldots$ seien die Bildpunkte auf beiden Aufnahmen gefunden und die Richtungen

$O_1 P, O_1 Q, O_1 R \ldots O_2 P, O_2 Q, O_2 R \ldots$ konstruiert. Zu diesen ziehe man Parallele durch O, wobei man die Schnittpunkte $P_1, Q_1, R_1 \ldots P_2, Q_2, R_2 \ldots$ in der Hilfsebene erhält. Der noch unbekannte Schnittpunkt einer Parallelen zur Standlinie $O_1 O_2$ durch den Punkt O werde mit O_{12} bezeichnet. Dieser Punkt O_{12} muſs nun mit $P_1 P_2, Q_1 Q_2, R_1 R_2$ auf je einer Geraden liegen und kann dadurch gefunden werden, daſs man die ebengenannten Verbindungslinien in der Hilfsebene zum Schnitt bringt. Mit O verbunden gibt er die Richtung der Standlinie. Ist die Orientierung der Aufnahmen gegen den Meridian nicht genau, so verrät sich das dadurch, daſs die Verbindungslinien $P_1 P_2, Q_1 Q_2, R_1 R_2 \ldots$ in der Hilfsebene nicht durch einen Punkt gehen. Man dreht dann die Figur der Punkte $P_2 Q_2 R_2 \ldots$ um den Fuſspunkt O_0 des Lotes von O auf die Hilfsebene so lange, bis jene Verbindungslinien möglichst genau durch einen Punkt gehen, und verbessert auf diese Weise die gegenseitige Orientierung beider Aufnahmen. Hat man orientierte Aufnahmen von mehr als zwei Standpunkten, z. B. von drei solchen, O_1, O_2, O_3, so gibt es schon drei Standlinien $O_1 O_2, O_2 O_3$ und $O_3 O_1$, welchen in der Hilfsebene drei Punkte, O_{12}, O_{23}, O_{31}, entsprechen, die wiederum in einer geraden Linie liegen müssen, welche mit dem Punkte O zusammen die Ebene der drei Standpunkte bestimmt. Diese drei Punkte können, falls auf jedem Paare von Aufnahmen mindestens drei entsprechende Punkte zu finden sind, einzeln konstruiert werden, und die Lage auf einer Geraden bildet dann eine scharfe Kontrolle der Konstruktion. Mit der Zahl der Aufnahmen, auf denen sich zusammengehörige Punkte finden lassen, mehrt sich die Zahl der Kontrollen; sie beträgt bei vier Aufnahmen bereits 4, bei fünfen 10, bei n Aufnahmen $\frac{n(n-1)(n-2)}{1 \cdot 2 \cdot 3}$. Die Erfüllung aller Kontrollen sichert die Richtigkeit der im einzelnen nicht besonders genauen Konstruktion in hohem Maſse.

6. Allgemeine Bemerkungen. Für den Forschungsreisenden bietet die Photogrammetrie ein überaus dankbares Feld, das um so ertragreicher wird, je mehr sich die Forschung ins einzelne erstreckt. Doch ist nicht jedes Gelände für die photogrammetrische Behandlung geeignet. Das photogrammetrische Verfahren verlangt Übersicht. Die Vegetation ist überall ein ernstliches Hindernis. Ebenes oder hügeliges Gelände mit Wald und Busch eignet sich nicht für das gewöhnliche Verfahren mit Standpunkten auf festem Boden. Hier haben nur Aufnahmen vom Ballon oder Drachen aus Aussicht auf

Erfolg. Diese können, wenn sie mit den nötigen Mitteln ausgeführt werden, in Sumpflandschaften, Flufsdeltas und dergleichen unschätzbare Dienste leisten. Das eigentliche Gebiet der Photogrammetrie ist aber das Hochgebirge. In dem Mafse, wie mit gröfseren relativen Erhebungen die üblichen Methoden der Geländeaufnahme zu versagen beginnen, steigert sich die Wirksamkeit der Photogrammetrie. Im kahlen Fels- und Gletschergebiete feiert sie ihre Triumphe. Während sie im Berg- und Hügelland als Ergänzung zu den üblichen Routenaufnahmen und zur Schilderung des Landschaftsbildes dankenswerte Leistungen aufweist, ist sie im Hochgebirge zur ausschliefslichen Herrschaft berufen. Diese Überzeugung bricht sich langsam, aber sicher für die genauen staatlichen Kartenaufnahmen Bahn; für Forschungsreisende sollte sie schon jetzt aufser Zweifel sein. Die photogrammetrischen Methoden sind so weit ausgebildet, dafs bei genügenden Höhenunterschieden des Geländes und ausreichender Übersicht die Aufnahme des Reiseweges auf wesentlich photogrammetrischer Grundlage nicht nur möglich, sondern sogar empfehlenswert wird, namentlich wenn eine eingehende Darstellung des Geländes beabsichtigt wird. Unerläfslich sind dagegen photogrammetrische Aufnahmen für die Darstellung geographischer Einzelerscheinungen, wie Gletscherzungen, Firnkare, Felsgebilde und ähnlicher Gegenstände. Mit geringstem Zeitaufwand können die wenigen Bilder, die meist zur Festlegung dieser Objekte genügen, gewonnen werden.

Beispiel: Die in Tafel I wiedergegebenen Aufnahmen stellen das Zungenende des Suldenferners im Jahre 1904 dar und wurden mittels eines Photogrammeters von der Art des Seite 169 abgebildeten von Reisenden aufgenommen, die in der Photogrammetrie keinerlei Ausbildung genossen hatten. Der mit I bezeichnete Standpunkt war von früher her bekannt; ebenso die Entfernung des auf Fig. 17 mit $Gl.\ M.\ 1895$ bezeichneten grofsen Steines. Diese Entfernung gab den Mafsstab der Rekonstruktion. Der Standpunkt II war vorher nicht bekannt und wurde erst nach der auf Seite 192 auseinandergesetzten Methode mitbestimmt. Zur Auffindung des dort mit O_{12} bezeichneten Punktes, der schliefslich die Richtung und Neigung der Standlinie $I-II$ festlegt, wurden sieben Punktepaare verwendet. Nach Herstellung einer vorläufigen Orientierung im Grundrifs auf Grund einer geschätzten Basislänge wurde der mit $Gl.\ M.\ 1895$ bezeichnete Punkt konstruiert und dann die Basislänge so verändert, dafs die Entfernung $I - Gl.\ M.\ 1895$ im Mafsstab 1:5000 dem bekannten Wert gleichkam. Hierauf folgte die Konstruktion von 40, in Tafel I

Zu Neumayer, Anleitung 3. Aufl. Bd. I. S. 194.

Aufnahme von Punkt I.
Magnetnadel N 320°,0 S 140°,0, Schieberstellung 0,05 mm.

Aufnahme von Punkt II.
Magnetnadel N 304°,0 S 124°,0, Schieberstellung 12,95 mm.

Rahmenabmessungen am Instrument 104,5 × 78,3 mm;
Zugehörige Bildweite 107,45 mm; Normalstellung des Schiebers 19,3 mm.

Die Aufnahmen sind hier in willkürlicher Verkleinerung wiedergegeben. Die Bildweite der Konstruktion in Figur 17 ist die des Papierpositives mit 110,0 mm.

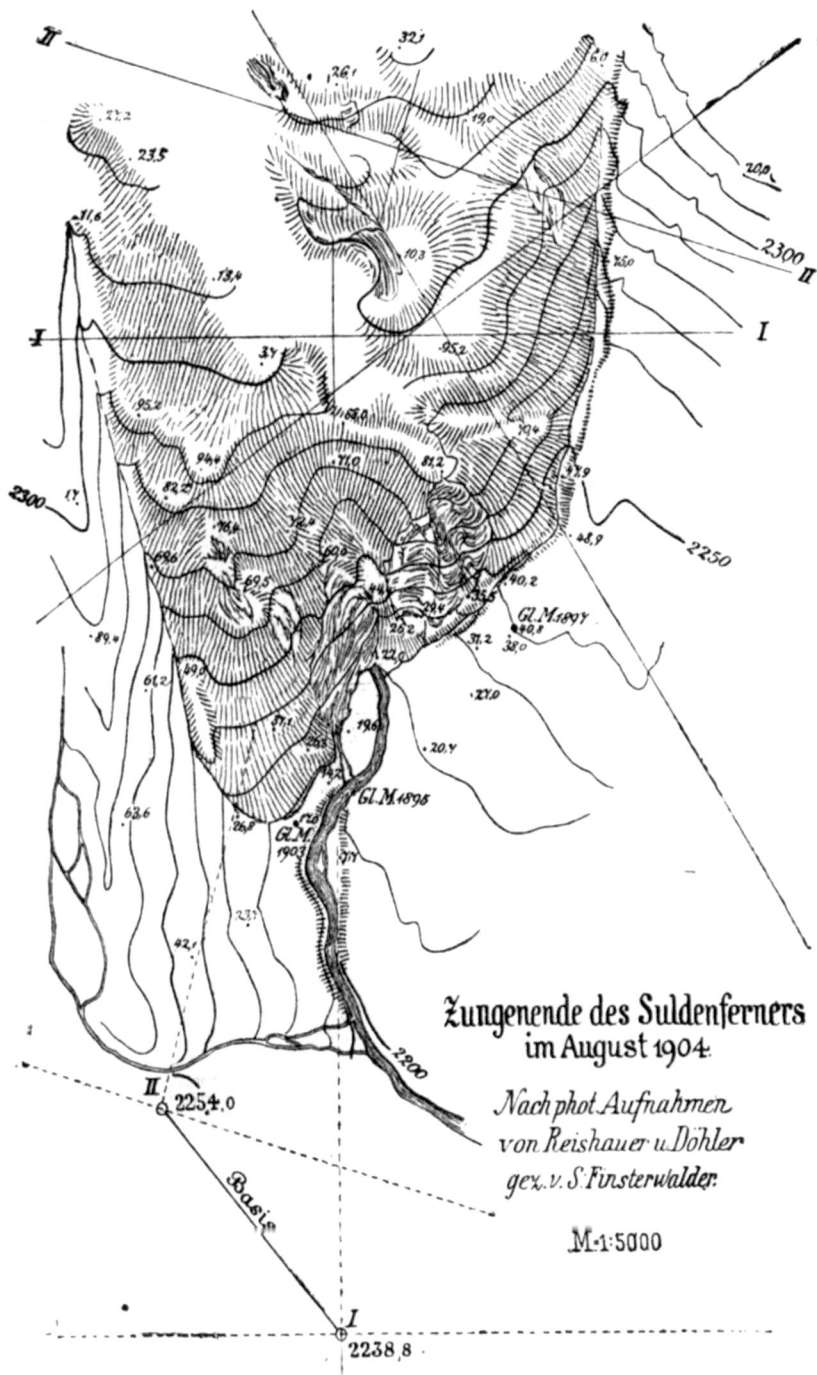

Fig. 17.

durch rote Marken bezeichneten Geländepunkten und die Rechnung der zugehörigen Höhen von beiden Standpunkten aus nach der Methode von Seite 185. Der mittlere Unterschied beider Höhenbestimmungen eines Punktes betrug ± 0.9 m.

Fig. 18.

Alsdann wurde die Geländedarstellung durch Höhenlinien durchgeführt. Um die Zuverlässigkeit der magnetischen Orientierung zu prüfen, wurde unter Beiseitelassung der Kompaſsablesungen die gegenseitige Orientierung der Aufnahmen ausschlieſslich nach der besten Übereinstimmung der Höhen angestrebt, wobei die Winkel der Basis gegen die Achsen der

Aufnahmen nur um $0.046° \pm 0.14°$ bei I und $0.125° \pm 0.26°$ bei II zu ändern waren, was einer Bestätigung der magnetischen Orientierung gleichkommt. Aus den mittleren Fehlern der Änderungen geht allerdings hervor, daſs sich die Basisrichtung indirekt aus den Aufnahmen nur auf etwa $0.27°$ genau bestimmen läſst und eine direkte Messung des magnetischen Azimutes der Basis, die sich unter Voraussetzung der S. 170 geschilderten Okulareinrichtung hier sehr leicht hätte vornehmen lassen, von erheblichem Vorteil gewesen wäre.

Ein weiteres Beispiel, in welchem magnetische Orientierung der Aufnahmen nicht vorausgesetzt wurde, ist in den Figuren 18, 19 und 20 dargestellt. Die Fig. 18 zeigt in fünf-

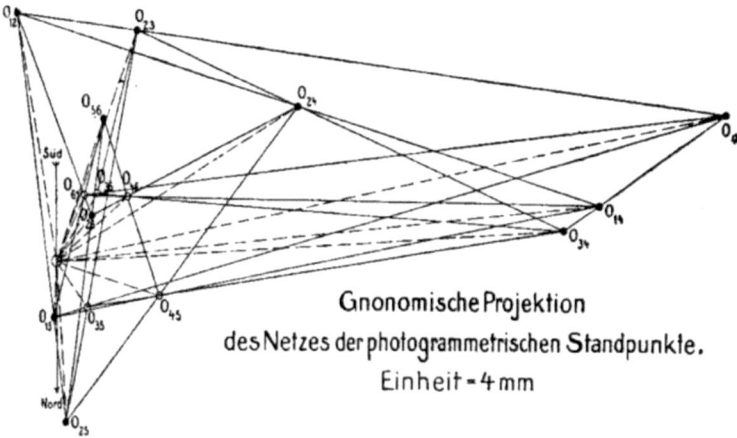

Fig. 19.

facher Verkleinerung acht Aufnahmen des Talschlusses des Val di Genova im Quellgebiet der Sarca in der Adamellogruppe der südlichen Ostalpen, welche behufs Festlegung der Lage der Gletscherzungen der Vedretta del Mandrone und der Vedretta della Lobbia im Jahre 1895 mittels des S. 176 beschriebenen Phototheodolits ausgeführt wurden. Die beigeschriebenen Ziffern 1, 2, 2^a, 3, 4, 5, 6 bezeichnen die Standpunkte. Hauptvertikale und Horizont (letzterer in sehr verschiedener Höhe das Bild teilend) sind angegeben. Die Bildweite beträgt in fünffacher Verkleinerung 30 mm. Der Standpunkt 2^a ist gegenüber 2 und den Achsenrichtungen der beiden Aufnahmen der Vedretta della Lobbia von den Endpunkten der Standlinie $2-2^a$ unmittelbar eingemessen und scheidet für die Orientierungskonstruktion aus; er kommt nur für die Einzelaufnahme der Vedretta della Lobbia in Betracht. Die übrigen sechs Standpunkte sind unter sich nicht verbunden, und mit

Ausnahme der Sicht von *2* nach *5* ist keine Sicht zwischen ihnen möglich. Sämtliche Aufnahmen sind nur gegen die Lotlinie — allerdings auf etwa eine Minute genau — orientiert. Die ursprüngliche Absicht, sie in das vorhandene Kartenmaterial einzupassen, ließ sich wegen der Unzulänglichkeit desselben nicht durchführen. Die Verarbeitung geschah nun auf dem Wege, daß je zwei von den Aufnahmen, auf denen

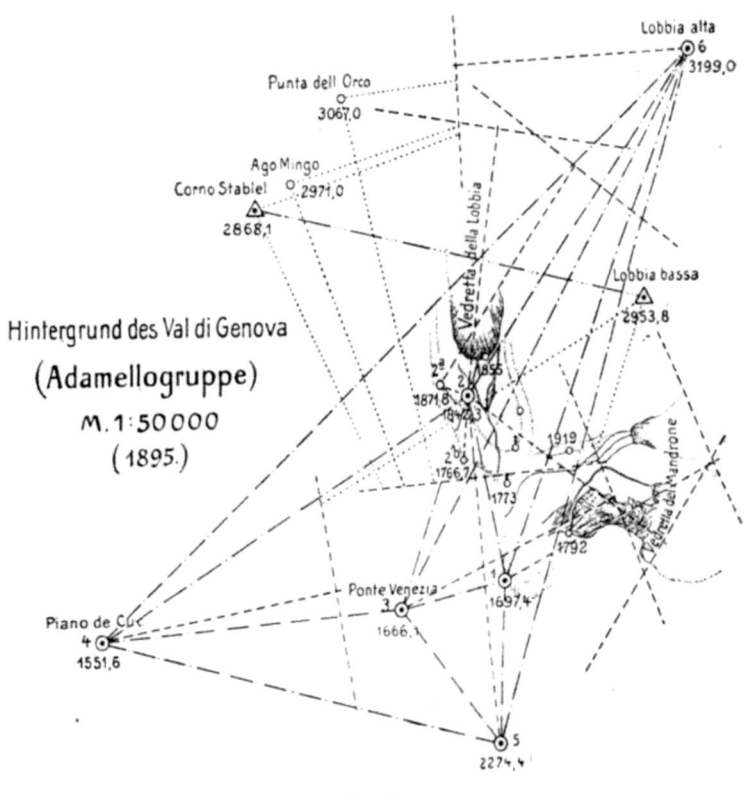

Fig. 20.

gemeinsame Punkte erkennbar waren, nach der S. 192 angedeuteten Methode gegeneinander orientiert wurden. Auf diese Weise entstanden in der in Fig. 19 wiedergegebenen Hilfskonstruktion der Reihe nach die zehn Punkte O_{12}, O_{23}, O_{31}, O_{14}, O_{24}, O_{34}, O_{25}, O_{56}, O_{26} und O_{51}, welche fünfmal zu je dreien auf Geraden liegen mußten. Die fehlenden fünf Punkte O_{16}, O_{36}, O_{46}, O_{35} und O_{45}, welche Paaren von Bildern entsprachen, auf denen gemeinsame Punkte nicht vorkommen, ließen sich durch einfaches Linienziehen ergänzen. Daran schloß sich die Rekonstruktion des Netzes der Standpunkte aus der Hilfsfigur, welches in Fig. 20 im Maßstab 1 : 50 000 wiedergegeben ist. Als erste Näherung für den Maßstab diente der barometrisch ermittelte Höhenunterschied (1650 m) des höchsten und tiefsten Standpunktes. Nachdem die gegenseitige Lage einiger Gipfel konstruiert war, ließen sich zwei trigonometrische Punkte: Lobbia bassa 2959 m und Corno Stablel 2868 m, sicher identifizieren, und nach ihrer bekannten Entfernung konnte der Maßstab verbessert werden. Es folgte hierauf die photogrammetrische Einzelkonstruktion der Gletscherzungen.

Das Beispiel zeigt, mit wie wenig Messung im Feld auf photogrammetrischem Wege noch ein brauchbares Ergebnis erzwungen werden kann, es soll aber keineswegs in dem Sinne vorbildlich sein, daß jene Mindestfeldarbeit als wünschenswert hingestellt wird. Wären in diesem Falle die magnetischen Azimute sämtlicher Aufnahmen und jenes der freien Sicht 2—5 gemessen worden, so wäre die Konstruktion bei weitem einfacher und genauer geworden.

Bei der photogrammetrischen Aufnahme des Reiseweges wird man daher mindestens die Azimute sämtlicher Richtungen, in denen photographiert wurde, messen und von den Azimuten zwischen den Standpunkten so viel als irgend zu erlangen sind. Dabei spielt die Frage der Signalisierung der Standpunkte eine wichtige Rolle. Das bequemste photogrammetrische Signal ist ein Mann, der so lange auf einem Standpunkte O_1 verbleibt, bis das Azimut nach O_1 vom nächsten O_2 aus gemessen, bezw. photographisch festgelegt wurde. Durch Umhüllung des Signalmannes mit einem schwarzen oder weißen Tuch, je nach dem Hintergrund, kann man ihn meist unschwer auf 500—1000 m sichtbar und photographisch abbildbar machen. Künstliche Signale, die nach allen Seiten gleich gut sichtbar sein sollen, lassen sich nur schwer herstellen. Steinmänner sind der Farbe wegen nur dort brauchbar, wo sie sich gegen hellen Hintergrund (Himmel oder Schnee) abheben. Für die Auswahl der Standpunkte sind folgende Gesichtspunkte zu beachten: Sie müssen paarweise gewählt werden, so daß das gleiche Objekt von den beiden Standpunkten eines Paares sichtbar ist. Die Standlinie soll wenigstens ein Zehntel der Entfernung des Objektes betragen und quer zur Richtung gegen dasselbe gelegen sein. Standlinien von 2—500 m sind in der Regel am passendsten. Es ist durchaus nicht nötig, in ähnlichen Abständen während des Reiseweges Aufnahmen zu machen. Zwischen zwei Standlinien können Abstände von mehreren Kilometern sein; es ist nur, wenn eine photogrammmetrische Verbindung der Aufnahme von beiden Standlinien aus möglich sein soll, nötig, daſs einzelne Objekte in nicht allzu groſser Entfernung auf Bildern (aber keineswegs allen) beider Standlinien vorkommen. Ist die Entfernung zweier Standpunkte (verschiedener Standlinien) zu groſs, als daſs ein photographisch abbildbares Signal errichtet werden könnte, so läſst sich vielfach unter Zuhilfenahme eines Fernrohres ein Hilfssignal (Signalmann) in geringerer Entfernung (50—100 m) aufstellen, welches dann mitphotographiert wird. Zur Bestimmung des Maſsstabes der photogrammetrischen Aufnahme ist das nächstliegende und sicherste Mittel die Messung der Standlinie mittels eines Meſsbandes oder des Meſsdrahtes, eines Stahldrahtes von 20—100 m Länge und 0.5—1 mm Stärke, den man auf Holzrollen von 150—300 mm Durchmesser aufgewickelt mit sich führt. Ist die unmittelbare Messung nicht ausführbar, so kann man zwei Signalmänner, die den Meſsdraht gespannt halten, so aufstellen, daſs sie von beiden Standpunkten aus photographiert werden können. Wird das Azimut jeder Aufnahme und jenes der Standlinie bestimmt, so kann man aus den Bildern die Länge der Standlinie, falls die Verhältnisse einigermaſsen günstig liegen, mit ausreichender Genauigkeit ableiten. So läſst sich eine 200 m lange Standlinie $O_1 \, O_2$ mittels einer Hilfsbasis $A \, B$ von 40 m auf 0.5 m genau photogrammetrisch messen[1]). Allerdings sind damit zwei Mann auf die Dauer der photographischen Aufnahme auf beiden Standpunktn festgelegt. Wenn es möglich ist, von einem der Standpunkte aus die Hilfsbasis quer zur Standlinie zu legen, vermeidet man diesen Übelstand, und es genügt eine zeitweise Festlegung der Richtung $A \, B$. Standlinienmessung der geschilderten Art sind meist nur für Talstationen ausführbar. Liegen die Standpunkte auf Gipfeln, so muſs die Entfernung derselben oder anderer in die photogrammetrische Konstruktion einbezogener Objekte trigonometrisch bestimmt werden. Was die Wahl des Azimutes der Aufnahmen betrifft, so ist sie durch die Lage des aufzunehmenden Gegenstandes in der Regel gegeben. Hat man von einem Standpunkte aus mehrere zusammenhängende Aufnahmen oder gar Rundsichten zu machen, so ist es sehr zu empfehlen, die Azimute in gleichen Abständen (z. B. 45° oder 50°) zu wählen, und zwar ausgehend von einer Richtung,

---

[1]) Mit einem Theodolit freilich leicht auf 0.1 m genau, ohne daſs man die Enden der Hilfsbasis durch photographierbare Signalmänner zu bezeichnen braucht.

die senkrecht zur Standlinie steht. Die Möglichkeit vereinfachter Konstruktion, die Erleichterung des Zusammensuchens entsprechender Punkte, die Betrachtung gleichgerichteter Aufnahmen durch das Stereoskop und die Ausmessung derselben mittels der Stereokomparators verlohnen die Wahl reichlich. Wenn im vorausgehenden die Hilfsmittel, welche die Photogrammetrie zur Festlegung des Reiseweges bietet, betont und ihre Anwendung empfohlen wurde, so geschah es gewifs nicht, um die übliche Skizzierung des Reiseweges ganz zu verdrängen. Sehr viele und vor allem die nächstgelegenen Einzelheiten des Reiseweges entziehen sich der photogrammetrischen Festlegung; ihre Eintragung in die Wegskizze darf der Reisende niemals versäumen. Er kann sich aber auch damit begügen und die weit umständlichere und schwierigere Eintragung der weiteren Umgebung des Reiseweges getrost der photogrammetrischen Hausarbeit überlassen.

In der geographischen Reiseliteratur werden alljährlich Hunderte photographischer Aufnahmen veröffentlicht, die aus Mangel irgendwelcher Angabe innerer oder äufserer Orientierung ein höchst unvollständiges, vielfach geradezu irreführendes Bild von den wahren Mafsverhältnissen der dargestellten Gegenstände geben. Niemand scheint zu ahnen, um wie viel reicher, schärfer und nutzbbringender der Inhalt solcher Bilder wirkt, wenn ihnen die Elemente der inneren und äufseren Orientierung beigegeben werden. Wie viele gute Bilder bleiben unveröffentlicht, weil sie mit geneigter Kamera aufgenommen werden mufsten und darum eine sogenannte „falsche Perspektive" geben, d. h. dem Beschauer, der von der Lage der Kamera nicht unterrichtet ist und eine wagrechte Achse gewohnheitsmäfsig voraussetzt, ein unrichtiges Bild vortäuschen. Wie oft werden ästhetischer Rücksichten halber willkürliche Ausschnitte aus Weitwinkelaufnahmen veröffentlicht, auf welchen Hauptvertikale und Horizont weit von der Mitte der Umrandung ab, ja nicht einmal parallel zu den Rändern zu liegen kommen. Wäre ein klares Verständnis des Nutzens und der Tragweite der Photogrammetrie in weiteren Kreisen vorhanden, so würde die Angabe der Bildweite der Neigung der Bildachse und die Kennzeichnung von Horizont und Hauptvertikale bei einer wissenschaftlich wertvollen Aufnahme niemals fehlen. Sicherlich wird noch die Zeit kommen, wo die gerügte Unterlassung in ähnlicher Weise als Zeichen unwissenschaftlichen Sinnes aufgefafst wird, wie heutzutage die Veröffentlichung einer einzelnen Aneroidablesung ohne irgendwelche Angabe über Instrument, Skala oder Korrektur.

Literatur über Photogrammetrie.

Am inhaltreichsten, insbesondere an praktischen Winken ist:

Photographic surveying, including the elements of descriptive geometry and perspective by E. Deville Surveyor General of Dominion Lands. Ottawa 1895.

Mehr nach der instrumentellen Seite mit Rücksicht auf genaue Aufnahme:

P. Paganini, Fotogrammetria. Milano 1901.

Für Präzisionsphotogrammetrie und Konstantenbestimmung kommen in Betracht:

Die Photogrammetrie oder Bildmefskunst von Dr. C. Koppe. Weimar 1889.
Photogrammetrie und internationale Wolkenmessung von Dr. C. Koppe. Braunschweig 1896.

Wegen seines theoretischen Inhalts verdient Beachtung:

Die Photographie im Dienste des Ingenieurs von Friedr. Steiner. Wien 1891.

Eine Übersicht über die mathematische Theorie bietet:

Die geometrischen Grundlagen der Photogrammetrie. Bericht, erstattet der deutschen Mathematikervereinigung von S. Finsterwalder. Leipzig 1899.

Die Geschichte der Photogrammetrie und eine ausführliche Zusammenstellung der Literatur findet sich in:

Recherches sur les instruments, les méthodes et le dessin topographiques par le Colonel A. Laussedat. Tome II. Iconometrie et métrophotographie. Paris 1903.

Geologie.

Von

F. Frhr. v. Richthofen[1]).

Unter den zahlreichen Gesichtspunkten, nach denen sich dem Reisenden eine Fülle von Stoff zu unausgesetzter Beobachtung darbietet, nimmt derjenige, welcher sich auf die feste Erdoberfläche selbst, den äufseren und inneren Bau ihrer Formgebilde und die zu deren fortdauernder Umgestaltung wirksamen Kräfte bezieht, eine bevorzugte Stellung ein. Wohl kann man durch Messung nach der Horizontalen und Vertikalen und darauf gegründete Kartenzeichnung die orographischen Gestaltungen — wie die Form und Verteilung von Gebirgen und Hochflächen, von Tälern und Niederungen, von Halbinseln und

---

[1]) Über dreifsig Jahre sind verflossen, seitdem ich, eben von gröfseren geologischen Reisen zurückgekehrt, meinem hochverehrten Freund Exzellenz von Neumayer, welcher in richtigem Verständnis für die Bedürfnisse der Zeit den grofsen Plan der Herausgabe dieser „Anleitung" entwarf und seine Ausführung tatkräftig in die Wege leitete, die Abfassung des Abschnittes „Geologie" ohne Zaudern zusagte. Zaghaft übergab ich ihm vor 18 Jahren das Manuskript für eine zweite Auflage, und fast ist es vermessen, dafs ich jetzt seinem freundlichen Ruf gefolgt bin, meine Arbeit für einen so umfassenden Abschnitt zum dritten Mal in den Dienst des Werkes zu stellen. Denn in jedem ihrer Teile ist in diesen drei Jahrzehnten die Geologie mächtig vorgeschritten; viele Anschauungen haben sich geändert; nur einzelnen konnte ich selbst genauer folgen, da mir neue Aufgaben auf einem grofsen Nachbargebiet erwuchsen. Wenn ich daher fürchten mufs, dafs die Ergebnisse mancher Forschungen nicht den ihnen zukommenden Grad von Berücksichtigung gefunden haben, so darf ich doch hoffen, dafs die Tatsache meiner langjährigen Erfahrung in der Pionierarbeit über die Geologie ferner Länder gerade in diesem Buch einigen Ersatz für solche Mängel und zugleich die Rechtfertigung für die Kühnheit meines Unternehmens bieten wird. Ich habe mich so viel als tunlich an den in der ersten Auflage befolgten Gang der Behandlung angeschlossen.   v. R.

Inselgruppen, von Meeresküsten und Strombecken — kennen lernen; auch vermag man die Bedeutung dieser Bodenformen für meteorologische Vorgänge, für die Verbreitung von Pflanzen und Tieren, sowie für die Ansiedlungen und den Verkehr der Menschen in vielen Fällen zu ergründen. Aber die Gestaltungen an sich bleiben starre und tote Gebilde; Inhalt und Leben erhalten sie erst, wenn die Forschung sich in ihr inneres Wesen vertieft. Will daher der Reisende für das tiefere Verständnis der Erdräume, welche er erforscht, beitragen, so muſs er seine Tätigkeit den darauf bezüglichen Aufgaben zuwenden. Sie gehören teils der Geologie, teils der physischen Geographie, teils einem breiten Grenzgebiet zwischen beiden an, innerhalb dessen die Scheidelinie beider Wissenschaften je nach individueller Vorbildung und Neigung nach der einen oder andern Seite verschoben werden kann. Wenn hier aus Zweckmäſsigkeitsrücksichten das ganze weite Feld der „Geologie" zugeteilt wird, so wird der Dehnbarkeit dieses Namens nach seiner etymologischen Bedeutung Rechnung getragen. Groſse Teile der „physischen Geographie" haben in anderen Abschnitten dieses Buches Berücksichtigung gefunden. Dagegen muſsten in dem vorliegenden wichtige und grundlegende Gebiete der reinen Geologie, welche der geographischen Forschung fern liegen, und die nur der Geologe von Fach auf Reisen pflegen wird, insbesondere die Paläontologie und spezielle Petrographie, ausgelassen oder nur gestreift werden.

Alle in Betracht kommenden, hier nur skizzenhaft dargestellten Gegenstände sind, nebst manchen anderen, eingehender und ausführlicher in des Verfassers gröſserem Werk: „Führer für Forschungsreisende" (Berlin 1886; unveränderter Neudruck, Hannover 1901) behandelt worden. Leider hat es eine dem jetzigen Standpunkt der Wissenschaft entsprechende Umgestaltung noch nicht erfahren und ist bezüglich manchen Gegenstandes veraltet. Es kann daher hier nicht ohne Vorbehalt darauf verwiesen werden.

A. Vorbereitung und allgemeine Arbeit.

Beispiele elementarer Untersuchung. — Um uns zunächst in ganz allgemeiner Weise über die hier in Betracht kommenden Aufgaben klar zu werden, setzen wir den einfachen Fall, den sich Jeder nach Vorbildern in seiner Heimat oder ihm sonst bekannten Ländern vergegenwärtigen kann: ein Reisender, mit mäſsiger Vorbildung in der Geologie, aber bestrebt, die ihm gebotene Gelegenheit nach seinen Kräften zur Vermehrung der Kenntnis auf diesem Gebiet zu benutzen, lange auf einem Gebirgspaſs an und sehe vor sich ein Tal ausgebreitet, durch welches sich ein Fluſs schlängle, jenseits dessen ein anderer Hügelzug mit einzelnen höheren Gipfeln in der Ferne ansteige. Sein Weg führe ihn quer über das Tal hinweg und an dem jenseitigen Gehänge allmählich hinan nach dem Kamm. Gebirge und Tal, wenn auch ihrer Existenz nach bekannt, seien doch in ihrem inneren Bau noch unerforscht. Was kann er tun, um sein Bestreben auszuführen und Beobachtungen mitzubringen, die einen wirklichen Einblick in die geologischen Verhältnisse gewähren oder die Geologie nach anderen Richtungen hin zu fördern geeignet sind? Viele schrecken vor der Schwierigkeit der Aufgabe zurück oder nehmen im besten Fall einige planlos aufgelesene Gesteinsstücke mit, deren Fundorte sie später vielleicht noch annähernd anzugeben wissen, und erwarten von dem Geologen, daſs er daraus den Bau des durchreisten Landes konstruiere. Diese Methode ist unzureichend und die ganze auf das Sammeln und Fortschaffen der Gesteinsstücke verwendete Mühe vergeblich.

Nehmen wir an, der Reisende bestimme nach den in einem anderen Teil dieses Buches gegebenen Vorschriften die Lage des Passes astronomisch, um ihn als einen der Stützpunkte für die topographische Karte der bereisten Gegend, deren Anfertigung ihm obliegt, zu benutzen. Zunächst wird er die Namen des Passes, des Gebirges, in dem er liegt, des Flusses im Talgrunde, der etwa daran liegenden Ortschaften und des jenseitigen Höhenzuges zu erfragen suchen, sowie auch diejenigen der in der Ferne sichtbaren hohen Gipfel, deren Richtung er mit dem Kompaſs oder Theodolit bestimmt. Sodann schlägt er, nach den später anzugebenden Regeln, ein Handstück des Gesteins, das am Paſs ansteht, und nimmt es mit, entweder zum Beleg seiner Beobachtungen und eigenen späteren Studium, oder um es nach der Rückkehr einem Fachmann vorzulegen. An und für sich hat das einzelne Stück keinen Wert. Es erhält ihn zum Teil dadurch, daſs der Ort, von wo es stammt, sich auf der Karte genau bestimmen läſst. Doch hat es auch dann noch eine untergeordnete Bedeutung; denn es läſst sich nicht ersehen, ob das Gestein örtlich beschränkt vorkommt oder ein ganzes Gebirge zusammensetzt, noch auch, von welchem geologischen Alter es ist, und wie es sich zur Struktur der ganzen Gegend verhält. Um eine Grundlage für die Beantwortung dieser Fragen zu schaffen, wird die Beobachtung bei dem Abstieg nach dem Tal ohne Unterlaſs fortgesetzt. Vielleicht bildet die Gebirgsart, sei sie Granit oder Kalkstein, oder von anderer Art, den ganzen Abhang, und dann genügt die einfache Feststellung dieser Tatsache im Tagebuch.

Vielleicht macht sie bald anderen Gesteinen Platz, indem z. B. Schieferton und Kalkstein auf Granit folgen, oder unter einer Basaltdecke, in der der Pafs sich befindet, Glimmerschiefer zutage tritt. In solchem Fall wird unser Reisender auch von diesen Gesteinen Handstücke schlagen und auf der Karte die Stellen bezeichnen, von denen sie herrühren, sowie im Tagebuch und auf Zetteln, die den Gesteinsstücken beigelegt werden, die Reihenfolge ihres Sammelns genau notieren. Ebenso wird er bei dem jenseitigen Anstieg verfahren. Vielleicht ist er so glücklich, in einer Schicht einige Versteinerungen zu finden. Mit dem Wert, den sie für den Geologen haben, vertraut, wird er sie besonders sorgfältig sammeln und genau feststellen, aus welchem Teil seiner Reihenfolge von Gesteinen sie stammen.

So wird die Art und das Nebeneinander der Gesteine in mehr oder minder vollkommener Weise ergründet werden. Aber die Beobachtungen müssen sich auch auf ihr Übereinander erstrecken, damit man erkenne, in welcher Weise die einzelnen gesammelten Gesteine an dem architektonischen Aufbau der beiden Gebirgszüge teilnehmen, und wie sie sich zunächst dem Weg des Reisenden weiter verbreiten. Wieviel er von diesen Verhältnissen feststellen kann, wird sich zum Teil nach der Gunst der Umstände richten. Ein Schnitt quer durch das Gebirge, wie ihn zuweilen die Durchgangstäler bieten, würde am geeignetsten sein, sie zu erschliefsen. Dem zunächst an Wert kommt ein vom Wasser ausgefurchter Einschnitt in die Oberfläche, von der Kammhöhe nach dem Fufs des Abhanges. Die gegenseitigen Begrenzungsflächen der einzelnen Gesteine sind hier zu jeder Seite entblöfst und geben sich in ihren Durchschnittslinien mit den Wänden der Schluchten zu erkennen, besonders wenn diese zu grofser Tiefe ausgewaschen sind. Verlängert man die Flächen gegen das Innere des Berges, so erhält man ein Bild des Gebirgsbaues, welches wenigstens annähernd richtig sein kann.

Angenommen, der Weg von unserem Pafs nach dem Tal führe in einer tiefen Schlucht hinab, so wird es sich hier zeigen, in welcher Weise entweder die Schichten eines und desselben Gesteins oder die geschichteten und ungeschichteten Massen verschiedener Gesteine gegeneinander angeordnet sind. Hat man es mit Sandstein, Schiefern oder Kalkstein zu tun, so lagern die Schichten selten horizontal, sondern sind unter einem gewissen Winkel oder auch unter verschiedenen Winkeln geneigt, und zwar ist meistenteils die Neigung entweder in das Innere des Gebirges oder von ihm hinweg gerichtet. Um das Verhältnis zu einem klaren und kurzen Zahlenausdruck zu bringen, bestimmt man mit dem Kompaſs die Richtungen des Streichens und des Fallens — d. h. 1. die Himmelsrichtung einer auf der Schichtungsfläche gedachten Horizontallinie und 2. diejenige, nach welcher die Fläche geneigt ist, sowie den Winkel, welchen die Neigung mit der Horizontalebene bildet. Bei einiger Erfahrung wird es auch gelingen, anzugeben, wieviel Zehner oder Hunderte oder Tausende von Metern die Mächtigkeit — d. h. die Dicke in einer zu den Schichtebenen rechtwinkligen Richtung — einer durch gleiches oder ähnliches Gestein ausgezeichneten Reihenfolge von Schichten beträgt. Da nun in der Regel ein und dasselbe Gestein mit wenig wechselnder Mächtigkeit weithin fortsetzt, so läſst sich, wenn die Streichrichtung bekannt ist, auch der Bau der beiderseits an die Schlucht angrenzenden Teile des von ihr verquerten Gebirges im allgemeinen übersehen. Treten in einem der Gesteine Steinkohlen oder Erze auf, so muſs auch die Art, wie diese vorkommen, genau untersucht werden. Gewöhnlich ist das Gestein von lockerem Erdboden bedeckt, der von sehr verschiedener Beschaffenheit sein kann; es ist wichtig, ihn in die Untersuchung hineinzuziehen.

So vermag der fortdauernd beobachtende Reisende ohne viel Mühe, und mit desto weniger, je mehr seine Erfahrung wächst, eine Reihe von Tatsachen zu sammeln, aus deren Vereinigung sich ein, wenn auch noch unvollkommenes Bild von dem Gesteinsaufbau, d. i. von dem geologischen Bau der beiden das Tal einschlieſsenden Gebirge und der zwischen ihnen im Talboden gelagerten Sedimente, gewinnen lassen wird. Er kann es vervollständigen, indem er mit Sorgfalt die äuſseren Formen des Gebirges in Karte und Bild niederlegt, die Lage der Hauptgipfel, die Richtung der Kämme und Abfälle, der Nebenhöhen und Wasserläufe, die Neigungswinkel der Gehänge in verschiedenen Höhen, die Richtung des Haupttales, soweit es sichtbar ist, die Breite, Form und Beschaffenheit des Fluſsbettes, die Tiefe und Geschwindigkeit des Stromes, die Beschaffenheit und Ausdehnung des Schwemmlandes zu seinen Seiten und dessen Abgrenzung entweder durch eine ebene Terrasse von gerollten Gesteinstrümmern oder unmittelbar durch die Gebirgsgehänge, untersucht; und das Verständnis wird erleichtert werden, wenn möglichst viele Höhenbestimmungen gemacht werden. Wie diese hier in flüchtigen Umrissen angedeuteten Beobachtungen ausgeführt werden, worauf besonders das Augenmerk zu richten ist, und welche anderweitigen Gesichtspunkte dabei noch unter mannigfach sich ändernden Verhältnissen festzuhalten sind, dies ist der Zweck unserer ferneren Auseinandersetzungen.

Ähnlich wie in dem bisher angenommenen Fall der aufmerksame Beobachter, auch ohne bedeutende Vorkenntnisse, mitten im Lande ein Bild von den geologischen Verhältnissen zu liefern imstande ist, welches dem Fachgelehrten verständlich sein und von ihm zu weiteren Schlüssen benutzt werden kann, so vermag er dies auch bei dem Landen auf einer Insel oder an einer fernen Küste zu tun, mit dem Unterschied, daſs hier die Aufgabe eine ungleich leichtere zu sein pflegt. Zunächst bietet sich ausgiebige Gelegenheit zum Sammeln, da Raum und Gewicht bei einer Reise zu Schiff keine Beschränkung auferlegen. Ferner ist die topographische Küstenaufnahme vorhanden und kann mit geringer Mühe nach dem Inneren hin vervollständigt werden. Es ist in diesem Fall stets das Beste, zunächst sich von einem hohen Aussichtspunkt eine Übersicht der Gegend zu verschaffen, dann deren Einzelheiten eingehend zu studieren und schlieſslich noch einmal das Ganze zu überblicken. Andererseits aber treten an den Küsten noch vielerlei besondere Untersuchungen hinzu, von denen später die Rede sein wird.

Allgemeine Gesichtspunkte. — Es lassen sich aus den angeführten Beispielen im Umriſs die Aufgaben übersehen, welche sich der geologischen Forschung in einer gar nicht oder unvollkommen bekannten Gegend bieten. Sie bestehen im Beobachten, Messen, Sammeln und Aufzeichnen, und diese vier Beschäftigungen müssen fortdauernd Hand in Hand gehen. Am wichtigsten ist die Beobachtung, aber nur wenn sie durch die anderen Arten der Tätigkeit kontrolliert und in ihrer Ursprünglichkeit zu Papier gebracht wird. Die Gesichtspunkte, welche sich ihr bieten, sind die folgenden: 1. das durch möglichst viele Höhenmessungen gestützte und durch das Auge vervollständigte oroplastische Bild der bereisten Gegend; — 2. der Charakter und die Arten der Gesteine und Formationen, welche das Land zusammensetzen; — 3. die Art, in welcher diese einerseits in der Horizontalen und Vertikalen, andererseits in Beziehung auf die Zeitalter ihrer Entstehung aufeinander folgen; — 4. die Stellung, welche sie in der Geschichte der Erde einnehmen, d. h. ihre Einreihung in die nach ihrer chronologischen Folge bestimmten Formationsreihen anderer Länder; — 5. die Art, in welcher sie sich zu Gebirgen aufbauen oder die Zwischenräume zwischen ihnen ausfüllen; — 6. die Art, in welcher diese Gebirge gegenseitig angeordnet sind und Länder oder Inselreihen zusammensetzen; — 7. die Veränderungen, welche an deren Oberfläche durch Verwitterung,

Lockerung, fortschaffende Kraft der Rieselwässer, Erosion, Wirkung des Eises, Ablagerung von Zerstörungsprodukten, vulkanische Tätigkeit, tektonische Bewegungen, positive oder negative Strandverschiebung, Arbeit der Brandungswelle, Umlagerung durch Meeresströmungen und durch mancherlei andere Agentien nachweislich stattgefunden haben und noch stattfinden; — 8. die technische Verwertbarkeit einzelner Gesteine und das Auftreten nutzbarer Mineralstoffe in ihnen.

Erforderliche Vorkenntnisse. — Die vorstehenden Aufgaben wird der Einzelne, je nach dem Grad seiner Vorkenntnisse und praktischen Erfahrung sowie nach dem Maſs der ihm gebotenen oder von ihm aufgesuchten Gelegenheiten, in mehr oder minder vollständiger Weise zu lösen vermögen. Keiner sollte vor den scheinbaren Schwierigkeiten zurückschrecken; denn in wenigen anderen Wissenschaften setzen e l e m e n t a r e Beobachtungen so leicht zu erwerbende Vorkenntnisse voraus als in der physischen Geographie und Geologie. Wer immer hinreichende Sorgfalt darauf verwendet, vermag durch verständiges und planmäſsiges Sammeln von Gesteinsstücken Fragmente zur geologischen Kenntnis zu liefern, und wer mit offenen Augen reist, kann eine Menge wertvoller Beobachtungen nach den unter 1, 3, 5, 6, 7, 8 (s. oben) angeführten Gesichtspunkten, sowie Material zur Lösung der in 2 und 4 enthaltenen Fragen mitbringen. Je vollkommener die Vorbildung und je reicher die Erfahrung, desto höher können natürlich die Leistungen sein, und desto gröſseren Wert wird jede einzelne Beobachtung haben. Absolut erforderlich ist die K e n n t n i s d e r v e r b r e i t e t s t e n G e s t e i n e u n d d e r g e b r ä u c h l i c h s t e n g e o l o g i s c h e n A u s d r ü c k e. Die letzteren kann man sich durch das aufmerksame Studium von Lehrbüchern (s. unten S. 216) aneignen. Die Gesteine aber und die richtige Anwendung ihrer Namen lassen sich nur nach Schaustücken in Sammlungen einprägen, wenn man sie unter kundiger Anleitung gründlich besichtigt und studiert. Eine gute Vorbereitung für Reisen ist es, auſserdem eine eigene Sammlung anzulegen, die sich auf das Wichtigste beschränkt, und an deren Hand man die betreffenden allgemein verständlichen Werke mit Sorgfalt liest. Wer sich des Abc in der Geologie unkundig erweist, indem er beispielsweise (wie dies häufig geschieht) einen Sandstein oder Trachyt, weil sie körnig sind, als Granit beschreibt oder einen versteinerungsführenden Kalk als Muschelkalk bezeichnet oder jede kesselförmige Vertiefung einen Krater nennt, der kann im besten Fall durch Sammeln einen kleinen Beitrag von zweifelhaftem Wert liefern, aber seine aufgezeichneten Beobachtungen werden als verlorene Mühe betrachtet werden.

Die Leichtigkeit, mit der man sich eine Menge des Wissenswürdigen in der Geologie aneignen kann, führt zu einer gefährlichen Klippe, an welcher Viele scheitern. Sie besteht in der Versuchung, welche diese Wissenschaft zu weitgehenden theoretischen Schlufsfolgerungen bietet. Der Laie ist dazu am meisten geneigt; die Vorsicht wächst mit der Kenntnis und Erfahrung. Die Schlufsfolgerungen von höheren Gesichtspunkten aus sollten daher denen überlassen bleiben, welche neben ausgedehnter Übung im Felde die Fähigkeit zu gründlichem geologischem Arbeiten im Studierzimmer erlangt haben. **Je reiner sich die Beobachtung von der Theorie hält, desto wertvoller ist sie.** Das kann nicht genug beherzigt werden. Dagegen sollte man sich mit den herrschenden Theorien, insbesondere über alles, was mit Gebirgsbildung und Gebirgsumgestaltung zusammenhängt, bekannt machen, um durch eigene Beobachtungen Material für ihre Begründung oder Modifikation beibringen zu können.

Ausrüstung. — Hammer, Kompafs und Aneroid sind das Handwerkszeug, ohne welches geologische Arbeit nicht ausgeführt werden kann. Nächst Büchern zum Einschreiben und Zeichnen ist aufser ihm nicht vieles unbedingt notwendig.

Der Hammer mufs besonders für den Zweck gearbeitet sein. Von seiner Beschaffenheit hängt viel ab. Mit einem schlechten hat man doppelte Arbeit, erhält unvollkommene Handstücke und unterläfst oft das Sammeln; er nutzt sich leicht ab, wird dann beinahe unbrauchbar, und man hat viel Verdrufs. Der dazu verwendete Stahl mufs die gröfste Härte besitzen, welche sich ohne zu grofse damit verbundene Sprödigkeit erreichen läfst. Von nicht geringer Wichtigkeit ist seine Form. In dieser Hinsicht aber gehen die Ansichten weit auseinander. Es hat daher nur den Wert individueller Meinung, wenn ich nach eigener, auf der Anwendung verschiedener Systeme beruhender Erfahrung zum Zweck der Erzielung von wirksamem Schlag und genauer Leistung die folgenden Angaben für die Form des zur täglichen Arbeit zu verwendenden Hammers vorschlage: ein Ende sei scharf, das andere stumpf, die Schneide des Keilendes dem Stiel parallel, das stumpfe Ende parallelepipedisch (nicht abgestutzt-pyramidal, was man häufig findet), dessen Endfläche (also auch der Querschnitt des Hammers am stumpfen Ende) ein Rechteck, dessen längere Seiten dem Stiel parallel. Als günstigstes Gröfsenverhältnis fand ich 28 und 25 mm für die vier Seiten des Rechteckes und 10 cm für die ganze Länge des Hammers. Das Zentrum des Loches für den Stiel mufs mit dem Schwerpunkt zusammenfallen und das Loch oben weiter sein als unten, damit, wenn das obere Ende des Stieles verkeilt ist (mit hölzernem oder mit Widerhaken versehenem eisernem Keil), der Hammer bei dem Gebrauch nicht herausfliege; der Stiel mufs ungefähr 40 cm lang, vom zähesten und härtesten Holz gearbeitet (z. B. amerikanischem Hickoryholz), und gegen das Ende hin etwas angeschwellt sein, so dafs er zu sicherem Schlag bequem in der Hand ruht. Es ist gut, einige Reservestiele und Keile mit sich zu führen. Man trägt den Hammer entweder in einem ledernen Futteral, das an einem Leibriemen auf der linken Seite des Körpers angebracht ist, oder an der Seite der ledernen Umhängetasche. Zu vollkommener Ausrüstung sollte man Hämmer verschiedener Gröfse mit sich führen, darunter einen mit zugeschärfter, horizontal stehender Schneide zur Arbeit in schieferigem Gestein, und einen grofsen, von 2—3 Kilogramm Gewicht, zum Zertrümmern von Blöcken zähen Gesteins, z. B. wenn es darauf ankommt, Versteinerungen aus festem, dickgeschichtetem Kalkstein zu sammeln.

Der Kompafs sollte so eingerichtet sein, dafs er zu verschiedenen Zwecken dient, und in Anbetracht seiner Wichtigkeit von vorzüglichster Konstruktion sein. Erst bei einem Durchmesser des Teilungskreises von mindestens 6—7 cm kann die wünschenswerte Genauigkeit der Gradteilung und Ablesung erreicht werden. Uhrförmige Instrumente sind auch mitzunehmen und für allgemeine Orientierung zu verwenden, genügen aber nicht für exakte Beobachtung. Das runde Gehäuse sollte auf einer quadratischen Messingplatte so befestigt sein, dafs die N-S-Linie einer Seite parallel ist, und das ganze Instrument in einem genau gearbeiteten Holzkasten liegen, so dafs bei dem Aufklappen desselben eine ungefähr 15 cm lange Seite der N-S-Linie parallel ist. Man hat dann nur diese Seite derjenigen Linie parallel zu halten, deren Abweichung von dem magnetischen Meridian bestimmt werden soll, und kann das Resultat unmittelbar mit grofser Schärfe an der Stellung der Nadel ablesen. Die letztere sollte stets stabförmig, und der Kreis in 360 Grade geteilt sein. Doch ist auch eine Teilung jedes Quadranten in 90 Grade, wobei die Nullpunkte mit den Polen zusammenfallen, praktisch. Die früher übliche Einteilung des Bergkompasses in 24 oder zweimal 12 „Stunden" ist ganz ungenügend, da die Ablesungen mindestens auf einen Grad genau geschehen müssen.

Die angegebene Methode der Ablesung ist besonders bei Streichungsrichtungen anstehender Schichtgesteine oder eines Ganges anzuwenden. Sie ist ungenügend, wo die Richtungslinie von dem Standpunkt des Beobachters nach einem entfernteren Gegenstand, z. B. dem Gipfel eines Berges, bestimmt werden soll. Dazu mufs an dem Kompafs eine Azimutvorrichtung angebracht sein. Ein einfaches Visier zum Aufklappen, bestehend in einem senkrecht stehenden, mit einem Schlitz versehenen Stäbchen am Südende und einem ebenso gestellten, mit einem Faden, am Nordende der Gradeinteilung, ist vollkommen zweckentsprechend. Am Boden sollte eine Vorrichtung zum Aufschrauben auf ein Stativ angebracht sein.

Auch der sogenannte prismatische Kompafs wird häufig angewandt. Die Nadel trägt ein rundes Kartenblatt mit Gradeinteilung, und letztere wird, vergröfsert, durch ein Prisma abgelesen. Da jedoch die Ablesung nur durch dieses geschehen kann und die Nadel mit ihrer Belastung sehr langsam schwingt, so sind diese Instrumente nur dann brauchbar, wenn man den Kompafs fest und in einer für diese Art des Ablesens bequemen

Lage aufstellen kann; und da dies sehr häufig nicht möglich ist, so beeinträchtigt man leicht die Genauigkeit, welche die Methode zu erhöhen bestimmt ist.

An jedem geologischen Kompaſs befindet sich ein **Klinometer**, um den Winkel zu bestimmen, den eine geneigte Linie oder Fläche mit dem Horizont bildet. Es besteht aus einem im Mittelpunkt des Kompaſskreises aufgehängten Pendel und einem in zweimal 90 Grad geteilten Halbkreis vom Radius der Pendellänge. Die Genauigkeit der Bestimmung wird um so gröſser sein, je länger die gerade Linie des Instrumentes ist, welche man in die zu bestimmende Neigung zu bringen vermag. Fällt der Nullpunkt des Klinometers mit dem W- oder O-Punkt des Kompasses zusammen, so kann man die Seite des geöffneten Kästchens zum Anlegen auf einer geneigten Schichtfläche benutzen und sehr befriedigende Resultate erhalten. Will man aber die Neigung einer im Profil gesehenen sanften Böschung oder der Gehänge eines vulkanischen Kegels messen, so hält man die untere Langseite des Kastens so, daſs sie mit der Profillinie zusammenfällt, und wird, wenn man das Mittel aus zwei oder drei Ablesungen nimmt, das Resultat bis auf einen halben Grad genau bekommen können.

Das nächst wichtigste Instrument ist das **Aneroid**, um auſser den für das Relief der Gegend wichtigen Höhenbestimmungen (hierbei ist die Bestimmung der Lufttemperatur erforderlich) auch fortdauernd kleine Höhenunterschiede zu beobachten und dadurch die Mächtigkeit von Schichtengruppen, die Erhebung einer Schotterterrasse über die Talsohle oder alter Küstenränder über dem Meer, die Tiefe von Schluchten, die Höhe, bis zu welcher Gletscher oder Lavaströme herabreichen, das Gefälle von Gebirgsbächen und vieles andere, das sich der Beobachtung ohne Unterlaſs bietet, sogleich zu bestimmen. Den bequemsten Dienst tut ein kleines Instrument in Gestalt einer Uhr, das man an einer um den Hals geschlungenen Schnur in einer etwas höher als die Uhr angebrachten Westentasche trägt. Dort ist es Störungen am wenigsten ausgesetzt und bewahrt am gleichmäſsigsten die Temperatur; zugleich auch hat man es stets leicht zur Hand. Der Reisende sollte aber niemals ohne zwei andere kontrollierende Aneroide sein. Der Gang aller dieser Instrumente muſs durch Prüfung (am besten bei der Physikalisch-technischen Reichsanstalt in Charlottenburg) auf das genaueste bekannt und in Tabellen niedergelegt sein. Erfährt ein Instrument einen Stoſs, wie es bei längeren Reisen unvermeidlich vorkommt, so vergleicht man es sofort mit den anderen und notiert, falls es seinen Gang verändert hat, die von nun an bis auf weiteres konstant bleibende Abweichung. Da man zuweilen bei zwei Aneroiden eine gröſsere Differenz im beiderseitigen Stand beobachtet, als sie vorher hatten, ohne die Veranlassung zu kennen, und ohne daher zu wissen, welches von beiden seinen Gang geändert hat, so zeigt die Vergleichung mit einem dritten Instrument sofort an, wo und wie groſs der Fehler ist. Sind auch Unfälle dieser Art bei sorgfältiger Behandlung selten, so lassen sie sich doch nicht vermeiden (z. B. bei einem Fall, dem Umstürzen des Wagens, dem Abwerfen des Gepäckes durch Lasttiere usw.). Ein einziges Aneroid ist deshalb von geringem Wert. Die Mitnahme eines zweiten bietet einige Garantie, aber nur wenn ihrer drei sind, kann man die Fehler ganz eliminieren. — Die Reserve-Aneroide packt man mitten in

Wäsche hinein, wo sie recht gut geschützt sind. — Hinsichtlich des Gebrauches der Aneroide zur Messung von Höhenunterschieden ist es wichtig, das Trägheitsmoment der einzelnen Instrumente zu kennen. Je rascher man sich von einer Höhenstufe in eine andre begibt, desto mehr Zeit braucht die Nadel, um sich dieser entsprechend richtig einzustellen; bei manchen Instrumenten geschieht dies erst nach 15 bis 30 Minuten.

Zur Kontrolle der Aneroidablesungen leistet auch das **Kochthermometer** vorzügliche Dienste, und es darf in seiner heutigen zweckmäfsigen Gestalt bei keiner Expeditionsausrüstung fehlen. So wichtig das **Quecksilberbarometer** ist, ist es doch bei langen geologischen Wanderungen schwierig zu transportieren; man mufs stets auf seinen Verlust gefafst sein und daher auch neben demselben noch die Dreizahl der Aneroide beibehalten.

Die **Stationsbarometer**, welche der Reisende entweder an Bord oder auf der Hauptstation zurückläfst, um periodisch die anderen Instrumente mit ihnen zu vergleichen, lasse ich hier aufser acht, da sie nicht zur eigentlich geologischen Ausrüstung gehören.

Der Gebrauch des Aneroids wird wesentlich vervollständigt durch ein **Horizontglas**, eine ungefähr 20 cm lange Röhre, an deren einem Ende sich ein kleines rundes Visier befindet, während am anderen in der Mitte der Öffnung ein Faden gespannt ist. Durch eine prismatische Vorrichtung sieht man, wenn das Instrument genau horizontal steht und der Faden ebenso gerichtet ist, eine in einer kleinen Libelle befindliche Luftblase, sobald sie in der Mitte steht, von einem zweiten, am Prisma angebrachten Faden durchschnitten. Der erste Faden bezeichnet alsdann den Horizont. Beobachtet man nun von einem Punkt, dessen Höhe das Aneroid anzeigt, den Horizont ringsum, so lassen sich manche geologisch interessante Niveauverhältnisse sofort erkennen. Bei einem mehrgipfeligen Gebirge z. B. kann man, wenn man einen Gipfel bestiegen hat, die Höhe der anderen annähernd durch Schätzung bestimmen, wenn man beobachtet, wo die Horizontlinie sie schneidet. Das sehr nützliche Instrument wird von der Firma R. Fuefs in Steglitz bei Berlin angefertigt.

Thermometer führt selbstverständlich der Reisende in Mehrzahl mit sich. Aufser der Temperatur von Quellen, insbesondere Thermen, sollte man damit diejenige des Wassers in sehr tiefen Brunnen fleifsig bestimmen, da sie sich der mittleren Temperatur des Ortes hinreichend nähert, um diese annähernd festzustellen. Schleuder-, Aspirations- und Strahlungsthermometer, Hygrometer und andere für meteorologische Arbeit dienende Instrumente bedürfen hier nur der Erwähnung.

Der Geolog braucht notwendig eine aus starkem Leder fest genähte **Tasche**, die an einem über die Schulter geschlungenen Riemen an der Seite getragen und nicht, wie Rucksack und andere Sachen, den Trägern oder Führern übergeben wird. Er findet sich von diesen häufig isoliert und mufs Fundstücke von Gesteinen wenigstens streckenweise selbst zu transportieren bereit sein, aufserdem aber die Instrumente, ein Skizzenbuch und Merkbuch stets zur Hand haben. Auch darf es nie an einer Quantität weichen **Packpapieres** fehlen, um vorkommendenfalls eine Menge von Steinen hineinzuwickeln. Hinsichtlich der Form der

Notizbücher hat jeder seine Liebhaberei; doch sollte der Geolog ein möglichst einfaches Merkbuch stets in der Rocktasche bei sich tragen, um es jederzeit zu rohen Aufzeichnungen und flüchtigen Bemerkungen zur Hand zu haben. Ein Format von 18×11 cm ist für das Einzeichnen von Skizzen zweckdienlich [1].

Die mit Hilfe dieses Werkzeuges ausgeführten Messungen und gesammelten Gesteinproben und sämtliche vorläufig aufgezeichneten Beobachtungen geben das Material, um am **Abend jeden Tages das Tagebuch** mit Gewissenhaftigkeit und Ausführlichkeit mittels Feder und Tinte niederzuschreiben; zugleich werden die geologischen Skizzen mit mehr Sorgfalt ausgeführt. Das Tagebuch sollte in Grofs-Oktav oder Quartformat sein. Bei Einzeichnungen wird es Jedem zustatten kommen, **farbige Stifte** mit sich zu führen, um sie für geologische Unterscheidungen sofort anzuwenden. Auch ein Farbenkasten ist erforderlich, um die Verbreitung einzelner Formationen gleich auf der Karte einzutragen.

Von gröfster Bedeutung ist auch für den Geologen heutzutage der **photographische Apparat**, über dessen Gebrauch ein anderer Teil dieses Buches Aufschlufs gibt. Temperatur, Feuchtigkeitsgehalt und Durchsichtigkeitsgrad der Atmosphäre in dem zu bereisenden Lande sind zu berücksichtigen. Wesentlich für die wissenschaftliche Verwertung der Aufnahmen ist die Wahl der zu photographierenden Gegenstände und des jedesmaligen Standpunktes. Dies wird von der Geschicklichkeit des Einzelnen abhängen. Nicht genug kann empfohlen werden, für geologische Zwecke **stereoskopische Bilder** anzufertigen, da sie den Vorteil bieten, das Mafs des Vor- und Hintereinander der Gegenstände abzuschätzen, und dadurch die Anschaulichkeit ungemein zu erhöhen geeignet sind. Nach neueren Erfahrungen hat sich auch die Arbeit mit dem **Tele-Objektiv** für manche Gegenstände, z. B. nicht erreichbare Gletscher, vorzüglich bewährt.

---

[1] Den kleinen Wink möchte ich auch an dieser Stelle wieder hinzufügen, dafs der Geologe stets einen guten langen Bleistift an einer um den Hals geschlungenen Schnur befestigt trage, weit genug herabhängend, um ihn mit Bequemlichkeit zu gebrauchen. Fortdauerndes Notieren ist das Wesen genauer geologischer Aufnahmen, und vielfache Erfahrung hat mir gezeigt, dafs man mehr als doppelt so viel einschreibt, wenn man den Bleistift bei der Hand hat. Ist die Mühe, ihn anderswo hervorzuholen, noch so gering, so ist dies doch hinreichend, um oft einen Aufschub und dadurch eine Vernachlässigung des Vermerkes zu veranlassen. Ein einziges Wort, kaum leserlich in das Merkbuch geschrieben, ist häufig hinreichend, um am Abend im Tagebuch zu einer längeren Beschreibung ausgesponnen zu werden, deren Abwesenheit man später sehr empfinden würde.

Dies ist alles, was der Geolog notwendig braucht. Je nach Bedürfnis wird mancher noch mehr mit sich führen. Wer darauf ausgeht, an Orten, von denen das Vorkommen von Versteinerungen bekannt ist, gröfsere Sammlungen anzulegen, der wird aufser dem genannten schweren Hammer eine Keilhaue, einige Meifsel und andere Instrumente mitnehmen. Wer beabsichtigt, an Ort und Stelle Untersuchungen von Mineralien und Erzen auszuführen, der belastet sich vielleicht mit einem Lötrohrapparat, Mikroskop und Reagenzkasten, wird aber davon nur dann Gebrauch machen können, wenn er an einzelnen Orten längeren Aufenthalt nimmt. Wer im Schwemmland und im Boden abflufsloser Becken sehr genaue Untersuchungen ausführen will, wird gut tun, einen Erdbohrer bei sich zu haben. Will man geologische Karten anfertigen, und mufs man dazu auch die topographische Grundlage selbst konstruieren, so hat man alles mitzunehmen, was dazu gehört. Auch sollte man sich Übung im landschaftlichen Skizzieren zu erwerben suchen. Zeichnungen, welche das Wesentliche wiedergeben und das Unwesentliche fortlassen, haben häufig grofse Vorzüge vor der Photographie.

Ein nicht unwichtiger Teil der allgemeinen Ausrüstung betrifft **Karten und Bücher**. Von Karten sollte der Reisende, der nur einigermafsen geologisch zu beobachten gedenkt, das Beste mitnehmen, was von dem betreffenden Lande vorhanden ist, und fortwährend bei sich führen, um Einzeichnungen zu machen und sich über den weiteren Verlauf der Flüsse und Gebirge, welche er sieht, zu orientieren. Die Bücher teilen sich in zwei Klassen. Einerseits besitzt der Reisende eine Bibliothek, die er an Bord oder an Orten, wo er sich länger aufhält, mit Mufse studiert. Hier wird der Laie seine geologischen Lehrbücher, der Geolog von Fach seine Nachschlagewerke haben. Auf Reisen im Inneren eines Landes aber sollte man sich möglichst beschränken. Gibt es bereits Abhandlungen über die Geologie desselben, so sollte man sie mit sich führen. Aufserdem genügt ein kurzes Kompendium, in dem man zeitweise sein Gedächtnis auffrischen kann. Zum Studium ist in der Regel keine Zeit, und der Laie mühe sich nicht damit ab, unterwegs nach Beschreibungen Gebirgsarten kennen lernen oder bestimmen zu wollen; er würde sicher auf Irrwege geraten. Wer vorher die gewöhnlichen Gebirgsarten nicht zu unterscheiden weifs, der kann es unter solchen Verhältnissen aus dem besten Buch nicht lernen und handelt weit richtiger, keine Namen anzuwenden.

Empfehlenswerte Bücher in deutscher Sprache:

M. Neumayr, Erdgeschichte; 2 Bände, Wien 1886. Der anregenden Schreibweise wegen zur Einführung in das Studium der „Geologie" im weitesten Sinn sehr geeignet. Die 2. Auflage (Wien 1895) ist von Victor Uhlig im Sinn des ersten Verfassers vielfach neu bearbeitet.

A. Penck, Morphologie der Erdoberfläche, 2 Bände, Stuttgart 1894; ein grundlegendes Handbuch für die Wissenschaft von den Formgebilden des Erdbodens. Eine neue Auflage ist in Vorbereitung.

Al. Supan, Grundzüge der physischen Erdkunde, 3. Auflage, Leipzig 1903; ein Meisterwerk, in welchem die Probleme des Gesamtgebietes der physischen Geographie selbständig und mit eindringender Kenntnis der Gegenstände behandelt sind.

H. Credner, Elemente der Geologie; 9. Auflage, Leipzig 1902. Vollständigstes Kompendium dieser Wissenschaft in deutscher Sprache, durch klaren und knappen Ausdruck ausgezeichnet.

Em. Kayser, Lehrbuch der Geologie, 2 Bände (1. Allgemeine Geologie; 2. Formationskunde), Stuttgart 1891, 1893. Kann an Stelle des vorgenannten gebraucht werden. Eine neue Auflage ist in Vorbereitung.

H. Wagner, Lehrbuch der Geographie, Band I: Allgemeine Erdkunde, Hannover 1903. Es gehört hierher eigentlich nur der Abschnitt „Das Festland" (Buch II, Kapitel II, S. 269—450. Wer aber in die Erdkunde allgemeiner einzudringen wünscht, findet in diesem unübertroffenen Lehrbuch zweckmäßigste Anleitung.

Ed. Brückner, Die feste Erdrinde und ihre Formen, Wien 1897; erschien als Band II der 5. Auflage der „Allgemeinen Erdkunde von Hann, Hochstetter und Pokorny".

Joh. Walther, Vorschule der Geologie; gemeinverständliche Einführung und Anleitung zu Beobachtungen in der Heimat, Jena 1905. Für elementare Einführung sehr zu empfehlen; ausgezeichnet durch praktische Ratschläge und erläuternde Zeichnungen.

Der vom Verfasser herausgegebene „Führer für Forschungsreisende" wurde bereits oben (S. 204) erwähnt. Eine vortreffliche Anleitung für die Mitglieder der deutschen geologischen Landesanstalten zur praktischen Arbeit bei genauen Aufnahmen hat Dr. K. Keilhack in seinem „Lehrbuch der praktischen Geologie", Stuttgart 1896, gegeben. Den gleichen Zweck für die englischen Geologen verfolgt in mehr elementarer Weise das Werk von Sir Archibald Geikie, *Outlines of Field Geology*. — Die Literatur in englischer und französischer Sprache ist umfassend und von großer Bedeutung. Es genügt, Namen wie de Lapparent, Sir Arch. Geikie, William M. Davis und Tarr zu nennen.

Methode geologischer Reisen. — Der Geolog reist unter allen Umständen am besten allein, oder höchstens (natürlich abgesehen von der einheimischen Dienerschaft) mit einem Begleiter, welcher nicht einem bestimmten Zweig der Wissenschaft nachgeht, sondern vielmehr dazu da ist, Aufsicht über Leute und Gepäck auszuüben, gelegentlich den Packzug auf einem von dem des Reisenden abweichenden Weg zu führen, die Küche mit Wildpret versorgt zu halten, die Neugier der Eingeborenen zu befriedigen, während der Reisende seine Arbeiten ausführt, usw., und sich für geologische Hilfsarbeiten, wie das Sammeln von Versteinerungen, das Schlagen von Formatstücken usw., anleiten läfst. Jeder Reisende, welcher selbständigen Zielen nachgeht, sei er Botaniker, oder Entomolog, oder Ethnograph, oder Kaufmann, hindert den Geologen und wird von ihm gehindert, da jeder anderer Bedingungen für die Orte, an denen ihm ein Aufenthalt wünschenswert erscheint, bedarf. Selbst ein geistig ebenbürtiger, dem Willen des Reisenden sich unterordnender Gesellschafter ist kaum anzuraten, da man dann nicht die nötige Zeit auf Ausarbeitungen zu verwenden imstande ist. Der Geolog aber hat beim Reisen nicht einen Augenblick Zeit, müfsig zu sein. — Diese Vorschriften gelten für den Fachmann in strengster Weise und haben allerdings weit weniger Anwendung für denjenigen, welcher Geologie als Nebenbeschäftigung treibt. Doch gilt für alle reisenden Naturforscher die Empfehlung, allein oder in sehr kleinen Gesellschaften zu reisen. Botaniker und Zoolog kommen gut zusammen aus, da das Verbleiben an Standquartieren in der freien Natur für sie wichtiger ist als das stete Vorwärtsbewegen. Auch der Ethnograph und der Statistiker mögen zusammengehen, da beide ihr Material an bevölkerten Ortschaften finden. Mit dem Geologen kann derjenige am besten reisen, welcher topographische Karten anfertigt und gelegentlich geographische Ortsbestimmungen ausführt. Daher auch kann dieser am besten geologische Studien mit den seinigen vereinigen. Je vielseitiger grofse wissenschaftliche Landexpeditionen mit zahlreichem Personal sind, desto ungünstiger gestaltet sich in der Regel das Verhältnis der aufgewendeten Mittel zu dem zu erwartenden Erfolg. Man hindert sich gegenseitig, man hält einander auf und reifst einander fort; viel Zeit wird vergeudet, und sehr selten hat ein Mitglied Gelegenheit, seine Kräfte zur vollen Geltung zu bringen. Solche Expeditionen werden in Hindernissen geboren und wachsen in ihnen fort; nur wenige sind mit grofsem Erfolg gekrönt gewesen.

Der Geolog mufs, wo immer er mitten in einem Beobachtungsgebiet ist, **möglichst viel zu Fufs gehen**. Unter den Beförderungsmitteln ist der Gebrauch des Wagens wenig zu empfehlen, da man dadurch an die Fahrstrafsen gebunden ist, welche das geologisch interessante Bergland ge-

wöhnlich vermeiden. Tragstühle sind nur dann anzuraten,
wenn man ihrer als eines Standeskennzeichens bedarf, sie aber
möglichst wenig benützt. Am zweckmäfsigsten ist das Reisen
zu Pferde oder Maultier, da man damit an bequeme Wege
nicht gebunden ist und ein Mittel zu Seitenausflügen stets zur
Hand hat; man kann reitend über ebenen Boden schnell hinweg-
kommen, dagegen das Tier führen lassen, sowie man Bergland
betritt und dann als Geolog der Fufswanderung selbstverständlich
den Vorzug gibt. Stromfahrten sind unbefriedigend, da man
vom Boot zu wenig Aussicht hat und im besten Fall den
Gebirgsbau nur entlang einer Linie kennen lernt. Bei der
Fahrt stromaufwärts kann man viel zu Fufs gehen, aber stromabwärts eilt man im Flug an den interessantesten Stellen
vorbei, und gerade in Felsengen, wo die Aufschlüsse am
reichsten sind, hat man selten Gelegenheit, an den für die
Beobachtung zweckmäfsigsten Orten anzulegen. Ist man an
ihnen vorbei, so ist die Gelegenheit, sie zu sehen, unwieder-
bringlich verloren.

Das Reiten auf Kamelen ist in einigen Gegenden, die
Beförderung auf Elefanten in anderen Ländern nicht zu vermeiden. Wo auf weite Strecken ein Wechsel nicht eintritt,
wie in Steppen und Wüsten, oder wo endlose Vegetation jede
Möglichkeit eines Aufschlusses verschliefst, sind beide Methoden
als Transportmittel zweckdienlich. Wenn aber das Auge einen
der Beobachtung werten Gegenstand erspäht, verläfst man den
hohen Sitz auf dem Tier mit ungleich gröfserem Widerstreben
und längerem Aufenthalt, als wenn man sich des Pferdes oder
Maultieres bedient. Man sollte, wo immer sich Aufschlüsse
darzubieten scheinen, selbst in den Ländern des Kamels und
des Elefanten, so viel als möglich wandern.

Sammeln geologischer Gegenstände. — Die Gegenstände, welche gesammelt werden sollten, lassen sich von
praktischem Gesichtspunkt einteilen in: Gesteine, Erden,
Versteinerungen und Mineralien.

Die Sammlung von Gesteinen oder Gebirgsarten ist
die wichtigste, um einen allgemeinen Überblick des Baues der
betreffenden Gegend möglich zu machen. Die Art ihrer Anlegung
richtet sich nach dem Grad der geologischen Ausbildung, welche
der Reisende besitzt. Als das Vollkommenste kann man eine
Reihenfolge guter Handstücke von regelrechtem Format betrachten,
die ein namhafter Geolog nach eigener Auswahl selbst geschlagen
hat, und die ihm dann als Grundlage einer Ausarbeitung dienen, in
welcher er das, was in der Sammlung fehlt, durch deutliche Beschreibungen ergänzt. Unter regelrechtem Format versteht man
Stücke von ungefähr 10—12 cm Länge, 7—9 cm Breite und
1—2 cm Dicke; gute Handstücke müssen allseitig einen

frisch geschlagenen Bruch haben. Wer Spezialuntersuchungen eines kleinen Gebietes ausführt, bemühe sich, auch in bezug auf äußere Ausstattung das Vollendetste zu leisten und jede Beobachtung durch Musterstücke zu belegen. Von demjenigen jedoch, welcher weite Erdräume durchstreift, ist nicht zu verlangen, daß er dieses Ziel in einer auch nur annähernd vollkommenen Weise erreiche; und so sehr es anzuerkennen ist, wenn er dort, wo er Zeit dazu hat, auch einige Mühe auf äußeres Aussehen verwendet, so würde es doch ganz fehlerhaft sein, zu sehr darauf zu achten und manche Stücke deshalb nicht mitzunehmen, weil sie den genannten Anforderungen nicht entsprechen. Eine kleine vorspringende Ecke, die man gelegentlich von einem Fels abgeschlagen und mitgenommen hat, ist nachher oft mehr wert als ein Dutzend mühsam in die regelrechte Form gebrachter Stücke. Der Dilettant, vorausgesetzt daß er geologische Untersuchungen zu einer Hauptbeschäftigung auf seiner Reise wählt, ist in der eigentümlichen Lage, daß er mehr sammeln muß als der Geologe von Fach, deshalb, weil er die Nomenklatur und Beschreibung nicht so beherrscht wie dieser und seine Angaben erst durch Belegstücke Zuverlässigkeit erlangen. Um sich nicht zu sehr zu belasten, sollte er, beispielsweise bei dem Übergang über ein Gebirge, mit Sorgfalt kleine, frisch gebrochene Scheiben oder Würfel der einzelnen Gesteine sammeln, denen er begegnet, sie sofort numerieren und in Papier wickeln, und entsprechende Nummern mit Bemerkungen über die Art des Auftretens an Ort und Stelle in das Rohbuch eintragen. Damit ist aber nicht gesagt, daß er, wie es viele tun, hin und wieder ein beliebiges Stück Stein von der Straße aufheben und nach Hause bringen solle; das würde nur nutzlosen Ballast ergeben. Sondern jedes Bruchstück muß von anstehendem Gestein entnommen, vom Fels selbst losgeschlagen sein; der Reisende muß wissen, weshalb er es mitgenommen hat, und es muß durchaus wenigstens eine frische Bruchfläche haben. Neben dieser kleinen, unter allen Umständen leicht zu transportierenden Sammlung, welche den Weg des Reisenden illustriert, sollte er dann eine zweite von guten Handstücken anlegen, zu der er den längeren Aufenthalt an interessanten und geographisch gut bestimmten Örtlichkeiten ebenso wie eine kurze gelegentliche Rast am Wege benutzt.

Was die Erden und lockeren Bodenarten überhaupt betrifft, so empfiehlt es sich, zunächst die Anschwemmungen von Flüssen zu sammeln. Die Dammerde ist durch Kultur verändert; besser sind Proben von Steilabbrüchen an Flußufern, wenigstens 60 cm unter der Oberfläche entnommen. Außerdem sollte man die aus der Zersetzung von Gesteinen hervorgehenden sowie alle technisch verwendeten Erden, Töpfertone, Porzellantone, Pfeifentone und die aus ihnen gewonnenen Produkte sammeln; ferner die Polierschiefer, überhaupt kieselige Erden, und die Absätze aus heißen Quellen. Bei Porzellantonen kommt es darauf an, die verschiedenen angewendeten Arten von Material vollständig zu haben. In vulkanischen Gegenden ist Aufmerksamkeit auf die verschiedenen Tuffe und die Schlammabsätze zu verwenden. Wer in den Tropen reist, der sollte nicht versäumen, den Laterit[1])

---

[1]) S. in einem späteren Abschnitt.

in seinem Vorkommen zu untersuchen und Proben von verschiedenen Orten mitzunehmen. Auch den Sanden ist Aufmerksamkeit zu widmen. An Meeresküsten sind die durch die Brandungswelle aufbereiteten Sande in der Nähe von unterem und oberem Ebbeniveau, gesondert von den äolisch zusammengehäuften Sanden über dem Ebbestrand, zu sammeln. Ebenso sind die durch örtliches Zusammenschwemmen schwerer Mineralien bezeichneten Sande getrennt zu behandeln. In abflufslosen Gebieten sind neben Sanden und Tonen besonders die aus dem Boden ausblühenden oder bei dem Eindampfen von Seen zurückbleibenden Salze zu berücksichtigen. — Zur Aufbewahrung von Erden empfehlen sich die Büchsen von verzinntem Eisenblech, in welchen man stets einen Teil des Proviantes mit sich führt. Bei solchen Erden, die eine Struktur haben, wie der Löfs, sollte man solide Stücke von der Gestalt der Büchse schneiden und sie, in ihrer natürlichen Lage, hineintun, wobei die Bezeichnung „oben" nicht zu vergessen ist.

Wenn die Gesteinssammlung für den allgemeinen Überblick besonders wichtig ist, so ist es diejenige von Versteinerungen zur genauen Bestimmung des Alters der Formationen. Kein Reisender sollte unterlassen, auf sie ein ganz besonderes Augenmerk zu richten. Selbst wenn er gar keine Gesteine sammelt, darf er keine Gelegenheit vorübergehen lassen, um Fossilien in möglichster Reichhaltigkeit mitzubringen. Denn wenn man das Glück hat, eine noch unerforschte Gegend zu betreten, so bleibt sie, wenn sie nicht vielleicht aus vulkanischen Gesteinen oder Schwemmland besteht, unverständlich, solange man nicht imstande ist, durch die Bestimmung des geologischen Alters einzelner Formationen Licht über das Ganze zu verbreiten. Wer diese erste Aufgabe löst, dem wird der Dank des Fachmannes die darauf gewendete Mühe reichlich lohnen. Das Auffinden von Versteinerungen erfordert allerdings Übung, und es lassen sich nicht leicht bestimmte Regeln angeben. Nur einige wenige Fälle mögen hier erwähnt werden.

Alle mit kristallinischen Schiefern wechsellagernden Gesteine sind im allgemeinen als versteinerungslos zu betrachten. Gelingt es, darin etwas zu finden, so wird der Wert um so gröfser sein. — Reiner Kalkstein ist gewöhnlich arm an deutlichen Versteinerungen, und sind sie vorhanden, so ist es schwer, sie zu sammeln. Sie sind aber stets wichtig und in hervorragendem Grade zu beachten. Insbesondere kommen in reinen Kalksteinen Brachiopoden, Cephalopoden, Crinoideen, Korallen und Foraminiferen vor. Vor allem sind solche Steinbrüche zu berücksichtigen, in denen Kalkstein zum Brennen gewonnen wird. Die Abänderungen, welche man dazu verwendet, sind häufig voll Versteinerungen, welche, sonst schwer zu erhalten, durch die Steinbrucharbeit blofsgelegt werden. Wird der Kalkstein bituminös oder mergelig, oder geht er in Mergelschiefer oder in tonige Schiefer mit Kalkknauern über, so wird man in der Regel einige, und zuweilen eine reiche Ausbeute haben. Dies gilt auch für den Fall, dafs Kalkstein und Schiefer wechsellagern. — In reinen Quarzsandsteinen oder dickbankigen roten tonigen Sandsteinen wird man meist vergebens nach Versteinerungen suchen. Werden sie aber mit dem Tongehalt dünnschichtig, mit glimmerigen Absonderungsflächen, so stellen sich zuweilen Reste von Zweischalern und

Pflanzen ein. Weit günstiger ist der Übergang in tonigsandige Schiefer und reine Schiefertone einerseits und Kalksandsteine anderseits. — Wo Steinkohlenflöze vorkommen, da gibt es fast immer etwas zu sammeln; gewöhnlich sind es Abdrücke von Pflanzen in den begleitenden Kohlenschiefern, bei deren Sammlung besondere Vorsicht in der Konservierung notwendig ist. Oft auch kommen tierische Versteinerungen in den Schichten über oder unter der Kohle vor. Hier ist das Sammeln besonders wichtig, um festzustellen, welchem Alter die Kohle angehört. — Tuffschichten, seien sie untermeerisch oder in Süfswasser abgelagert, der Tertiärperiode angehörig oder von höherem Alter, enthalten fast stets stellenweise gröfsere Anhäufungen von Versteinerungen.

Man kann von Versteinerungen niemals zu viel sammeln. Wo sie in Masse vorkommen, sollte man von jeder Form die am besten erhaltenen Stücke aussuchen, wo es nur wenige gibt, die unvollkommenen Exemplare nicht verachten; denn ein kleines Bruchstück kann oft einen Anhalt von gröfserem Wert geben als von einem anderen Ort eine Sammlung der besten Exemplare. Sind die Organismen in festem Gestein eingeschlossen, so gebe man sich auf der Reise keine Mühe, sie herauszulösen, da dies weit vollkommener mit besonderen Instrumenten im Laboratorium seitens der das Material bearbeitenden Paläontologen geschieht.

Mineralien hat der Reisende, welcher nicht Fachmann ist, selten Gelegenheit zu sammeln. Die unscheinbaren, welche zuweilen grofsen Wert haben würden, fallen ihm nicht auf, und berücksichtigt er die schön kristallisierten, so kann es ihm leicht geschehen, dafs er sich aus Unkenntnis mit Sachen von geringem Wert beschwert. Allerdings gibt es Ausnahmen. Besonders werden schön kristallisierte Erze, die man in Bergwerksgegenden zuweilen bekommt, in der Regel geschätzt werden. Nutzbare Mineralien, als Kohle, Eisenerze, Graphit usw., sind natürlich stets mit Aufmerksamkeit zu sammeln.

Einzelne speziellere Winke zum Sammeln werden sich im weiteren ergeben. Es erübrigt, an dieser Stelle noch auf die fernere Behandlung hinzuweisen. Vor allem ist zu bemerken, dafs ein Gesteinsstück vollkommen wertlos ist, wenn man den Ort, von dem es stammt, nicht ganz genau kennt, bei Versteinerungen aber mindestens die Gegend ihres Ursprungs angegeben sein mufs und jedes genauere Detail erwünscht ist. Die Versteinerungen verschiedener Schichtenkomplexe oder verschiedener Teile desselben Komplexes müssen sorgfältig auseinandergehalten werden. Zu jedem Stück, sowie man es in Papier wickelt, sollte sofort, wenn es möglich ist, die Fundstelle oder, wenn diese schwer definierbar ist, Stunde und Tag des Sammelns, oder wenigstens eine die Reihenfolge an dem betreffenden Tage bezeichnende Nummer geschrieben werden. Kommt man abends in das Quartier oder Lager, so wird zu jedem Gesteinsstück ein Zettel geschrieben, auf dem man oben das Land oder die Provinz, darunter die Richtung und Entfernung des Fundortes von einem auf der Karte verzeichneten Ort, und dann Bemerkungen über die Örtlichkeit selbst angibt. Jede weitere Notiz ist später von Nutzen. Unten wird das Datum vermerkt, an dem das Stück gesammelt wurde, damit man sofort das Tagebuch um Information nachschlagen kann, und endlich der Namenszug des Sammlers; also z. B.:

Da sich der Zettel zerreibt, wenn er auf den Stein zu liegen kommt, so wird er in das erste zum Einwickeln des Gesteins verwendete Blatt Papier eingeschlagen. Drei halbe Bogen weichen Papiers sind bei einem gewöhnlichen Handstück zum Verpacken hinreichend. Die so eingewickelten Gesteinsstücke

> Java.
> Residentie: Preanger Regentschaften.
>
> Bandong 22 km NNW.
>
> Südabhang des Vulkans Tankuban Prahu. — 1 Stunde von Lembang, am Weg nach dem Gipfel. Bildet das untere Ende eines Lavastromes.
>
> 1. 6. 1887. M. N.

müssen nun so untergebracht werden, daſs sie fest liegen[1]). Bei Expeditionen, bei welchen mehrere beteiligt sind, ist es wünschenswert, die Proben zu numerieren und in Registern fortlaufend einzutragen. Der einzelne braucht sich dieser Mühe nicht zu unterziehen.

Sollte es dem Reisenden einmal geschehen, daſs er die hier angegebenen Regeln vernachlässigt und bei einigen Stücken nicht mehr genau den Fundort weiſs, so sollte er sie, mit Ausnahme der Versteinerungen, ohne weiteres wegwerfen, da sie nutzlos sind.

Geologische Aufschlüsse. — Die für die geologische Beobachtung maſsgebenden, oben (S. 207) angeführten Gesichtspunkte lassen sich, nach Ausschluſs der Oberflächenformen, in den zwei groſsen Abschnitten: Gebirgsbau und Geologische Vorgänge zusammenfassen. Der Gebirgsbau ergibt sich aus der sorgfältigen Beobachtung der geologischen Aufschlüsse. Einen geologischen Aufschluſs gewährt jede Stelle, an der man das an der Zusammensetzung einer Gegend teilnehmende Gestein beobachten kann, und er ist um so vollständiger, in je gröſserer Entwicklung in horizontalem oder vertikalem Sinn das Gestein bloſsgelegt ist oder sich durch Schluſsfolgerungen feststellen läſst. Die Oberfläche des Bodens, wo sie nicht aus dicker Ackerkrume besteht, ein Graben, ein Steinbruch, die Seiten eines Fluſsbettes, die Runsen und Tobel in Gebirgen, jeder anstehende Fels und jedes an die Oberfläche kommende weichere Schichtgestein geben mehr oder weniger vollkommene Aufschlüsse. Der Reisende, welcher sie bei dem Betreten einer fernen Gegend verfolgt, findet dort Sandsteine, Kalksteine, verschiedene Arten von Schiefern, Granit, Sand, Alluvialabsätze

---

[1]) Die Gesteine sind nun zum Versenden bereit: Sind deren genug vorhanden, so werden sie in eine Kiste gepackt, in welcher sich unten eine dünne Lage Heu befindet. Die einzelnen Päckchen werden dann, wie beim Packen von Büchern, in Reihen **aufrecht** nebeneinandergestellt und fest eingezwängt. Je fester sie liegen, desto besser werden sie die Erschütterungen überstehen, denen sie weiterhin unterworfen sind. Zartere Gegenstände werden mit Baumwolle belegt, ehe sie in Papier gewickelt werden, und gesondert in Schachteln, verzinnte Blechbüchsen und Kistchen gepackt.

usw. in ähnlicher Ausbildung, wie er sie in anderen Ländern gesehen hat. Aber ihre Anordnung ist überall verschieden, und erst wenn man diese mit Klarheit erkannt hat, kann man daran gehen, Vergleichungen mit anderen Gegenden auszuführen. Das erste Ziel der Untersuchung ist die Erkenntnis der Art und Weise, wie die einzelnen Gesteine im Alter aufeinander folgen. Die darauf bezüglichen Schlußfolgerungen bauen sich nach und nach aus Einzelbeobachtungen auf, deren jede Licht in das Chaos bringt, in welchem uns anfangs die vielen verschiedenen Gesteine und Erden entgegentreten. Das zweite Ziel, dessen Erreichung gleichzeitig angestrebt und herbeigeführt wird, ist die Erkenntnis der Art, in welcher die Gesteine zu Gebirgen zusammengefügt sind oder Einsenkungen ausfüllen. Es gibt Gegenden, wo grofse Gleichförmigkeit über weite Strecken herrscht. Aber keine ist von so geringem Interesse, um nicht Stoff zu Beobachtungen zu bieten. Häufig hängt die Erlangung von Aufschlüssen von dem Willen des Reisenden und der Geschicklichkeit in der Wahl seiner Wege ab; denn anstatt das zufällige Begegnen solcher Stellen, welche zur Beobachtung geeignet sind, abzuwarten, mufs er dieselben aufsuchen und seine Pläne demgemäfs einrichten. Dazu gehört vor allem, **dafs er die Gebirge des Landes an möglichst vielen Stellen quer zu überschreiten trachtet**, oder wenigstens von Tälern aus quer zur allgemeinen Streichrichtung Ausflüge nach den Kämmen unternimmt, wogegen Reisen in Tälern und überhaupt parallel zum Streichen, soviel es geht, zu vermeiden sind; sie sind in der Regel ohne Nutzen für geologische Erforschung. Bekommt man mehrere Querschnitte desselben Gebirges, so ergänzt einer den andern, und man wird sich bald ein annähernd richtiges Bild von dem Gesamtbau machen, während die innere Struktur ganz verborgen bleibt, wenn man die Gesteine von seinem Fufs noch so genau kennt, der Rest aber unbekannt ist. Die Mühe und Kosten der angegebenen Art der Bereisung sind viel bedeutender, als wenn man auf bequemen Strafsen in den Tälern herumfährt; aber man wird reichlich belohnt, nicht nur durch die geologischen Aufschlüsse, sondern auch durch den Genufs, welcher in Gebirgswanderungen liegt, durch den Überblick des Landes, den man von den Höhen erhält und der zur Kartenzeichnung wichtiges Material gibt, durch die Bereicherung der Kenntnis der hypsometrischen Verhältnisse der Gegend und durch die gleichzeitige Gelegenheit zum botanischen und zoologischen Sammeln. Ein Reisender, der die Gebirge nicht besucht, mag wohl die Leute kennen lernen, aber die Natur des Landes bleibt ihm verborgen. Je mehr dies beherzigt worden ist, desto mehr haben berühmt gewordene Landreisen zur Bereicherung der naturwissenschaftlichen Kenntnisse beigetragen. — Aber auch wo die Gelegenheit dazu nicht vorhanden und man auf grofse flächenhafte Landausbreitungen angewiesen ist, fehlt es nicht an Beobachtungsmaterial. Die Resultate häufen sich langsamer; aber um so weiter sind die Gesichtspunkte, von denen aus man dieselben nach Beendigung einer Reise überblickt. So geringen Wert man oft im Augenblick auf Beobachtungen in solchen Gegenden zu legen geneigt ist, sollte man doch auch in ihnen niemals ermüdet stillestehen. Jede Lücke macht sich bei der Rückkehr in empfindlicher Weise bemerkbar. Diese Bemerkungen gelten namentlich für so einförmige Erdräume wie die Binnenländer von **Afrika** und **Australien**. Wie sich aber gerade hier dem offenen Auge Probleme von grofser Tragweite darbieten, bezeugen die Arbeiten von Passarge und Bornhardt in Afrika. Wer dort reisen will, sollte sich in diesen Werken Belehrung über die Methode der Beobachtung holen.

Ein brauchbares Feld für geologische Beobachtung bieten alle **Werke von Menschenhand**, in denen Steine angewandt werden. In einer Gebirgsgegend könnte man aus dem Material, womit die Mauern und Häuser in Dörfern und Städten gebaut sind, eine fragmentarische geologische Karte konstruieren; denn wo die Verkehrsmittel unvollkommen sind, verwendet man zu diesen einfachen Bauwerken meist nur die Gesteine aus der unmittelbaren Nachbarschaft. Oft führt ihre Beobachtung zur unerwarteten Entdeckung einer Formation, die man vorher nicht anstehend sah, z. B. von Basalt, oder von Versteinerungen, deren Vorkommen sich vorher dem Blick entzog, oder man findet an ihnen das Wiederauftreten eines längst bekannten Gebildes, z. B. eines oolithischen Kalksteins, dessen genaue Einreihung als Formationsglied man genau kennen gelernt hat. Zu monumentalen Bauten wird das Gestein oft weiter herbeigeführt, und indem man die Lage des Steinbruches, welcher es liefert, erforscht, erweitert sich die Kenntnis von der Verbreitung der betreffenden Formation. Auch die **Gerölle in Bächen** müssen untersucht werden, da sie manchen Fingerzeig für den Bau des Gebirges geben, aus dem sie stammen. Grofse Vorsicht ist an solchen Orten notwendig, wo Seeschiffe anlegen. Begierig, einen Wink über das, was er zu erwarten hat, zu erhalten, untersucht der Geolog beim ersten Landen sofort die zu Uferbauten verwendeten oder lose umherliegenden Gesteine. Sie zeigen oft eine auffallende

Musterkarte; bei näherer Untersuchung aber ergibt es sich, daſs sie Schiffsballast sind, welcher aus verschiedenen Gegenden hergebracht wurde. Selbst der Schluſs, daſs Ballast, der eben ausgeladen wird, eine Andeutung über die an dem Ausgangspunkt des Schiffes auftretenden Formationen geben könnte, ist falsch; denn dort nahm man vielleicht solchen ein, welcher schon mehrere Male seinen Ablagerungsort wechselte.

Anfertigung geologischer Karten und Profile. — Die geologischen Verhältnisse lassen sich ebensowenig wie die Topographie einer Gegend durch Beschreibung klar und übersichtlich darstellen. Erst die Einzeichnung auf eine Karte ergibt ein deutliches Bild. Der Reisende sollte daher bestrebt sein, seine Beobachtungen so vollständig als möglich zu einem für Andere verständlichen Kartenbild zusammenzustellen. Einige Winke werden genügen, um zu dem Beginn der Arbeit anzuleiten; Fortschritte werden durch Übung schnell erreicht. Es möge zunächst vorausgesetzt werden, daſs hinreichend genaue topographische Karten des betreffenden Gebietes als Grundlage für die Einzeichnung vorhanden seien.

1. Das erste Ziel ist: die Eintragung der an dem Bau der Oberfläche teilnehmenden verschiedenen Gesteine, in genauem Abbild ihrer wirklichen räumlichen Verbreitung. Zur Bezeichnung der einzelnen Gesteine benutzt man in der Regel Farben; doch kann man sich auch verschiedener Signaturen in Bleistift oder Tusche bedienen. Die Eintragung ist ohne Mühe auszuführen, wo leicht unterscheidbare Gesteine an die Oberfläche unmittelbar und deutlich erkennbar herantreten, wo sie einzelne gröſsere Räume einnehmen und in einfachen Linien aneinander grenzen, und wo die topographische Karte eine Menge von Anhaltspunkten zur sicheren Einzeichnung gibt. Die Grenzlinien der Gesteine lassen sich dann so einfach und bestimmt eintragen, wie die Grenzmarken eines Feldes oder Waldes. Doch stellen sich in der Praxis bald eine Anzahl von Schwierigkeiten ein. —
a) Die Gesteine sind manchmal durch ähnliche Charaktere verbunden und daher schwer voneinander zu unterscheiden; in anderen Fällen zeigen sie auf kleinem Raum eine entweder wirkliche oder auch nur scheinbare groſse Mannigfaltigkeit. Es treten dann bei dem Beobachter Bedenken darüber ein, was zusammenzufassen und was durch Farben zu trennen sei. Nur Übung vermag zur Unterscheidung der wesentlichen von den unwesentlichen Trennungsmerkmalen zu führen. Die Grenze zwischen beiden verschiebt sich je nach dem Maſsstab der Karte; denn bei kleinem Maſsstab verlangt es die Über-

sichtlichkeit, dafs gröfsere Gruppen zusammengefafst werden, als bei grofsem. Soweit Sedimentgesteine in Frage kommen, wird von deren Vereinigung in Gruppen unten die Rede sein. Doch möge hier betont werden, dafs, wo innerhalb einförmiger mächtiger Schichtenreihen eine, wenn auch geringe, so doch stetige, fremdartige, den Charakter unterbrechende Einlagerung auftritt, man sie sorgfältig angeben sollte, da sie als Horizont von Bedeutung sein kann: z. B. eine als fortlaufende Mauer auftretende quarzige oder kieselige Einlagerung in weicheren Gesteinen, oder eine weiche mergelige Einschaltung zwischen sehr mächtigen harten Kalksteinen. Eine einzige solche Schicht, welche dem Einschneiden der Gewässer minderen Widerstand entgegensetzt als die benachbarten, kann die Existenz und Lage einer Anzahl von Pafsübergängen in den Querjöchern eines Gebirgszuges bestimmen. — b) Eine andere Schwierigkeit entsteht dadurch, dafs die äufserste Oberfläche der Erde nur in seltenen Fällen aus deutlich erkennbarem anstehendem Gestein besteht. Dasselbe kann durch Verwitterung und Lockerung in einen Boden umgewandelt sein, welcher scheinbar keine Ähnlichkeit mehr mit dem Gestein, aus welchem er entstand, darbietet; es kann auch der Felsbau durch eine darüber gelagerte Decke eines fremdartigen Bodens verhüllt werden. Für den ersteren Fall gilt es (mit Ausnahme exakter Aufnahmen in sehr grofsem Mafsstab) als Prinzip, dem Verwitterungsboden die Signatur des unverwitterten Gesteins zu geben. Man kann durch Übung dahin gelangen, innerhalb solcher Gebiete, welche nur von jenem Boden eingenommen werden, ziemlich scharfe geologische Grenzen aufzufinden, indem man an einzelnen Aufschlufsstellen die äufserlichen Veränderungen beobachtet, welche die in Betracht kommenden Gesteine durch Verwitterung erfahren haben, und dann die geographische Verbreitnng dieser Merkmale aufsucht. Rote, weifsliche, ockergelbe, graue oder schwärzliche Farben des Bodens, sandige oder tonige Beschaffenheit, ausschliefsliches Vorkommen kleinerer Bruchstücke von Kalkstein oder von Porphyr oder anderen Gesteinen, Durchsetzung des Bodens mit feinen Fragmenten glimmeriger Schiefergesteine — dies sind Merkmale, welche zur Erkennung der Verbreitung des dem Verwitterungsboden zugrunde liegenden Gesteins, und somit zur Bestimmung der auf der Karte anzuwendenden Farbe, führen können. Selbstverständlich müssen wenigstens an vereinzelten Stellen sichere Beweise des Zusammenhanges von Gestein und Boden gewonnen worden sein. Gröfsere Vollkommenheit und praktische Anwendbarkeit kann man der Darstellung geben, wenn man das Vorhandensein des Verwitterungsbodens, seine besondere Beschaffenheit und seine Mächtigkeit durch Signaturen und Zahlen auf der Karte angibt, sofern dies ohne Beeinträchtigung der Deutlichkeit geschehen kann. — Anders ist die Behandlung solcher Bodenbedeckungen, welche von anderswo herzugeführt wurden und das Gestein verhüllen. Lagern sie in gröfserer Mächtigkeit, wie z. B. trocken gelegtes marines Schwemmland, oder Massenanhäufungen von Gletscherschutt, oder Alluvialland von Flüssen und Seen, oder gewaltige Decken von Tuff oder Löfs, so werden sie als besondere geologische Formationen behandelt und mit besonderen Farben angegeben. Ist die Decke gering, so dafs Gräben und flache Runsen vielfach das Gestein entblöfsen, so pflegt man sie auf geologischen Karten unberücksichtigt zu lassen und das unterlagernde Gestein so mit Farben darzustellen, als ob jene Decken nicht vorhanden wären. Der Mafsstab der Karte ist auch hier von nicht geringem Einflufs; je kleiner er ist, desto mehr sucht man den felsigen, seiner lockeren Hülle entblöfsten Grundbau darzustellen. Aber einerseits kann dies über eine gewisse Grenze hinaus nicht mit Sicherheit geschehen; andererseits fordern mächtige Deckgebilde das Recht der Angabe auf der Karte. Es erwachsen hieraus Schwierigkeiten für den Geübtesten. Der Reisende wird sie häufig in beirrender Weise empfinden. Doch darf er vor ihnen nicht erschrecken. Das Ziel, die Darstellung bis zu dem Grad, dafs die Klarheit nicht beeinträchtigt wird, vollständig zu machen, sollte leitend bleiben. — c) Eine dritte Schwierigkeit beruht auf der Unvollkommenheit der Aufschlüsse und der Lückenhaftigkeit der Beobachtung. Die Karte verlangt feste ausgezogene Grenzlinien zwischen den einzelnen Gesteinen. In Wirklichkeit kann man dieselben nicht abschreiten; die Beobachtung beschränkt sich in der Regel auf einzelne Punkte, wo zwei Gesteine aneinander stofsen; das Ausziehen der Linien gründet sich daher grofsenteils auf Interpolation, kann aber, wenn scharfsinnige Beobachtung sich auf die Aufgabe konzentriert, oft mit hohem Grad der Richtigkeit geschehen. Es ist dringend vor der von Manchen angewandten Methode zu warnen, nach welcher während der Reise nur die entlang dem Reiseweg beobachteten Formationen eingezeichnet werden, in der Absicht, die Grenzen zwischen ihnen später auszuziehen. Letzteres mufs vielmehr an Ort und Stelle geschehen; der Verlauf der Linien mufs eingetragen werden, soweit als die Aussicht gestattet, es mit annähernder Richtigkeit zu tun, und man lasse sich durch die Unmöglichkeit, die letztere absolut zu erreichen, nicht abhalten. Denn an Ort und Stelle hat man

15*

noch Gelegenheit, die Linien mit möglichst wenigen Irrungen anzugeben; je länger man wartet, desto mehr schwindet die Klarheit der Erinnerung; und wer die Grenzen erst nach der Rückkehr von einer Reise auszieht, der läuft Gefahr, theoretisch zu verfahren und sich von der Wirklichkeit zu entfernen. In einem Tal gibt man zunächst, soweit der Blick reicht, die Grenze der Ebene an, welche das Alluvium umfaßt, dann sondert man die höher ansteigenden Stufen aus, welche vielleicht aus Schotterterrassen bestehen. Am Weg nach den Höhen erkennt man, ob sie bis an den Steilabhang des Gebirges reichen oder noch von ihm durch andere Gebilde getrennt werden. Besteht der Steilabhang aus Quarzporphyr oder Kalkstein, so verfolgt man seine untere Grenze genau und trägt sie auf der Karte ein. Dann folgen auf den Porphyr beispielsweise Schichten von rotem Sandstein, oder auf den Kalkstein solche von Schiefer. Der gute Beobachter erkennt sofort den Unterschied im Oberflächencharakter, den sie veranlassen, und zeichnet die Grenze, soweit sein Auge das Verhältnis übersehen kann. So wird man bald eine leicht zu verfolgende, bald eine ungemein schwierige Grenzlinie erreichen; aber jede muß angegeben werden. Es empfiehlt sich, sicher festgestellte Grenzen mit festen, unsichere mit gestrichelten Linien darzustellen. Zugleich werden mit eingezeichneten Abkürzungen die Formationen angegeben, welche man ausscheidet. Nach wenigen Tagen wird die bereiste Strecke gemalt. Geht man über ein Gebirge, so werden die Farbenstreifen häufig einen unvollkommenen Parallelismus zeigen. Kehrt man später auf einem anderen Weg über dasselbe Gebirge zurück, so wird man wahrscheinlich einer annähernd gleichen Reihe derselben Formationen in umgekehrter Folge begegnen. Die Verbindung der Grenzlinien an beiden Orten kann ein richtiges, wenn auch nicht genaues Bild der Verteilung der Formationen in einer größeren Strecke geben und dadurch Befriedigung gewähren. Auf die Wahl der Farben kommt es bei den an Ort und Stelle gemachten Skizzen nicht an. Nur ist zu beachten, daß jede Farbe eine Gesteinsart oder eine Schichtengruppe bezeichne, welche man glaubt als ein Formationsglied ausscheiden zu dürfen; man darf dabei nicht versäumen, an der Seite der Karte sofort einen Pinselstrich mit jeder Farbe zu machen und anzugeben, was mit ihr gemeint ist, vielleicht mit Hinweis auf Seite oder Tag im Tagebuch, wo die Formation beschrieben ist. Für jede Ausscheidung, wenn sie wiederkehrt, wird dieselbe Farbe wieder angewendet. Bald wird der Reisende Vergnügen daran finden, mit einem

Blick die durchreisten Formationen zu überschauen. Bei späterer Ausführung der Karten kann man eine Annäherung an das international vereinbarte Farbenschema erstreben; aber der Grad der Anpassung darf nur von Zweckmäfsigkeitsrücksichten geleitet werden. Insbesondere sollten die grofsen transgredierenden Formationen durch kräftig hervorleuchtende Farben ausgezeichnet werden; denn mit einer solchen Formation beginnt die Entwickelung eines ganz neuen geologischen Bildes auf dem Hintergrund eines anderen, mehr altertümlichen, meist halb verwischten und von anderen Anordnungsgesetzen beherrschten.

2. Das zweite Ziel ist die Darstellung des inneren Gebirgsbaues. Derselbe sollte für den Beschauer der Karte wenigstens annähernd so klar erkennbar sein, wie ihn der Beobachter wahrzunehmen glaubte. Sind die Lagerungsverhältnisse nicht angegeben, so bleibt in der grofsen Mehrzahl der Fälle die genaueste geologische Karte für den Blick des Geübtesten höchstens halbverständlich. Streichrichtung, Fallrichtung und Fallwinkel sind daher stets nach den Beobachtungen einzuzeichnen.

> Man kann sich dabei gewisser Signaturen bedienen, indem man eine 4—10 mm lange gerade Linie in der Richtung des Streichens einträgt und durch einen an die Mitte derselben rechtwinklig angesetzten Pfeil die Richtung des Fallens bezeichnet; eine daneben gesetzte Ziffer gibt den Fallwinkel in Graden an. Der Ansatz des Pfeiles an die Streichungslinie mufs genau im Beobachtungspunkt liegen. Bei antiklinaler Lagerung (Schichtengewölbe oder Sattel) wird das beiderseitige Einfallen durch zwei von demselben Schnittpunkt mit der Streichungslinie ausgehende, einander entgegengesetzte Pfeile, bei synklinaler Lagerung (Schichtenmulde) durch zwei einander zugerichtete, ebenfalls durch die Streichungslinie getrennte Pfeile, stets mit Beisetzung der Fallwinkel, bezeichnet. Horizontale Lagerung wird durch zwei sich rechtwinklig kreuzende Linien angedeutet, senkrechtes Einfallen kann als ein Fallwinkel von 90° angegeben werden. Für wellenförmige oder zusammengefaltete Lagerung kann man beliebige Signaturen einführen. Es fehlt noch an einem allgemein gebräuchlichen Schema für dieselben, insbesondere für die Angabe von Überschiebungen, von Schuppenstruktur, von überkippter oder widersinniger Lagerung usw.

Ist auch das Lesen einer solcherart mit Bezeichnungen versehenen Karte ein Studium, so führt doch dieses zu einem genauen Einblick in den Gebirgsbau. Das Verständnis wird wesentlich erleichtert durch das Entwerfen von Profilzeichnungen. Um sie anzufertigen, denkt man sich einen senkrechten Durchschnitt, ungefähr rechtwinklig zur Streichrichtung der Schichten, durch einen Gebirgszug oder einen Teil eines solchen gelegt und sucht denselben so genau als möglich in der Linie des Durchschnitts zu verqueren. Die vollkommenste Leistung würde darin bestehen, das durch die Durchschnittsebene sich ergebende Querprofil des Gebirgszuges in richtiger Gestalt, mit gleichem Verhältnis von Höhen und Längen zu konstruieren und die an der Oberfläche erscheinenden Gesteine nach ihrer wirklichen Mächtigkeit, in ihrer Fallrichtung und mit ihrem Fallwinkel einzutragen. Findet sich in der Natur ein tiefer Querschnitt durch das Gebirge, so kann man die Linien auf Grund tatsächlicher Beobachtung zu einem Gesamtbild der Struktur verlängern; doch ist man gewöhnlich darauf angewiesen, dies theoretisch zu tun; durch ausgezogene oder punktierte Linien sollte man auch hier unterscheiden, was beobachtet ist und was auf Schlußfolgerung beruht. Da man zur Konstruktion genauer Profile selten Zeit hat, so begnügt man sich in der Regel mit ihrer schematischen Anfertigung. Durch sie kann die Darlegung der Strukturverhältnisse, wie der Beobachter sie auffaßt, weit genauer geschehen, als durch die auf der Karte angebrachten Signaturen. Die letzteren werden dadurch ergänzt, aber keineswegs überflüssig gemacht.

Zu den Strukturverhältnissen, welche auf der Karte eingetragen werden müssen, gehören die Bruchlinien, wenn sie von Verwerfungen begleitet sind. Aus sehr genauen Karten ergeben sie sich dem Kenner zum Teil von selbst. Der Reisende kommt in den Fall, sie wahrzunehmen, ohne die Beobachtungen ihnen entlang vervollständigen zu können. Dann ist die Bruchfläche in ihrer Streichrichtung mittels einer verstärkten Linie einzuzeichnen; ratsam ist es, durch kleine Pfeilspitzen auch die Seite anzugeben, an welcher die Absenkung stattgefunden hat. Selten wird man auch ihren Vertikalbetrag bestimmen können, und dann sollte er in Ziffern beigefügt werden.

3. Die geologische Karte sollte auch Angaben über das Vorkommen von nutzbringenden Mineralien, das Bestehen von Bergbau und Steinbrüchen, das Auftreten von warmen Quellen usw. enthalten. Auch dafür kann man kurze Bezeichnungen einführen.

4. Mit Ausnahme der verhältnismäßig beschränkten Erdräume, von welchen genaue Karten in großem Maßstab vorhanden sind, findet der Reisende entweder unvollkommene Kartenbilder, oder es fehlt noch gänzlich an Versuchen zu naturgetreuer Darstellung. Im letzteren Fall ist ihm dadurch eine Hauptaufgabe vorgezeichnet, für welche er Anleitung in einem anderen Teil dieses Buches findet. Wer geologische Arbeit tun will, der sollte aber auch dort, wo eine nicht ganz voll-

kommene Grundlage vorhanden ist, bemüht sein, das **topographische Bild zu ergänzen und zu vervollkommnen**. Neben genauer Planzeichnung liegt ihm besonders die Wiedergabe der Plastik ob. Die Gebirge sollten nicht nur in ihrer Existenz angegeben sein, sondern in ihrer Gliederung und ihrem orographischen Charakter aufgezeichnet werden; denn wie ihr Verständnis durch die geologischen Farben erhöht wird, so ist auch umgekehrt eine Erkenntnis des geologischen Baues nur mit Hilfe des oroplastischen Bildes möglich. Beides ergänzt sich gegenseitig. Der Formensinn muſs geübt werden; er entwickelt sich durch die unablässigen Versuche zu getreuer Darstellung. Gerade hierfür fehlt vielen Reisenden das Verständnis. Sie zeichnen ihren Reiseweg auf das sorgsamste auf, tragen die von ihnen gemessenen Höhen ein, geben jedes überschrittene Gewässer an (wobei man niemals unterlassen sollte, die Richtung des Flusses durch einen Pfeil zu bezeichnen), begnügen sich aber hinsichtlich der Plastik mit rohen Andeutungen, aus denen nicht vielmehr als der unebene Charakter des Landes hervorgeht, und geben höchstens einige besonders auffällige Gipfel in ihrer von dem Reiseweg gepeilten Lage an. Dies ist durchaus ungenügend. Der Reisende wird gut tun, sich an den näheren Umgebungen einzelner Orte, an denen er länger weilt, in der Herstellung eines die Plastik in allgemeinen Zügen wiedergebenden Bildes zu üben. Dazu gehört auch als ein wesentliches Moment **die Angabe allgemeiner relativer Höhen**, welche, soweit sie nicht gemessen werden können, nach Schätzung eingetragen werden sollten. Um darin Fertigkeit zu erlangen, sollte man sich daran gewöhnen, in bergigem Land von einzelnen Punkten aus die relative Erhebung anderer Punkte, nach denen man hinanzusteigen gedenkt, insbesondere der Rücken und Gipfel, zu schätzen und dann die Richtigkeit der Schätzung durch das Aneroid zu kontrollieren. Auf diese Weise wächst die Übung schnell, wenn man auch der Begehung erheblicher Irrtümer ausgesetzt bleibt. Es ist aber weit befriedigender, auf einer Karte des Reiseweges die relative Höhe der Gipfel in einem Bergzug beispielsweise zu 2000 m, mit einer möglichen Irrung von 200 m zu viel oder zu wenig, angegeben zu sehen, als deshalb, weil der Verfasser aus übermäſsiger Gewissenhaftigkeit nur das genau Bekannte angebracht hat, in der Vermutung über die Höhe des aufgezeichneten Gebirges von 500 m bis 3000 m schwanken zu müssen. Unter allen Umständen sollten geschätzte Höhen durch eine andere Schriftart als die der berechneten eingetragen, oder durch Klammern bezeichnet werden.

B. Zusammensetzung und Formgebilde des festen Landes.

1. Plastik des Festlandes.

Grofse Verschiedenheit bietet die Plastik der Länder, welche der Reisende durchzieht. In ausgedehnten Erdräumen walten einfache und einheitliche Bodenformen; in anderen Gegenden begegnet man dem das Wesen gebirgiger Länder bedingenden fortdauernden Wechsel von aufragenden Teilen und Hohlformen, von sanften und steilen Neigungen in endloser Mannigfaltigkeit der Verteilung, und vielgestaltig sind die Typen der Mittelglieder zwischen Ebene und Gebirge. Die nach Höhen abgestufte Landkarte, verbunden mit guten Beschreibungen und landschaftlichen Aufnahmen durch Photographie oder Zeichnung, vermag ein Bild der Bodenformen zu schaffen; doch ist es nicht leicht, sprachlich den richtigen Ausdruck für eine lebensvolle Darstellung der reinen Oroplastik zu finden. Zunächst sind die allgemeinen Gestaltungen und die Einzelgliederungen zu unterscheiden; beides aber sind relative Begriffe, deren Anwendung zwischen ebenso weiten Grenzen schwankt, wie die Mafsstäbe, in denen man Erdräume von verschiedenem Areal kartographisch abbildet.

Bei der Abbildung ebenso wie bei der Beschreibung von Kontinenten oder grofsen Teilen von solchen bedient man sich eines kleinen Mafsstabes, welcher nur die allgemeinen Gestaltungen zur Anschauung bringt, während die Einzelheiten des Reliefs als unwesentlich und nebensächlich für die Gesamtauffassung verschwinden. Von diesem Gesichtspunkt unterscheidet man nach den allgemeinsten Bodenformen: Flachland, welches in den verschiedensten Meereshöhen liegen kann, und Bergland; dagegen nach der absoluten Erhebung über das Meer: Tiefland, Mittelland und Hochland. In dem Rahmen des allgemeinen Bildes erscheinen die Gebirge als meist enger und schärfer begrenzte Schwellungen des Bodens, und zwar bald langgestreckt als sogenannte Kettengebirge, bald von gedrungener Gestalt als sogenannte Massengebirge, denen eine ausgesprochene Längsachse fehlt. Nach Höhenverhältnissen unterscheidet man unabhängig von der Gestalt: Hügelland, Mittelgebirge und Hochgebirge. Es schwanken aber nicht nur deren Abgrenzungen in verschiedenen Erdräumen, sondern es werden auch dieselben Ausdrücke für relative Höhenunterschiede der Erhebungen über einem beliebig hochgelegenen Flachboden angewandt.

Derartige allgemeine Verhältnisse bieten sich von selbst und unmittelbar der Berücksichtigung dar, wenn man sich ein Gesamtbild von dem Relief des besuchten Erdraums zu gewinnen bemüht. Es knüpfen sich daran sofort eine Reihe lehrreicher Gesichtspunkte, z. B.: die Ausdehnung der Flachlandstrecken in verschiedenen Höhenlagen, ihre gleichmäfsige oder ungleichmäfsige Neigung, eventuell ihre geschlossene Beckenform, oder das Vorkommen von Stufenabfällen; ferner die Gestalt und relative Höhe der steileren Stufen; die allgemeine Richtung und Anordnung der Gebirge; die Neigungswinkel der Gehänge der letzteren, wenn man sie, ohne Rücksicht auf Einzelgliederung, als Bodenschwellen auffafst; die Verteilung der Stromgebiete in ihrer Beziehung zu den Gesamtformen des Bodens; der Einflufs, welchen die letzteren auf klimatische Verhältnisse, auf Verbreitung der Organismen nach Höhenstufen, sowie der Ansiedelungen und der Kultur des Menschen ausüben.

Man sollte sich bei ideellen und beschreibenden Darstellungen der Plastik stets der Vergleichung mit dem gezeichneten Kartenbild oder dem in Ton geformten Reliefbild bewufst sein. Je gröfser der Mafsstab genommen wird, desto mehr treten die Einzelheiten der Gestaltung als wesentliche Züge des Bildes hervor, und damit modifizieren sich die Gesichtspunkte der Betrachtung. Die absoluten Höhen treten an Bedeutung zurück gegen die relativen; selbst in den einförmigsten Verebnungen zeichnen sich Abstufungen, leichte Böschungen, Bodenwellen und Furchen, die das fliefsende Wasser hineinschnitt. Am vielgestaltigsten werden die Gebirge; sie erscheinen nicht mehr als einfache Anschwellungen, sondern als reichgegliederte Massive. Bei ihren Kämmen ist zu beachten: ob sie im Querprofil breit und flach, oder zugeschärft sind; ob ihr Längsprofil eine einfache oder wellige Linie ist, oder durch den Wechsel hoher Gipfel und tief eingesenkter Pässe ausgeschartet, oder gar durch eine quer dagegen gerichtete Furche unterbrochen wird; ob mehrere parallele oder nahezu parallele Kämme vorhanden sind; ob diese in ihrer Gestalt ähnlich oder voneinander sehr verschieden sind; ob einer von ihnen durch Höhe und wasserscheidenden Charakter vor anderen hervorragt, oder ob das gröfste Höhenmafs, oder die Wasserscheide, oder beides von einem Kamm auf den anderen im Fortstreichen des Gebirges überspringt; ob sich von einem Hauptkamm verschiedene Querkämme oder Jochkämme einseitig oder beiderseitig abzweigen; ob ein einheitliches System dieser Art das ganze Gebirge zusammensetzt, oder nur einen Teil desselben bildet; ob die höchsten Gipfel auf dem Hauptkamm oder auf den Jochkämmen stehen; ob im Verlauf des Gebirges einzelne gröfsere Massive mit selbständiger Kammverzweigung sich absondern; — ferner, ob das Querprofil der einzelnen Kämme symmetrisch oder unsymmetrisch ist; ob die steileren Flanken durchweg nach derselben Seite liegen, und ob das ganze Gebirge im Querschnitt unsymmetrisch gebaut ist, indem es nach einer Seite kurz und steil abfällt, nach der anderen sich allmählich abdacht; ob eine Flanke (und welche) sich unter das Meer oder unter eine schutterfüllte Verebnung herabsenkt; ob sich einer Seite im Gegensatz zur anderen ein relativ hohes Land anschliefst, und ob dieses gebirgigen oder Tafellandcharakter hat, oder ob breite muldenförmige, mit Salzseen erfüllte Hochflächen, die zwischen locker gestellten Gebirgszügen angeordnet sind, den Charakter bestimmen. Es sollte ferner bei allgemeinen Ausblicken darauf geachtet werden, ob in den Abfallslinien der einzelnen Gebirgsglieder eine homologe Unterbrechung der Stetigkeit durch horizontale Strecken in ganz oder nahezu gleichbleibender Meereshöhe vorkommt, sowie ob diese Erscheinung sich in verschiedenen Höhen wiederholt. Das Horizontglas (S. 213) wird hierzu gute Dienste leisten. Die Gliederung aufragender Teile wird bedingt und ergänzt durch die Gliederung der Täler und Hohlformen überhaupt, wobei auf die Verteilung der Gewässer unter dieselben zu achten ist, im übrigen aber ähnliche Gesichtspunkte festzuhalten sind.

Je vollkommener das oroplastische Bild ist, desto mehr wird es eine Grundlage für die Orometrie und die orometrische Vergleichung verschiedener Gebirge geben. Für einen geradgestreckten Kamm, in dessen Linie die Gipfel und Pässe liegen, kann man aus vielen Höhenmessungen die mittlere Kammhöhe berechnen, welche das geometrische Mittel aus den Höhen aller Punkte der Kammlinie ist. Nicht ohne Willkür hingegen geschieht die Berechnung von mittlerer Gipfelhöhe und mittlerer Pafshöhe, da es schwer ist, Grenzen für die Auswahl der zu berücksichtigenden Gipfel und Pässe festzustellen. Aber auch nur einigermafsen sichere Resultate sind von Wert für die Auffindung des als mittlere Schartung bekannten Verhältnisses zwischen beiden. Denn je tiefer im Verhältnis zur Gipfelhöhe die mittlere Pafshöhe hinabgeht, um so leichter ist im allgemeinen ein Gebirgskamm zu überschreiten. Häufig tritt jedoch die Bedeutung dieses Wertes zurück, indem ein Tal den Kamm quer durchzieht, und an die Stelle von dessen Überschreitung ein einfaches Hindurchgehen tritt. Solche Stellen sind besonders bei hohen Gebirgen zu beachten, da sie meist wichtig für Paſsübergänge sind.

So wesentlich die oroplastische Darstellung eines Erdraumes ist, besteht doch das wissenschaftliche Verständnis der Formgebilde der Erdoberfläche, wie bereits angedeutet, erst in ihrem **genetischen Erfassen**; der Reisende sollte daher das Ziel verfolgen, sie nicht nur nach ihrer äuſseren Gestalt zu erkennen, sondern auch ihren inneren Bau zu ergründen und den Vorgängen ihrer Bildung und Umbildung entweder selbst nachzuspüren oder Material zu deren Verständnis aufzusammeln. Im dritten Abschnitt werden die Richtungen der darauf bezüglichen Beobachtungen und die Methoden zu ihrer Ausführung dargestellt werden. Da jedoch derjenige, welcher sich solchen Untersuchungen widmet, ihren Zweck klar durchschauen muſs, um sie in einer demselben entsprechenden Weise auszuführen, so erscheint es geeignet, vorher die für die morphologische Betrachtung der Erdoberfläche leitenden Gesichtspunkte kurz zusammenzustellen. Es wird sich dabei Gelegenheit bieten, einige der Probleme, zu deren Lösung der Reisende beizutragen vermag, namhaft zu machen. Wem die höheren Ziele der Forschung bekannt sind, der wird zweckbewuſst, und daher mit gröſserer Aussicht auf Erfolg, an die kleineren Arbeiten gehen, welche die Vorstufen zur Erreichung von jenen bilden.

2. Die an der Zusammensetzung der festen Erdoberfläche teilnehmenden Gesteine.

Die Oberfläche der Festländer wird bedingt durch ein festes Gerüst von Gesteinen, welche sie zum Teil unmittelbar bilden, zum Teil durch eine überlagernde Decke von lockerem Erdreich vermitteln. In der Geologie wird zwar auch dieses als „Gestein" bezeichnet, doch ist es an gegenwärtiger Stelle zweckmäſsiger, die lockeren Deckgebilde für sich zu betrachten. Die Grundzüge der Systematik der Gesteine hängen eng mit den Grundzügen der Entstehung der Erdrinde zusammen. Nach den ersten in Dunkel gehüllten Erstarrungsvorgängen vollzog sich, wenn man nur das Gesteinsmaterial ins Auge faſst, ihre Entwickelung **nach auſsen** durch Aufwärtsdringen heiſsflüssiger Massen aus der Tiefe und durch Absatz von Zerstörungsprodukten und gelösten Stoffen aus dem Wasser, während sie **nach innen** durch Erstarrung zunahm. Hier war der Sitz des Vulkanismus, der, als die Rinde dünn war, wenig Widerstand zu überwinden hatte, sich an sehr vielen Stellen und sehr häufig äufserte und die der Rinde zunächst gelegenen Teile des Inuneren nach aufsen brachte, später aber, als durch fortschreitende Erstarrung die Widerstände allmählich wuchsen, sich mehr und mehr selten, grofszügiger in Beziehung auf regionale Verbreitung, und paroxysmatischer äufserte. Der sich allmählich verdickende äufsere Teil der Rinde setzte sich demnach aus zweierlei Produkten zusammen: 1) den in heifsflüssigem Zustand aus der Tiefe heraufgedrungenen, mit Wasserdampf und anderen Gasen beladenen magmatischen Massen, welche kristallinisch erstarrten und die Eruptiv- oder Ausbruchsgesteine (auch Massengesteine genannt) abgaben, deren wichtigste Eigenschaft darin besteht, dafs ein in ihrer chemischen Zusammensetzung waltendes Zahlengesetz sie zu einem Ganzen verbindet; 2. den Sedimentgesteinen, welche sich im Wasser absetzten und anfangs aus der Zerstörung der Gebilde der Erstarrungsrinde und der Eruptivgesteine, später aus derjenigen der letzteren und der älteren Sedimente hervorgingen. Da ihrer Bildung die Zusammenführung der mechanisch oder chemisch differenzierten Bestandteile der Ausbruchsmassen zugrunde liegt, haben sie eine regellose, in jedem Einzelfall von den Bildungsvorgängen abhängige mechanische und chemische Zusammensetzung und sind im allgemeinen in Form horizontaler oder wenig geneigter Lagen oder Schichten (normal) abgelagert worden, während die Eruptivgesteine in von unten nach oben (abnorm) gerichteten Kanälen oder Spalten aufstiegen und entweder zwischen Sedimentschichten und anderes Gestein gewaltsam eindrangen, oder sich an der Oberfläche durch Überströmen ausbreiteten; unter besonderen Umständen traten in ihrer Masse bei der Ankunft in der Nähe der Oberfläche paroxysmatische und explosive Erscheinungen ein und verursachten dadurch die Entstehung von vulkanischen Aufschüttungen. — Da die Sedimentgesteine die Entwickelung von der Erstarrungsoberfläche nach oben darstellen, die Eruptivgesteine aber ein Abbild derjenigen von der Erstarrungsoberfläche nach unten geben, so haben beide in ihr theoretisch eine gemeinsame Berührungsfläche und müfsten dort aus demselben Material bestehen. In den anscheinend tiefsten Teilen des Grundgerüstes, welche infolge vertikaler Verschiebungen der Beobachtung zugänglich geworden sind, sind Granit und Urgneifs vorherrschend, beide in mineralischer und chemischer Zusammensetzung identisch und nur durch Andeutung von Streckung in letzterem verschieden. Sie bilden Ausgangspunkte in der Systematik der Gesteinslehre, deren leitendes Motiv sich nach diesen Grundanschauungen leicht übersehen läfst. Es ist dabei stets festzuhalten, dafs es bei den Gesteinen keine scharf getrennte Gattungen und Arten gibt, sondern, wie Granit und Gneifs ineinander übergehen, so auch jedes Gestein überhaupt durch Änderung der Struktur oder der Zusammensetzung gewissen anderen Gesteinen durch Übergänge verbunden ist. Dies erschwert die scharfe Anwendung der Nomenklatur.

a) **Die Sedimentgesteine** lassen sich nach verschiedenen Gesichtspunkten einteilen. Dem Alter nach gibt es im wesentlichen zwei grofse Reihen: die archaischen und die sekundären Sedimentgesteine. In der ersten walten kristallinische Schiefer weitaus vor, in der anderen die aus agglomerierten Massen durch Zementation verhärteten Sandsteine, Schiefertone und Kalksteine. Die ersten reichen, im Alter, von den Anfängen der Sedimentbildung bis zu der Zeit der ersten sicher nachweisbaren Spuren der Existenz organischen Lebens auf der Erde und umfassen wahrscheinlich weitaus die längere Periode; die anderen stammen aus denjenigen Zeitaltern, aus welchen das organische Leben seine Spuren in zahllosen deutlichen Resten hinterlassen hat. In der Regel sind die Gesteine beider Reihen auch insofern voneinander getrennt, als ausgedehnte Erdräume oder gröfsere Teile eines und desselben Gebirges an der Oberfläche ausschliefslich die Gesteine der einen oder der anderen Reihe erkennen lassen. Wo sekundäre Sedimentsteine vorkommen, liegen archaische stets darunter; wenn sich auf kleinem Raum in häufigerem Wechsel archaische und sekundäre Sedimentgesteine nebeneinander finden, lassen sich daher ganz allgemein die ersteren als Grundgebirge oder Kerngebirge, oft mit grofser Schärfe, von den darüber lagernden Schichtgebilden sondern.

Die Einfachheit der angegebenen, auf das Alter begründeten und im petrographischen Charakter zum Ausdruck kommenden Zweiteilung wird dadurch beeinträchtigt, dafs sekundäre Sedimentgesteine der verschiedensten Altersstufen in vielen Fällen durch gewisse, wesentlich auf Einflüsse von hohem Überdruck und hoher Temperatur zurückzuführende Vorgänge innere Umänderungen erfahren haben, durch die sie kristallinisches Gefüge annahmen und in schieferige Gesteine verwandelt wurden, welche sich im petrographischen Charakter von den archaischen kaum oder gar nicht unterscheiden lassen. Ihre Sonderung als metamorphische Gesteine hat für den Ungeübten nur theoretischen Wert. In der Praxis fallen sie für ihn mit den archaischen Gesteinen zusammen, denen sie sich auch zufolge ihrer Härte und Widerstandsfähigkeit betreffs der Rolle im Gebirgsbau und der äufseren Bergformen innig anschliefsen. Das Gleiche gilt von einer wesentlich nach genetischem Prinzip zu sondernden dritten Klasse kristallinischer Schiefer, nämlich solcher, deren Entstehung durch Streckung und Auswalzung fertig erstarrter Eruptivgesteine unter hohem Gebirgsdruck vermittelst mikroskopischer Untersuchung nachgewiesen worden ist. Dazu kommt noch eine vierte Klasse, welche darauf beruht, dafs das eruptive Magma selbst unter hohem Druck erstarrte, und die sich aus ihm ausscheidenden Kristalle sofort eine Längsentwickelung in senkrecht zum Druck gestellten Linien erfuhren. Sollte auch Jeder mit dem Vorhandensein dieser genetischen Unterschiede bekannt sein, so genügt doch für die praktischen Zwecke des Reisenden gemeinhin die Unterscheidung von zwei grofsen Klassen, nämlich den kristallinischen Schiefergesteinen und den einfach verhärteten, sonst relativ unveränderten sekundären Sedimentgesteinen.

1. **Die kristallinischen Schiefergesteine.** Weitaus der Hauptteil derselben entstammt dem archaischen Zeitalter und bildet das eigentliche Grundgebirge für alles Nachfolgende. Über die Art ihrer Entstehung, die sich nur aus Wahrscheinlichkeitsgründen ableiten läfst, walten verschiedene Ansichten. Die ältesten zeigen eine so gleichmäfsige Entwickelung über die ganze Erdrinde, dafs man zu der Annahme weitverbreiteter, gleichartiger Bildungsvorgänge geführt wird, gleichviel ob sie sämtlich, oder Teilgruppen von ihnen, von Anfang an in kristallinisch-schiefrigem Zustand abgelagert, oder durch molekulare Umwandlung von Schichtgesteinen, oder durch Streckung von Ausbruchsgesteinen entstanden seien. Mit dem fortschreitenden Alter der Erde nahm die Differenzierung infolge chemischer und mechanischer Zerstörung und wechselvollerer Niederschlagsbedingungen offenbar zu; denn der Gleichartigkeit der ältesten Gesteine des archaischen Zeitalters steht fortschreitender Wechsel im Charakter der jüngeren gegenüber. Trotz ihres kristallinischen Charakters tragen diese alle Anzeichen, dafs sie, gleich den metamorphischen Gesteinen späterer Zeitalter, durch Umänderung von klastischen Gesteinen und organogenen Kalksteinen entstanden sind. Man nennt zwar die gesamte archaische Gesteinsreihe auch **azoisch**, aber nur aus dem negativen Grund, weil ein reich entwickeltes organisches Leben in wohlerhaltenen Resten darin noch nicht nachgewiesen worden ist. Das archaische Zeitalter schliefst vor der präcambrischen oder algonkischen Periode ab.

Die aus dieser stammenden Gesteine, besonders die Phyllite (meist von grünlichen Färbungen), Sandsteine und Konglomerate, zeigen häufig nur noch einen schwachen Metamorphismus. Wo dies zutrifft, sollten sie insbesondere auf Gehalt an organischen Resten sorgsam untersucht werden. — **Gneifs, Glimmerschiefer, Hornblendeschiefer, Chloritschiefer, Serizitschiefer, Tonglimmerschiefer** und **Tonschiefer** sind die wichtigsten kristallinischen Schiefergesteine, welche der Reisende kennen mufs. Zwischengelagert sind: **körniger Kalkstein** oder **Marmor**, und **Quarzit**, welche schiefriges Gefüge gar nicht oder nur unvollkommen angenommen haben.

2. **Die sekundären Sedimentgesteine oder das Flözgebirge.** Alle Formationen von der präcambrischen an sind im wesentlichen aus Schichtgesteinen aufgebaut, welche noch jetzt durch ihre Beschaffenheit den Beweis liefern, dafs sie durch die Ablagerung mechanisch in Wasser suspendierter Teile oder chemisch gelöster Stoffe gebildet wurden und von einem ursprünglich weichen oder locker agglomeriertem Zustand meist zu festem Gestein erhärteten. Alle **Schiefertone, Sandsteine, Konglomerate** und die meisten **Kalksteine** haben diese Entstehung; nur der durch Korallen und Algen aufgebaute Riffkalk und einige aus eindampfenden Meeresresten niedergeschlagene chemische Sedimente waren schon ursprünglich gröfstenteils fest. Hierher gehören eigentlich auch die jetzt noch weichen oder losen Ablagerungen aus Meerwasser und Süfswasser; doch sollen sie, im Gegensatz zu dem festen Gesteinbau, ihrer verschiedenen morphologischen Rolle wegen zu den losen Deckgebilden gerechnet werden. — Bei der Betrachtung der Sedimentgesteine ist zu beachten, dafs, wie die Tiefseeforschung lehrt, alle Ablagerungen der der Zerstörung der Festlandsgebilde entnommenen mechanisch suspendiert gewesenen Stoffe im wesentlichen in einer selten mehr als 250 km breiten, meist aber schmäleren Küstenzone niedergeschlagen worden sind, in den von Kontinenten und Inseln ferneren Teilen des Meeresbodens aber ihr Niederschlag stets von verschwindender Bedeutung war. Die Entstehung aller Kalksteine ist auf die Aussonderung des Kalkes aus seinen im Meerwasser gelösten Salzen durch Tiere und Pflanzen zurückzuführen; und zwar teils durch feste, zur Entstehung von Riffen Anlafs gebende Kolonien derselben, wie insbesondere der lichtbedürftigen, daher auf geringe Meerestiefen angewiesenen Kalkalgen, Kalkschwämme, riffbauenden Korallen und Austern, teils durch freibewegliche gröfsere

Schaltiere der Küstenzone, welche eine geringe Rolle spielen, teils durch freischwimmende, wesentlich bei Nacht an die Oberfläche kommende, über weite Meeresräume in wolkenähnlichen Schaaren verbreitete, meist mikroskopisch kleine tierische Organismen, deren kalkige Panzer auf den Boden des Meeres fallen und sich dort regionenweise zu mächtigen Ablagerungen anhäufen können, in den über 4000 m betragenden Tiefen aber fehlen. Mächtige Ablagerungen reiner Kalksteine konnten teils aus den bei positiver Strandverschiebung emporwachsenden festen Kolonien und ihrem ausgedehnten Mantel von Zertrümmerungsprodukten, teils aus den weite Teile des Meeresbodens gleichmäfsig bedeckenden Ansammlungen niedergesunkener mikroskopisch kleiner oder gröfserer Kalkpanzer entstehen; doch bietet die Erklärung der Bildung vieler Kalksteinablagerungen grofse Schwierigkeiten. Auch die Kieselsäure wird von Pflanzen (Diatomeen) und Tieren (Radiolarien und Spongien) abgeschieden. Durch pelagische Anhäufung der meist mikroskopisch kleinen Panzer entstehen kieselige Gesteine. Als wichtige Dokumente für die Entstehungsgeschichte einzelner Schichtgebilde sind sie ein bedeutungsvoller Gegenstand der Aufsuchung.

So wenig zahlreich die Namen sind, unter denen sich die in den sekundären Sedimenten vertretenen Gesteinsarten zusammenfassen lassen, bilden sie doch den allermannigfaltigsten Aufbau, teils wegen der endlosen Veränderlichkeit im äufseren Charakter, welche ihnen eigentümlich ist, und teils wegen der nicht minder vielgestaltigen Art, in welcher sie miteinander wechseln. Den einzigen Anhalt zu einer wissenschaftlichen und durchgreifenden Gliederung liefert das historische Moment, welches die eingeschlossenen organischen Reste abgeben. Darauf stützt sich die Einteilung der Erdgeschichte in das archaische, paläozoische, mesozoische und känozoische Zeitalter und eine gröfsere Reihe untergeordneter Perioden und Epochen, sowie die Einteilung der Sedimentgebilde in Formationen oder Systeme, welche den Perioden entsprechen. Mit der Aufeinanderfolge der Formationen, von der Cambrischen und Silurischen bis zu den Tertiär-Formationen und den Gebilden des Diluviums und Alluviums, sollte jeder Reisende vertraut sein. Es ist nicht schwer, sich ihre Grundzüge anzueignen. Gröfsere Arbeit erfordert es, mit den vorwaltenden paläontologischen Merkmalen bekannt zu werden, auf welche sich die Einteilung stützt.

  b. **Die Eruptivgesteine.** Das charakteristische äufsere Merkmal dieser Gesteine ist ihr Mangel an Schichtung, verbunden mit einem kristallinischen Gefüge und einer Zusammensetzung aus mehreren Mineralspezies. Ihre Entstehungsweise und die Gesetzmäfsigkeit in ihrer chemischen Znsammensetzung wurden schon erwähnt. Um einzelne Gesteine mit Namen benennen zu können, sollte der Reisende sich zunächst mit den wenigen als **wesentliche Gemengteile** auftretenden Mineralien hinreichend vertraut machen, um sie bei makroskopischer Ausbildung erkennen zu können. Die wichtigsten sind: Quarz, Feldspathe (Orthoklas und Plagioklase), Glimmer (Muskovit und Biotit), Augit, Hornblende, Olivin, Granat, Epidot, Kalkspath, Magneteisenstein. In zweiter Linie kommt das Gefüge oder die **Textur** in Betracht, deren augenfälligste Abänderungen man an Handstücken in Sammlungen studieren sollte. Bei granitischer Textur sind alle zusammensetzenden Mineralien zu einem gleichmäfsig körnigen Gemenge auskristallisiert; bei porphyrischer umschliefst eine feinkörnig-kristallinische oder auch eine dichte und selbst glasige Grundmasse gröfsere Kristalle eines Minerals oder mehrerer; bei den Gesteinen der Vulkane kommt dazu das Gefüge geflossener Gläser (Obsidian), zuweilen mit schaumiger Aufblähung (Bimsstein), und manche andere Modifikationen. Aus der ersten Gruppe sollte man **Granit, Syenit** und die deutlicheren Varietäten von **Diorit, Diabas** und **Gabbro** kennen lernen; aus der zweiten **Quarzporphyr, Porphyrit** und **Augitporphyr**. Die jüngeren Eruptivgesteine sollen später (S. 278, 289) besonders behandelt werden.

c. In eine dritte Klasse können alle **lockeren Bodengebilde** vereinigt werden, mit denen der feste Felsbau bedeckt ist. Sie entstehen durch dessen Zersetzung und mechanische Zerstörung und befinden sich zum Teil noch an den Orten ihrer Bildung; zum Teil sind sie von diesen abgeräumt und an anderen Stellen entweder in bunter Mengung oder in nach Korngröfse und spezifischem Gewicht gesonderten Massen abgelagert. Die wichtigeren Bodenarten werden in den Abschnitten über äufserliche Veränderungen (S. 314 ff.) und über die Ablagerungen durch fliefsende Gewässer (S. 321 ff.) besprochen werden.

Die genannten Gesteine beteiligen sich in der mannigfaltigsten Art der Zusammenfügung an dem Bau der festen Erdoberfläche. Ehe wir auf die Formen dieses Baues eingehen, betrachten wir die Kräfte, welche der äufseren Ausgestaltung zugrunde liegen.

3. Gebirgsbildende und gebirgszerstörende Vorgänge.

Die Zusammensetzung des Festlandes aus Sedimentgesteinen allein, oder aus diesen in Begleitung von kristallinischen Schiefern und Eruptivgesteinen, und der innere Bau, d. h. die Art ihrer architektonischen Zusammenfügung, bieten bei wechselvoller Form der Oberfläche meistenteils, bei einförmiger Gestalt in vielen Fällen, erhebliche Verschiedenheiten auf eng begrenztem Raum dar. Die Mannigfaltigkeit in beiderlei Beziehungen beruht in erster Linie darauf, dafs die Gesteine sich nicht mehr ungestört in ihrer ursprünglichen Lage befinden, sondern dafs einerseits einzelne Teile der äufsersten Erdrinde Verschiebungen gegeneinander, bald in kleinerem, bald in gröfserem Mafsstab, erfahren haben, anderseits Massenumsetzungen sich zugetragen haben, und infolge der Fortführung fester Teile von einzelnen Stellen talartige Hohlformen oder flächenartige Ausbreitungen zurückblieben, während an anderen die Zerstörungsprodukte ebenflächig abgelagert und zur Erhöhung des Bodens verwendet wurden.

Als die hauptsächlichsten Motive der Herausbildung relativer Höhenunterschiede und wechselvoller Gestalt, daher der Gebirge und des Bodenreliefs im allgemeinen, lassen sich die folgenden Vorgänge bezeichnen:

a. **Das seitliche Zusammenschieben von Teilen der Erdrinde.** Es kann sich äufsern: in einer faltigen Biegung der Schichtgesteine, oder darin, dafs einzelne Teile über andere, wie die Eisschollen eines strömenden Gewässers, auf horizontalen oder flach geneigten Ebenen hinaufgeschoben sind. In jedem dieser Fälle ist ein Teil der äufseren Erdrinde auf einen weniger ausgedehnten Raum zusammendrängt, als er bei horizontaler Ausstreckung der Schichtgesteine eingenommen hatte. Da bei dem Zusammenschieben ein Ausweichen des Gesteins nach der Tiefe oder nach den Seiten nicht möglich ist, mufste eine relative Bodenerhöhung stattfinden. — Diesen aufserordentlich häufigen Erscheinungen, welche von frühen erdgeschichtlichen Zeiten an ein Hauptmotiv der Gebirgsbildung gewesen sind, können verschiedene Vorgänge zugrunde liegen. Erstens könnte sich ein seitliches Zusammenpressen eines keilförmigen, radial gestellten Erdrindenteils von gegebenem Volumen auf einen engeren Raum infolge gegenseitiger Annäherung der seitlich angrenzenden Erdrindenteile, wie bei einer zwischen die Backen eines Schraubstockes eingezwängten Masse, ereignet haben; flach ausgebreitete und zugleich belastete Schichtgesteine, einer solchen Kraft ausgesetzt, würden, wie die Blätter eines unter analoge seitliche Pressung gestellten, stark belasteten Ballens Schreibpapier, in Falten geworfen werden, und ihre ganze Masse nach oben anschwellen. Vorgänge solcher Art müssen in der Erdgeschichte vielfach stattgefunden haben, da die äuſsere Erdrinde, welche eine gegebene Ausdehnung hatte, dem durch Wärmeabgabe sich verkleinernden Erdkern folgte und, indem sie sich dessen schrumpfender Masse anzupassen strebte, eine zu weite Hülle für sie bildete. — Zweitens könnte derselbe Erdrindenteil, ohne jegliche Änderung des Volumens des Erdinneren und ohne irgendwelche Verschiebung der seitlichen Begrenzungen, eine Vermehrung seines eigenen Volumens erfahren, wie sie durch verschiedene Umstände, am meisten aber durch eine die ganze Masse des Keiles betreffende **Temperaturerhöhung** eintreten kann. Der Effekt würde ähnlich sein wie im ersten Fall: der ganze Erdrindenteil würde, da der Raum zwischen den stehen bleibenden Wänden zu eng wäre, eine faltige Zusammenschiebung erleiden, am intensivsten an den Stellen der gröſsten Volumenvermehrung; und wenn diese tief lägen, müſste aus den innersten Teilen des Keiles heraus ein gewaltsames Aufwärtsdrängen der Massen stattfinden. — Ein drittes Moment, welches gewaltigen Schiebungen zugrunde liegen kann, sind die **isostatischen Bewegungen**. Sie ergeben sich theoretisch aus der Erkenntnis, daſs durch die Fortführung groſser Gebirgsmassen von den Festländern und die Ablagerung ihrer Trümmer auf dem Meeresboden eine Überlastung des letzteren und eine Fehlbelastung der ersteren, mithin eine Störung des Gleichgewichtszustandes, eintreten muſs. Es ist gefolgert worden, daſs das Streben nach dessen Wiederherstellung magmatische Bewegungen in den Tiefen, von der Region des Überdruckes nach der des Minderdruckes hin, daher ein weiteres Sinken des Meeresbodens und Ansteigen festländischer Teile, sowie ein tangentiales Unterschieben der ersteren unter die letzteren veranlassen muſs. — Diese verschiedenen Erwägungen machen es wahrscheinlich, daſs ebenso das faltige Zusammendrängen von Schichtmassen auf einen kleineren Raum, wie das Überschieben von schollenartigen Fragmenten über andere, ein komplexes Phänomen ist, bei welchem noch andere Kraftäuſserungen auſser den genannten ursächlich mitgewirkt haben mögen. Der Zeitpunkt dürfte noch fern liegen, in welchem man im Einzelfall die letzten Ursachen der Zusammenschiebung festzustellen imstande sein wird. Gegenwärtig handelt es sich darum, das sichere Beobachtungsmaterial zu vermehren, und dies ist eine Aufgabe, die der Forschungsreisende im Auge behalten sollte.

In den der Beobachtung sich unmittelbar darbietenden Fällen sind es in der Regel langgedehnte Zonen, in welchen durch die Vorgänge der Zusammenschiebung die Erdoberfläche eine relative Erhöhung erfahren hat und zu einem Gerüst, aus welchem die Gewässer ein vielgestaltiges Gebirge ausmeifseln konnten, emporgetrieben worden ist. Hierher gehören die **grofsen Faltungsgebirge der Erde**. Doch bietet der nur streckenweise der Untersuchung zugängliche Untergrund im kontinentalen Bau das Phänomen des Zusammenschiebens in so grofsem Mafsstab, dafs man von **regionaler Faltung** neben der zonalen sprechen kann.

b. **Die Aufwölbung.** Sie geschieht scheinbar durch eine vertikal von unten nach oben wirkende Kraft, wie sie ersichtlich durch das Eindringen schmelzflüssigen Gesteins zwischen die Schichtflächen in Gestalt von Lakkolithen, und wahrscheinlich auch durch örtlich beschränkte Volumenvermehrung ausgeübt wird. Selten ist sie mit Sicherheit zu beobachten; aber von um so gröfserem Interesse sind die Fälle, wo dies geschehen kann. Als Argument für neuere Vorgänge kann die vergleichende Zusammenstellung der Meereshöhen dienen, in welchen sich Anzeichen ehemaligen Meeresstandes nachweisen lassen, wie in Skandinavien, wo ihr Ansteigen von den Küsten nach dem Inneren sich mit wachsender Sicherheit herausstellt. An anderen Orten beobachtet man in langer Erstreckung das Ansteigen nach einer Wölbung von zwei Seiten her, findet aber an Stelle des Scheitels der Wölbung einen tiefen grabenartigen Einbruch; so bei Schwarzwald und Vogesen, und in den Gebirgen, welche den nördlichen Teil des Roten Meeres zu beiden Seiten begrenzen.

c. **Die Verwerfung,** d. h. das **Absinken einzelner Teile der Erdrinde gegen andere.** Dasselbe findet in der Regel entlang geradgestreckten **Brüchen** oder vielmehr **Bruchflächen** statt, welche das Gestein, meist unter steilen Winkeln, zuweilen senkrecht, bald auf geringe, bald auf sehr weite Erstreckung durchsetzen; doch kommt es auch vor, dafs ein bogenförmiger Bruch aus der Vereinigung von zwei ungleich gerichteten geradlinigen Brüchen entsteht. Während der eine Flügel scheinbar in seiner Lage beharrt, gleitet der andere an der Bruchfläche nach einem tieferen Niveau hinab. Wo es sich um gegenseitige Verschiebung gröfserer Schollenteile handelt, scheint ein vermehrtes Ansteigen der höher gelegenen

Scholle nach dem Bruchrand hin, daher die Herausbildung einer randständigen Bodenschwelle, die Regel zu sein. Gewöhnlich aber beobachtet man in solchen Fällen eine Reihe paralleler Brüche und ein staffelförmiges Absinken an ihnen, wobei jede Staffel gegen den Bruchrand der nächsttieferen Absenkung hin ansteigt. Stellenweise sind die obersten Schichten nicht mit von dem Bruch durchsetzt, sondern biegen sich entlang der Linie, wo' der Bruch sie durchziehen würde, von der höheren nach der tieferen Staffel herab. Man nennt diese Abart der Verwerfung eine Flexur. Jeder Bruch ist als die Folge der Auslösung von Spannungsdifferenzen anzusehen. Sinkt dabei ein Flügel herab, so muſs eine Volumenverminderung in der Tiefe, gleichviel ob durch Stoffentziehung, oder durch Schrumpfen, oder durch tangentiales Ausweichen tiefgelegener Massen veranlaſst, zugrunde liegen. Umgekehrt würde das Ansteigen eines Flügels, während der andere in Ruhe bleibt, auf Spannungen deuten, die durch Volumenvermehrung in der Tiefe hervorgebracht wurden. Geschieht das Absinken oder das Ansteigen an Bruchflächen, welche gegen den niederen Flügel schief einfallen, so ist die eine wie die andere Bewegung gleichzeitig mit einer Raumerweiterung verbunden; denn eine Horizontalprojektion oder ein vertikales Querprofil würden zeigen, daſs die einander zugekehrten Grenzlinien der Oberfläche der beiden Flügel, welche früher zusammenhingen, jetzt durch einen mehr oder weniger breiten Raum getrennt sind. Wo Bewegungen dieser Art in groſsem Maſsstab und in oftmaliger Wiederholung als Motiv der Gebirgsbildung ohne gleichzeitige Faltung auftreten, scheint eine gegen die tiefste Versenkung hin gerichtete Zerrung zugrunde zu liegen.

Man findet teils ausgedehnte Erdräume, wie das ganze östliche Asien, von groſsen regionalen Verwerfungen betroffen, teils engbegrenzte Erdstellen von Systemen enggestellter Brüche durchsetzt. Der Vertikalausschlag der Verschiebungen kann sehr gering sein; er kann auch an einer einzelnen Verwerfung, oder durch Summierung mehrerer eng verbundener staffelförmiger Verwerfungen, mehrere tausend Meter betragen. Betrachtet man nur die gröſseren Fälle, so kann der stehen gebliebene höhere Flügel ein einfaches Bruch- oder Schollengebirge mit steilem Abfall an der Bruchseite und horizontaler oder sich sanft abdachender Oberseite bilden (Beispiel: Erzgebirge); oder es entsteht eine Landstaffel, wenn eine groſse Region gegen abgesunkene Nachbargebiete durch eine randliche Schwellung begrenzt ist, eine für Ostasien charakteristische Form; hierbei veranlaſst die staffelförmige Wiederholung des Bruches in manchen Fällen eine Mehrzahl von parallelen Kämmen. Vollzog sich die Absenkung (wie vorher angegeben) in Gestalt eines in einer gewölbartigen Auftreibung eingesenkten Grabens, so entstanden gegenständige Bruch- oder Schollengebirge, welche sich wie rechte und linke Hand verhalten (Beispiel: Schwarzwald und Vogesen). Blieb ein Kern stehen, und geschah die Absenkung nach wenigstens zwei Seiten von ihm hinweg, so bildete sich ein Horstgebirge (Beispiel: Harz, Thüringerwald); doch würde ein solches ebenfalls entstehen können, wenn bei einer Aufwölbung die Flanken von dem Kern in Staffeln abgesenkt würden.

d. **Die Verwitterung,** d. h. die Umänderung, Lockerung und zum Teil Vernichtung des Gesteins durch chemische, vegetabilische und mechanische Agentien. Zu letzteren gehören die Spannungsdifferenzen durch Temperaturwechsel und die sprengende Kraft des Eises. Unmittelbare Formveränderung geschieht durch Herabgleiten und Fallen vermittelst der Schwere und durch Fortführung von Massen in Lösung. Der Hauptverbündete in der unmittelbaren äuſseren Umgestaltung ist das spülende Wasser, welches die Bewegung gelockerter Massen nach abwärts befördert. Verwitterung und Lösung dringen nach der Tiefe vor und können ebenso zu Aufblähungen wie zu Einsenkungen und Bergstürzen Anlaſs geben.

e. **Die erodierenden Agentien,** insbesondere flieſsendes Wasser, strömendes Eis (Gletscher) und bewegte Luft. Sie schaffen das gelockerte und gelöste Material fort. Das flieſsende Wasser benutzt dieses, um Rinnen zu graben, welche durch das bewegte Eis vertieft und an ihrer Sohle erweitert werden können. Auſserdem vermag das Eis an den Stellen seines gröſsten Druckes Becken auszuhöhlen, und breite Ströme desselben üben mittelst des Bodenschuttes eine feilende Wirkung auf breite Flächen aus. Diese Agentien wirken von auſsen umgestaltend auf die Gebirge; sie modellieren die durch die unter a, b, c genannten Faktoren geschaffenen rohen Blöcke und veranlassen, gemeinsam mit der Verwitterung und der Arbeit des Spaltenfrostes, die Ausgestaltung der Gebirgsgliederung bis in die kleinsten Einzelheiten. Das flieſsende Wasser kann aber auch ein primärer Faktor der Gebirgsbildung sein, indem es Rinnen in eben ausgebreitetes Land gräbt. Sind dieselben tief und vielfach verzweigt, so können sie für sich allein aus verebnetem Boden ein Erosionsgebirge schaffen.

Die Tendenz dieser Agentien ist völlige Abtragung von Gebirgen. Vollkommene Verebnung wird nicht erreicht; aber es können, wenn die Erosionsbasis sich durch lange Perioden nicht änderte, unebene, wellige Flächen, **Rumpfflächen** (Peneplains der Amerikaner) zurückbleiben, über welche nicht ausgeglichene harte Gesteinskerne als **Inselberge** (Monadnock der Amerikaner) aufragen. Es ist damit ein **Erosionszyklus** abgeschlossen. Wird durch Hebung oder Absenkung eine tiefere Erosionsbasis geschaffen, so wird die Rumpffläche durch wieder einsetzende Erosion abermals in ein Gebirge verwandelt, welches durch lange Zeiten einen gewissen Grad von Gleichmäßigkeit in den Höhen von Kämmen und Gipfeln bewahren, aber durch fernere Zerstörung der abermaligen Umwandlung in eine Rumpffläche entgegengehen wird. Solche Erosionszyklen können, wie W. M. Davis lichtvoll gezeigt hat, in mehrfacher Wiederholung aufeinander folgen.

f. Ein durch konzentrierten, auf die Zerstörung fester Gebilde gerichteten Kraftansatz umgestaltend wirkendes Agens ist die **abradierende Arbeit der Brandungswelle**. Sie richtet ihre Angriffe gegen die Gebirge nicht von aufsen her, wie die erodierenden Agentien, sondern dieselben treffen an allen Stellen einer langgedehnten Küstenlinie unmittelbar die inneren und tieferen Teile, so dafs die oberen den Halt verlieren und nachstürzen. Die Brandungswelle zerstört, wenn ihr hinreichend Zeit gegeben ist, alles Gestein, welches durch den Wechsel von Ebbe und Flut innerhalb einer schwach ansteigenden schmalen zonalen Fläche (**Brandungsstrand**) in ihren Bereich kommt. Die durch Absturz gebildete senkrecht oder steil ansteigende Felsfläche, das **Kliff**, wird, auch wenn sie hunderte von Metern hoch ist, wieder unterwaschen und rückt durch erneuten Absturz des Gesteins landeinwärts vor. In einem gegebenen Niveau kann die Arbeit über eine gewisse Entfernung landeinwärts von der Ebbelinie nicht fortgesetzt werden, weil die aufrollende Brandungswelle ihre Kraft durch Reibung verliert. Steigt aber der Meeresspiegel langsam an, so wird die Grenze der Arbeitsleistung weiter und weiter in das Innere verlegt. Die schmale Fläche des Brandungsstrandes erweitert sich dann zur **Abrasionsfläche**, welche unter dem Meeresspiegel verborgen bleibt. Sie wächst an Breite auf Kosten der Festlandsgebilde; ihr oberes Ende ist durch die Brandungslinie bezeichnet, über der sich das immer weiter landeinwärts rückende Kliff erhebt. Eine Verflächung, die infolge des Härtewechsels der Gesteine und der Ungleichmäfsigkeit im Betrage der positiven Strandverschiebung mancherlei Wechsel im Relief zeigen kann, breitet sich nun über dieselben Regionen aus, wo vorher mächtige Gebirge sich erhoben. Diese werden gleichsam hinweggefegt; nur ihre tiefsten, unterhalb der früheren Talsohle gelegenen Kerne sind durch die Abrasionsfläche blofsgelegt. Die letztere aber bleibt verhüllt; denn sie wird durch **transgredierende Sedimente** bedeckt, d. h. durch horizontale Schichten, welche zunächst aus den Abrasionstrümmern gebildet sind, dann aber auch von Kalksteinen und vielfachem weiterem Gesteinswechsel überlagert werden können. Die Abrasionsfläche liegt unter dem Trümmersand, welcher den seichten Meeresboden in Front steiler Kliffe kennzeichnet. Im Lauf der Zeit kann sie mit allen aufgelagerten Schichtgebilden wieder über das Meeresniveau gelangen und das Material zur Herausbildung von Gebirgen, insbesondere von Tafelland, sodann von Erosionsgebirgen und von Bruch- oder Schollengebirgen geben.

Abrasion kann in gröfserem Mafsstab nur an den dem offenen Ozean ausgesetzten Küsten stattfinden. Greift das Meer durch Lücken in der Küstenumrandung in Hohlformen des Inneren der Festländer ein, so breitet sich das Wasser bei Erhöhung des Meeresstandes oder Sinken des Festlandes ruhig über die Festlandsformen aus, ohne sie wesentlich zu verändern, und die Sedimente setzen sich auf unebener Fläche ab. Man kann sie als **ingredierend**, die Erscheinung als **Ingression** bezeichnen. Solche Sedimente verhalten sich dann ähnlich wie diejenigen, welche sich aus grofsen Süfswasserbecken niederschlagen, enthalten aber zum Unterschied die Reste mariner Faunen.

g. **Das Aufsetzen fremdartiger oder parasitischer Massen.** — Die bisher genannten Faktoren sind die wesentlichen Bildner nnd Umbildner des Grundbaues und der Gestalten der festen Erdoberfläche. Auf diesen Grundbau können örtlich fremdartige Massen in Gestalt von Bergen oder Hügelland aufgesetzt werden. Hierzu gehören vor allem die **Vulkane** und die aus vulkanischen Gesteinen aufgebauten Berge, deren Material durch Kanäle aus den Tiefen der Erde herausdrang und der Erdoberfläche, sei sie Gebirge oder Flachland, in parasitischer Weise aufgesetzt wurde. Vulkane sind überall Fremdlinge. Sie fehlen beinahe gänzlich denjenigen Erdräumen, in welchen innerhalb der jüngsten Perioden ein faltiges Zusammenschieben der Erdrinde stattgefunden hat, sind dagegen oft charakteristisch für solche, in welchen Bruchbildung und Absinken an geneigten Bruchflächen das leitende Motiv der Gebirgsbildung zuletzt gewesen ist.

Parasitische Gebilde sind auch die **Korallenriffe**, die jedoch auf den Meeresgrund beschränkt sind.

h. Die Ausbreitung verhüllender Bodendecken über den festen Felsbau. Pflanze, Tier und Mensch leben nicht auf dem starren Gestein, sondern sind auf den lockeren Boden angewiesen, welcher dasselbe zum gröfsten Teil überzieht und die Ausbildung besonderer Oberflächengestaltungen veranlafst. Man kann unterscheiden: a) den **Verwitterungs- oder Eluvialboden**, welcher durch Zersetzung und mechanische Zerstörung des Gesteins an Ort und Stelle entsteht, und b) den **Aufschüttungsboden**, welcher aus der Ablagerung der durch Erosion und Abrasion fortbewegten Zerstörungsprodukte hervorgeht. Wind, Gewässer des Festlandes, Gewässer des Meeres und bewegtes Eis sind die Agentien, welche die Umlagerung und Aufschüttung ausführen.

4. Morphologische Grundgestalten.

Endlos ist die Verschiedenheit der Formgebilde der Erdoberfläche, und die Mannigfaltigkeit nimmt zu, wenn man neben der äufseren Gestalt den inneren Bau und die aus beiden sich ergebende Entstehungsgeschichte in Betracht zieht. Diese aber hat sich als das geeignetste Prinzip einer systematischen Einteilung der Formgebilde erwiesen. Daher gibt der Einblick in die zuletzt betrachteten gebirgsbildenden und umbildenden Vorgänge den Schlüssel zum Verständnis in jedem Einzelfall. Andererseits ist die Bekanntschaft mit den wichtigsten der überhaupt vorkommenden Arten von Formgebilden geeignet, die Untersuchung von vornherein in solche Bahnen zu leiten, welche zur Auffindung der jeder Einzelerscheinung zugrunde liegenden genetischen Vorgänge führen können. Von diesem Gesichtspunkt aus erscheint es nützlich, einen Blick auf einige wesentliche Typen der Formgebilde zu werfen. Es ist aber zu bemerken, dafs eine einheitliche Einteilung noch in weiter Ferne liegt und auch hier nur ein Versuch gemacht werden kann, der sich von denen in den oben angegebenen Lehrbüchern ebenso unterscheidet, wie es bei diesen untereinander der Fall ist. Es ist ferner zu beachten, dafs, je weiter die Kenntnis vorschreitet, desto mehr jedes einzelne unter den selbständig aufragenden Gebirgen der Erde eigenartig und allen anderen gegenüber individualisiert erscheint. Dies erschwert die Einteilung; es kommt darauf an, die leitenden gleichartigen Züge von den nebensächlichen zu trennen.

Die vornehmste Stellung haben die Hochgebirge vom **Typus der Alpen**, in denen zusammenschiebende Kräfte bis in die jüngste Zeit gestaltend gewirkt haben. Der Name

„jugendliche Faltungsgebirge" kann noch für sie beibehalten werden, wenn auch die stauende Kraft sich oft viel mehr in Überschiebung als in Faltung äufsert und die Stauung in der Regel nur auf einer Seite des Gebirges das leitende Motiv ist. Aus letzterem Grunde kann man diese Gebirge als heteromorph bezeichnen. Sie bilden langgestreckte Gebirgszonen, fast ausschliefslich von bogenförmigem Verlauf, und bestehen bei normaler Ausbildung aus drei Unterzonen, nämlich einem aus kristallinischen Schiefern und Granit aufgebautem Rückgrat (dem Kernzug), einer äufseren, durch starkes Zusammenschieben, und einer inneren, durch Absenkungsbrüche und sporadische Faltung ausgezeichneten Zone. Mit ihrem Aufsenrand grenzen sie an Depressionen, die mit Schutt ausgefüllt sind oder vom Meer überflutet werden. Vulkane sind auf die innere Bruchseite beschränkt. Abwandlungen finden statt durch das Fehlen eines kristallinischen Kernzuges und durch (seltener) Eintreten stärkerer Stauung an der Rückseite. Die Gebirge dieses Typus begleiten in zusammengeketteter Reihe von Bogenlinien den europäisch-asiatischen Kontinent entlang seiner Südseite, als Abschlufs gegen südwärts folgendes fremdartiges Land, und es gehört anscheinend zu ihnen der westindische Inselbogen mit seiner Fortsetzung in Zentralamerika.

Als Gebirge der erloschenen Faltung können die durch äufsere Agentien abgetragenen, aber als Ruinen fortbestehenden Gebirge bezeichnet werden, in'denen die zusammenstauenden Bewegungen in früher Zeit ihren Abschlufs gefunden haben. Die Züge der alten Architektur sind noch in aufragenden Teilen und Tälern lange erkennbar, da die durch chemische und mechanische Agentien leichter zerstörbaren Gesteine hinweggeführt und die widerstandsfähigeren übriggeblieben sind. Es ist um so schwerer, eine Grenze dieses Typus gegen den der Rumpfgebirge festzusetzen, als bei ersterem einzelne Glieder noch als Ruinen aufzuragen, andere bereits den Rumpfcharakter vollständig zu besitzen pflegen. Was die erloschenen Faltungsgebirge miteinander verbindet, ist die scharf ausgesprochene zonale Gliederung durch langgedehnte Längsbrüche. Es gehört hierher einerseits der Typus des Ural und der Appalachischen Gebirge, andererseits derjenige der Anden von Nord- und Südamerika; ersterer ausgezeichnet durch Erlöschen der Faltung seit paläozoischer Zeit und Auftreten alter Ausbruchsgesteine, letzterer durch Erlöschen intensiver Faltung in spätmesozoischer Zeit, sehr ausgesprochene Längszerlegung in nachmesozoischer und zum Teil bis in die jüngste Zeit, durch ausgedehnte, mit Zerteilung in Bruchschollen verbundene zonale Senkungen und Hebungen, und durch reichhaltiges Auftreten jugendlicher Ausbruchsgesteine innerhalb aller Zonen. Als ein dritter Typus darf wahrscheinlich der von Neu-Seeland hinzugefügt werden.

Die räumlich verbreitetste Kategorie von Formgebilden umfafst die **starren Schollenländer**, d. h. 1. solche Erdräume, wo an Stelle ehemaliger stauender Bewegungen längst Starrheit und an Stelle der durch jene geschaffenen Aufragungen durch Destruktion flächenhafter Charakter getreten ist, gleichviel ob man es mit einer nackten Rumpffläche oder mit tafelartig darüber ausgebreiteten Schichten zu tun habe; 2. alle durch Brüche und Vertikalverschiebungen daraus hervorgegangenen aufragenden Gebilde. Bei hochgelegener Erosionsbasis, wo sich die Gewässer nur flache Rinnen einschneiden, haben wir Schollenflächen, die in den Gestalten von Rumpfflächen und Tafelflächen erscheinen können. Tiefere Erosionsbasis, in deren Folge die Gewässer tiefer einschneiden, schafft Rumpfland und Tafelland. Blockartige Zerteilung schafft Rumpfgebirge oder Tafelgebirge, die man als **Schollengebirge** zusammenfassen kann, in grofser Mannigfaltigkeit.

Von allen diesen Kategorien heben sich die **Ausbruchsgebirge** ab, welche selbständig auftreten oder mit fast allen anderen Gebilden parasitisch verbunden sein können.

Endlich sind die **Hohlformen** zu nennen, welche von sehr verschiedener Art sind. Sie können aus ebenflächigen Gebilden durch tiefes und verzweigtes Eingreifen Gebirge schaffen. Als Folgeerscheinung des Eingrabens von Hohlformen in aufragende Gebilde wird ebenflächiges **Schwemmland** gebildet.

Diese einzelnen Formgebilde bedürfen weiterer Erörterung.

A. Die jugendlichen heteromorphen Faltungsgebirge. — Diejenigen Faltungsgebirge, in welchen, wie bei Alpen, Karpathen, Appenninen und Himalaja, die gebirgsbildenden Kräfte bis in eine kurz zurückliegende Zeit fortgewirkt haben, geben Anhalt für weitgehende Einblicke in das innere Gefüge, weil in ihnen die Spuren der Kräftewirkungen am wenigsten verwischt sind. Wer Gebirgsbau irgendwo eingehender untersuchen will, dem ist als Vorschule das Studium eines derartigen Gebirges, insbesondere gut erforschter Teile der Alpen, zu empfehlen. Innerer und äufserer Bau bieten regional grofse Verschiedenheiten, nicht nur wenn man die einzelnen hierher gehörigen Gebirge, sondern auch wenn man einzelne Längsstrecken desselben Gebirges miteinander vergleicht. Die folgenden Bemerkungen über Gefüge und Entstehungsursachen betreffen daher nur einiges was ihnen gemeinsam ist.

a. Der in der Regel bogenförmige Verlauf der langgestreckten Gebirgszonen kommt in vollkommenster Weise an dem konvexen Aufsenrand und in den diesem zunächst liegenden Kämmen, weniger ausgeprägt in den zentralen Zügen und am wenigsten auf der nur im allgemeinen als konkav zu bezeichnenden Innenseite zur Geltung. Diese drei zusammengehörigen, verschieden gestalteten Zonen sind nicht immer regelmäfsig angeordnet oder entwickelt.

b. Die Aufsenzone besteht aus gefaltetem und überschobenem Schichtgebirge. Die Faltungen sind meist dicht gedrängt und oft in mehrfacher Folge und wechselvoller Art gegen den Aufsenrand hin, wie durch eine von innen nach aufsen wirkende Kraft, übereinandergeschoben. Dadurch geschieht es, dafs man häufig in langen Linien Älteres über Jüngerem liegen sieht. In scharfem Gegensatz dazu steht das Vorland, dessen randlicher Teil als von den Faltungen vollkommen überwallt erscheint und wegen seiner tiefen Herabsenkung und der dadurch veranlafsten Bedeckung durch Meerwasser oder Sedimente verborgen bleibt. Wo es in einigem Abstand daraus ansteigt, sieht man Schichtgebilde von gleichem Alter mit den gefalteten des Gebirges, aber in gestreckter Lagerung und mit Faunen von ganz anderen Typen der Facies. Dadurch erscheint das Vorland als ein starrer Teil der Erdrinde, welcher ein festes Widerlager gegen die faltende und schiebende Kraft bildete. In neuester Zeit ist, zuerst durch genaue Forschungen an sehr alten Rumpfgebirgen in Schottland, dann in den französischen und Schweizer Alpen, und wiederum in sehr altem Gebirge in Skandinavien, für Überschiebungen und deckenartig überlagernde Faltungen ein horizontales Ausmafs von aufserordentlichem Betrag, bis zu mehr als einhundert Kilometer, gefunden worden. Seitdem hierdurch der Blick auf einzelne bei nachfolgender Denudation übriggebliebene und gänzlich isolierte (sogenannte „wurzellose") Reste ehemaliger Überschiebungsdecken gelenkt worden ist, sind solche ältere inselartige Reste auf Jüngerem ein Beobachtungsobjekt von allgemeiner Wichtigkeit geworden. Umgekehrt zeigt die überlagernde Decke zuweilen Lücken, sogenannte „Fenster", durch welche aufragende Teile des bedeckten Gebirges sichtbar werden. Der Nachweis von Überschiebungsdecken, noch mehr von Einzelresten von solchen, sowie von Fenstergebilden, erfordert einen scharf geübten Blick. Dem Reisenden kann es aber durch sorgfältige Niederlegung dessen, was er sieht, gelingen, wenigstens die Aufmerksamkeit auf Vorkommnisse dieser Art bei wenig bekannten Gebirgen zu lenken. — Zunächst dem Aufsenrand bestehen die Faltungen in der Regel aus den jüngsten während der Gebirgsaufrichtung aus Trümmern abgelagerten Schichtformationen, während gebirgseinwärts und in gröfseren Höhen ältere Gebilde zum Vorschein zu kommen pflegen. — Die Anlage der Täler in der Aufsenzone ist verschieden. Die endogenen Vorgänge verursachen wesentlich zonale Anordnung in Längsrichtung, und manche longitudinale Bergrücken und Hohlformen in der grofsen Anlage der Gebirge lassen sich in Beziehung damit bringen. Aber bei der Ausgestaltung der Einzelformen in der Anlage von

Kämmen und Talverzweigungen haben Verwitterung, fliefsendes Wasser, und in vielen Fällen auch das strömende Eis der Gletscher, weitaus die Hauptrolle gehabt. Der Anordnung dieser Täler im äufseren und inneren Gebirgsbau ist eingehende Aufmerksamkeit zuzuwenden. Man sollte dabei auch die kleinsten Wasserläufe und Bodenfurchen beachten. — Eruptivgesteine fehlen den gefalteten Aufsenzonen fast ausnahmslos. Dagegen sind tangentiale Verschiebungen an senkrechten Querbrüchen eine häufige Form der Auslösung nach aufsen gerichteter Spannungen.

c. Die gefalteten Schichtgebilde der Aufsenzone haben in allen Fällen grofse Mächtigkeit und sind im Meer, in wechselnder, aber, wie es scheint, meist nicht bedeutender Entfernung von einer Küste, durch eine Reihe geologischer Perioden abgelagert worden, wobei ihre Unterfläche allmählich bis zu mindestens dem vollen Betrag der Mächtigkeit der Schichten unter den Meeresspiegel herabsank. Zuweilen lassen sich zwei oder drei durch gebirgsbildende Vorgänge getrennte Formationsgruppen unterscheiden. Da auf dem Vorland dieselben Altersstufen durch Sedimente von geringer Mächtigkeit vertreten sind, kann die Region der Senkung und der intensiven Sedimentbildung sich nicht über die Linie des gegenwärtigen Aufsenrandes des Gebirges hinaus erstreckt haben, umfafste aber den jetzt von diesem eingenommenen Erdraum in seiner ganzen Längsausdehnung und viel bedeutenderer Breite. Sie hatte daher ebenfalls die Gestalt einer langgestreckten Zone. Aus demselben Grund mufs die Unterfläche sich zu einer trogförmigen Gestalt herabgesenkt haben. Der sedimenterfüllte, zonenförmige Trog wird nach Dana's Vorgang als Geosynklinale bezeichnet. Für die Feststellung der Geschichte eines Gebirges ist es wichtig, zu ergründen, zwischen welchen Zeitgrenzen gleichförmige Ablagerungen von Schicht auf Schicht über der sich senkenden Unterfläche stattgefunden haben, und in welchen geologischen Epochen durchgreifende Ungleichförmigkeiten nachweisbar sind, da sich daraus einzelne Phasen der Gebirgsaufrichtung entnehmen lassen.

d. Hinter der aus gefalteten Schichtgesteinen gebildeten Aufsenzone erhebt sich in der Regel die wesentlich aus kristallinischen Gesteinen gebildete Kernzone und erreicht, wo normale Verhältnisse obwalten, die gröfste Gebirgshöhe. In ihr liegen die imposantesten Gipfelketten, und sie bildet im allgemeinen eine Hauptwasserscheide. Zuweilen finden sich in ihr aufgesetzte oder eingefaltete Reste des ältesten Teiles derselben Schichtgebilde, welche die Aufsenzone zusammensetzen; dann erweisen sie, dafs sich einst deren gesamte Masse über den Raum ausbreitete, wo jetzt das Kerngebirge ansteigt, und dafs die Gesteine des letzteren ehemals dem am tiefsten versenkten Untergrund der Geosynklinale angehörten. Es darf als ein Hauptmoment der Deformierung, welche diese erlitten hat, bezeichnet werden, dafs die Unterlage durch die gesamte Mächtigkeit der Schichten in einem Gesamtausmafs, welches wahrscheinlich in manchen Fällen 10—15 Kilometer erreicht, hindurch emporgeschoben worden ist. Der Nachweis von Resten der Trogausfüllung innerhalb der Kernzone ist daher von grofser Bedeutung für die Erkennung der Geschichte eines Gebirges. Es ist darauf zu achten, ob die Kernzone, wie in den Ostalpen, einheitlich verläuft, oder, wie in den Westalpen, in einzelne Massive zerfällt, welche durch muldenförmig eingeklemmte

Reste einer ehemals allgemein ausgebreiteten Sedimentdecke von einander geschieden werden.

e. Die Sonderung einer durch besondere Eigenschaften ausgezeichneten Zone auf der Erdoberfläche, daher die Vorgeschichte des Gebirges, muſs spätestens in dem Zeitalter begonnen haben, in welchem die Sedimente sich innerhalb des jetzt durch das Gebirge bezeichneten Raumes anders und mächtiger als in dem Vorland zu entwickeln begannen. Denn während der Untergrund der Schichtbildungen auf diesem (soweit die Beobachtungen reichen) nie eine bedeutende Tiefe unter dem Meeresspiegel erreichte, sank er in jener Zone auſserordentlich tief. Die Ursache des Herabsinkens des Untergrundes wird in der Last der immer mächtiger sich anhäufenden Sedimente gesucht, kann aber nicht als aufgeklärt gelten; nur die Tatsache läſst sich erkennen. Es gehört zu den bei theoretischen Spekulationen in erster Linie zu berücksichtigenden Momenten, daſs hochaufragende Faltungsgebirge sich an solchen Erdstellen erheben, wo vorher das Herabsinken der Unterfläche der Sedimente seinen höchsten Betrag innerhalb eines gröſseren Erdrindenteiles erreicht hatte. Um so bemerkenswerter ist es, daſs am Colorado eine mächtige Reihe von Sedimentgebilden horizontal gelagert ist, ohne zur Bildung eines Faltengebirges Anlaſs gegeben zu haben. — Während der Periode der Gebirgserhebung ist die Erdrindenbewegung der vorhergegangenen entgegengesetzt; denn während das Vorland auch weiterhin den Charakter einer starren Scholle bewahrt und in schwachen Oszillationen bald eine seichte Meeresbedeckung erfährt, bald Festland bildet, vollzieht sich in dem Raum der Geosynklinale unter faltigem und scholligem Zusammenschieben der Schichten eine Erhebung weit über das frühere Meeresniveau hinaus.

f. Die Erscheinungen an der Innenzone der Faltungsgebirge weichen in fast allen Fällen von denen der Auſsenseite weit ab. Den Hauptanteil am Gebirgsbau haben zwar wesentlich Schichtgebilde aus denselben Zeitaltern, wenn auch oft etwas abweichend und weniger mächtig entwickelt; jüngere Faltungen aber spielen in der Regel eine untergeordnete und örtlich beschränkte Rolle; die Lagerung ist wesentlich in gebrochenen Tafeln, und diese sind durch Absinken an geneigten Bruchflächen vertikal gegeneinander verschoben. Es ist, als ob während oder nach der Emporhebung Zerrungen und Streckungen der Schichtgebilde und in weiterer Folge ein Zurücksinken einzelner Teile stattgefunden hätten. Häufig öffnen sich Wege für Eruptivgesteine, und in vielen Fällen endigt das Gebirge an seinem innersten Rand mit einer sehr tiefen Beckensenkung, in der Art der pannonischen, oberitalischen und tyrrhenischen. Mit Ausnahme einiger oft sehr groſser, in der Tektonik begründeter Längstäler herrschen Täler, welche quer zum Streichen des Gebirges gerichtet sind, aber vielfache Unregelmäſsigkeiten zeigen und nicht selten tektonisch abgelenkt werden. Die Erscheinungen bieten groſse Mannigfaltigkeit. Sie weisen auf seitliche Verschiebung tief gelegener plastischer Massen oder auf Schrumpfung infolge Herabgehens der Geoisothermen.

Die Anschauungen über die Ursachen der Entstehung und den Mechanismus der Bildung von Faltungsgebirgen haben im Lauf der Zeit vielfache Änderungen erfahren und sind noch stetig in der Weiterentwickelung begriffen. Das letztvergangene Jahrzehnt hat manches Neue darin gebracht. Die Lehrbücher der Geologie geben darüber allgemeine Belehrung. Für den Reisenden kommt es darauf an, mit dem Wesen dieser Gebirge vertraut zu sein, um, wenn er in die Lage dafür kommen sollte, durch eigene Beobachtungen neues Material für die vergleichende Kenntnis der Gebirge beizubringen. Er sollte es sich angelegen sein lassen, in möglichst vielen Querschnitten den Bau des Gebirges, die Altersstufen, den Gesteinscharakter und die Mächtigkeit der darin auftretenden Formationen, ihre Lagerungsverhältnisse auf der Aufsenseite und auf der Innenseite, ihre Beziehungen zu dem Kerngebirge, die beiderseitigen Unterschiede in Berggestalten und Hohlformen, das Auftreten der Eruptivgesteine, die grofsen Bruchbildungen und Senkungen auf der Rückseite und vieles andere zu untersuchen und durch möglichst exakte Plan- und Profilzeichnung darzustellen. Dazu kommt das Verhältnis des Gebirges zu seinem Vorland und zu den der Innenseite sich anschliefsenden Erdräumen.

B. **Erloschene Faltungsgebirge.** — Betreffs dieser Gebirge kann auf das oben (S. 250) Gesagte verwiesen werden. Beobachtungen über sie sind der vergleichenden Untersuchung wegen und zur Abgrenzung gegen die Kategorien der Schollengebirge erwünscht.

C. **Die Rumpfflächen.** — Dieser Name bezeichnet solche mehr oder minder ebenflächige, meist sehr weit ausgedehnte Formgebilde, welche sich in ihrem durch die Oberfläche abgeschnittenen inneren Gefüge als ausgeflachte Teile des Unterbaues verschwundener Faltungs- und Überschiebungsgebirge zu erkennen geben. Kristallinische Schiefer aller Art, Granite und andere Massengesteine, dann Tonschiefer, Quarzite, Grauwacken und alte Sandsteine, alle aufgerichtet, zusammengeschoben und gefaltet, sind in der Regel die wesentlichsten Bestandteile. In höheren Breiten sind sie meist bis zur Oberfläche in frischem Zustand erhalten. In feuchtwarmem Klima hingegen findet man gewöhnlich gerade die sonst harten Gesteine, wie Granit und Gneifs, durch Zersetzung weich und schneidbar geworden; doch zeigen sie meist noch deutlich ihren mineralischen Bestand; andere, wie die tonigen und kieseligen Gesteine, oder Gänge von Quarz und Pegmatit, haben der Zersetzung Widerstand geleistet. Um den Schichtenbau zu untersuchen, mufs man sich an die Einschnitte der Gewässer halten; am deutlichsten tritt er, wenn die Rumpffläche an brandendes Meer grenzt, in quergerichteten Teilen des Kliffs hervor. An der Oberfläche ist er meist durch Eluvialgebilde undeutlich.

Solche nicht durch Auflagerungen verhüllte Rumpfflächen bieten in Europa z. B. die Bretagne, das südliche Rußland und die flächenhaften Teile auf den Höhen des skandinavischen Blockes. Sie nehmen große Gebiete in den Südkontinenten ein, ebenso in Canada, und bilden die vorzüglich untersuchte Piedmont-plain im Osten der Appallachischen Gebirge. Sie lassen ihren Charakter noch erkennen, wenn sie, wie in Canada und Finnland, durch Glazialgebilde streckenweise verdeckt werden.

Die Rumpfflächen sind eingehenden Studiums wert, da ihre oben (S. 246) im allgemeinen skizzierte Entstehungsart der Erklärung noch viele Schwierigkeiten bietet. Es lassen sich zweierlei Vorgänge als genetisch zugrunde liegend erkennen. Der eine ist die Abwitterung von außen her bei gleichbleibender oder mindestens nicht herabgehender Erosionsbasis. Je weiter sie in einem Faltungsgebirge oder irgendeinem Gebirge vorschreitet, desto mehr werden die höheren Teile erniedrigt und die tieferen Böden ausgeflachter Hohlformen mit Schwemmgebilden bedeckt werden. Sind jedoch die ersteren so weit abgetragen, daß das Wasser die gelockerten Teile nicht mehr zu transportieren vermag, so kommen diese bereits dort zur Ablagerung. Das Endergebnis in einem weit vorgeschrittenem Stadium würde bei gleichbleibendem Klima in der Schaffung einer mit größtenteils durch Trümmermassen verdeckten Destruktionsfläche bestehen, in welcher die widerstandsfähigeren Gesteine teils in leichteren zonalen Bodenschwellungen, teils in Einzelerhebungen aufragen würden. Die vorher bezeichneten Rumpfflächen weisen das letztere Merkmal auf; besonders sind die Inselberge in Afrika charakteristisch und gehören, nach Passarge's Darstellung, zu den auszeichnenden Merkmalen großer Gebiete in diesem Erdteil; aber es bleibt bei dem labilen Charakter der Grenze zwischen Land und Meer schwer verständlich, wie die Erniedrigung durch exogene Vorgänge zu so weitgehender Einebnung zu führen imstande ist, und wie es möglich ist, daß große Erdräume von Oberflächenschutt gänzlich entblößt worden sind. Der Nachweis eines wiederholten Wechsels von Pluvialzeiten mit erhöhter spülender Arbeit und von Trockenperioden mit intensiver Windwirkung könnte einen Schlüssel für die Erklärung geben. Für Beobachtung und Argumentierung nach diesen Richtungen gibt Passarge's Buch „Die Kalahari" vorzügliche Fingerzeige.

Der andere Vorgang ist die abradierende Wirkung

der Brandungswelle bei positiver Strandverschiebung, auf welche oben (S. 247) hingewiesen worden ist. Sie strebt, die Gebirge unterhalb ihrer tiefsten Talsohlen hinwegzuschleifen und an ihrer Stelle eine gleichförmige, allmählich ansteigende Fläche zu schaffen, die aber in der Regel sofort mit den in Schichten abgelagerten Produkten dieser Zerstörung transgredierend bedeckt wird. Bei vollkommener Wirkung würde die Fläche hartes und weiches Gestein ebenmäfsig durchziehen. Doch wird diese Entwickelung wegen der Ungleichmäfsigkeit und des oszillierenden Charakters der Strandverschiebungen und wegen der Härteunterschiede der Gesteine nie ganz, wenn auch zuweilen in erstaunlichem Grade, erreicht. Damit wird der innerste Kern der Faltungsgebirge blofsgelegt. Die Abrasionsfläche aber sinkt, während sie auf Kosten der Gebirge des Festlandes anwächst, langsam in das Meer hinab. Wird dann in einer späteren Periode die Verschiebung der Strandlinie in das Gegenteil verkehrt, d. h. sinkt der Meeresspiegel, oder steigt die Erdfeste, so wird zunächst die Decke der transgredierenden Sedimente trockengelegt und erscheint als Tafelland. Diese Form der Schollenländer soll erst an zweiter Stelle besprochen werden, weil das Wesen der Tafelländer sich nur aus der Struktur ihres Untergrundes vollkommen erkennen läfst. Schliefst sich das trockengelegte Gebiet einer vormaligen Küste an, so folgen die von letzterer kommenden fertig gebildeten Ströme dem Rückzug des Meeres; taucht hingegen der Meeresgrund mitten aus dem Ozean auf, so fliefst vom ersten Beginn der Landbildung, und dann den weiteren Stufen seiner Vergröfserung folgend, das niederfallende Wasser in der Richtung des Gefälles ab. In beiden Fällen ist diese in der Regel nahezu rechtwinklig zu dem Schichtenstreichen und der ehemaligen Achse des abradierten Gebirges; infolgedessen wird die Grundform der Talbildung durch Kanäle bestimmt, welche, so wie sie die auflagernden Sedimente durchschnitten haben, als Quertäler im Verhältnis zu den Faltungen des abgeschliffenen Grundgebirges erscheinen. Ist eine hinreichende relative Höhenlage im Verhältnis zur Erosionsbasis erreicht, so können die Sedimente durch Denudation entfernt werden, wenn auch oft Reste der Auflagerung stellenweise zurückbleiben werden. Doch kann dies nicht ohne Einreifsen tiefer Erosionsrinnen in das abradierte Felsgerüst geschehen. Einer wohlausgebildeten, unverritzten oder schwach eingeschnittenen Rumpffläche kann daher, entgegen früher von mir ausgesprochener Ansicht, dieser Vorgang nicht zugrunde liegen. Als Unterlage von Schichtgebilden tritt die Abrasionsfläche häufig und in grofser Ausdehnung auf. Sie kennzeichnet sich dann, wie an der Untergrenze des Cambrium im nordöstlichen China, einerseits durch das Vorrücken späterer Ablagerungen über die Festlandsgrenzen der früheren hinaus, andererseits dadurch, dafs klastische Gebilde, zum Teil mit grofsen Blöcken, wenigstens streckenweise die tiefsten Schichten zu bilden pflegen. Auch können einige klippenartige Aufragungen, welche dem Wogenprall nicht unterlagen, von den Sedimenten umhüllt werden.

D. **Die Tafelflächen und Tafelländer.** — Mit dem Namen „Tafelland" sollte man nicht, wie es oft geschieht, hochgelegene Erdräume von nicht durchaus gebirgigem Charakter, ebensowenig eine muldenförmige Hochfläche bezeichnen, sondern ihn auf diejenigen Fälle beschränken, wo die Gestalt der Oberfläche durch den Aufbau ihres Untergrundes aus nahezu horizontal, d. i. tafelartig gelagerten festen Gesteinen bestimmt wird und dieser Tafelbau durch nachträglich hervorgebrachte Unebenheiten, insbesondere eingefurchte Täler, deutlich hervortritt. Wie man den einer steilen Felsküste vorliegenden Sandstrand erst dann richtig beurteilt, wenn man sich bewufst ist, dafs die losen beweglichen Massen eine Abrasionsfläche verhüllen, so wird auch das Wesen der grofsen regionalen Tafelländer erst klar, wenn man die sie zusammensetzenden Gebilde als deckenartige Auflagerungen auffafst, welche auf einem Unterbau von anderer Art ruhen. Vollkommene Tafelstruktur gibt Zeugnis, dafs seit ihrer Bildung faltende Erdrindenbewegungen innerhalb ihres Bereiches sich nicht zugetragen haben. Der horizontale Schichtenbau einer ausgeebneten Tafelfläche ist zuweilen nur an den Seiten einer einzigen eingeschnittenen Rinne und ihren Zuflufsfurchen, wie im Elbsandsteingebirge, oder an den äufseren Abfallsrändern kenntlich. In anderen Fällen kann Tafelland durch vielfache Verzweigungen von eingeschnittenen Flüssen zu einem Erosionsgebirge aufgelöst sein, wie das „Rote Becken" der Provinz Sz'tschuan im westlichen China, oder das Siebenbürgische Becken.

Je nachdem Sedimentgesteine oder oberflächlich ausgebreitete Eruptivgesteine (gewöhnlich Basalt oder Dolerit, seltener Porphyr oder Diabas) den tafelartigen Charakter der Oberfläche bedingen, kann man Schichtungstafelland und Übergufstafelland unterscheiden. Das Schichtungstafelland kann aus Meeressedimenten (marines Tafelland) oder Binnenablagerungen (kontinentales Tafelland) bestehen.

Im ersteren Fall können die Schichten in einer kleineren oder gröfseren Ingressionsbucht (s. S. 248) über ganz unebenem Untergrund abgelagert, oder ein trockengelegter Teil des Bodens eines offenen Ozeans sein; dann wird als Untergrund meist eine Abrasionsfläche nachweisbar sein oder vorausgesetzt werden dürfen. Manchmal wird er in grofser Tiefe liegen.

Wo marine Versteinerungen vorkommen, besteht kein Zweifel über die Art des Ursprungs der Gesteine. Ebenso sichere Schlüsse ergeben sich, wo Reste von Landpflanzen in tonigen oder sandigen Schichten eingeschlossen sind. Aber weite Tafelländer im Inneren der Kontinente bestehen aus fossilleeren roten oder grauen Sandsteinen, deren Ursprung auf Festlandsflächen angenommen werden mufs, wie auf den Südkontinenten, in Indien und dem südöstlichen Asien. Zum Teil steht ihre Ablagerung durch fluviatile Einschwemmung in sehr ausgedehnte Binnenbecken aufser Zweifel. In anderen Fällen ist äolische Ablagerung (s. Abschn. C. II. 5.) oder äolische Umlagerung fluviatiler und limnischer Sedimente wahrscheinlich. Gründliche Erforschung der Art der Lagerung dieser Sedimente ist wichtig für die Beurteilung der Geschichte der betreffenden Erdräume und ihres vormaligen Klimas.

Bei Schichtungstafelländern aller Art sind die Formen und Beschaffenheit der Oberfläche trotz anscheinender Einförmigkeit genau zu beobachten; ebenso der Übergang zu anderen Landschaftsformen an den Rändern. Manches Tafelland stürzt, wie abgebrochen, steil auf tieferes Land ab; der Übergang kann aber auch durch eine grofse Flexur vermittelt werden. Häufig findet man eine Aufbiegung der Schichten gegen den Rand hin, so dafs eine dem letzteren parallele, zuweilen durch Staffelbrüche in mehrere sich allmählich abstufende Höhenzüge geteilte Anschwellung entsteht. Von Interesse ist in diesem Fall das Verhalten der Flüsse, besonders wenn sie die randliche Anschwellung zu durchbrechen vermocht haben.

Das Wesen des Übergufstafellandes beruht darin, dafs viele Eruptivgesteine der Tertiärzeit ungemein leichtflüssige Massen gewesen sind, welche sich in Gestalt vollkommen ebenflächiger Tafeln auszubreiten vermochten. War der Untergrund uneben, so füllten sie dessen Hohlformen aus, während die erhabeneren Teile (wie am Südrand der Mongolei gegen China) inselförmig aus den Gesteinstafeln aufragen. Nicht selten findet man Schichtungstafelland durch eine Decke von Eruptivgesteinen überlagert, so dafs diese den Oberflächencharakter bestimmt. Wo solche Decken in gröfserer Zahl übereinander geschichtet sind, sollte man beachten, ob sie durch Tuffabsätze oder andere Sedimente voneinander getrennt werden, und ob sich in diesen Reste von Land-, Süfswasser- oder Meeresbewohnern finden. Abgesehen von der Feststellung des geologischen Alters kann man dadurch Aufschlufs über die Dauer der zwischen der Bildung zweier Decken verflossenen Zeit gewinnen.

Unter den sonstigen Gesichtspunkten der Beobachtung möge derjenige hervorgehoben werden, welcher sich auf die Einschnitte in Tafelländern bezieht. Wo das Wasser Erosionsfurchen gegraben hat, zeigen diese meist eine scheinbar regellose Anordnung; doch ist im einzelnen Fall zu beobachten, ob nicht zuweilen die kleineren unter ihnen durch Kluftrichtungen beeinflufst werden, welche bei leichter Verbiegung, wie bei einer Glasplatte, infolge von Spannungen entstehen können und dann in zwei oder mehr parallelen Systemen angeordnet zu sein pflegen. Die Tiefe der Furchen richtet sich nach der Tiefenlage der Erosionsbasis, der Länge des Weges zu ihr, der Dauer der Zeit, in welcher die Erosion geschah, der Wassermasse, welche früher gröfser oder geringer als die gegenwärtige gewesen sein kann, und der Härte der Gesteine. Wird ein Tafelland bei trockenem Klima von einem gröfseren Strom durchzogen, so erhalten die Furchen eine scharfe, steilwandige Gestalt (Nil, ägyptische Wadi's, Colorado-Tafelland); denselben Einflufs übt auch bei Regenreichtum senkrechte Zerklüftung und gleichbleibender Charakter des Gesteins in vertikalem Sinn (Sächsische Schweiz). Gewöhnlich aber verbreitern sich die Furchen im Querschnitt nach oben, indem durch atmosphärische Einflüsse die Seiten abgetragen werden. Diese Stellen und die Abfälle nach aufsen dienen am besten zur Beobachtung des Schichtenaufbaues. Fortschreitende Erosion bringt zweierlei Wirkungen hervor. Sind die tieferen Schichten weich und leicht zerstörbar, die oberen hingegen hart, so werden die Furchen breit und schaffen sich einen ebenen Boden, während die Abfälle aufserordentlich steil sind. Zuletzt bleiben nur noch einzelne, oft sehr grofse und weit voneinander getrennte Tafeln oder Schollen als Fragmente übrig. Wenn aber umgekehrt die unteren Schichten härter sind als die oberen, oder wenn, was in der Regel der Fall ist, ein vielfacher Härtewechsel der Gesteine stattfindet, so fallen von den oberen Teilen aus die Gehänge in Terrassen nach den in der Tiefe engen Schluchten ab. Zuletzt bewahren nur noch einzelne Rücken die ursprüngliche Höhe. Von ihnen aus erkennt man noch, wie einst eine ebene Fläche sie verband. Die einzelnen Gehängeterrassen sind von sehr verschiedener Höhe und können entweder durch steile Böschungen oder durch breite, an die Stelle der weicheren Schichten tretende Verebnungen voneinander getrennt sein; sie umziehen mäandrisch das Haupttal und alle Verzweigungen der seitlich in dasselbe mündenden Täler und Schluchten. Besondere Beachtung ist dem rückwärtigen Einschneiden der Gewässer im Tafelbau zu widmen.

Schwieriger sind zuweilen auf Tafelländern diejenigen Unterbrechungen der Ebenflächigkeit zu erkennen, welche auf Bruch und Verwerfung beruhen; sie bieten stets Interesse hinsichtlich der Anlage des Wasserabflusses und sind oft von Wichtigkeit für die Lage der Ansiedlungen, welche sich gern an den Fuſs der langgestreckten Mauern halten, wenn die höhere Staffel in einer solchen gegen die tiefere abbricht. Auch gewinnen sie erhebliche Bedeutung in Tafelländern, deren Schichtgebilde Steinkohlenflöze einschlieſsen.

Die Teile der Oberfläche der Tafelländer, welche durch unverritzte horizontale Schichten gebildet werden, verbergen sich in feuchten Ländern unter einer vegetationsbedeckten Bodenlage. Dagegen bieten sie in trockenen Gegenden manchen Stoff für Beobachtung, insbesondere über Zerstörung des Gesteins durch den Wechsel von starker Insolation und Abkühlung, über die fegende und schleifende Wirkung des Windes, über Erscheinungen der trockenen Verwitterung und Erosion; denn selbst wo hin und wieder Regen niederfällt, ist dem Wasser auf ebenem Felsboden nur geringe mechanische Wirkung gewährt.

E. Die Schollengebirge. — Sie gehen aus der Zerlegung des unbedeckten oder bedeckten Schollenlandes in einzelne Teile und der Vertikalverschiebung dieser Teile hervor. An derselben Stelle, wo vormalige Faltungsgebirge zu Rumpfflächen abgetragen sind oder Tafelländer sich ausbreiten, entstehen durch das Einsetzen endogener Kräfte aufs neue Gebirge und abgesenkte Erdräume. Groſse Verschiedenheit im äuſseren Charakter ist vorhanden, je nachdem eine vertikal verschobene Bruchscholle aus gefaltetem Grundgebirge allein, oder aus diesem mit einem Überbau von Sedimentgesteinen besteht. Bildet sie mit dieser doppelten Zusammensetzung einen hochaufragenden Klotz, so wird das Schichtgestein zuerst abgetragen, und es bleibt ein Block übrig, welcher, inmitten einer Umgebung von Schichtungstafelland, den Unterbau allein noch erkennen läſst; wird sie hingegen tief hinabgesenkt, so kann die Denudation in der ganzen Umgebung das Sedimentgestein hinwegräumen, während es in dem versenkten Fragment erhalten bleibt, wie es häufig bezüglich der nicht zerstörbaren Schichten der produktiven Steinkohlenformation, z. B. in Zentralfrankreich, in Schottland und in Schantung, der Fall ist.

Unter den vielen Formen, welche bei der Umgestaltung der grofsen Schollenländer entstehen, können nur einige genannt werden. Jede gilt nach der tektonischen Anlage in gleicher Weise für die Deformation einer einfachen Rumpffläche wie für diejenige eines Tafellandes. Der ursprüngliche physiognomische Unterschied der Gebilde dieser beiden Kategorien wird aber durch die Denudation erhöht.

Flache Ausbreitung liegt der gestreckten Rumpffläche und der gestreckten Tafelfläche zugrunde. Befindet sich ein Teil in etwas höherer Lage als die Umgebung, so entstehen die aufragende Rumpffläche und das aufragende Tafelland. Bei beiden Formen kann die horizontale Ausdehnung innerhalb sehr weiter Grenzen schwanken. Das Rheinische Schiefergebirge mit Ardennen oder das von der Bretagne eingenommene Fragment der armorikanischen Rumpffläche sind Beispiele von mäfsiger, der Harz ist ein solches von geringer Ausdehnung. An den Grenzen gegen ihre Umgebungen kann man beobachten, ob sie als Horste, d. h. durch Brüche gesondert, aufzufassen sind, was für die kleineren immer gelten wird, oder ob sie sich bruchlos hinabsenken.

Unter den Motiven, welche der Umwandlung des Schollenlandes in Rumpfgebirge und Tafelgebirge zugrunde liegen können, seien genannt: a) die Aufwölbung durch Eindringen eines Lakkolithen oder eine sonstige treibende Kraft, z. B. das örtliche Heraufgehen der geoisothermischen Flächen (s. oben S. 243); b) die Durchfurchung eines aufgewölbten Gebietes durch grabenartige Absenkung eines Teils, infolge Rückganges der wölbenden Kraft; c) die Schiefstellung eines herausgelösten Schollenteiles, wodurch die ziemlich häufig vorkommende Keilform entsteht. Es ist dann zu untersuchen, ob eine durch Grabensenkung getrennte gegenständige Keilscholle vorhanden ist, wie bei Schwarzwald und Vogesen; d) Absenkungen an den Rändern eines Schollenteiles. Es entstehen dadurch Rumpfhorste und Tafelhorste. In beiden Fällen ist festzustellen, ob bei dem so herauspräparierten Gebirgsblock die Längsachse mit der Streichrichtung im Bau des Rumpfes übereinstimmt, oder ob sie ungefähr rechtwinklig (wie bei

Thüringer Wald oder Harz) oder diagonal dazu gelegen ist; auch ob die Absenkung an gegenüberstehenden Längsbrüchen gleichwertig ist, und ob nicht der Block nach einer Seite etwas übergeschoben erscheint. Erhebt sich ein Rumpfhorst aus Tafelland, so ist auch zu beachten, ob Reste seiner ehemaligen Überlagerung durch dieselben Schichtgebilde noch vorhanden sind.

Zur Erläuterung des Wesens der Schollengebirge mögen einige weitere heimische Beispiele hier Platz finden: Das Rheinische Schiefergebirge ist aus den gegen Nordwest überfalteten silurischen und devonischen Schichten einer überaus mächtigen Geosynklinale aufgebaut. Die Schichten der Steinkohlenformation sind auf der Vorderseite noch ein wenig gefaltet; auf der Rückseite liegen sie flach ausgebreitet. Das Gebirge ist zu einer Rumpffläche abgetragen, und diese ist jetzt durch ihre relative Höhenlage aufragend, daher von Flüssen durchfurcht. Transgredierende Schichten sind hier und da durch Enkeilung infolge grabenartiger Versenkungen erhalten. Auf Grund sorgfältiger Beobachtung ist die Höhe des ehemaligen Gebirges an der zu Belgien gehörigen Vorderkante zu ungefähr 6000 Meter über dem jetzt noch vorhandenen Rumpf geschätzt worden. Seit der Karbonzeit ist in diesem Erdraum Starrheit eingetreten. — Zu den Rumpfgebirgen gehören ferner im nordwestlichen Europa: das asturisch-cantabrische Gebirge und alle anderen aufragenden Gebirge der iberischen Meseta, das „Zentralplateau" von Frankreich, die Hügelländer, welche sich allseitig um Irland erheben und die westlichen Gebirgsvorsprünge von England bilden, die schottischen Gebirge, die Hauptmasse der skandinavischen Halbinsel, der Harz, das Erzgebirge, die Sudeten, das bayrisch-böhmische Gebirge Alle diese stellen den Grundbau ehemaliger Faltungsgebirge dar. Ihre Erhebung über die Umgebungen, daher ihre Natur als aufragende Gebirge, verdanken sie wahrscheinlich zum Teil einem Aufsteigen, in noch ausgedehnterem Mafs aber den an Brüchen geschehenen Versenkungen ihrer Umgebung. Teils haben sie den Charakter von Horsten, teils erscheinen sie als einseitig geneigte und nach der anderen Seite mit steilem Bruchrand abfallende Schollen, und einige von ihnen, wie Schwarzwald und Vogesen, tragen noch auf ihren Flanken die Decke der transgredierenden Sedimente. Durch die Bruchbildung und die damit verbundenen vertikalen Verschiebungen entstanden neue Wasserscheiden. Insoweit nicht weite, langgestreckte und gewöhnlich dem Schichtenstreichen folgende, durch Absenkung entstandene Hohlformen (z. B. im Südosten des Erzgebirges und im bayrisch-böhmischen Waldgebirge) Sammelrinnen für die Gewässer darbieten, sind alle Täler reine Erosionsbildungen und grofsenteils epigenetisch entstanden; Faltung und Aufschiebung üben nur insofern Einflufs, als sie die Lagerung der Gesteine bestimmen, unter denen die Gewässer sich die weicheren zur Ausarbeitung der Zuströmungsfurchen aussuchen. Es gehören hierher aber auch die mannigfaltig zerbrochenen Trias-Schollen im mittleren Deutschland. — Wer sich an heimischen Beispielen den Blick für die Beobachtung in anderen Ländern schärfen will, wird in dem noch immer an hervorragender Stelle zu nennenden Werk von A. Penck: „Das Deutsche Reich" (Leipzig 1887) reiche

Belehrung und eine allgemeine Grundlage gewinnen, um sich an der Hand spezieller Literatur dem Studium des einen oder anderen Gebirgsteiles zuzuwenden.

Zu den Schollengebirgen in grofser regionaler Anlage gehören auch die **Randschwellenbogen der Landstaffeln**, welche ein herrschendes Element in dem Bau von Ostasien sind. Sie sind das Ergebnis vertikaler Verschiebungen an zwei bogenförmig sich vereinigenden Bruchssystemen, von denen nur eines Beziehungen zum inneren Bau hat. Diese Landstaffeln sind grofse Schollen der Erdrinde, deren jede in ihrem westlichen Teil gegen die dort angrenzende gesenkt ist und in der Regel nach dem gehobenen Rand im Osten und Süden ansteigt; hier fällt sie nach der nächst östlicheren, ebenso gesenkten steiler ab, und an dieser wiederholt sich der gleiche Vorgang. Das Absenken geschieht zum Teil in Staffelbrüchen. Vulkane geben hier häufig der zugrunde liegenden Zerrungsbewegung äufseren Ausdruck. Es wäre von Interesse, ebenso hier wie an ähnlichen Gebilden in anderen Gegenden, z. B. in Südafrika, die Erscheinungsform eingehender zu untersuchen.

F. **Hohlformen und Schwemmland.** — Hohlformen sind alle natürlichen Einsenkungen in der Oberfläche, ob klein oder grofs, ob langgezogen und eng, oder breit und weit. Die Ozeantröge sind dem Festland gegenüber Hohlformen, ebenso wie die kleinste Schlucht der Gebirge. Die Entstehung kann tektonisch sein, d. h. auf Deformierung im Gefüge der Erdrinde beruhen, oder in äufseren Vorgängen begründet sein. Die Gestalt der Hohlformen von beiderlei Entstehung kann sehr verschieden sein: gestreckt und tief, oder weit und flach, mit Übergangsstufen von allerlei Art. Der Boden kann eben, oder unter den verschiedensten Winkeln und unter verschiedenen Graden der Gleichförmigkeit abgedacht, oder wannenartig eingetieft sein; letzteres wiederum in der Gesamtausdehnung der Hohlform, oder an einer oder mehreren Stellen der ebenen oder abgedachten Böden. Die Begrenzung kann zwei- bis dreiseitig oder allseitig sein; danach kann man die Hohlformen offen, halb offen, oder geschlossen nennen. Eine jede Hohlform kann von einem Strom durchflossen sein, der sie entweder schuf, oder als Fremdling hineinkam und sie umzugestalten strebt; sie kann aber auch wasserlos sein, wie die Dolinen der Karstlandschaft und zahlreiche Senken der abflufslosen Länder. Ist die Hohlform eingetieft, d. h. rings geschlossen, so kann sie, je nach dem Verhältnis von Speisung und Verdunstung, wasserlos sein, oder einen See enthalten, und dieser kann entweder nur den tiefsten Teil einnehmen und abflufslos bleiben, oder über die niederste Stelle in der Umrandung abfliefsen. Im ersteren Fall wird er oft salzreich, im letzteren stets süfs oder salzarm sein. Manche Arten von Hohlformen werden bei Behandlung der Erosionsvorgänge und der Seen zur Sprache kommen; doch sei hier auf einige allgemeine Kategorien hingewiesen:

a) **Hohlformen, welche in erster Linie in der tektonischen Ausgestaltung beruhen.** Dahin gehören: 1. Die grofsen im Gebirgsbau der Festländer eingetieften **Landsenken**, welche, wie die des Tsad-Sees oder des Ngami-Sees oder des Lob-Sees, geschlossen sind und eine Wasseransammlung von schwankender Gröfse im tiefsten Boden haben, oder, wie die des Kongo, des Ebro, der castilischen Flüsse, des inneren Kleinasiens, des böhmischen Beckens, oder des Beckens von Sz'tschuan, ohne Seebildung durch eine oder mehrere Scharten in der Umwallung entwässert werden. Es ist schwer zu entscheiden, ob einer solchen Eintiefung das Aufsteigen der Umwallungen, die Abdämmung durch das Aufsteigen einer von ihnen (insbesondere, in den letztgenannten Fällen, der von dem Entwässerungsstrom durchflossenen Umwallung), oder das Hinabsinken der zentralen Teile zugrunde liegt. Ein Urteil läfst sich nur durch umfassende Kenntnis der Umrandungen und der Beckenausfüllungen gewinnen. In allen Fällen ist auf Anzeichen von Unterschieden in der Höhe der ehemaligen Wasserausfüllung und sonstige Merkmale klimatischer Änderungen zu achten. — 2. Die **Bruchsenken**. So kann man die Böden abgesenkter Flügel an Gebirgsbrüchen bezeichnen. Dem aufragenden Rand eines gebrochenen Schollenteiles entspricht eine **einseitige Bruchsenke**, und wo der Bruch in Staffeln sich vollzieht, entstehen Parallelsysteme von einseitigen Bruchsenken, wie an der Südseite einiger ostasiatischer Landstaffeln. In der ursprünglichen Anlage findet in der Regel ein Ansteigen der abgesenkten Fläche nach der anderen Seite hin statt. Einfache Gebilde dieser Art sind häufig. — Eine besondere Form sind die **Querbruchsenken**, wo ein Gebirge an einem Querbruch in die Tiefe gesunken ist, wie die Alpen bei Wien und das Tsinling-Gebirge in Honan. **Grabenbruchsenken** liegen zwischen den Bruchwänden von zwei gegenständigen Schollenteilen. Bei ihnen, wie bei den vorhergehenden, ist der Vertikalabstand (nach Schichtenmächtigkeit) zwischen den durch Bruch auseinandergerissenen Teilen eines deutlicher erkennbaren Gebildes zu messen. Auch ist auf Staffelsenkung und auf das Vorkommen von heifsen Quellen und Vulkanen zu achten, und bei Grabenbrüchen ist zu untersuchen, ob die beiden Gegenwände in tektonischer Höhe einander entsprechen, oder eine von ihnen eine tiefere Lage einnimmt. — 3. Die breite, offene Hohlform zwischen den Abdachungen von zwei selbständigen, einander parallelen Gebirgen ist als Zwischensenke bezeichnet worden. Sie ist wichtig für Stromanlage und freien Völkerverkehr. — 4. Von ähnlicher Bedeutung für erstere, aber umgekehrt für die Menschen, insofern sie zur festen Siedelung Anlaſs geben, sind die Spitzsenken, wie sie am Westrand der asiatischen Gebirge zwischen Altai und Hindukusch durch winkelige Kettung von Gebirgen, oder in Columbien durch Virgation gebildet werden. — 5. Es gehören hierher auch die tektonischen Längstalzüge in den auf Zusammenschub beruhenden Gebirgen, insofern die tektonischen Bewegungen den ersten Anlaſs für sie gaben. Erosion hat sie umgestaltet. In der Regel teilen sich in sie mehrere durch Talpässe verbundene Abfluſssysteme. Kleine Beispiele finden sich im Jura, gröſsere in den Hauptlängstälern der Alpen und den Gebirgen des südlichen China. — 6. Eine besondere Form sind die kreisrunden tektonischen Kesselsenkungen, aus denen sich groſse Vulkane erheben. Sie werden bei diesen behandelt werden.

b) Hohlformen, welche auf Erosion beruhen. — Es gehören hierher die Erosionstäler des strömenden Wassers mit ihren Steilstufen und zu Seen gestauten Strecken widersinnigen Gefälls, und zwar ebenso die mannigfaltigen Täler der Hochgebirge wie die Hohlformen der Schichtstufenländer und die durch Auswaschung leichter zerstörbarer Sedimentgesteine bei epigenetischer Talbildung eingetieften, oft weit ausgedehnten Tiefböden. — Ferner gehören hierher die durch Gletscherwirkung übertieften Gebirgstäler und die durch Eis ausgeschrammten Karböden und Wannengebilde; sodann die geschlossenen Becken äolischer Ausräumung, die auf Unterminierung beruhenden Einsturzsenken, und die geschlossenen, oft durch Seen ausgefüllten Hohlformen, welchen Abdämmung durch äuſsere Vorgänge zugrunde liegt.

Bei allen durch Erosion geschaffenen Tal- und Wannengebilden kommt es darauf an, den Anteil zu bestimmen, welcher den ursprünglichen Abdachungen, der verschiedenen Art der Gesteine, der räumlichen Aufeinanderfolge derselben, ihrer Zusammenfügung im Gebirgsbau, den kleinen oder groſsen Zerreiſsungen und Verschiebungen, welche sie erfahren haben, den seit der ersten Anlage des Wasserabflusses eingetretenen geologischen Vorgängen, den klimatischen Wandelungen, der wechselnden Einwirkung von Wasser und Eis, der Vegetation und manchen anderen Umständen zukommt.

Die Hohlformen sind die Stätten der Ablagerung der Sedimente, ehe sie dem Meer als dem letzten Ort ihrer Bestimmung zugeführt werden. Von der Art und Weise der Ablagerung wird in einem anderen Abschnitt die Rede sein. Die Formen, welche dadurch hervorgerufen werden, sind teils lange und flache, oft für das Auge kaum merkliche Abdachungen, teils wirkliche Verebnungen. Im kleinen unterbrechen sie vielfach die Unebenheiten der Erdoberfläche; doch gewinnen sie auch eine hohe regionale Bedeutung. Es gehört hierher das marine Schwemmland, welches von dem Meer zurückgelassen wird, wenn es sich von seichten Gründen zurückzieht; ferner das Schwemmland der Ströme, welches sich besonders dort bildet, wo diese ihre Deltas stetig weiter vorschieben können, sei es, dafs ihnen dieses durch bedeutenden Sedimenttransport gegen die Küste ermöglicht und durch gleichzeitigen Rückzug des Meeres erleichtert werde, sei es, dafs das eine weite Senke erfüllende Wasser allmählich durch Ablagerungen verdrängt werde; auch das langsame Sinken des Landes in einem Teil eines Flufslaufes kann durch Stauung der Gewässer zur Ausbildung ausgedehnter Alluvialflächen führen. Es gehören aber auch hierher die glacisartigen Abdachungen gröberer Trümmermassen, welche oft in breiter Zone den Fufs eines Gebirges begleiten und den die Gewässer des letzteren aufnehmenden Strom weit abdrängen, wie es z. B. bei Donau, Po und Ganges der Fall ist. — Eine Decke anderer Art, welche sich gleichmäfsig über festes Gestein und Schwemmland ausbreiten oder in Wechselbeziehung mit letzterem treten kann, aber nur geringe Beziehung zu den Hohlformen hat, ist das Gletscherschuttland. — Noch andere Aufschüttungsdecken, welche den Boden weithin verhüllen können, aber noch weniger von dessen Gestalt abhängen, sind äolischen Ursprungs. Von allen diesen wird in späteren Abschnitten die Rede sein.

Die Verbreitung des Decklandes ist von der Meereshöhe nicht direkt abhängig; doch sind ihr die tiefen Lagen weitaus am günstigsten.

G. **Die Ausbruchsgebirge.** — Die Erzeugnisse des Vulkanismus sind hinsichtlich ihres Auftretens oben (S. 248) als parasitisch bezeichnet worden. Sie können über Felsgestein oder über Schwemmland ausgebreitet sein, als hohe Gipfel das Hochland überragen oder in Hohlformen erscheinen; sie können die Unterlage weithin so vollständig verhüllen, dafs diese selbst in so grofsen Erdräumen wie Island und Java kaum zutage tritt, in anderen Fällen hingegen sich auf ein sehr geringes Maſs räumlicher Ausbreitung beschränken. Überall aber, wo sie auftreten, bilden sie Gebirge von besonderem Charakter; als solche sind sie anderen Gebirgen aufgesetzt, wie den Anden oder dem Kaukasus, oder sie begleiten dieselben, oder treten fern von ihnen auf. In einem späteren Abschnitt werden sie eingehender erörtert werden.

C. Einzelfälle der Beobachtung.

Aus der Darstellung über Zweck und Ziele der Beobachtung ist es klar, daſs die letztere zu ihrem Gegenstand einerseits den festen Grundbau der Erdoberfläche mit Rücksicht auf Gestalt, Zusammensetzung und innere Struktur hat, andererseits die äuſserlich umgestaltenden Vorgänge in ihrem Wesen und in ihren Wirkungen.

I. Untersuchungen über den festen Grundbau der Erdoberfläche.

1. Beobachtungen an den Sedimentgesteinen oder dem Flözgebirge.

Den nur verhärteten, aber nicht metamorphorisierten Sedimentgesteinen hat der Reisende am häufigsten zu begegnen Gelegenheit, da sie an dem Aufbau fast aller Gebirge den hervorragendsten Anteil nehmen und manches allein zusammensetzen. Es ist, wie erwähnt, die Hauptaufgabe geologischer Forschung in einer neuen Gegend, die Grundlagen zur Feststellung des Altersverhältnisses der Sedimentgesteine zu suchen, d. h. sie chronologisch zu gliedern. Dem Anfänger erscheint sie schwierig, und der beste Kenner begegnet häufig Problemen, deren völlige Lösung eine lange fortgesetzte Arbeit erfordert; aber durch sorgfältiges Zusammentragen von Beobachtungen gelingt es meist, zu wachsender Klarheit zu gelangen. Die einfache Angabe, daſs in einer Gegend Kalkstein, oder Sandstein, oder Schiefer vorkommt, ist, wenn auch nicht wertlos, doch durchaus ungenügend. Man hat stets nach dreierlei Gesichtspunkten genau vorzugehen. Sie sind: Gesteinscharakter, Schichtenverband, und geologisches Alter.

Gesteinscharakter. — Man sollte nie versäumen, während der Reise die äuſseren, dem unbewaffneten Auge sich darbietenden Eigenschaften der beobachteten Gesteine zu notieren. Gesichtspunkte, welche dabei in Betracht kommen können, sind bei Sandsteinen: Farbe, Grad der Festigkeit,

Gröfse des Korns. Ist er ein reiner Quarzsandstein oder ist er tonig oder kalkig? Wie dick sind die einzelnen Schichten? Sind die einzelnen Schichtungsflächen eben oder wellig? Zeigen sie Spuren des Wellenschlages? Sind sie glimmerig? Kommen kohlige Pflanzenspuren oder schilfartige Reste vor? Die Skala der Festigkeitsgrade umfafst alle Stufen von losem Sand bis zum quarzharten Quarzit. Ist das Gestein der einzelnen Schichten gleichartig, oder läfst sich ein Wechsel (z. B. Tongehalt oder Korngröfse) beobachten? Wie zerklüftet das Gestein? — Bei Konglomeraten: Gröfse der Rollstücke. Sind sie scheibenförmig oder eiförmig, in die Länge gezogen oder in allen Dimensionen gleich? Woraus bestehen die Rollstücke, aus einer Gesteinsart oder aus mehreren, und welches sind diese? Lassen sie sich in der Nachbarschaft anstehend finden? Dies ist ein wichtiger Punkt, da das Konglomerat jünger ist als die eingeschlossenen Gesteine, und aus dem Fehlen gewisser Gesteine unter den Einschlüssen oft hervorgeht, dafs es älterer Entstehung ist als diese. Deuten die Einschlüsse durch Schrammung der Aufsenflächen auf glazialen Ursprung? Wie ist das bindende Zement? Sandig, kieselig, tonig, kalkig, oder aus dem zerkleinerten Material benachbarter Eruptivgesteine bestehend (tuffartig)? Hat es die Merkmale glazialer Zerreibung? Welches ist seine Farbe? Auch die Festigkeit des Konglomerats und die Mächtigkeit seiner Schichten sind anzugeben. — Bei Schiefertonen sind ebenfalls Farbe, Korn, sandige oder kalkige Beschaffenheit, Verteilung von Glimmerblättchen auf den Schichtungsflächen zu beobachten; ferner die mehr oder weniger vollkommene und ebenflächige Schieferung, die Art der Zerklüftung und der Wechsel des Gesteinscharakters. Die Tonschiefer unterscheiden sich äufserlich durch dichteres Gefüge, gröfsere Festigkeit, vollkommenere Schieferung (Dachschiefer, Tafelschiefer), seidenglänzendes Ansehen, Vorkommen von Einschlüssen, häufigere Durchsetzung durch Quarzschnüre, und zerfallen oft in Griffel oder Stengel infolge einer durch Druck entstandenen zweiten (transversalen) Schieferung. Bei ihnen ist die Schieferung häufig eine von der Schichtung unabhängige Druckerscheinung, während sie bei den Schiefertonen auf Schichtung beruht. — Bei Kalksteinen: Farbe, Bruch, Härte, kristallinische oder dichte Textur. Bei den dichten Kalksteinen, welche für die Formationsbestimmung wichtiger sind, kommt dann weiter in Betracht: Ist das Gestein geschichtet? In dünnen Lagen oder dicken Bänken? Sind die Schichtflächen eben, oder wellig, oder ineinandergezackt? Liegt zwischen den Schichten schieferige oder kalkige Substanz? Ist der Kalkstein tonig, kieselig, dolomitisch, oder bituminös? Hat er homogene Textur, oder ist er oolithisch, oder erdig (Kreide)? Enthält er Einschlüsse von Feuerstein oder Hornstein, und wie sind diese verteilt? Ist der Kalkstein von weißen Kalkspatadern durchsetzt? Führt er Erze? Ist er zellig? Neigt er zur Höhlenbildung? — Ähnlich sind die Fragen, die man bei anderen, nicht so häufig vorkommenden Schichtgesteinen zu stellen hat, und von denen einige, wie die vulkanischen Tuffe, noch behandelt werden sollen. — Wenn man ein als Formationsglied am Bau eines Gebirges teilnehmendes Sedimentgestein in dieser Weise beobachtet und sich seine Eigentümlichkeiten eingeprägt hat, ist es gut, die Aufmerksamkeit auf die Oberflächenformen zu richten, welche ihm eigentümlich sind. Gewisse Kalksteine und Sandsteine zeichnen sich in dieser Beziehung örtlich so aus, daß man ihre Verbreitung von weitem erkennen kann. Doch gehört Übung dazu, um mit Vertrauen zu Werke gehen zu können. Der Reisende, welcher im Landschaftzeichnen Fertigkeit besitzt, sollte sich die getreue Wiedergabe des den einzelnen Gesteinen im allgemeinen anhaftenden landschaftlichen Elementes angelegen sein lassen.

Schichtenverband. — Die Angabe der äußeren Eigenschaften ist zur Charakterisierung nicht hinreichend. Denn ganz gleichartige oder einander ähnliche Schichtgesteine treten in verschiedenen Formationen auf, und man kommt auf Fehlschlüsse, wenn man aus der petrographischen Ähnlichkeit auf chronologische Identität schließt. So bezeichnet die Zeit, als man alle in den Alpen auftretenden Kalksteine mit dem Namen „Alpenkalk" belegte und sie nicht weiter zu gliedern verstand, einen unreifen Standpunkt, bei welchem die Alpengeologie ein dunkles Feld blieb. Klarheit kam erst hinein, als man anfing, einzelne Kalksteine voneinander nach Gesteinscharakter und Alter zu unterscheiden. Dies aber kann der Beobachter selbst in einem neuen Land tun. Das Mittel dazu ist, nicht bloß einzelne Schichtgesteine zu unterscheiden, sondern bestrebt zu sein, von vornherein Schichtensysteme aufzufinden, und diese als Elemente zur Vergleichung zu verwenden. Ein Schichtensystem ist ein Verband gleichmäßig gelagerter Schichtgesteine verschiedener Art. Wenn zum Beispiel ein durch Hornsteinführung ausgezeichneter Kalkstein, dessen Hangendes und Liegendes (d. i. das darunter und das darüber Lagernde) nicht bekannt sind, eine Schiefereinlagerung von 20 m Mächtigkeit und bestimmtem Charakter einschließt, so bildet die Reihenfolge von unten nach oben: Kalkstein,

Schiefer, Kalkstein, ein einfaches Schichtensystem. An diesem Verband wird man den Kalkstein wie den Schiefer wiedererkennen, wenn man ihnen in nicht zu grofser Entfernung von dem ersten Ort begegnet, und sie von anderen Kalksteinen und anderen Schiefern zu unterscheiden vermögen. Doch kann im Fortschreiten die Mächtigkeit jedes einzelnen Gliedes in der Schichtenfolge beträchtlichen Schwankungen unterliegen.

Je mannigfaltiger die Zusammensetzung eines Schichtensystems ist, desto schwieriger, aber auch desto wichtiger wird die Aufgabe, sie zu entwirren. Es sind dabei die folgenden einfachen Regeln im Auge zu behalten: 1. Wo Schicht auf Schicht in längerer Reihenfolge übereinanderlagern, seien sie horizontal oder geneigt, da ist die tiefere (mit seltenen Ausnahmen) älter als die darüberliegende. 2. Fast alle Schichten sind ursprünglich in Ebenen abgelagert, welche von der Horizontale wenig abwichen, und konnten in eine stärker geneigte Lage erst durch spätere Störung gebracht werden. 3. Wenn horizontale oder schwach einfallende Schichten stark geneigten an- oder übergelagert sind, so ist die Aufrichtung der letzteren zwischen den Ablagerungsperioden beider geschehen. An der Hand dieser Grundsätze sollte der Reisende (und dies kann auch dem geübteren nicht genug anempfohlen werden) bei dem Betreten einer neuen Gegend den ersten sich darbietenden oder absichtlich aufgesuchten deutlichen und reichhaltigen Schichtenaufschlufs auf das sorgfältigste, mit dem Merkbuch in der Hand, studieren. Aufser an Flüssen, welche Schichtgebirge quer durchsetzen, und in tief eingerissenen Querschluchten, bieten sich Gelegenheiten, wo immer man einen Teil eines Gebirges aus Schichten aufgebaut sieht, welche durch das leisten- oder mauerartige Vortreten gewisser Schichtglieder eine ungleichmäfsige Zusammensetzung schon von weitem erkennen lassen. Die unterste Reihe gleichartiger Schichten, z. B. die eines braunen tonigen Sandsteins, bezeichne man mit einem beliebigen Buchstaben des Alphabets (z. B. G), notiere ihre Mächtigkeit (z. B. 60 m) und Gesteinsbeschaffenheit und bestimme ihr Streichen und Fallen. Nun geht man aufwärts in das Hangende und fährt in der Bezeichnung der nächsten Schichten nach der Reihe des Alphabets fort. Ob ein Komplex gleichartiger Schichten aus einer 200 m mächtigen Folge von Kalkstein oder einer nur 20 cm dicken Schiefereinlagerung bestehe, alles wird vermerkt und mit kurzen, aber bezeichnenden Gesteinsbeschreibungen begleitet. Mit einer in dieser Weise schriftlich niedergelegten Schichtenfolge hat man schon gleich im Anfang einen Schlüssel gewonnen, den man so oft anwendet, als man einer einzelnen oder einer kleinen Reihenfolge der am ersten Platz gesehenen Schichtengruppen begegnet. Je nachdem sich am nächsten Ort andere Glieder nach oben oder unten anreihen, fährt man mit dem Alphabet nach vorwärts oder nach rückwärts fort; und nach kurzer Zeit wird man jedes bereits gesehene Gestein nicht nur sofort wiedererkennen, sondern auch sofort wissen, welches Glied in der Reihe es bildet, und welche anderen man zunächst darüber oder darunter zu erwarten hat. Zugleich werden sich in der Reihenfolge allmählich Änderungen einstellen, die unmittelbar beschrieben werden müssen. Kommt man aber, vielleicht nachdem man ein Tal überschritten hat, zu einer Schichtfolge, die mit der früheren keine Ähnlichkeit hat und also einer im Vergleich zu ihr jüngeren oder älteren Formation angehört, so suche man so bald als möglich sich auch für diese in der beschriebenen Weise einen Schlüssel zu verschaffen. So wird man auch die zweite Reihe zu verfolgen und an ihren untergeordnetsten Gliedern wiederzuerkennen vermögen, und an einem dritten Ort wahrscheinlich entdecken, ob sie über oder unter der ersten lagert, das heifst, ob sie jünger oder älter als diese ist. In ähnlicher Weise fahre man weiter fort. Dabei ist es gut, von vornherein für sehr ausgezeichnete Schichtengruppen (z. B. eine solche, in welcher gewisse rote Schiefertone oder grünliche Sandsteine bei allem sonstigen Wechsel stets wiederkehren), oder für besonders mächtige und charakteristische Formationsglieder (z. B. einen Kalkstein von einer gewissen Mächtigkeit, der sich vor anderen Kalksteinen durch bituminöse Beschaffenheit auszeichnet), Sonderbenennungen einzuführen, wenn auch nur für den Gebrauch im eigenen Tagebuch, und zwar am besten nach Örtlichkeiten; also z. B.: der schwarze Kalk (*m*) vom Ort A, der rote Schiefer (*h*) vom Berg L usf. So wird nach und nach eine kleine Geologie der Gegend erwachsen, mit einer ausschliefslich für sie geltenden Terminologie.

Nicht immer bieten sich so günstige Verhältnisse, dafs man vollständige Schichtenreihen gleich auffinden und aufzeichnen kann. Dann mufs man fragmentarische Beobachtungen sammeln, aus denen sich nach und nach das Vollendetere entwickelt. Dies läfst sich am besten an einem Beispiel zeigen. Aus einem Talboden kommt man häufig zu einem einzeln aufragenden Hügel oder einem kleinen Hügelzug, der aus einer einzigen Gesteinsart besteht. Es sind besonders die härteren Felsarten, welche bei der allgemeinen Erosion in dieser Weise zurückgelassen werden, zum Beispiel die verhärteten reinen

Quarzsandsteine oder Quarzite. Man bestimmt das Streichen und Fallen der Schichten dieses Gesteines. Daraus zeigt sich, wo die tiefsten derselben zu suchen sind; und an der betreffenden Stelle wird es wahrscheinlich gelingen, das Liegende des Quarzits, z. B. schwarze Tonschiefer, zu finden. Der Quarzit habe eine Mächtigkeit von 500 Meter. Es kommt nun darauf an, sein Hangendes, das heifst, die ihn überlagernden Schichten, zu kennen. Das gelingt vielleicht nicht gleich; aber indem man das Problem im Auge behält, kommt man doch schliefslich wohl an eine Stelle, wo man es lösen kann. Vielleicht zeigt es sich, dafs dem Quarzit nichts regelmäfsig aufgelagert, sondern ein anderes Schichtensystem in solcher Weise angelagert ist, dafs es sich deutlich als erheblich jünger erweist, so dafs man schliefsen mufs, es habe sich zu einer Zeit, als der Quarzit bereits ein Riff bildete, abgelagert. Nun wird man beim Weiterreisen die erste Schichtenfolge vom Quarzit und Schiefer abwärts zu verfolgen und die jüngere nach allen Richtungen zu erforschen haben.

Der Laie sollte, wie es der Fachmann tut, alle Beobachtungen über Schichtung sogleich graphisch darstellen. Wenige Linien drücken das Verhältnis besser aus als eine lange Beschreibung, und nichts hütet mehr vor falschen Schlüssen über den Gebirgsbau und fördert mehr die richtige Vorstellung von demselben, als die sorgfältige und unablässige Aufzeichnung von Schichtenprofilen in der oben (S. 229 ff.) angegebenen Art. Wo die Erinnerung, selbst nur weniger Stunden, unvollkommene und lückenhafte Ergänzungen macht, da ergibt die graphische Darstellung leicht das Richtige, und bei der Rückkehr von einer Reise ist sie vor allem geeignet, das Gedächtnis in wirksamer Weise zu unterstützen. Darum aber sind auch ungenau gezeichnete Schichtenprofile ganz besonders imstande, irre zu führen. — Wer Beobachtung, Sammlung von Handstücken und Einzeichnung fortdauernd verbindet, der wird bald, als Ergebnis eigenen Studiums, alle jene Verhältnisse entdecken, welche er in den Lehrbüchern, auf welche hier verwiesen sein möge, als Lagerungsformen und Schichtenstörungen beschrieben findet. (Im „Führer" sind dieselben auf S. 594 bis 621 behandelt.)

Geologisches Alter. — Die stratigraphischen Beobachtungen geben über das relative Altersverhältnis der in einer abgegrenzten Gegend vorkommenden Schichtgesteine Aufschlufs. Aber die Ergebnisse erhalten höheren Wert, wenn es auf Grundlage von Versteinerungen gelingt, einerseits die

Stellung der einzelnen aufgefundenen Schichtensysteme in der Geschichte der Erde festzustellen, andererseits an ihrer Hand die Richtigkeit der aus den stratigraphischen Untersuchungen gezogenen Schlüsse zu prüfen und zu kontrollieren. Mit niemals nachlassender Sorgfalt sollte man nach ihnen suchen und jeden Anhalt, der sich in den Pflastersteinen einer Stadt, an den Pfeilern einer Brücke, in dem Baumaterial von Häusern, Mauern und Tempeln, oder in Kunstprodukten bietet, benutzen, um nach dem Herstammungsort darin gesehener Versteinerungen zu fragen und dann den Fundort aufzusuchen. Bei der Begehung von Gebirgen sind die oben (S. 220 ff.) angegebenen Regeln zu befolgen. Wer Übung hat und mit Eifer sucht, der wird meist in irgend einer Schicht Versteinerungen finden. Die Einordnung derselben in der ganzen Reihe der in der Gegend auftretenden Schichtgebilde sollte nach den vorhergehenden Beobachtungen bekannt sein. Auf den Zetteln, welche den Fundort der Versteinerungen angeben, ist die Schicht genau, mit Verweisung auf das Tagebuch, zu bezeichnen. Findet man dann noch Versteinerungen in anderen Schichten höher hinauf oder tiefer hinab in der Reihe, so wird sich dadurch auch das Alter aller dazwischenliegenden Schichten mit einiger Sicherheit interpolieren, oder der Betrag der in den Ablagerungen vorhandenen Lücken festsetzen lassen. In Anbetracht der Wichtigkeit der Altersbestimmung muſs man aus einer Schicht, von welcher man noch keine Fossilien besitzt, auch das Unbedeutendste und Unvollkommenste sammeln.

2. Beobachtungen an kristallinischen Schiefergesteinen.

Diese Gesteine treten selbständig auf, setzen ausgedehnte Länderstrecken für sich allein zusammen und tragen zur Ausbildung charakteristischer landschaftlicher Formen bei. Sie bilden häufig die sichtbare Unterlage des Flözgebirges und können daher diesem gegenüber als Kerngebirge oder Grundgebirge bezeichnet werden. Ihre eingehende Beobachtung ist schwierig und setzt Übung voraus. Indes kann schon die Feststellung der Anwesenheit und Verbreitung von kristallinischen Schiefern entlang dem Reiseweg ein beachtenswertes Ergebnis sein. Der Reisende sollte auch angeben, welche besondere Gesteinsarten herrschen oder vorwalten, sie durch gutgewählte Belegstücke zur Darstellung bringen und möglichst oft **die im Gesamtbau vorherrschenden Richtungen** des Streichens und des Fallens festsetzen, ohne sich durch die vielfach vorkommenden kleineren örtlichen Unregelmäfsigkeiten beirren zu lassen. Auch die durch Pressungsvorgänge hervorgebrachte Transversal- oder falsche Schieferung erschwert die Beobachtung. Einen sicheren Anhalt zur Erkennung der Anordnung bieten dagegen die Züge von Hornblendeschiefer, kristallinischem Kalk oder Quarzit, welche den Gneifsen oder Glimmerschiefern nicht selten eingelagert sind. Auch Verwerfungserscheinungen sind an deren Hand zu studieren. Es ist ferner das Auftreten von Gängen, seien sie Granit, Pegmatit (oder Schriftgranit, mit oder ohne Turmalin), oder Quarz oder ein anderes Gestein, zu beachten. Vom petrographischen Gesichtspunkt sind neben den charaktergebenden Gemengteilen (Feldspate, Quarz, Glimmer, Hornblende, Chlorit) die untergeordneten Beimengungen, insbesondere von Granat, das Vorkommen von Graphit, von Magneteisenerz in eingesprengten Kristallen oder in grofsen Ausscheidungen, sowie die mannigfaltigen Mineraleinschlüsse im kristallinischen Kalkstein zu berücksichtigen. Bei Gängen sind Mächtigkeit, Streichen und Fallen anzugeben; ferner die Verzweigung einzelner unter ihnen, die Gruppierung zu parallelen oder sich kreuzenden oder verwerfenden Gangsystemen.

Der geübte Geolog findet weit mehr Fragen zu lösen. Zunächst wird er sich bemühen zu entscheiden (und dies ist meist sehr schwer), ob die kristallinischen Schiefer jener grofsen Abteilung angehören, welche als die archaischen (S. 238) bezeichnet werden, oder ob sie von jüngerem Alter und durch Umwandlung aus Schichtgesteinen von silurischem, devonischem, karbonischem, triassischem oder noch jüngerem Alter entstanden sind. Dem archaischen Zeitalter gehören sie unzweifelhaft an, wenn auf den Köpfen ihrer steil gestellten Schichten cambrische Gesteine horizontal oder in geringer Neigung auflagern. Es ist dann eine weitere Aufgabe, in ähnlicher Weise wie bei den sekundären Schichtgesteinen, die relativen Altersverhältnisse innerhalb der Reihe archaischer Gesteine festzustellen. Daraus kann sich ergeben, ob, wie man Grund hat anzunehmen, eine in ihren allgemeinen Zügen analoge Reihenfolge sich in verschiedenen Gegenden der Erde wiederholt: ob die ältesten sichtbaren Gebilde überall granitartige Gneifse von aufserordentlich grofser Mächtigkeit sind, denen Gneifse von anderer Art und mit mancherlei fremdartigen Zwischenlagerungen folgen; ob sich als nächste Altersstufe eine Reihe von Gesteinen anschliefst, unter denen Glimmerschiefer vorwaltet; und ob als drittes Glied Chloritschiefer mit Hornblendeschiefer, Serpentin und Talkschiefer auftreten, welche mit einer Reihe undefinierbarer grüner Schiefer verbunden sind; ob dann nach oben hin Tonglimmerschiefer und Tonschiefer mit Quarziten, Sandsteinen und Konglomeraten erscheinen, welche älter sind als die cambrische Formation. — Sind die kristallinischen Schiefer nicht archaisch, sondern durch Metamorphose des Flözgebirges oder späterer Ausbruchsgesteine entstanden (s. oben S. 237 f.), so kommt es vor allem auf die Altersbestimmung an, die sich nur in seltenen Fällen ausführen läfst, ferner auf die Art des Verbandes mit nicht veränderten Eruptivgesteinen, und die Ausdehnung der etwa von diesen ausgehenden metamorphischen Einwirkung. Man kann auch festzustellen versuchen, welcher Art die Sediment- oder Eruptivgesteine gewesen sind, welche Veränderung erlitten haben; doch setzt dies neben günstigen Verhältnissen die geübteste und genaueste Beobachtung und meist auch mikroskopische Untersuchung voraus.

Die kristallinischen Schiefer, die archaischen wie die jüngeren metamorphischen, bilden oft als mächtige Kernzüge den Rückgrat der heteromorphen Faltungsgebirge und pflegen auf deren Innenseite vielfach aus den verworfenen Blöcken des Schichtgebirges aufzuragen. In gröfserer Ausdehnung finden sie sich in der Regel bei erloschenen Faltungsgebirgen in langen, durch Verwerfung in hohe Lage gekommenen und durch Denudation blofsgelegten Zügen angeordnet. Ihre Hauptverbreitung aber haben sie dort, wo vormalige Gebirge bis auf ihren Grundbau zerstört worden sind und dieser in Gestalt ausgedehnter Rumpfflächen zutage tritt, oder in der Form von Rumpfgebirgen über die Umgebung aufragt.

Nirgends ist die Beobachtung des Gebirgsbaues und die Festsetzung der daran teilnehmenden Gesteine schwieriger und lückenhafter, als in feuchten tropischen Ländern, gleichviel ob sie gebirgig oder flach seien. Dies beruht auf dem Vorgang der unten zu erörternden Tiefenzersetzung. Reisende berichten häufig, abgesehen von Produkten der Vulkane, über keine anderen Gesteine als tonige Schiefer und Quarzite, und es könnte danach scheinen, als ob die sonst herrschenden unter den kristallinischen Schiefergesteinen fehlten und seit sehr frühen Zeiten niemals wieder Meeresbedeckung vorhanden gewesen wäre. Es ist wahrscheinlich, dafs manche irrige Schlüsse darauf begründet worden sind, indem in vielen Fällen die Ursache des Fehlens von Kalksteinen mit Versteinerungen, sowie von feldspathaltigen Schiefern und Ausbruchs- oder Ganggesteinen, in deren Auflösung und Zersetzung zu suchen sein dürfte. Die Aufmerksamkeit ist auf diesen Punkt zu richten. Insbesondere sind tief eingerissene Schluchten auf anstehendes Gestein, und alte verfestigte Konglomerate auf ihre Einschlüsse zu untersuchen.

3. Beobachtungen an Vulkanen und jüngeren Eruptivgesteinen.

Es wurde bereits angedeutet, dafs die Vulkane parasitische Gebilde mit Rücksicht auf die Beschaffenheit und den geologischen Bau des Erdraums sind, in welchem sie auftreten. Sie verleihen diesem häufig besonderen Reiz durch den Formenwechsel, welchen sie verursachen, und durch die Mannigfaltigkeit der Bedingungen, welche dem Gedeihen der Pflanzenwelt in den zahlreichen Abstufungen von dem starren festen Gestein zu den tiefzersetzten Anhäufungen loser Trümmer geboten werden. Wie ihre Gestalten die Aufmerksamkeit auf sich ziehen, und die Phänomene ihrer Tätigkeit das Interesse des Beschauers fesseln, so zeichnen sich die Gegenden, in welchen sie sich erheben, im allgemeinen durch die Fülle der Motive für exakte wissenschaftliche Untersuchung, wie für eine dem Reisenden gewöhnlich nur gestattete flüchtigere Beobachtung aus.

Da überdies die Arbeit in ihnen im allgemeinen leicht ist, haben tüchtige Reisende nicht selten der Verlockung nachgegeben, sich auf sie allzusehr zu konzentrieren und darüber die oft viel wichtigere Erforschung des Grundgerüstes, über dem die Vulkane sich erheben, vernachlässigt. Es ist anzuraten, besonders in tropischen Ländern, wo der Grundbau verhüllt ist, diesem trotz der gröfseren Schwierigkeit nicht mindere Aufmerksamkeit zuzuwenden. Ohne die Kenntnis seiner Zusammensetzung und Tektonik läfst sich ein Verständnis für die Bedingungen und möglichen Ursachen des Auftretens der Vulkane nicht gewinnen.

Wesen der Vulkane. — Ein Vulkan ist ein Berg, welcher aus von unten nach oben in heifsflüssigem Zustand emporgedrungenem und entweder teilweise oder ganz durch explosive Tätigkeit zertrümmertem Gesteinsmaterial aufgebaut ist und infolge der periklinalen (d. h. allseitig abfallenden) Anordnung des Materials der einzelnen Ausbrüche um eine zentrale Achse eine mehr oder weniger vollkommene Kegelgestalt besitzt. Der Berg kann wenige Dekameter, oder mehrere Kilometer hoch sein; die Achse kann immer an derselben Stelle gewesen sein, oder ihre Lage mit der Zeit ein wenig geändert haben; das Gesteinsmaterial kann insgesamt. durch Explosionen in Fragmente zertrümmert, als Schlacken, Rapilli und Asche über die Kegelfläche verteilt, oder überwiegend in Gestalt von Lavaströmen auf ihr hinabgeflossen sein — dadurch werden nebensächliche Änderungen verursacht. **Tätig** ist ein Vulkan, wenn sich periodisch Ausbrüche an ihm ereignen; als **erloschen** wird er bezeichnet, wenn solche in historischer Überlieferung nicht stattgefunden haben, aber Struktur und Zusammensetzung den Schluſs gestatten, daſs die Entstehung des Berges derjenigen der tätigen Vulkane analog gewesen ist. Zuweilen finden sich in Gasexhalationen und Quellen kochenden Wassers noch Nachwehen der früheren Tätigkeit; zuweilen sind auch solche nicht mehr vorhanden.

Zusammensetzung der Vulkane. — Unter den Gesteinen, welche am Aufbau der Vulkane teilnehmen, sind vor allem **Basalt, Dolerit, Andesit, Trachyt** und **Rhyolith** (auch Liparit genannt) als diejenigen zu bezeichnen, mit denen der Reisende sich vertraut machen sollte. Dieselben sind zuweilen schwer zu erkennen, da die Verschiedenheit der Erstarrungsvorgänge den Charakter des Gesteins mehr als in anderen Fällen beeinfluſst. Es entstehen dadurch die als **Obsidian, Bimsstein** und **Perlstein** bekannten Abänderungen (besonders von rhyolithischen, trachytischen und andesitischen Gesteinen), die schaumig aufgeblähten, an Schlacken erinnernden Modifikationen der Basalte, Dolerite und Andesite, und manche andere Ausbildungsformen. Sie sind sehr augenfällig, fesseln die Beobachtung und sind in Sammlungen oft am meisten vertreten. In der Natur ist ihre Rolle unbedeutend im Verhältnis zu derjenigen der normaleren Abänderungen, welche als Lavaströme, als weit ausgebreitete Decken, als einzeln aufragende Kuppen und als ganze Gebirgszüge auftreten. — Neben den groſsen festen Massen der homogenen Gesteine sind die **Trümmergesteine** zu untersuchen, welche aus jenen entstanden sind, und in welchen sich daher deren Artenreihe wiederholt. Dahin gehören die **losen Auswürflinge aus Krateren**, welche die Flanken der meisten Vulkane zusammensetzen. Die herkömmlichen, den Gröſsenverhältnissen entnommenen Ausdrücke: vulkanische Blöcke (mehrere Fuſs Durchmesser, auſsen verschlackt, innen fest), vulkanische Bomben, Rapilli, vulkanischer Sand, vulkanische Asche, lernt jeder bei dem ersten Anblick auf der Lagerstätte richtig anwenden. Sie ordnen sich in der Regel nach der Gröſse von dem Kraterrand gegen den Fuſs des Kegels; nur die feinste Asche, und insbesondere der Bimssteinsand, breiten sich weit darüber hinaus aus und können vom Wind nach fernen Gegenden fortgetragen werden. Diese Materialien bilden Schichten, welche allseitig vom Kegel abfallen, und sind häufig von radial eingesenkten Wasserrillen durchschnitten. Sie werden leicht zementiert. An den Trümmern erloschener Vulkane kann man sie in tiefen Durchschnitten beobachten und die Natur jener daran erkennen. Aus der Untersuchung der festen Stücke läfst sich die Art des Gesteins festsetzen, das in einer gewissen Epoche vom Vulkan ausgeworfen wurde. — Eine zweite Form der Trümmergesteine sind die Schlammströme, welche durch das Zusammenschwemmen von Auswürflingen infolge der die Eruption zuweilen begleitenden wolkenbruchartigen Regengüsse oder des plötzlichen Tauens einer Decke von Schnee und Eis entstehen. Man erkennt sie an dem gänzlichen Mangel der Schichtung, an der Menge scharfeckiger Einschlüsse von der verschiedensten Gröfse, welche in dem aschenartig zerkleinerten Material, das die Grundmasse bildet, unregelmäfsig zerstreut sind; ferner an dem Umstand, dafs sie die tieferen Teile ihrer Unterlage ausfüllen und oft eine bedeutende Längenerstreckung bei geringer Breite haben. Sie sind ein wichtiges Element in vulkanischen Gebirgen, und wer sie kennen gelernt hat, findet sie auch als Begleiter vulkanischer Ausbrüche in älteren Perioden. Man verwendet die vulkanischen Schlammstromgesteine wegen ihrer Lockerheit und Leichtigkeit, die sie trotz fester Zementation besitzen, gern als Baumaterial. — Die dritte Form des Auftretens sind die Tuffgesteine, die sich vor den vorigen durch Schichtung auszeichnen. Es sind Ablagerungen von Auswürflingen und sonstigem zur Eruptionszeit zerstörtem Ausbruchsmaterial, welche unter Wasser stattfanden. Die einzelnen Bestandteile sind darin nach der Gröfse in Schichten geordnet. In der Regel wird eine Eruption durch eine Reihenfolge von Absätzen bezeichnet, in denen die Korngröfse nach oben abnimmt; solche Reihenfolgen können sich mehrfach wiederholen. Schlamm und Tuff variieren je nach der Art des Gesteins, aus dem sie entstanden sind. — Endlich sind die Breccien zu erwähnen, welche in einer homogenen Erstarrungsmasse eckige Bruchstücke von Gesteinen umschliefsen. Diese Trümmer sind entweder 1. gleichartig mit dem einschliefsenden Gestein, oder sie bestehen 2. aus vulkanischem Gestein anderer Art, oder 3. aus ganz fremdartigem Gestein. Breccien der ersten Art sind am grofsartigsten in Andesitgebirgen entwickelt und bilden zuweilen das Hauptmaterial ausgedehnter Rücken. Das Studium von solchen der zweiten Art ist für die Eruptionsgeschichte wichtig, weil das eingeschlossene Bruchstück älter ist als die umschliefsende Masse. Diejenigen der dritten Art sind von allgemeinerem Interesse und zeichnen sich zuweilen, besonders wenn die Einschlüsse aus Kalkstein bestehen, durch das Vorkommen schöner Mineralien aus. Man nimmt zu ihrer Erklärung an, daſs die vulkanische Masse bei ihrem Aufwärtsdrängen Bruchstücke des Nebengesteins losriſs. Die letzteren geben daher Aufschluſs über den geologischen Bau der Unterlage der Vulkane.

Aufbau der Vulkane. — An dem normalen Aufbau eines Vulkans beteiligen sich: 1. zertrümmertes Gestein und zerspritztes oder zerstäubtes Magma, das aus dem Krater ausgeworfen wurde und durch sein Niederfallen aus der Luft einen Kegel um den Schlot herum anhäufte; 2. Ströme von Lava, welche zu verschiedenen Zeiten von Ausbruchsstellen an den Flanken oder von dem jedesmaligen Gipfel aus auf dem Kegelmantel hinabflossen; 3. ein nicht sichtbarer innerer Kern von Lavamasse, von welchem häufig rippenartige Ausläufer, die Ausfüllungen senkrecht stehender radialer Spalten, sich in die Gebilde des Kegelmantels hinein verzweigen. Zu dem Wesen des Vulkans gehört der explosive Charakter wenigstens eines Teiles der Ausbrüche, und dadurch wird in den meisten Fällen die Gestalt bestimmt. Das normale Profil besteht aus zwei am abgestumpften Gipfel mit ungefähr 30^0 Neigung beginnenden Linien, die sich in leichter konkaver Krümmung nach entgegengesetzten Seiten herabsenken, bis sie beinahe horizontal werden. Die Regelmäſsigkeit kann beeinträchtigt werden: durch Luftströmungen, welche die Anhäufung des feinkörnigen Materials in einer bestimmten Richtung begünstigen und den Kegel in den tieferen Teilen nach einer Richtung ausdehnen können; ferner durch Lavaströme. Die älteren sind von den jüngeren Auswurfsstoffen erst überwölbt und dann von ihnen vergraben worden. Da aber die Mächtigkeit einer Auswurfsschicht im groſsen Durchschnitt vom Zentrum nach der Peripherie abnimmt, so sind die dem ersten näher gelegenen Teile der Lavaströme früher und höher verdeckt worden als die entfernteren, die als lange radiale Hügelzüge aufragen, sich gegen den Ringwall, falls ein solcher vorhanden ist, stauen, den Böden der vom Vulkan ausgehenden Fluſstäler weit über die Kegelgrenze hinaus folgen, die Gewässer ableiten und diejenigen von Nebentälern zu Seen aufstauen. Die Gestalt der Lavaströme unterliegt erheblichen Änderungen, je nach dem Flüssigkeitsgrad, den die geschmolzene Masse bei ihrem Austritt hatte. Das Extrem von Leichtflüssigkeit zeigen die basaltischen Laven, die sich oft in flachen Decken ausgebreitet und, gleich einer Wasserschicht, die aufragenden Teile des Bodenreliefs umströmt haben. Bei manchen Lavaströmen hat nach Erstarrung der äuſseren Rinde das Innere am unteren Ende einen Ausweg gefunden und ist fortgeströmt, so daſs jene Rinde als feste Hülle eines leeren Raumes zurückblieb. Auch wo dies nicht der Fall ist, sollte man, falls zufällige Aufschlüsse es gestatten, die inneren und die äuſseren Teile der Lavamasse getrennt untersuchen. In jenen ist das Gestein meist kompakt, in diesen blasig aufgetrieben. — Einen anziehenden Gegenstand der Untersuchung bieten die kleinen Schmarotzerkegel, welche zuweilen in einer Zone unterhalb der halben Kegelhöhe auftreten und bei manchen Vulkanen in Menge vorhanden sind. Jeder von ihnen ist ein kleiner Vulkan mit Aschenauswürfen, und häufig mit einem Lavastrom. Bei ihnen tritt in der Regel der Lavastrom aus einer von ihm selbst geöffneten Bresche im Kraterwall heraus. Hufeisenförmige Kraterwälle sind daher häufige Erscheinungen. Das Aufwerfen dieser kleinen Schmarotzerkegel ist zuweilen das Werk weniger Tage; dann ist die örtliche Quelle der Eruptionskraft erschöpft.

Bei den meisten groſsen tätigen und erloschenen Vulkanen tritt eine weitere Ausgestaltung dadurch ein, daſs aus einem breit abgestutzten Kegel ein zweiter, gewöhnlich etwas exzentrisch, sich erhebt. In dem abgestutzten Teil eines solchen zusammengesetzten Vulkans findet sich dann gewöhnlich, in der ganzen Ausdehnung zwischen den oberen Rändern seines Kegelmantels, eine tiefe Versenkung, deren Umwallung (der Ringwall) von jenen Rändern an steil nach innen (dem Atrium) abstürzt. Der jüngere, innere Kegel steigt aus ihr auf und füllt sie ganz oder teilweise aus. Beide Kegel stellen zwei, zuweilen der Zeit nach weit voneinander entlegene, durch eine gewaltige Katastrophe getrennte Phasen der Geschichte des Vulkans dar. Es ist von Interesse, in solchen Fällen ein genaues, durch viele Höhenmessungen gestütztes kartographisches Bild des letzteren zu entwerfen und die Untersuchung des Materials an möglichst vielen, auf der Karte anzugebenden Stellen auszuführen. Der Betrag der fortgeführten Masse läſst sich annähernd berechnen, wenn man die Gröſse der Grundfläche des fehlenden Teiles und die Neigungswinkel der Abfälle des stehen gebliebenen in Betracht zieht.

Besondere Aufmerksamkeit sollte der Frage zugewendet werden, in welcher Weise die Abstutzung des älteren, als Basis dienenden Vulkans erfolgt ist. Es sind dafür drei Theorien aufgestellt worden. Nach der einen soll Erosion allein, nach der zweiten Explosion, nach der dritten Einbruch die Erscheinung erklären. Es scheint, daſs jede von ihnen in einzelnen Fällen ihre Berechtigung hat. Der Erosion leisten die lockeren vulkanischen Anhäufungen geringen Widerstand. Wenn ein Sammeltrichter sich infolge günstiger Bedingungen stärker vergröfsert hat als seine Nachbarn, so schreiten Erweiterung und Vertiefung rasch nach rückwärts fort. Es bilden sich grofse, von steilen Wänden umragte Kessel (Calderas), welche ihre Gewässer mit allen von ihnen mitgenommenen Zerstörungsprodukten durch einen einzigen engen Erosionskanal (Baranco) nach aufsen senden. In diesem Kessel kann ein neuer Vulkan aufsteigen. — Eine Fortführung von Material von ähnlichem Betrag, wie sie sich hier in einem langen Zeitraum allmählich vollzieht, kann durch Explosion mit grofser Schnelligkeit geschehen. Die auffälligsten Beweise haben Krakatau und Bandaisan ergeben; doch ist die Erscheinung auch früher von Java beschrieben worden, und man kennt ihre sicheren Spuren an vielen Maaren. In demselben Moment, in welchem das Absprengen ungeheurer Massen festen Gesteins stattfindet, kann das entlastete flüssige Magma im Inneren des Vulkans zu Bimsstein aufgebläht und teils in Stücken, teils in feinster Zerstäubung in grofse Höhen der Atmosphäre geschleudert werden, wie am Krakatau. Die gröfseren Stücken fallen nieder, die feinen werden von den Luftströmungen fortgetragen. Die Beobachtung der Folgen dieser Vorgänge wird dadurch erschwert, dafs die gewaltigen Trümmermassen, welche in den Umgebungen abgelagert wurden, meist von den darauffolgenden Aschenausbrüchen verdeckt sind. — Als dritte Ursache ist der Einbruch zu bezeichnen. Kesselförmige, häufig mit Seen ausgefüllte Versenkungen sind eine oft zu beobachtende Erscheinung in vulkanischen Gegenden. Sind sie von einem Kranz ausgeworfener Massen umgeben, so sind sie durch Explosion zu erklären; fehlt jede Spur von Auswürflingen, so kann nur Versenkung zugrunde liegen. Dies gilt z. B. für die grofsen Kessel nichtvulkanischen Gesteins, aus denen sich einzelne Vulkane selbst erheben. Auf der Höhe ihrer Umwallungen sucht man vergeblich nach den Trümmern der verschwundenen gewaltigen Gebirgsmassen; die letzteren können nur in die Tiefe hinabgesunken sein. Wenn aber dieser Vorgang überhaupt in vulkanischen Gegenden vorkommt, so darf man ihn in erster Linie unter einem Auswurfskegel erwarten, und es ist nicht unwahrscheinlich, dafs Versenkung die häufigste Ursache der Abstutzung des älteren Teiles zusammengesetzter Vulkankegel ist. Die Untersuchung wird also von Fall zu Fall vorzugehen und verschiedenartige Umstände in Betracht zu ziehen haben.

Ausbruchstätigkeit. — Durch Branco's wichtige Untersuchungen ist der Beweis gegeben worden, daſs es **Vulkanembryonen** gibt, d. h. einmalige schuſsartige Bildung eines Schlotes, der von einem unterirdischen Herd durch die äuſsere Erdrinde nach der Oberfläche reicht und zu einmaligem Ausstoſsen von festen, flüssigen und gasförmigen Tiefenprodukten führte. Diese gruppenweise auftretenden Gebilde gehören seitdem zu den interessantesten Erscheinungen vulkanischer Länder und sollten besonders aufgesucht werden. Maare scheinen meist infolge solcher Vorgänge entstanden zu sein. Setzen die Ausbrüche durch den Schlot fort, so wird ein vulkanischer Kegel gebildet. — Kommt der Reisende in den Fall, einem Ausbruch beizuwohnen, so sind zu beachten: die ihn häufig vorbereitenden Erderschütterungen, ihre Ausdehnung, die Art ihrer Fortpflanzung und womöglich ihr Zentrum; die zurzeit obwaltenden meteorologischen Verhältnisse, besonders der Luftdruck, die Luftströmungen, die Niederschläge und elektrischen Entladungen; Sitz und Art der Gas- und Dampfexhalationen, Schmelzen des Schnees, Versiegen von Brunnen usw. Steigern sich diese gewöhnlichen Vorläufer der Ausbrüche allmählich, oder beginnen letztere plötzlich? In welcher Weise geschieht der erste Ausbruch? Findet eine plötzliche Explosion statt? Ein Maſs für deren Stärke ergibt sich: in dem Grad der Veränderung der Gestalt und Gröſse des Kraters, in der Höhe, bis zu welcher die Trümmer im Verhältnis zu ihrer Gröſse geschleudert werden, in der Entfernung vom Zentrum, in welcher Fragmente von einer gewissen Gröſse noch niederfallen, in der Ausdehnung und Gestalt des wolkenverdichtenden und mit Explosionsasche gemischten Wasserdampfs. Es sind dann die Häufigkeit und Stärke der folgenden Explosionen, die Entfernung, bis zu welcher die feine Asche getragen wird, die weiteren Veränderungen des Kraters, die Bildung seitlicher Spalten, durch welche Dampf entweicht, zu beobachten. Die ausgeschleuderten Trümmer sind mit Rücksicht auf ihre Gröſse und Gestalt, ihre Anordnung beim Herniederfallen, ihre Gesteinsart und ihre Textur zu untersuchen. Sind diejenigen des ersten Ausbruchs gleichartig mit denen späterer Explosionen? In erster Linie wichtig, aber schwierig auszuführen, ist die Untersuchung der einem tätigen Vulkan entströmenden **Gase**. Es hat sich ergeben, daſs sie, abgesehen von dem weitaus vorwaltenden Wasserdampf, an solchen Stellen, wo die Temperatur etwas über 500° C. beträgt, aus Chlorüren von Natrium, Kalium, Mangan, Eisen und Kupfer, an etwas weniger heiſsen Stellen (bei Temperaturen zwischen 300 und 400°) aus Chlorwasserstoff und schwefeliger Säure, an solchen von etwas über 100° C. aus Chlorammonium und Chlorwasserstoff, an solchen von ungefähr 100° aus Kohlensäure und Schwefelwasserstoff bestehen, während in noch weiteren Abständen von dem Herd der gröfsten Hitze, bei niederen Temperaturgraden, Kohlensäure allein entweicht. Es ist wahrscheinlich, dafs in den Gasen der unnahbaren zentralen Herde auch Fluorverbindungen eine wesentliche Rolle unter den Emanationen spielen. Dies wird sich nur aus den Sublimationsprodukten erweisen lassen, welche man als Auskleidungen von Spalten und Rissen an abgekühlten Stellen und als Überzug von noch nicht abgespülter Lava antrifft. Sie besitzen mineralogisches Interesse an sich, sind aber besonders wichtig als Zeugen solcher Vorgänge, welche sich der unmittelbaren Beobachtung entziehen. — Bei Lavaströmen sind zu beachten: der Ursprungsort; die Art der Öffnung des ersten Kanals, die Gröfse des Querschnittes des Stromes an einzelnen Stellen; der Grad der Zäh- oder Leichtflüssigkeit; die Natur der von der Oberfläche der Lava aufsteigenden Dämpfe und Gase; das Mafs der Geschwindigkeit, mit der der Strom an einzelnen Stellen hinabfliefst; der Grad der fortschreitenden Abkühlung und Erstarrung; endlich die Art des daraus hervorgehenden Gesteins. In letzterer Hinsicht ist zu beachten, ob einzelne Mineralien vor dem Festwerden in gröfseren Kristallen ausgeschieden gewesen und bei dem Fortschieben der Masse zerrissen worden und zerborsten sind.

Tritt nach einer Periode der Tätigkeit der Vulkan in den Ruhestand zurück, so sollte Aufmerksamkeit auf die Frage gerichtet werden, ob ein Zurücksinken des Kraters und seiner Umgebungen stattfindet.

Um an tätigen Vulkanen nützliche Beobachtungen anzustellen, bedarf man längerer Zeit, oder mufs häufiger an denselben Ort zurückkehren. Sie sind daher besonders solchen zu empfehlen, welche in der Nähe leben. Der Reisende kann den eigenen längeren Aufenthalt einigermafsen durch das Einziehen von Erkundigungen ersetzen und sollte möglichst viele Tatsachen über die Geschichte eines als tätig erkannten Vulkans festzustellen suchen.

Unterlage und Umgebung. — Die Aufschüttungsmassen, aus denen ein Vulkan besteht, ruhen auf einem von ihm selbst verschiedenen Fufsgestell. Dasselbe kann ein jungeruptives Gebirge, und der Vulkan dessen Kamm oder Flanken aufgesetzt sein (z. B. Rhyolithvulkane auf Andesitgebirgen in Ungarn), oder sich aus einer Einsenkung innerhalb des

Gebirges erheben. In anderen Fällen besteht die Unterlage aus Tuffen, oder sie kann ein Vulkan selbst sein. In diesem Fall ist entweder der jüngere Vulkan ein Schmarotzer, welcher den Flanken des älteren aufsitzt und in dessen noch erhitzten, in seitliche Spalten eingedrungenen Lavamassen wurzelt; oder die Ausbruchsstelle des aus tieferen Regionen nach oben führenden Hauptkanals hat ihre Lage gewechselt, und ein neuer hoher Vulkan erhebt sich exzentrisch über dem halbzerstörten Kegel eines älteren. Häufig ist jedoch älteres vulkanisches Gestein überhaupt nicht nachweisbar; der Kegel ruht auf kristallinischen Schiefern oder Flözgebirge. Die sichtbaren Teile der Unterlage werden zuweilen durch Auswürflinge fremden Gesteins ergänzt. — Sitzt der Vulkan einer erkennbaren Unterlage unvermittelt auf, so sollte man untersuchen, ob merkbare Verwerfungen und Zerklüftungen oder sonstige Deformationen mit seiner Entstehung verbunden gewesen sind. Andere Vulkane hingegen, und darunter viele der gröfsten, erheben sich aus einem Einbruchskessel. Ein solcher Kegel ist in weiterem Umkreis von einem ringförmigen, meist nicht allseitig geschlossenen, nach innen gerichteten Steilabbruch umgeben, an welchem die verschiedensten, das angrenzende Land zusammensetzenden Gesteine (vulkanisches Tuffland, kristallinische Schiefer, Flözgebirge) entblöfst sind. Ihre Lagerung hat keinen erkennbaren Zusammenhang mit den Grenzlinien der Versenkung. Ätna und Fudjiyama erheben sich aus solchen Trichterkesseln; ihre Lavaströme finden die äufserste Grenze an den Umfassungswänden; bis zu diesen reicht das reichbevölkerte Gartenland auf dem flachen Fufs des Kegels. Es giebt andere Fälle, in denen Vulkane aus der Querversenkung eines Gebirges aufsteigen, wie Lassens Peak und Mount Shasta in Kalifornien. — Nicht immer ist das Verhältnis so einfach und so deutlich erkennbar. Da aber die Herstellung eines Kanals, welcher den Herd des Vulkanismus im Erdinneren mit der Oberfläche verbindet, stets das Ergebnis gewaltiger mechanischer Vorgänge gewesen ist, so wird es an Spuren der letzteren meist nicht fehlen. Das Augenmerk ist daher in allen Fällen auf das Verhältnis der Vulkane zu dem Gebirgsbau zu richten.

Gegenseitiges Verhältnis verschiedener Vulkane. — Zuweilen ist ein Vulkan so isoliert, dafs das Verhältnis zu anderen in gröfserer Entfernung gelegenen erst nach genauer Erforschung des ganzen Zwischenlandes erkannt werden kann. Weit öfter sind mehrere einander nahe benachbart, und dann sind sie meist teilweise, zuweilen auch sämtlich schon erloschen. Ihre Niederlegung auf einer Karte zeigt bald, inwieweit ihre Anordnung ein Gesetz der Verteilung erkennen läfst. Regellosigkeit in dieser Beziehung kommt vor. Zuweilen aber kann man schon von dem Gipfel eines Vulkans aus die vollkommen geradlinige Anordnung anderer erkennen. In anderen Fällen stehen einige auf einer geraden Hauptlinie, andere erheben sich seitwärts, und dann ist zu untersuchen, ob sie auf Linien stehen, die eine Beziehung zur Hauptlinie, z. B. Querstellung, darbieten, oder ob sie regellos von ihr abgetrennt sind. Häufiger findet sich eine Anordnung in leicht gekrümmter Bogenlinie. Auch dann ist auf die seitlich davon gestellten Vulkane zu achten. Von besonderem Interesse ist es, festzusetzen, ob die Herde der Ausbruchstätigkeit stetig gewesen oder gewandert sind, und im letzteren Fall, ob die Wanderung entlang einer Hauptlinie oder in anderer Weise erfolgt ist. Fand sie auf den radial gestellten Querlinien eines Bogens statt, so ist festzustellen, ob die Wanderung gegen das Zentrum hin oder von ihm hinweg geschah.

Dies ist der formale, auf die grofsen Züge der Tektonik bezügliche Gesichtspunkt. Es bieten sich zahlreiche andere Momente für die vergleichende Betrachtung benachbarter, oder zu einem und demselben Gebirgszug analog gestellter Vulkane. Dahin gehören die Beziehungen zwischen ihrer beiderseitigen Ausbruchstätigkeit und ihrer aus den Ausbruchsmassen erkennbaren früheren Entwickelungsgeschichte.

Vulkanskelette und Vulkanrümpfe. — Bei der Zerstörung eines Vulkans leistet der innere Lavakern den gröfsten Widerstand; er kann als eine glocken- oder domförmige Kuppe übrig bleiben. Griff die Lava von dem Kern aus in radiale Spalten ein, so werden im Anfang senkrechte Rippen von der Kuppe ausgehen und einen skelettartigen Aufbau veranlassen. Wo Monolithe von solchen oder verwandten, z. B. kegelförmigen Gestalten vorkommen, sollte man den früheren Aufbau aus den Überresten festzustellen suchen. Selbstverständlich bieten sich bei erloschenen Vulkanen viele Übergangsstufen zu diesen Endformen.

Posthumes Ausströmen von Dämpfen, heifsem Wasser und Gasen. — Teils unmittelbar mit tätigen oder erloschenen Vulkanen örtlich verbunden, teils in ihrem Umkreis, aber nur bis zu geringer Entfernung, begegnet man Erscheinungen, welche mit dem Vorhandensein von Sitzen hoher Wärme unter verschiedenen Stellen der Oberfläche, sowie mit dynamischen und chemischen Vorgängen in der Tiefe in ersichtlichem Zusammenhang stehen. Hocherhitztes Wasser strömt mit mancherlei Gasen beladen aus und gibt durch meist bedeutenden Gehalt an gelösten mineralischen Stoffen Zeugnis von Angriffen auf magmatische oder Gesteinsmassen, welche es an dem Ort, von dem es kommt, oder auf seinem Wege ausgeübt hat. Die Schauplätze, wo diese Tätigkeit am intensivsten ist, werden Solfataren genannt. Bald strömt Wasserdampf mit großer Heftigkeit aus; bald brodelt kochendes Wasser in starken Quellen. Unter den am Geruch erkennbaren Gasen sind Schwefelwasserstoff und schweflige Säure bezeichnend. Die Gesteine werden stark angegriffen; es bilden sich Ansammlungen von Schlamm, welcher selbst ein brodelnder Pfuhl wird. In ihm setzt sich häufig Schwefel ab; er kann sich zu bedeutenden Lagerstätten häufen, die, wie bei Girgenti, nach Erlöschen der Solfatarentätigkeit abbauwürdig werden. Auch Gips und Alaun werden gebildet. Weiße, giftig gelbe, orangerote und braune Farben herrschen in dem zerfressenen Gestein; der Schlamm pflegt hellgrau zu sein. Kratere im Zustand der Ruhe bewahren durch lange Zeit die Tätigkeit von Solfataren. Außerdem finden sich diese sporadisch in Kesseln und Spalten, sowie an den Gehängen vulkanischer Gebirge, manchmal unmittelbar von üppigster tropischer Vegetation umgeben. Man trifft sie auch in anderen Gesteinen der Umgebungen. Die Einwirkung ist besonders intensiv in vulkanischem Trümmergestein, wo das lockere Bindemittel dem unter Hindernissen durchbrechenden Wasserdampf tausend feine Kanäle anweist. Der Besuch solcher Stellen ist dem Reisenden zu empfehlen, da ihre Beobachtung ein Verständnis für eine wichtige Klasse vulkanischer Vorgänge und für eine Art von Zersetzungsprozessen gibt, deren Produkte man an Orten, wo längst jede Spur fortdauernder Tätigkeit aufgehört hat, wiedererkennt; man findet sie nicht nur in den aus jüngeren Eruptivgesteinen aufgebauten Gebirgen und deren Umgebungen, sondern auch an Schauplätzen vulkanischer Tätigkeit früherer Zeitalter.

Die Quellen kochenden Wassers sind zuweilen intermittierend, indem mehr oder weniger heftige Ergüsse, die sich bis zu einem Emporschleudern zu bedeutender Höhe steigern können, in rythmischer oder auch unregelmäßiger Wiederholung durch Ruhepausen unterbrochen werden. Nach dem bekannten isländischen Prototyp hat man ihnen den Namen Geysir gegeben; sie sind außerdem von Neu-Seeland und Yellowstone bekannt. Es sind bei ihnen die Intervalle der pulsierenden Tätigkeit, die Art der Eruptionen, die Beschaffenheit der wesentlich aus Kieselsinter bestehenden Absätze und die Formen ihrer Anhäufungen zu beobachten. Zuweilen findet man letztere an Stellen, wo jetzt kochendes Wasser nicht mehr ausströmt.

Abgesehen von Solfataren und Geysirerscheinungen kommen **heifse Quellen** vor, welche die bei den ersteren erwähnte Gesteinszersetzung an der Oberfläche nicht ausüben und sich von den Geysirn durch beständiges Ausströmen unterscheiden. Sie sind häufig an frühere Eruptionstätigkeit unmittelbar gebunden und finden sich z. B. mit Vorliebe an solchen Stellen, wo steile Abbrüche von Granitgebirgen von Basaltausbrüchen begleitet sind; zum Teil trifft man sie weit von den Ausbruchsherden entfernt, aber doch entlang Linien, welche diese miteinander verbinden; zum Teil heften sie sich an Verwerfungslinien, welche der Spuren von Gesteinsausbrüchen ermangeln. Bei allen heifsen Quellen, einschliefslich der beiden zuerst genannten Typen, sind zu beobachten: der Temperaturgrad; das Gestein, aus welchem das Wasser entspringt; die Quantität des entströmenden Wassers; das Vorhandensein oder Fehlen von Schwefelwasserstoffgeruch; der Gehalt an Kohlensäure, an Kochsalz und anderen Mineralstoffen; die Absätze aus dem Wasser, wie Kieselerde, kohlensaurer Kalk, Eisenoxydhydrat usw., falls deren überhaupt vorhanden sind; die Lage der Quellen im Verhältnis zu Gebirgen, zu Gesteinsgrenzen und Gesteinsarten, zu Spalten und Verwerfungen. Bei der Bildung der Absätze ist auf biologische Mitwirkung zu achten.

Kohlensäuerlinge scheinen gröfstenteils die spätesten und letzten Nachwehen eruptiver Tätigkeit zu sein. Sie sind meist an Wasser von geringen Temperaturgraden gebunden. Die Orte, wo sie vorkommen, sollten auf Karten aufgetragen werden. In der Regel ordnen sie sich in langgestreckte Zonen, welche in enger Beziehung zu der Verbreitung jungeruptiver Gesteine stehen. Von um so gröfserem Interesse ist ihr Vorkommen aufserhalb dieser Gebiete. — Als frei ausströmendes Gas tritt die Kohlensäure in den **Mofetten** auf. Sie sind an vulkanische Gegenden gebunden und bezeichnen ebenfalls die letzten Stadien der Ausbruchstätigkeit.

Eine andere, auf dem Vorhandensein eines unterirdischen Wärmeherdes beruhende, in vielen Fällen an die Nachbarschaft von Stätten ehemaliger oder noch fortdauernder vulkanischer Tätigkeit gebundene Erscheinung ist das Ausströmen von **Kohlenwasserstoffgasen**. Es ist, ebenso wie bei ihrem flüssigen Zustand im **Petroleum**, unklar, inwieweit sie mit magmatischen Herden oder mit der Zersetzung organischer Stoffe ursächlich verbunden sind, und ihr freies Ausströmen mit tektonischen Verschiebungen in der Erdrinde zusammenhängt. Nur in der Erscheinungsart, nicht im Wesen verschieden sind die Schlammvulkane oder Salsen: kleine Schlammkegel, aus deren Gipfel schlammiges und salzhaltiges, meist Kohlensäure und Kohlenoxyd enthaltendes und mit Erdöl vermischtes Wasser durch stark entweichendes Kohlenwasserstoffgas herausgestofsen wird. Sie haben ihre Hauptverbreitung in vereinzelten Gegenden intensiver tektonischer Bewegungsvorgänge.

Alle hier genannten Erscheinungen bilden eine Reihe von Stadien, durch welche die vulkanische Tätigkeit allmählich zum Erlöschen kommen kann. Man beobachtet sie daher in mancher Gegend nebeneinander. Sie sind ein zeitliches Analogon für die räumliche Verteilung der Gasemanationen, welche man während eines vulkanischen Ausbruches wahrnimmt.

Aufser den genannten Mineralien Schwefel und Gips finden sich manche andere Nebenprodukte der hydrothermischen Vorgänge. Die bei der Zersetzung der Gesteine verbleibenden Rückstände sind schon in den ersten Stadien von löslichen Salzen, besonders Alaun, Gips und anderen Sulfaten, erfüllt. Später können diese ausgelaugt werden. Es entstehen einerseits festere, zellige Gesteine, andererseits lockere Erden. Bemerkenswert ist der Alaunfels, welcher aus verschiedenen Gesteinen, insbesondere aus Tuffen und Breccien, durch starke solfatarische Einwirkung entsteht. Unter den weicheren Erden ist neben mancherlei Tonen die Porzellanerde zu nennen, welche sich unter den Rückständen bei der Zersetzung vulkanischer Tuffgesteine, sowie mancher anderer Gesteine in der Nähe vulkanischer Herde findet. An Bedeutung und Interesse nehmen die erste Stelle die den Wegen der vulkanischen Dämpfe und Thermen folgenden Gangbildungen ein, insbesondere die edlen Erzlagerstätten. Sie sind in manchen Gegenden an Propylite und Dazite, seltener an andere jungeruptive Gesteine gebunden.

Jungeruptive Gesteine im allgemeinen. — Neben den oft in grofser Zahl auf kleinem Areal zusammen vorkommenden erloschenen und tätigen Vulkanen finden sich in vielen Gegenden, meist in viel bedeutenderer Massenentwickelung und räumlicher Verbreitung, Anhäufungen von Gesteinen, welche den Laven von jenen nahe verwandt sind, aber Berge und langgestreckte Gebirge gleichmäfsig aufbauen, in denen die Gesteine nicht periklinal, sondern einer Längsachse parallel in Zonen angeordnet oder in Gestalt weit ausgebreiteter Tafeln abgelagert sind, und bei welchen die explosive Tätigkeit nicht als wesentliches Moment erscheint. Solche Anhäufungen sind die Erzeugnisse von **Massen- ausbrüchen**. Die Beobachtung gestattet den Schluſs, daſs sie in jedem einzelnen Fall einer Periode eruptiver Tätigkeit von langer Dauer angehören, und daſs das Aufschütten von Vulkanen in Verbindung mit ihnen nur ein verhältnismäſsig unbedeutender Begleitvorgang ist. Man sollte suchen, den Anfang der Ausbrüche nach geologischer Zeitrechnung fest- zusetzen. In den meisten Erdräumen der östlichen Hemisphäre sind die Perioden des Jura und der Kreide Zeiten verhältnis- mäſsigen Mangels an unterirdischen Kraftäuſserungen gewesen, während die Tertiärperiode in allen Kontinenten durch deren besondere Intensität ausgezeichnet war. Entweder begann die Ausbruchstätigkeit in ihr, oder sie steigerte sich in ihr, falls sie früher angefangen hatte. In den Anden sind die frühesten Stadien bis in die Juraperiode zurückverfolgt worden. Jeder einzelne Herd hat seine eigentümliche Entwickelung, jeder seine besondere Zeit intensivster Äuſserung, die sich dann allmählich abschwächte. Die Schauplätze der jungeruptiven Tätigkeit an der Erdoberfläche ordnen sich gröſstenteils in Zonen an, in denen disjunktive Brüche eine Rolle zu spielen scheinen.

Die Gesteine der Massenausbrüche sind selten glasig oder schlackig. Auſser denen, welche bei Vulkanen vorkommen, sind noch Gesteine zu erwähnen, welche den alten „Grünsteinen" ähnlich und als **Grünsteintrachyt** oder **Propylit** be- zeichnet worden sind. Sie sind für einzelne Gegenden (ins- besondere Teile der Anden von Süd- und Nordamerika und die Karpathenländer) charakteristisch und leiten dort die neuere Ausbruchstätigkeit ein. In der Zusammensetzung den Andesiten zugehörig, erscheinen sie doch als eine durch intensive Ein- wirkung besonderer Agentien auf das ausbrechende und erstarrende Magma veranlaſste Abänderung, die von jenen hinreichend abweicht, um die Propylite zu einer charakte- ristischen, in ihren Haupttypen leicht erkennbaren Gesteinsreihe zu gestalten; sie sind mit den echten Andesiten durch allmäh- liche Übergangsstufen verbunden.

Für die Altersfolge der Massenausbrüche der jung- eruptiven Gesteine, aber **nicht für Vulkane**, ist mehrfach die eigentümliche Reihe: Propylit, Andesit, Trachyt, Rhyolith, Basalt gefunden worden; die Ausbrüche der ersten vier hängen dann räumlich eng zusammen, während die Basalte allein ihr eigentümliches, groſsenteils unabhängiges Verbreitungsgebiet haben. Die Reihenfolge gilt nicht für die Laven der Vulkane; bei manchen von diesen herrscht zeitlich petrographische Einheitlichkeit, bei anderen ein regelloser Wechsel. Beobachtungen über die Verhältnisse des relativen Alters, der räumlichen Anordnung und Verbreitungsart der Massenausbrüche liegen erst über einzelne Gegenden vor; jede Erweiterung derselben ist erwünscht.

Die von Vulkanen ausgeworfenen und ausgeströmten Gesteine haben enge Verwandtschaft zu Felsarten früherer Zeitalter. Denn auch in der paläozoischen und im Beginn der mesozoischen Ära fanden Ausbruchserscheinungen statt, welche denen der heutigen Vulkane genau entsprachen. Diese weit zurückliegenden Vorgänge, deren mineralische Erzeugnisse meist tief unter den Schichtmassen vergraben sind, und welche nur dem Auge des geübten Geologen erkennbar sind, hängen auf das engste mit der gesamten eruptiven Tätigkeit damaliger Zeit zusammen und bilden nur einzelne Phasen in ihr.

4. Beobachtungen an älteren Ausbruchsgesteinen.

Massengesteine fehlen vielen Erdräumen an der Oberfläche gänzlich; wo sie aber vorkommen, finden sie sich oft in reicher Entwickelung. Abgesehen von denen, welche in engstem Verband mit kristallinischen Schiefern auftreten und zum Teil schon bei der Erstarrung unter hohem Druck oder durch nachträgliche dynamische Wirkung in solche selbst verwandelt worden sind, bilden sie ihrer Umgebung gegenüber fremdartige Eindringlinge; daher entgehen sie nicht leicht der Beobachtung. Ihre Verschiedenheit untereinander beruht, wie an anderer Stelle (S. 236, 241) angegeben wurde, einerseits in der chemischen und mineralischen Zusammensetzung, andererseits in der Textur, d. h. in der relativen Ausbildungsart der einzeln an der Zusammensetzung teilnehmenden Mineralien, welche (abgesehen von der lösenden Wirkung des in dem Magma enthalten gewesenen überhitzten Wassers) wesentlich eine Funktion der Erstarrungsvorgänge ist. Zu jeder Zeit konnten Gesteine von verschiedenen Texturabänderungen aus demselben Magma entstehen. Langsame Erstarrung ausgedehnter Massen in größeren Erdtiefen war der Ausbildung granitischer Textur günstig, während porphyrische Textur darauf hinweist, daß die Ausscheidung größerer Kristalle unter ähnlichen Bedingungen begann, das noch flüssige Magma aber durch Eindringen in Spalten oder Hohlräume von beschränkterer Ausdehnung in abgekühltem Gestein, oder durch Aufsteigen an die Erdoberfläche unter Bedingungen gelangte, wo in schnellerem Verlauf eine feinkörnige kristallinische Erstarrung des Restes erfolgte; bei noch gröfserer Beschleunigung des Weges an die Oberfläche konnte mindestens ein Teil glasig oder amorph erstarren. Aufserdem wurde die petrographische Ausbildung durch Verschiedenheit der chemischen Zusammensetzung, den Grad der Beimengung überhitzten Wassers, sowie mancher geringfügig erscheinenden Stoffe, und durch Druck beeinflufst. Infolge der Denudation können Erstarrungsmassen verschiedener Tiefen an der gegenwärtigen Zusammensetzung der sichtbaren Erdoberfläche teilnehmen.

Betreffs der Ursache der chemischen Verschiedenheit der Massengesteine haben sich die Anschauungen geändert. Während Robert Bunsen zwei Herde von extremen Zusammensetzungen annahm und die Verschiedenheit der Gesteine durch verschiedengradige Mengung von Teilen des Magmas aus beiden Herden erklärte, und nachher die von Sartorius von Waltershausen begründete Theorie von einer Abstufung der Gemenge nach Kieselsäuregehalt und spezifischem Gewicht von der Erstarrungsoberfläche nach den Tiefen der Erdrinde die Herrschaft gewann, hat sich in neuerer Zeit die zuerst von Clarence King aufgestellte, dann von mehreren hervorragenden Petrographen in grofser Feinheit ausgebildete Theorie von der Entstehung chemisch sehr verschiedener Gesteine aus demselben Magma durch dessen Differenzierung (magmatische Spaltung) Bahn gebrochen. Diese konnte sich entweder durch Sonderung nach dem spezifischem Gewicht, oder durch örtliche Konzentration gewisser Bestandteile gegen die Abkühlungsflächen hin vollziehen.

Das Alter von Eruptivgesteinen ist oft schwer festzustellen. Findet man sie mit Schichtgebilden wechsellagernd und gleichzeitig Material für deren Zusammensetzung abgebend, so gehören sie deren Altersstufe an. Für die Untersuchung gelten dann dieselben Gesichtspunkte wie für die jungeruptiven Gesteine; man kann in mancher Gegend eine Geschichte des Vulkanismus früherer Zeitalter, z. B. des permischen oder triassischen, erkennen. Bilden Eruptivgesteine Gänge, die durch die Erdoberfläche abgeschnitten werden, so ist diese nicht mehr die frühere Oberfläche; die Gänge sind jünger als das umgebende Gestein, und ihre Bildungsvorgänge vollzogen sich in gewisser Tiefe. Grofse unregelmäfsige Massen können ihren Ursprung in Massenausbrüchen (S. 290) an der vormaligen Erdoberfläche haben, was manchmal nicht leicht zu entscheiden ist; sie können sich auch als Lakkolithe (S. 244) zwischen ältere Schichtmassen in solcher Weise eingedrängt haben, daſs sie von diesen überwölbt wurden; dann wird man in der Regel noch deren Reste finden. Der Mechanismus der Entstehung anderer, nach Horizontale und Vertikale sehr ausgedehnter, gleichartiger, in der Tiefe erstarrter Massen, wie die granitischen Gesteine sie häufig bieten, ist schwer zu erklären; er hängt vielleicht mit dem Eindringen von durch Druckentlastung verflüssigtem Magma in die durch Abstau bei Zerrungsvorgängen entstehenden Räume zusammen, da ein Hohlbleiben von solchen nicht angenommen werden kann. Wo man derartige Massen findet, muſs sehr bedeutende nachträgliche Abräumung von Gesteinsmassen vorausgesetzt werden. Zu gröſserer Sicherheit erheben sich diese Schluſsfolgerungen bezüglich der Gesteine mit granitischer Textur, wenn sie eine erhebliche metamorphische Einwirkung auf umgebende Sedimentgesteine ausgeübt haben, und diese von Ausläufern der Ausfüllungsmassen gangartig durchzogen werden. Dann treten unter diesen die verschiedensten magmatischen Abspaltungen auf, und man sollte mit Aufmerksamkeit alle vorkommenden Gesteinsarten sammeln.

Der Reisende wird sich gewöhnlich damit begnügen müssen, die Ausbruchsgesteine nach ihrem makroskopisch erkennbaren Charakter und der Art ihres Auftretens mit Rücksicht auf die umgebenden Gesteine zu studieren. Zuweilen mag es ihm gelingen, Material zur Aufklärung ihres allgemeinen geologischen Verhaltens beizubringen. Es mögen hier nur noch einige weitere Winke betreffs einzelner Gesteine gegeben werden.

Granit. — Man kann zwei verschiedene Arten des Auftretens der Granite unterscheiden: 1. in Verbindung mit Gneiſs von ganz gleicher Zusammensetzung. Dann gehen beide Gesteine unmerklich ineinander über; die Glimmerblättchen und Feldspatkristalle, welche im Granit verschieden orientiert sind, nehmen parallele Lagerung an, und durch zunehmende Vervollkommnung der Parallelstruktur entsteht echter Gneiſs. Die Übergänge wechseln häufig mehrere Male in geringer Entfernung. Dieser Gneiſsgranit oder Urgranit hat vielleicht, da ältere Gesteine nicht bekannt sind, die nächsten Beziehungen zur Erstarrungsrinde der Erde. — 2. in die Lagerung von kristallinischen Schiefern und Sedimentgesteinen in abnormer Weise eingreifend. Diese als intrusiv zu bezeichnenden Granite bilden unregelmäſsig begrenzte Massen (Stöcke) von groſser Ausdehnung, deren Liegendes kaum jemals mit Sicherheit gefunden worden ist, und zeichnen sich in der Regel durch nach oben flach gewölbte, schalenförmige Absonderung und senkrechte Zerklüftung der Schalen nach zwei zueinander rechtwinkligen

Richtungen aus. Die von den dreifachen Kluftflächen aus fortschreitende Verwitterung bringt Auflösung in rundliche Blöcke hervor, welche bald in unregelmäfsiger Anhäufung an der Ursprungsstelle liegen bleiben und durch Auswaschen des gelockerten Zwischenmittels abenteuerliche Formen auf Bergrücken bilden, bald an den Abhängen hinabrollen und regellos aufeinanderlagern, so dafs Höhlungen (in manchen Ländern die Stätten religiöser Einsiedler) zwischen ihnen bleiben. Höhlungen können auch in dem mürben zersetzten Gestein zwischen den davon umschlossenen fest gebliebenen Blöcken auf ursprünglicher Lagerstätte des Granits künstlich leicht angelegt werden. — Wo intrusive Granite im Sedimentgebirge auftreten, ist dieses gewöhnlich bis auf beträchtliche Entfernung zu Gesteinen vom Charakter der kristallinischen Schiefer metamorphisiert. Solche Stellen sind stets eingehender Untersuchung wert. Der veränderte Kalkstein ist häufig reich an schön kristallisierten Mineralien. Jede Feststellung des Alters von Granit ist von Interesse. Es scheint in manchen Fällen bis in die Tertiärzeit herabzureichen.

Der intrusive Granit tritt auch in Gängen auf; sie sind besonders in der Nachbarschaft der grofsen Stöcke desselben zahlreich. Oft wird er selbst wieder von Gängen meist feinkörnigen Granits, oder auch von solchen von Pegmatit durchsetzt. Auch Quarzgänge pflegen in den metamorphischen Zonen und im Granit selbst häufig aufzutreten. Sie helfen zuweilen zur Altersbestimmung des letzteren, indem man beobachtet, welches die jüngsten von ihnen durchzogenen Gebilde sind. In manchen Gebirgen sind diese Gänge goldführend.

Andere Eruptivgesteine. — Nach Abzug der jugendlichen vulkanischen Gesteine und des Granits bleiben noch eine Anzahl wichtiger und häufig vorkommender Gesteine übrig, welche nach chemischer und mineralischer Zusammensetzung eine Kette zwischen den Endgliedern Granit und basaltischer Lava bilden und durch analoges geologisches Auftreten wie durch analoge Entstehungsweise untereinander verbunden sind. Es gibt kieselsäurereiche oder saure Gesteine, wie Granit, Syenit, Quarzporphyr und Porphyrit, und kieselsäurearme oder basische, zu welchen Diabas, Gabbro, Diorit, dunkle Porphyre (Melaphyr und Augitporphyr) und verschiedene dichte, nur mit Hilfe des Mikroskops voneinander zu sondernde Gesteine von dunklen, meist grünlichen und grauen Färbungen gehören. Die sauren Gesteine nähern sich in der Gröfse ihrer Ausbruchsmassen, wie sie besonders dem Quarzporphyr und Porphyrit eigentümlich sind, dem Granit; die basischen trifft man vorwaltend in Gängen, welche die Sedimentgesteine durchsetzen, sich oft vielfach verzweigen und entweder blind endigen oder gegen die Oberfläche hin in Kuppen, Decken und Lager übergehen, die zuweilen wieder von anderen Sedimentgesteinen bedekt sind. Diese Formen trifft man auch bei sauren Gesteinen, aber seltener ahmen die basischen die grofsen Ausbruchsmassen der letzteren nach. Erst unter den jungeruptiven Gesteinen erhalten die basischen die Oberhand.

Die Anwesenheit, Lagerungsform und Verbreitung gewisser Eruptivgesteine nachgewiesen zu haben, ist an sich von Interesse; doch wird dieses erhöht, wenn man in jeder einzelnen Gegend das Alter und die Aufeinanderfolge der einzelnen Gesteinsarten festsetzen kann. Ersteres bestimmt man, soweit es möglich ist, aus dem Alter der unterlagernden und durchsetzten Schichten, welche älter sind, und der überlagernden Gesteine, welche, aufser im Fall der Lakkolithe, jünger sind als das Eruptivgestein. Die Aufeinanderfolge ergibt sich aus den gegenseitigen gangartigen Durchsetzungen verschiedener Eruptivgesteine, sowie aus den Fragmenten, welche einzelne derselben umschliefsen, indem im ersteren Fall das durchsetzte Gestein, im zweiten dasjenige, von dem die Einschlüsse stammen, das ältere sein mufs. Bei den Konglomeraten ist zu beachten, ob die Einschlüsse eckig oder gerundet sind, ob die ganze Gesteinsmasse sich strukturlos hoch auftürmt, oder in dicken Bänken oder in dünneren Schichten abgelagert ist. Wenn sie Anzeichen des Ausströmens unter Wasser aufweisen, wird man in über- und zwischengelagerten Schichten nach Versteinerungen zu suchen haben, aus denen sich auch das Alter des Eruptivgesteins ergibt.

5. Beobachtungen über nutzbare Mineralien.

Der Begriff „nutzbare Mineralien" ist weit und unbestimmt. Ein Erz oder Mineral, welches in einer Gegend von höchstem Nutzen ist, kann in einer anderen fast oder ganz wertlos sein. Der Reisende sollte nun zwar überall in weniger bekannten oder unbekannten Ländern seine Aufmerksamkeit diesem Gegenstand zuwenden, da die Möglichkeit, Ergebnisse von praktischer Bedeutung zu gewinnen, häufig vorhanden ist. Aber gleichzeitig sollte er mit Vorsicht alle Umstände prüfen, welche die Gewinnung und die Verwertung eines Minerals betreffen, um nicht unerfüllbare Hoffnungen zu erwecken oder erfolglose Unternehmungen zu veranlassen. Vorsicht ist besonders denen anzuraten, welche entweder überhaupt nur unbestimmte Vorstellungen von den Bedingungen der Verwertbarkeit besitzen, oder ihre Erfahrungen einem Land entnehmen, wo Gewinnungskosten, Wert des Minerals und Verfrachtungsmittel in günstigem Verhältnis stehen. Solchen wird es oft schwer, eine andere Kombination der verschiedenen Bedingungen in richtiger Weise zu würdigen. Ausgezeichnete Kenner haben Mifsgriffe begangen, wenn sie von einseitiger Erfahrung ausgegangen sind.

Es ist nicht möglich, betreffs der praktischen Gesichtspunkte bestimmte Regeln anzugeben. Eine mäfsig reiche Erzlagerstätte kann bei guten Beförderungsmitteln trotz grofser Entfernung von dem Ort der Zugutemachung gewinnbringend sein, eine andere, noch reichere, allein durch den Umstand eines regenlosen Klimas dem Abbau unüberwindliche Schranken entgegensetzen oder durch die Lage in einer schwer zugänglichen Gebirgsgegend jeden Gewinn ausschliefsen. Sind billige Arbeit, gutes Brennmaterial, Wasser, Wasserkraft und leichte Beförderungsmittel vorhanden, so ist oft eine arme Lagerstätte noch mit Erfolg auszubeuten. Es ist eben eine Summe von Bedingungen erforderlich, von denen in seltenen Fällen alle einen positiven, häufiger dagegen einige einen positiven, andere einen negativen Wert haben. Oft kann nur die sorgfältigste Berechnung ergeben, ob die Gesamtsumme positiv oder negativ ist.

Im folgenden sollen nur die wichtigsten unter den nutzbaren Mineralien in Kürze behandelt werden.

a) **Steinkohlenlagerstätten.** — Wo Steinkohle bergmännisch nicht gewonnen wird, kann nur ein glücklicher Zufall auf ihre Entdeckung führen. Denn selbst wenn man mit Hilfe von Versteinerungen das Vorhandensein der Steinkohlenformation nachweist und sie in einer solchen Weise entwickelt findet, wie sie in anderen Ländern die günstigste für die Führung von Kohle ist, kann man doch einerseits nicht mit Sicherheit auf deren Vorkommen rechnen und anderseits selten hinreichende Aufschlüsse erhalten, um Bestimmtes darüber festzustellen. Meist haben die Landesbewohner die Eigenschaften der Steinkohle längst kennen gelernt und beuten sie so weit aus, als ihre einfachen Mittel es erlauben. Gelingt es, die Orte auszukundschaften wo dies geschieht, so geben sie passende Anhaltspunkte für den einzuschlagenden Reiseweg; denn man darf an ihnen, neben der Möglichkeit praktisch wichtiger Erfolge, stets allgemein wertvolle geologische Aufschlüsse erwarten, für die es sonst oft schwer ist einen Fingerzeig zu erhalten.

Kommt man an einen Ort, wo Bergbau getrieben wird,

so hat man zuerst den Charakter der Kohle, des Flözes, welches sie führt, und der einschließenden Schichten zu untersuchen. Ist die Kohle von schwarzer oder schwarzbrauner Farbe? Oder gibt sie, wenn sie schwarz wird, beim Zerreiben oder Ritzen ein braunes Pulver? Ist sie fest oder zerfallend, spröde oder mild, mit dem Messer schwierig oder leicht zu ritzen? Hat sie einen muscheligen, splitterigen oder erdigen Bruch? Ist sie in Lagen abgeteilt (schieferig), oder homogen, oder spiegelklüftig? Enthält sie Verunreinigungen (erdige oder schieferige Bestandteile, Schwefelkies, dünne Blättchen von Dolomit), oder ist sie frei davon? Brennt sie ohne Flamme und Rauch, oder auch nur mit einer schwach bläulichen, nicht leuchtenden Flamme (in beiden Fällen Anthrazit), oder mit schwacher gelber und wenig rußender Flamme (magere Kohle), oder mit langer, stark rußender Flamme (fette Kohle)? Geschieht beim Verbrennen ein Aufkochen und Zusammenbacken der Stücke (kokende oder backende Kohle), oder verbrennen sie ohne merkliche Änderung und ohne sich zu vereinigen (Schmiedekohle)? Bleibt viel oder wenig Asche zurück? Ist diese im ersteren Fall fein und leicht, oder bleibt sie in Stücken (Klinker)? Brennt die Kohle leicht bei offener Luft, oder bedarf sie eines starken Zuges? Wird am Orte selbst Koks bereitet, und wie geschieht dies? Wie sind die Öfen konstruiert, in denen die Eingeborenen die Kohle verbrennen?

Den Charakter des Flözes kann man nur durch Befahren der Grube wirklich kennen lernen. Dies ist oft nicht ausführbar, und man ist auf Ausfragen angewiesen. Die Angaben über die Mächtigkeit lassen sich kontrollieren, indem man die Länge der Grubenhölzer, welche als Stützen dienen sollen, mißt. Es fragt sich dann, ob die Kohle in der ganzen Mächtigkeit des Flözes gleich ist, oder in den hangenden oder liegenden Teilen einen anderen Charakter annimmt. Es ist ferner zu erforschen, ob mehrere Flöze übereinander aufgeschlossen, und durch wieviel Zwischenmittel sie voneinander getrennt sind. Man erhält darüber meist unbefriedigende Auskunft, da die angewendeten einfachen Methoden gewöhnlich nur den Abbau eines Flözes durch eine Grube erlauben. Wenn die Flöze unter einem Winkel gegen die Oberfläche geneigt sind, so wird in der Regel eine im Schichtenstreichen gelegene Reihe von Gruben ein Flöz bezeichnen. Findet sich dann in gewissem Abstand eine andere, parallele Reihe von Gruben, so sollte man aus der Beobachtung der Schichten zu ermitteln suchen, ob sie ein zweites Flöz, und ob fernere

Reihen von Gruben noch andere Flöze bezeichnen, oder ob man es mit Verwerfungen zu tun hat. In Gebirgsgegenden kann man die Flöze oft an Talgehängen oder an den Wänden von Erosionsfurchen in Schichtendurchschnitten aufgeschlossen sehen. Sie sind dort so verändert, daſs man den Charakter der Kohle und die Mächtigkeit nicht beurteilen kann; aber die Frage der Mehrheit der Flöze und ihrer Abstände läſst sich alsdann lösen.

Das Studium der einschlieſsenden Schichten ist wichtig, teils weil man nur dadurch hoffen darf, die geologische Epoche zu bestimmen, welcher die Kohle angehört, teils weil man mittels derselben in den Stand gesetzt wird, festzusetzen, ob andere Flöze, die man in derselben Gegend findet, sich mit dem ersten in gleicher Lagerung befinden, oder von ihm hinsichtlich der Stellung in der Schichtenreihe verschieden sind. Fast immer sind Steinkohlenflöze von dunklen Schiefertonen, welche aus Schlammabsätzen entstanden sind, begleitet, entweder nur im Liegenden, oder im Liegenden und Hangenden, während die einzelnen Flöze mit ihren zugehörigen Schiefern durch Schichten von Sandstein und Konglomeraten voneinander getrennt sind, und das oberste häufig noch durch sehr mächtige Folgen meist roter Sandsteine überlagert wird. Die Schiefer führen fast stets Pflanzenabdrücke, diejenigen des Liegenden hauptsächlich die Wurzelstöcke, diejenigen im Hangenden die Stengel und Blätter. Wenn Flöze geringe Mächtigkeit haben, werden zur Erleichterung des Abbaues Teile der hangenden Schiefer, seltener Teile der liegenden, mitgefördert und auf Halden gestürzt. Hier hat man sorgfältig nach Pflanzenresten mit deutlich erhaltener Blattnervatur zu suchen, aus denen das Alter der Formation bestimmt werden kann. Es gibt auch Kohlenflöze, welche zwischen Schichten von Kalkstein lagern; doch auch sie sind fast ausnahmslos von Schiefern begleitet. Der Kalkstein wird an der Grenze der Schiefer gewöhnlich mergelig und umschlieſst Meereskonchylien, welche eine noch sicherere Altersbestimmung als die Pflanzen erlauben. Besonders wertvoll ist die letztere, wenn die Versteinerungen aus Schichten stammen, die zwischen den Flözen liegen.

Die Steinkohle kann in Schichten von verschiedenem Alter auftreten. Sie fehlt gänzlich den archaischen Formationen und kommt im Silur und Devon so selten und untergeordnet vor, daſs man auf ihr Aufsuchen nicht viel Mühe verwenden sollte, wenn Versteinerungen auf diese Altersstufen des Schichtgebirges schlieſsen lassen. Erweisen sie hingegen diejenige des weit verbreiteten und meist durch Fossilführung gut charakterisierten Kohlenkalkes, oder des ihn vertretenden, schwer erkennbaren Kulm, so befindet man sich an der Basis der eigentlichen „produktiven Steinkohlenformation". Der Kohlenkalk oder Bergkalk ist meist sehr mächtig und bildet ein wichtiges Glied im Bau vieler Gebirgsländer. Er führt zuweilen Steinkohlenflöze, die aber meist von untergeordneter Bedeutung sind. Erst die Sandsteine und Schiefertone, welche sich oft viele tausend Fufs mächtig über ihn lagern, enthalten weitaus den gröfsten Teil des Steinkohlenreichtums der Erde. In einigen Ländern zerfallen sie in die zwei deutlich getrennten Glieder des Carbon und des Rotliegenden; in anderen bilden sie eine kontinuierliche, untrennbare Reihe. Wegen ihrer leichten Zerstörbarkeit sind sie über weite Landstriche den denudierenden Agentien vollständig unterlegen und haben den Kohlenkalk als Oberflächengebilde zurückgelassen. Bei horizontaler Lagerung sind sie erhalten, wenn andere Schichtgesteine, oder schützende Decken von Eruptivgesteinen oder festen Konglomeraten sich darüber ausbreiten, oder wohl auch, wenn das aus Carbon bestehende Tafelland sich dauernd in relativ tiefer Lage befand. Wo hingegen die steinkohlenführenden Schichten an den Faltungen und Verwerfungen der Gebirge teilnehmen, wurden einzelne Teile von ihnen stark exponiert und durch Denudation leicht entfernt, während andere, und zwar besonders die Muldenteile der Falten, oder grubenartig eingesenkte Bruchstücke, in tiefe und geschützte Lage kamen. Man findet daher das produktive Carbon sehr häufig in muldenförmiger Lagerung, welche die Auffindung und Untersuchung ebenso wie den Abbau erschwert.

Alle Sedimentformationen, welche jünger als Carbon sind, können Steinkohlenflöze enthalten. An das Perm sind sie in dem vom Himalaja bis zum südlichen Australien und dem Kapland gelegenen Teil der Erde in erster Linie gebunden. Lias und Jura sind oft reich an Kohle; wertvolle Flöze aus dieser Zeit finden sich zerstreut besonders in Süfswasserablagerungen im ganzen mittleren und nördlichen Asien, bis an das südchinesische Meer. Auch in der Kreide-Periode sind Flöze von guter Beschaffenheit abgelagert worden, z. B. in Japan und an der Westküste von Amerika. Das Tertiär umschliefst sehr häufig Flöze von Braunkohle, die aber auch von erheblicher Bedeutung sein können.

Wo immer der Reisende Steinkohle findet, sollte er sich bestreben, eine genaue Aufnahme des Kohlenfeldes herzustellen. Die Arbeit wird wesentlich erleichtert, wenn Grubenwerke Aufschluſs über die Lagerung geben. Mit Kompaſs, Bleistift und Papier verfolgt man die Lagerung bis zu den Grenzen gegen ältere Formationen, wenn sich diese feststellen lassen, und verfertigt eine Skizze von dem gesehenen Teil des Kohlenfeldes, sowie Entwürfe der Lagerungsverhältnisse, mit genauer Einzeichnung aller Streichrichtungen und Fallwinkel. Der einfachste Fall ist gegeben, wenn kohlenführende Schichten ungestört in einer von älteren Gesteinen im Halbkreis begrenzten Bucht gelagert sind. Besonders findet man tertiäre Braunkohle, sowie überhaupt jüngere Kohle häufig unter solchen Verhältnissen. Zuweilen sind es nur kleine Becken, zuweilen sind sie von auſserordentlicher Gröſse. Durch Auseinandertreten der beiden Flügel entstehen Übergänge dieser Buchteinlagerungen in solche Kohlenfelder, deren Schichten einem Gebirge vorliegen und demselben angelagert sind, und endlich in solche, welche eine ganze Mulde zwischen zwei Gebirgen ausfüllen oder eine tafelartige Decke von groſser Ausdehnung bilden. Gröſsere Schwierigkeit bietet sich der Untersuchung, wenn durch nachträgliche Störungen die kohlenführenden Schichtensysteme Verwerfungen und Faltungen erfahren haben, von Eruptivgesteinen durchbrochen und zum Teil durch Erosion fortgeführt sind. Die Kohlenschichten werden dann zu Nebenzonen von Faltungsgebirgen aufgebogen, oder bilden ein welliges Land zwischen zwei Gebirgen, oder sind hier und da in einem zwischen anderen Schichtgesteinen eingeklemmten und hoch aufgerichteten Fragment einer alten Buchteinlagerung mitten in Gebirgen anzutreffen. Solche Umstände sind von der gröſsten Wichtigkeit für die Bestimmung des ökonomischen Wertes des Kohlenfeldes. Wissenschaftliche Ausbeute erhält man oft am reichsten von solchen, welche nur einen untergeordneten praktischen Wert haben; es sollte daher keines seiner geringen Bedeutung wegen übersehen werden.

Der wirtschaftliche Wert eines Kohlenfeldes hängt auſser von der Lagerung und der Beschaffenheit der Kohle auch von der geographischen Lage ab. Wo Bergbau stattfindet, ist es von Interesse zu wissen, wie weit das Produkt gegenwärtig verführt wird, und wie weit es bei Verbesserung der Verkehrsmittel verführt werden könnte. Die Entfernung nach einem Hafenplatz oder einem schiffbaren Fluſs sollte stets erfragt und die Gelegenheit zur Anlage vollkommenerer Beförderungsmethoden erforscht werden. Auch sind Angaben über die beim Bergbau angewendeten Methoden, die Mittel zur Förderung und Wasserhebung, den Betrag der täglichen Förderung, die Kosten derselben, die Höhe des Tagelohnes, die Preise der

Materialien stets erwünscht; sie müssen sofort in das Merkbuch eingetragen werden. Man kann damit unmittelbar die Untersuchung über die Möglichkeit der Einführung eines vervollkommneten Betriebes verbinden.

b) **Erzlagerstätten im festen Gestein.** — Der Reisende sollte nie unterlassen, zu erfragen, woher das Eisen, Kupfer, Zinn, Blei, Zink, Silber, Gold, das die Eingeborenen anwenden, bezogen wird. Nur nach oft wiederholter Erkundung kann er einigermaßen sicheren Aufschluß bekommen. Ergibt sich daraus, daß er Gelegenheit hat, eine Erzlagerstätte zu besuchen, so sollte er sie nicht versäumen.

Manche gehen in wenig bekannte Länder mit der Erwartung, neue, auch den Eingeborenen nicht bekannt gewesene Lagerstätten von Erzen und Mineralien zu entdecken. Betreffs der Steinkohle kann es allerdings gelingen, wenigstens sichere Spuren ihres Vorkommens und gegründeten Anhalt für Schürfung zum Zweck der Prüfung der Abbauwürdigkeit zu finden. Hinsichtlich der Lagerstätten von Metallen aber wird dies nur in äußerst seltenen Fällen sofort der Fall sein. Der „eiserne Hut", welcher aus den zersetzten Massen am Ausgehenden der Erzgänge besteht und dem Kundigen dieselben anzeigt, während er sie dem Unkundigen verbirgt, ist in vegetationslosen Felsgebirgen oft weithin kenntlich; man sollte dann die Mühe nicht scheuen, die unscheinbaren, rostbraun gefärbten Bestandteile desselben genau zu untersuchen. Aber in der Regel ist er durch Pflanzenwuchs oder Erdboden vollständig verhüllt. Zufällige Funde im Schutt leiten oft zuerst zu der Auffindung von Erzspuren. Sucht man ihren Herstammungsort auf, so kann es gelingen, eine Erzlagerstätte zu entdecken. Aber dies ist schwierig und setzt Erfahrung voraus. Übung darin haben sich die sogenannten, meist wissenschaftlich ungebildeten „Prospectors" von Kalifornien, den amerikanischen Weststaaten überhaupt und Australien auf rein empirischem Weg in einem oft bewunderungswerten Grad erworben, und sie sind im allgemeinen am erfolgreichsten, was neue Funde in jenen an kahlen Stellen sehr reichen Gegenden betrifft. Aber vieles entgeht auch ihrem Blick. Überall bereitet sorgfältige geologische Erforschung am besten und sichersten die Wege, um im Lauf der Zeit die Lagerstätten von Mineralien und Erzen aufzufinden. Insbesondere hilft sie dazu, die Gebiete, in welchen man nach Erzen oder Kohlen suchen kann, räumlich einzuschränken, dagegen diejenigen, in denen jedes Suchen aussichtslos sein würde, von vornherein auszuschließen. Leuchtet auch, z. B. bei Kolonialbesitz, der Vorteil einer kostspieligen auf rein wissenschaftlicher Grundlage auszuführenden geologischen Erforschung und Kartierung nicht sofort ein, so ist er doch nicht hoch genug zu veranschlagen; denn solche systematische Erforschung kann nicht allein durch unmittelbare Auffindung des Nutzbaren praktischen Erfolg haben, sondern auch, insbesondere durch die angedeutete räumliche Beschränkung des für Bergbau in Betracht zu nehmenden Areals, einen weit gröfseren Betrag von Kosten, als sie selbst verursacht, ersparen. Man gewinnt durch sie eine feste Grundlage. An ihrer Hand kann man gleichsam bei Tageslicht suchen, während man ohne sie auf das Tappen im Dunkeln angewiesen bleibt.

Eisenerze sind besonders wichtig, wenn sie in einer steinkohlenführenden Formation auftreten. Auch sonst sind sie häufig ein Bestandteil von Sedimentgebilden, besonders den älteren, in denen sie zuweilen ausgedehnte Einlagerungen bilden. *Spat-*, *Ton-* und *Brauneisenstein* walten unter solchen Verhältnissen vor. Es ist die Art der Verteilung, die relative Menge des Erzes und seine Qualität zu untersuchen. Belegstücke sollten sowohl von den besten Sorten als von den an Masse vorwaltenden gesammelt werden. Eine beachtenswerte Form des Vorkommens findet sich häufig an der Grenzfläche von Kalkstein und überlagernden tonigen Gebilden; in grofsen unregelmäfsigen Höhlungen an der Oberfläche der Kalksteine liegen Eisenerze mit bunten Tonen. Man sollte untersuchen, ob sie ihre Entstehung der Auflösung und Fortführung eines Teiles der Kalksteine verdanken. Wertvoll sind derartige Vorkommnisse besonders, wenn sie an der oberen Fläche des Bergkalkes auftreten und steinkohlenführende Schichten darüber lagern. Die Tone können dann für Verhüttungsprozesse Wichtigkeit haben. — *Magneteisenstein* und *Roteisenstein* bilden Lagerstätten von grofsartigem Umfang, vorwaltend in kristallinischen Schiefern. Bei ihnen sind die folgenden Punkte zu berücksichtigen: Welches sind die begleitenden Gesteine? (Es ist besonders auf Granulit, Gneifs, Hornblendeschiefer, Chloritschiefer, kristallinischen Kalkstein und Serpentin zu achten). Finden sich massive Erzkörper in regelmäfsigen Zwischenlagern (Mächtigkeit, Anzahl, Fallen und Streichen, Art der trennenden Mittel), oder in mächtigen linsenförmigen oder stockförmigen Massen (Ausdehnung derselben)? Wie verhält sich deren längste Achse zum Streichen und Fallen der Schichten? Sind die Nebengesteine von Erzen imprägniert (Falbänder)? Welche Mineralien finden sich als Verunreinigungen in den Erzkörpern? — *Eisenkies* tritt, abgesehen von seinem überaus häufigen untergeordneten Vorkommen, in sehr ausgedehnten Zwischenlagern und Reihen ungeheurer Linsen in Tonschiefern und Glimmerschiefern auf. Er ist in dieser Art des Auftretens an einzelnen Orten durch geringen Gehalt an Kupfer ein wichtiges Erz für die Gewinnung dieses Metalles. — *Spateisenstein* findet sich, gleich den genannten Erzen, in Gestalt grofser Einlagerungen in den älteren Formationen. Die Entstehung dieser verschiedenen mächtigen Erzkörper wird zum Teil auf magmatische Ausscheidung (s. S. 292), zum Teil auf ursprünglichen Absatz, und zum Teil auf nachträgliche Imprägnation nichtkalkiger Gesteine durch metallhaltige Lösungen (epigenetische Erzlager), zum Teil auf metasomatische Umwandlung von Kalkstein durch derartige Lösungen, d. h. chemischen Ersatz der Kalkbasis durch eine Eisenbasis, zurückgeführt. — Auch der *Raseneisenstein*, welcher sich unter dem Einflufs der Vegetation an sumpfigen Stellen bildet, ist zuweilen von Bedeutung, und in manchen Gegenden (Zentralafrika) scheint Eisen aus Laterit gewonnen zu werden. Hierbei kommt den Eisenbakterien eine, wie es scheint, aufserordentlich bedeutende Rolle zu.

Die anderen Metalle kommen, mit Ausnahme einiger nicht unwichtiger Kupfererzlagerstätten, vorwaltend auf Erzgängen vor, d. h. in Spalten, welche verschiedene Gesteine durchsetzen und auf dem Wege chemischer Vorgänge, insbesondere, wie es scheint, durch Sublimation von unten, durch aufsteigende Thermalgewässer, oder durch Auslaugung des Nebengesteins, ausgefüllt worden sind. Ihre Bildung hängt häufig mit Vorgängen zusammen, welche das Aufsteigen von Eruptivgesteinen durch andere Spalten zur Folge hatten. Das Studium der letzteren in Erzdistrikten wird dadurch besonders wichtig; denn allgemeine Schlüsse lassen sich erst aus der Ansammlung zahlreicher Tatsachen ziehen. Da die jüngsten Schichtgebilde auch nur von den jüngsten Eruptivgesteinen, die älteren aber von denen aus verschiedenen Zeitaltern durchbrochen werden konnten, so ist es wahrscheinlich daraus zu erklären, dafs, je älter eine Formation, desto gröfser im allgemeinen ihr Reichtum an Erzgängen und die Mannigfaltigkeit derselben ist.

Bei dem einzelnen Erzgang ist zu untersuchen: das Streichen und Fallen; die Mächtigkeit in verschiedenen Teilen; ferner die Grenze gegen das Nebengestein; das Gangmittel kann scharf gegen dasselbe abgegrenzt sein und ist dann gewöhnlich durch eine dünne, lettige Lage (Besteg) davon getrennt, oder es kann (und dies ist oft im Hangenden der Fall) allmählich in dasselbe übergehen, indem zahlreiche Bruchstücke des Nebengesteins dem Gangmittel innliegen, und das letztere in zersetzte Massen von jenem eingreift, oder sich in kleinen Gängen und Schnüren hinein verzweigt. Es kann dann eine Zertrümmerung des Hangendgesteins durch Gleitung vorliegen. Überhaupt ist jeder grofse Gang auf die Verschiebung der beiden einschliefsenden Gesteinskörper zu untersuchen. Dieselbe kann, da grofse Bruchflächen stets uneben sind, der Erscheinung zugrunde liegen, dafs eine Gangspalte Stellen der Erweiterung und der Verengung hat und sich an anderen Stellen vollkommen schliefst. — Es ist ferner das Gangmittel zu untersuchen, ob es Quarz, Kalkspat, Eisenspat, Flufsspat, Schwerspat oder nur Erz ist; ferner die Erzverteilung: sind die Erze eingesprengt, oder in abwechselnden, den Seitenwänden parallelen Lagen angeordnet? Und wie ist die Aufeinanderfolge? Finden sich hohle, mit Drusen bekleidete Räume, und wie folgen in diesen die Mineralien aufeinander? Selten ist ein Gang in seiner ganzen Ausdehnung in gleicher Weise von Erzen erfüllt; sondern wenn man einen horizontalen Querschnitt durch den Gang legt, wechseln in gewissen Entfernungen erzarme und erzreiche Mittel. Es hat sich an vielen Gängen gezeigt, dafs die reichen Mittel einzelne Erzkörper darstellen, welche in schiefer Richtung nach der Tiefe ziehen. Der Abbau wird darüber Aufschlufs geben. Ebenso hat sich oft gezeigt, dafs die Erzführung aufhört oder sich ändert, wenn der Gang in ein anderes Gestein übersetzt; auch darüber sind Tatsachen zu sammeln. Wo mehrere Gänge vorhanden sind, hat man ihre Anordnung zu untersuchen; namentlich ist festzustellen, ob sie sämtlich in ihren Flächen einander parallel gerichtet sind, oder ob sie einzelne, verschieden streichende Systeme paralleler Gänge darstellen; ob sich die Gänge kreuzen, und an den Kreuzungsstellen Anreicherung des durchsetzenden Ganges stattfindet, oder ob sich zuweilen zwei Gänge miteinander vereinigen (scharen), und ob dies auf die Erzführung von Einflufs ist. Auch ist zu beachten, ob sich verschiedene Gänge oder Gangsysteme nach Gangmittel und Art der Erze voneinander unterscheiden. Aus dem Studium der Eruptivgesteine der Umgebungen wird sich ergeben, ob die Wahrscheinlichkeit vorliegt, dafs verschiedene derselben mit verschieden gerichteten Mineralgängen in genetischer Verbindung stehen. Bei einem System paralleler Gänge kann Staffelbruch vorliegen.

Gold findet sich vorwaltend auf Quarzgängen, welche in Formationen jeden Alters, am meisten aber in den archaischen und metamorphisch kristallinischen Schiefern auftreten. Es ist meist an Eisenkies gebunden und kommt vielfach mit Erzen von Kupfer, Blei, Silber usw. zusammen vor. Gänge, welche wegen ihres Goldgehaltes abbauwürdig sind, treten nicht vereinzelt auf, sondern sind regionenweise angeordnet. Gelingt es, einen zu entdecken, so kann man daher die Untersuchung mit Aussicht auf Erfolg fortsetzen. Im Ausgehenden findet man das Gold in der Regel in freier Ausscheidung; in der Tiefe ist es zwar auch in gediegenem Zustand vorhanden, aber gröfstenteils an Eisenkies oder andere Erze gebunden. Hat man sichere Prüfungsmittel, z. B. ein Lötrohr, nicht zur Hand, so kann man sich behufs der Erkennung an die triviale Erfahrung halten, dafs, sobald man bei Anblick eines gelben, glänzenden Metalls im Zweifel ist, ob es Gold sei, dasselbe sicher Gold nicht ist; denn wo man dieses wirklich sieht, ist man nie im Zweifel. Doch gilt letzteres keineswegs umgekehrt. Eine rohe Prüfung des Goldgehaltes kann man vornehmen, indem man ein Stück Gangquarz mit einem Quarzkiesel auf einem gröfseren Gesteinsblock zerschlägt und zu Pulver zerreibt und dieses in einer Pfanne oder einem Hornlöffel auswäscht. Durch geschickte Manipulation kann man das Gold an einer Stelle am Boden des Gefäfses ansammeln. Das abbauwürdige Vorkommen des Goldes in alten Konglomeratbänken am Witwatersrand in Transvaal steht noch einzig da, gibt aber einen wichtigen Fingerzeig für fernere Untersuchungen. — Goldfunde können dadurch wichtig werden, dafs sie Ansiedler anlocken, welche bald zu anderen Zweigen des Erwerbes greifen. Wenn es nur noch wenige Länder gibt, deren Inneres so unerforscht ist und von einer so primitiven Bevölkerung bewohnt wird, dafs man noch die Entdeckung besonders wertvoller Oberflächenlagerstätten, welche bei leichtem Abbau grofsen Gewinn geben, als möglich erachten kann, so gilt dies nicht in gleicher Weise für das Vorkommen des Goldes auf Gängen oder in festem Gestein überhaupt.

Silbererze haben vielfach verschiedenes Vorkommen, meist in Verbindung mit anderen Erzen. Sie treten auf zahlreichen Gängen in Granit, kristallinischen Schiefern und alten Sedimentgesteinen auf. Aber die Hauptmasse des Silbers stammt von Gängen, welche in propylitisch ausgebildeten Andesiten im Gebiet der nord- und südamerikanischen Anden aufsetzen; sie sind oft sehr mächtig und enthalten vereinzelte, aufserordentlich grofse und reiche Erzkörper. Silbererzgänge in Kalkstein sind meist unregelmäfsig, indem sie mit dem reichsten Erz erfüllte Weitungen enthalten, die durch schmale Schnüre verbunden sind.

Vielfach wird Silber aus Bleierzen gewonnen, besonders wo diese auf Gängen vorkommen. Bleierzgänge sind allenthalben häufig, aber nur eine verhältnismäfsig geringe Zahl von ihnen ist abbauwürdig. An vielen Orten finden sich in Kalksteinen verschiedener Formationen Putzen und Nester von Bleiglanz, und stellenweise wachsen diese zur Ausfüllung grofser Hohlräume an; sie sind dann unregelmäfsig durch das Gestein verteilt und durch Schnüre verbunden. Gewöhnlich ist der Bleiglanz mit Zinkblende und anderen Schwefelmetallen vergesellschaftet.

Kupfer erreicht seine gröfste technische Bedeutung im Kupferkies, der gewöhnlich mit Eisenkies verbunden ist und in sehr grofsen Massen auftritt. Das Vorkommen ist demjenigen der Lagermassen des Eisenkieses ähnlich. Kupfererzgänge sind ebenfalls häufig und zuweilen sehr wichtig, stehen aber im ganzen an Bedeutung hinter jenen grofsartigen Anhäufungen zurück. Man hat sich betreffs dieses Metalls besonders vor vorschnellen Schlüssen zu hüten. Nicht selten trifft man aufserordentlich reiche Kupfererze, findet aber bei näherer, oft sehr kostspieliger Untersuchung, dafs sie in zahlreichen zerstreuten, äufserst unregelmäfsigen und nicht abbauwürdigen Gängen von geringer Mächtigkeit vorkommen. Kühne Hoffnungen und grofse Spekulationen sind durch diese Truggebilde angeregt und vernichtet worden.

Zinnerz tritt in der Regel in sogenannten Stockwerken auf. Das Gestein (gewöhnlich Granit, in Japan Sandstein, in Nord-Mexiko angeblich Trachyt) ist entlang gewisser Richtungen von kleinen Schnüren durchschwärmt, welche Zinnerz nebst anderen Mineralien führen.

Quecksilbererze (Zinnober) haben die unregelmäfsigste Verteilung. Das Gestein, in dem sie aufsetzen, ist gewöhnlich von kleineren Gängen und Gangtrumen durchzogen, zwischen denen sich hier und da eine gröfsere Anhäufung des Minerals findet. Eine ausgedehnte und anscheinend reiche Quecksilberregion durchzieht die chinesische Provinz Kwéitschóu und erstreckt sich bis nach Yünnan. Sie ist wenig bekannt. Überhaupt bietet dieser südwestliche Teil von China noch immer ein vielversprechendes Gebiet für die Forschung über Erzlagerstätten, indem er einen grofsen Reichtum an Kupfer, Zinn und Zink birgt, auch Gold, Silber und Blei dort gewonnen werden.

Die Orte, an welchen Erzbergbau, insbesondere auf Gängen, betrieben wird, sollten stets auch im Hinblick auf das Vorkommen gut kristallisierter oder seltener Mineralien untersucht werden, da dieselben sich hier am meisten finden und in gröfster Menge an die Oberfläche gefördert werden. Doch kann man auf diesem Gebiet ohne Spezialkenntnisse nicht mit Erfolg sammeln. Wer sie besitzt, bedarf keiner Anleitung.

Unter den verschiedenen Gesichtspunkten, welche sich von geologischer Seite bieten, möge hier nur auf einen hingewiesen werden. Aus vielfachen Untersuchungen scheint es hervorzugehen, dafs diejenigen Gegenden, wo jungeruptive Gesteine zum Ausbruch gelangten, meistenteils auch in früheren Perioden der Erdgeschichte der Sitz einer Ausbruchstätigkeit gewesen sind. Nach dem eben Gesagten ist die Entstehung von Erzgängen an das Auftreten von Eruptivgesteinen gebunden. Nun gibt es Gegenden, in denen die mit dem Ausbruch der jungeruptiven Gesteine verbundenen Vorgänge anscheinend nicht vermocht haben, Erzgänge hervorzubringen, und solche Gegenden besitzen überhaupt wenige oder keine Erzgänge, indem auch die früheren mit Gesteinsausbrüchen verbunden gewesenen Ereignisse ihre Bildung nicht veranlafst haben. Dagegen gibt es andere Länder (z. B. der Innenrand der Karpathen und fast die gesamte Zone der Cordilleren von Nord- und Südamerika), wo der Vulkanismus der Tertiärzeit aufserordentlich reiche Erzgänge hervorgerufen hat. In solchen Ländern scheint in der Regel auch die Ausbruchstätigkeit früherer Zeiten mit der Entstehung bedeutender Erzlagerstätten ursächlich verknüpft gewesen zu sein. Ob dies ein allgemein geltendes Gesetz ist, mufs weitere Beobachtung entscheiden. Die Bildungszeit der einzelnen Erzgänge festzusetzen, ist die dazu notwendig zu lösende Aufgabe. Das Gesetz bezieht sich nicht in derselben Form auf solche Gegenden, wo jungeruptive Gesteine nicht auftreten.

c) **Erzlagerstätten im Schwemmland.** — Wenn die Erze durch denudierende Agentien von den Lagerstätten im festen Gestein, auf welchen sie räumlich eng begrenzt und konzentriert auftreten, hinweggenommen und den Schwemmgebilden überliefert werden, so wächst das Gebiet ihrer Verbreitung ungemein an. Sie werden in zertrümmertem Zustand, zum Teil als feinkörniger Sand, den Schichtgebilden einverleibt. Je gleichmäfsiger dies stattfindet, desto mehr schwindet die Möglichkeit ihrer technischen Ausbeutung. Allein, wie die die Verhüttung vorbereitenden Prozesse darauf beruhen, die Erze mit ihren Gangmitteln zu feinem und gleichmäfsigem Korn zu zerstampfen, um dann die ersteren von den letzteren mit Benutzung ihres höheren spezifischen Gewichtes durch verschiedene Methoden der Aufbereitung auszuscheiden, so bedingt auch in der Natur jener Unterschied des spezifischen Gewichtes eine

Aufbereitung der feinkörnig zerriebenen Massen, wenn sie den auf alle Teile mit gleicher Kraft einwirkenden bewegenden Agentien, insbesondere denen des fliefsenden Wassers, der Brandungswelle und der strömenden Luft, unterworfen werden. Dieser Vorgang der Saigerung kommt hier insoweit in Betracht, als bei der Sonderung nach spezifischem Gewicht und Korngröfse die schweren Bestandteile sich ansammeln, und die Erze zuweilen eine Konzentration erreichen, welche derjenigen in Gängen gleichkommt, oder sie selbst noch übertrifft. Dies gilt insbesondere von den schwersten Metallen und Erzen, wie dem Platin, welches seines seltenen Vorkommens wegen hier übergangen werden mag, dem Gold und dem Zinnstein. Ist auch in jedem Fall das Mafs der bewegenden Kraft verschieden, welches erforderlich war, um das Gestein fortzuschaffen, die metallischen Bestandteile aber liegen zu lassen, so sind doch im allgemeinen die in Gebirgen gelegenen alten Flufsbetten am geeignetsten gewesen, die Ansammlung der schweren Massen in sich aufzunehmen; denn da im Gebirgsbereich der Ströme die Kräfteverteilung einem häufigen Wechsel unterworfen ist, so fanden sich immer einzelne Stellen, welche für eine mehr oder weniger vollkommene Saigerung bei gewisser Korngröfse geeignet waren.

Goldführende Schwemmgebilde sind weit verbreitet. Besonders finden sie sich dort, wo Flufsbetten in kristallinisches Gebirge eingesenkt sind, und unterhalb solcher Stellen. Am vorteilhaftesten für örtliche und konzentrierte Ansammlung ist der Erosionkanal, besonders wenn er quer gegen das Streichen steilstehender kristallinischer Schiefer gerichtet ist. Die verschiedene Härte derselben bedingt zahllose Unebenheiten des Strombettes; oberhalb jedes durch eine härtere Schicht veranlafsten Riegels vollzieht sich die Auswirbelung eines kleinen Beckens im weicheren Gestein. Hier können die gröfseren Goldkörner sich beständig ansammeln und die Ansammlung sich erhalten und vergröfsern, wenn durch fortschreitende Erosion die Aushöhlung an derselben Stelle und in derselben Schicht nach stetig wachsender Tiefe verlegt wird. Diese durch Aufnahme gröfserer Goldklumpen ausgezeichneten, sogenannten „pockets" des kalifornischen Goldgräbers finden sich anderwärts unter ähnlichen Verhältnissen, wenn auch selten von ähnlichem Reichtum, wie sie dort vorgekommen sind. Das unebene Flufsbett im Erosionkanal hält auch kleine Goldteilchen in Menge fest; doch wechseln dieselben mit fortschreitender Vertiefung des Bettes ihre Lage und werden aus den Strudellöchern bei Hochwasser herausgewirbelt. Sie gelangen in das

Gebiet, in welchem die Schotter sich ablagern, und werden mit diesem bei Hochwasser weitergetrieben. Das am feinsten verteilte Gold wird oft weit hinabgeschwemmt und sammelt sich gern in den Höhlungen konstanter Schotterbänke. Weitaus die Mehrzahl der·Lagerstätten des Goldes ist so arm, dafs sie nicht ausgebeutet werden. Wo man sie bearbeitet, hat oft die Tatsache der Gewinnung von Gold zu der Vermutung geführt, dafs das betreffende Land reich an diesem Metall sein müsse. Doch wird sich der sorgfältige Reisende überzeugen, dafs der Gewinn in der grofsen Mehrzahl der Fälle geringer ist als der Tagelohn in derselben Gegend. Häufig beschäftigen sich die Eingeborenen mit Goldwaschen nur in der Jahreszeit, in welcher die Feldarbeit ihnen nicht genügenden Verdienst gewährt, und werden durch die kleine Ausbeute an edlem Metall gerade nur in den Stand gesetzt, ihr Leben zu fristen. Man sollte in solchen Fällen untersuchen, ob der Grund des geringfügigen Gewinnes in der Anwendung unvollkommener Methoden liegt. Durch Benutzung der Kraft schnell strömenden Wassers an Stelle der menschlichen Arbeit kann man gewifs häufig, auch ohne sich zu den grofsen hydraulischen Anlagen Kaliforniens zu versteigen, die Kosten verringern. Es ist daher bei der Untersuchung von goldführenden Ablagerungen darauf zu achten, ob die Einführung einer solchen Kraft möglich ist, und wenn dies der Fall ist, ob die Kosten und Schwierigkeiten im Verhältnis zu dem Reichtum der Ablagerung stehen. Wer Übung hat, kann aus der Menge des Goldes, das in je einer Pfanne von bestimmtem Inhalt aus dem von verschiedenen Stellen entnommenen Boden ausgewaschen wird, den Goldgehalt der Ablagerung mit annähernder Richtigkeit in Zahlen ausdrücken. Den Schwankungen derselben mufs dabei Rechnung getragen werden.

Zinnführendes Schwemmland kommt in einzelnen Gegenden vor. Der Zinnstein findet sich darin in runden Körnern von verschiedener Gröfse. Die Auffindung neuer Lagerstätten von Schwemmzinn, welche gewöhnlich auch zur Entdeckung des Ursprungsortes führt, wäre von bedeutendem praktischen Interesse.

Eisenführendes Schwemmland ist so weit verbreitet als das Schwemmland selbst. Doch ist das Eisenerz (Magneteisenstein, Titaneisenstein und Roteisenstein) selten so konzentriert, dafs es technisch abbauwürdig ist.

d) **Andere nutzbare Produkte des Mineralreiches.** — Aufser den Steinkohlen und den Erzen, auf welche der Blick des Reisenden sich in erster Linie richtet, wenn er mit den geologischen Beobachtungen praktische Ziele verbindet, birgt das Mineralreich noch eine Reihe anderer Produkte, welche unter günstigen Umständen über den eigenen Bereich ihres Vorkommens hinaus nutzbar gemacht werden können. Auch wenn dies in unmittelbarer Aussicht nicht steht, sollte man sie beachten, zumal ihr Vorkommen stets auch ein wissenschaftliches Interesse bietet. Einen Anhalt geben auch hier zunächst diejenigen Mineralstoffe, welche in der Industrie des bereisten Landes und im täglichen Leben Verwendung finden; man sollte deren Fundorte und natürliches Auftreten kennen zu lernen suchen.

Edelsteine haben ihre ursprüngliche Lagerstätte im festen Gestein, sind aber darin meist sehr sporadisch zerstreut, so dafs ihre Gewinnung aus ihm schwierig und kostspielig ist. Dennoch ist sie bei einigen, wie z. B. dem edlen Opal, dessen Vorkommen man nur in Tuffen jungeruptiver Gesteine kennt, darauf beschränkt. Die meisten Edelsteine kommen aufserdem auf sekundären Lagerstätten, im Schwemmland, vor. Diejenigen, welche sich durch grofse Härte auszeichnen, leisten der Zertrümmerung und Abreibung Widerstand und können daher als gröfsere Stücke von sandigen und erdigen Sedimenten eingeschlossen werden. Wenn sie gleichzeitig höheres spezifisches Gewicht als die gewöhnlichen Bestandteile des Schwemmlandes besitzen, unterliegen sie einer Aufbereitung und sammeln sich vorwiegend an einzelnen begünstigten Stellen an. Indessen scheint die Bildung eines lediglich aus Fragmenten von Edelsteinen nebst einzelnen Erzstücken von gröfserer Härte bestehenden Sandes sich nur durch die unablässige Aufbereitung auf dem Brandungsstrand, wo auch Zertrümmerung stattfindet, zu vollziehen. Im Schwemmland der Festländer geht die Zusammenführung wohl niemals so weit. Doch enthält dasselbe in solchen Ländern, wo es überhaupt Edelsteine als Erosionsprodukte aufnehmen konnte, an manchen Stellen eine weit gröfsere Menge von ihnen als an anderen. Man gewinnt sie zum Teil durch Schlämmen, ähnlich wie Gold und Zinnstein. Dies gilt besonders von dem Diamant. Die bisher bekannten Lagerstätten der genannten Art geben den wichtigen Fingerzeig, dafs man dort, wo Edelsteine im Schwemmland überhaupt angetroffen werden, eine gröfsere Menge derselben zu finden hoffen darf. Von Interesse, wenn auch nicht immer von praktischer Wichtigkeit, ist es in allen derartigen Fällen, die Gesteine aufzusuchen, aus welchen die edlen Mineralien stammen. Bei dem Diamant hat man das Muttergestein bisher nur in Kimberley gefunden, und hier hat sich allerdings die

Gewinnung aus demselben als höchst lohnend erwiesen, da der diamantführende Blaugrund die Eigenschaft hat, bei längerem Liegen an der Luft zu zerfallen. — Es gibt einige minderwertige als Schmucksteine verwendete Mineralien, wie Nephrit und Bernstein, bei denen die Untersuchung des Vorkommens, sowie der Art der ursprünglichen Lagerstätte besonderen Wert hat.

Unter den technisch verwendbaren Mineralstoffen spielt der Graphit eine nicht unwesentliche Rolle. Er bildet mehr oder weniger mächtige schieferige Einlagerungen in Gneis, körnigem Kalkstein und Glimmerschiefer, kommt aber auch in weniger stark metamorphosierten Schichten vor. Er kann durch Umwandlung von Steinkohle entstehen; ob er immer daraus entstanden ist, ist ein Problem von gleicher theoretischer Wichtigkeit mit der Frage, ob mächtige Kalksteine nur durch Mitwirkung organischer Tätigkeit niedergeschlagen werden konnten; denn beide Fragen hängen mit der zusammen, ob in dem archaischen Zeitalter organisches Leben in massenhaften Ansammlungen existiert hat. Man begegnet Lagern von Graphit nicht selten und sollte sie stets mit Aufmerksamkeit untersuchen. Bezüglich gewinnbringender Verwertung gibt man sich leicht Täuschungen hin, da die besten Sorten einen sehr hohen Handelswert besitzen. Bei den minder guten fällt dieser schnell auf einen sehr geringen Betrag herab, und gerade die gröfseren Lagerstätten enthalten unreinen, gewerblich nicht verwendbaren Graphit.

Der Schwefel ist das technisch wichtigste Produkt der vulkanischen Tätigkeit. In Gegenden, wo diese noch fortdauert, und ebenso in solchen, wo sie erloschen ist, findet man ihn an die Zersetzungsprodukte der Solfataren gebunden. Doch sind wenige Lagerstätten bedeutend genug, um die Ausbeutung zu lohnen. Die Entdeckung neuer, ergiebiger und gut gelegener Fundstätten würde von hohem Wert sein. — Weit seltener ist das Vorkommen des Borax oder auch der freien Borsäure. Das Ausströmen der letzteren in Toscana und das aufserordentlich bedeutende Auftreten des Borax in dem von alten Vulkanen überragten Clear Lake Kaliforniens und in dem Boden der Umgebung desselben machen es wahrscheinlich, dafs die massenhafte Produktion dieser Substanzen auf Vorgängen im Magma vulkanischer Herde beruht. Da Tibet als das Land angegeben wird, von welchem bis in neuere Zeit die überwiegende Menge des in den Handel kommenden Borax stammte, würde es von Interesse sein, die dortigen Lagerstätten, welche sich ebenfalls in Seen und salzigen Incrustationen befinden sollen, kennen zu lernen.

Man sollte überall zu erkunden suchen, woher die Eingeborenen das Steinsalz beziehen. Es wird zum Teil aus dem Meerwasser, zum Teil aus Krusten im Boden ausgetrockneter Salzseen, zum Teil aus Salzsoole, die dem Boden in Gestalt von Quellen entströmt oder durch Bohrlöcher erreicht wird, zum Teil aus festen Steinsalzkörpern gewonnen. Die Bewohner kennen in der Regel fast jedes zu müheloser Ausbeutung geeignete Vorkommen. Dem Reisenden bleibt die Aufgabe weiterer Erforschung. In den meisten Fällen aber kann diese nur durch kostspielige Arbeit geschehen. Dies gilt in noch höherem Mafs von den Abraumsalzen. — Bezüglich sonstiger löslicher Salze möge des Natronsalpeters gedacht werden, dessen Hauptfundstätten die trockenen Westgehänge der Anden von Chile und Peru sind. Seine Herstammung ist Gegenstand mancher Spekulationen gewesen. Man hat aus den in dem eisernen Hut der Silbererzgänge derselben Gegenden vorkommenden Chlor- und Jod-Verbindungen, im Verein mit dem Auftreten von Salzen, unter denen das genannte die erste Stelle einnimmt, den Schlufs gezogen, dafs dieselben einer nicht weit zurückliegenden Meeresbedeckung entstammen und dann eine noch nicht aufgeklärte Umwandlung erfahren haben. — In denselben Gegenden hat auf Klippen im Meer und an der Küste der Guano eine Rolle gespielt, da er sich in dem trockenen Klima durch lange Perioden ansammeln und erhalten konnte. Wo die Seevögel ähnliche Existenzbedingungen finden, die Trockenheit aber zuweilen durch etwas Regen unterbrochen wird, dürfte die Auslaugung des Guano zur Bildung phosphorsaurer und salpetersaurer Verbindungen Anlafs geben. Der ebenfalls technisch wichtige phosphorsaure Kalk dürfte wenigstens in einzelnen Fällen derartigen Vorgängen seine Entstehung verdanken. Günstige Bedingungen zur Bildung von Phosphorit sind in den nicht seltenen Fällen vorhanden, wo der locker zementierte Zertrümmerungssand der Korallenriffe von Seevögeln viel besucht wird und sich unter einem Klima mit jahreszeitlichem Wechsel von Trockenheit und Regen befindet. Gehobene Korallenriffe sollten daher, falls diese Bedingungen vorhanden sind, auf das Vorkommen von phosphorsaurem Kalk untersucht werden.

Unter den Zersetzungsrückständen der Gesteine haben die Töpfertone und die Porzellanerde technische Bedeutung. Bei den ersteren ist sie meist örtlich beschränkt, während die letztere einer Industrie von allgemeinerem Interesse dient. Die Porzellanerde kann aus verschiedenen feldspathaltigen Gesteinen durch Zersetzung mittelst der aus der Atmosphäre zugeführten

Agentien entstehen, insbesondere aus Granit und Porphyr. Kräftige Einwirkung vulkanischer Ausströmungen vermag sie auch aus anderen tonigen Gesteinen zu schaffen. Meist bildet die Porzellanerde einen Bestandteil zersetzter Gesteinmassen und muſs durch Schlemmen daraus gewonnen werden. Alle zur feineren Töpferei und zur Porzellanfabrikation, insbesondere auch zur Herstellung der Glasur verwendeten Materialien sollten nach Beschaffenheit, Art der Lagerstätten und, wo möglich, Entstehungsart untersucht und gleichzeitig gesammelt werden. Ein anderes Zersetzungsprodukt feldspathaltiger Gesteine, welches in neuester Zeit groſse Wichtigkeit für die Herstellung des Aluminiums und anderer technischer Zwecke gewonnen hat, ist der Bauxit. Er kommt in einzelnen Gegenden in groſser Menge vor und scheint durch Fortführung der Kieselsäure und anderer Stoffe bei der Zersetzung entstanden zu sein. Er bleibt als ein von Eisenoxyd gefärbtes wasserhaltiges Tonerdehydroxyd zurück. Von Interesse ist sein Verhältnis zu den ihm jedenfalls verwandten Lateriten.

Es sei hier endlich der flüssigen Kohlenwasserstoffe gedacht, welche in der Gegenwart eine so groſse Rolle im Welthandel und im Haushalt der Menschen spielen. Das Petroleum oder Erdöl findet sich als Imprägnation von Schieferton, Sandstein, Mergeln und Kalkstein. Zuweilen ist es an der Oberfläche kaum wahrnehmbar, nimmt aber gegen das Innere und die Tiefen hin an Menge zu. Auſserdem begegnet man ihm auf sekundärer Lagerstätte, indem es dem Gestein langsam entströmt und eine schwärzliche Schicht auf dem Wasser von Quellen und Tümpeln bildet. Schöpft man sie ab, so wird sie bald wieder ersetzt. Ebenso kommt das Erdöl in dem Schlamm und dem Wasser der Schlammvulkane vor. In jedem derartigen Fall darf man annehmen, daſs an dem Herstammungsort, d. h. in gewissen Gesteinen, insbesondere gegen die Erdtiefen hin, gröſsere Massen vorhanden sind. Wiederholen sich die Anzeichen an der Erdoberfläche an vielen Stellen, und strömt brennbares Gas aus, so darf jener Schluſs mit erhöhter Sicherheit gezogen werden. Aber die Möglichkeit gewinnbringender technischer Ausnutzung läſst sich allein durch Bohrversuche entscheiden; die sorgfältigste Oberflächenerforschung an den der Beobachtung zugänglichen Stellen ist immer nur vorbereitende Arbeit. Wichtig sind die negativen Merkmale, deren Beachtung vor der Ausführung kostspieliger Versuche schützen kann. Eruptivgesteine, archaische und metamorphische Gesteine, auch Tonschiefer und Quarzite können von vornherein als unproduktiv in dieser Hinsicht bezeichnet werden. Auch darf man aus hydrostatischen Gründen ein besonderes Vorkommen von Erdöl in den über die Talsohle aufragenden Teilen der Gebirge nicht erwarten. Der Ursprung dieser Kohlenwasserstoffe ist dunkel; an Stelle ihrer Herleitung aus der Zersetzung organischer Reste gewinnt die Theorie ihrer Herstammung aus Gasen, welche als Begleiterscheinung besonderer tektonischer Vorgänge dem glutflüssigen Erdinnern entströmen, an Boden. Auch wird angenommen, dafs sie sich an den Stellen, von denen man sie jetzt gewinnt, vermöge ihrer Leichtflüssigkeit angesammelt haben.

Es würde zu weit führen, alle nutzbaren Stoffe des Mineralreiches hier einzeln zu behandeln. Der Begriff ist, wie bemerkt, kein absoluter. Vieles, wie z. B. die zum Bauen und zur Ornamentik verwendeten Gesteine, dient in den Ländern, um die es sich hier handelt, in der Regel nur den Zwecken eines Ortes oder einer engbegrenzten Gegend. Manches auf ein kleines Gebiet beschränkte Gewerbe, wie die Glasindustrie, die Steinschleiferei, die Herstellung von Gegenständen aus Marmor, Alabaster, Serpentin, Speckstein, Bergkristall und anderen Mineralien, gründet sich auf das örtliche Vorkommen eines Minerals oder einer besonders brauchbaren Abart eines Gesteins. Was in vorhergehenden Abschnitten wiederholt hervorgehoben wurde, gilt auch hier: keine Erscheinung darf dem Forschungsreisenden zu geringfügig sein; auf jede mufs er sein Auge richten; der geübte und geschärfte Blick vermag oft in dem Kleinen das Fundament zu finden, um Gröfseres richtig zu beurteilen und durch oft wiederholte sorgfältige Kombination weittragende Schlufsfolgerungen zu ziehen.

II. Beobachtungen über die Wirkungen umgestaltender Vorgänge.

1. Äufserliche Veränderungen.

Verwitterung, Bildung des Eluvialbodens. — Alle Gesteine, die festesten wie die lockersten, unterliegen, wo sie den atmosphärischen Einflüssen ausgesetzt sind, einer Veränderung, welche sich mehr oder weniger weit in das Innere erstreckt und, wiewohl langsam vor sich gehend, doch durch ihr andauerndes Wirken grofse Umgestaltungen hervorbringt und noch weit gröfsere vorbereitet. Es kommen dabei chemische und mechanische Vorgänge in Betracht, welche, unter manchen Bedingungen getrennt, unter anderen vereinigt, den Eluvialboden schaffen. Bei beiden haben Temperatur, atmosphärische Feuchtigkeit und Regenwasser den wesentlichsten Anteil. Letzteres erreicht, mit Bestandteilen der Luft, insbesondere Sauerstoff, Stickstoff und Kohlensäure, zuweilen auch etwas Salpetersäure, beladen, den Boden. Ist dieser bewachsen, so nimmt es organische Zersetzungsprodukte, vor allem Humussäure, auf, und oft kann es sogleich mineralische Salze, wenn auch in noch so geringer Menge, lösen. So dringt es in die Gesteine ein und vermittelt ihre Zersetzung. Die hierbei stattfindenden hydrochemischen Prozesse, welche in Reduktion und Oxydation, Auflösung und Wiederabsatz von Bestandteilen, Eintreten des Wassers in die chemische Zusammensetzung von Mineralien, Bildung von Carbonaten, metasomatischen Einwirkungen, und überhaupt in der Umsetzung chemischer Verbindungen bestehen, genauer zu verfolgen, ist nicht die Aufgabe des Reisenden, wiewohl er sich mit den Gesetzen, welche bei so allgemeinen und täglich unter seine Augen kommenden Vorgängen herrschen, bekannt machen sollte. Nur ihre sichtbaren Äufserungen fallen seiner Beobachtung zu. Sie werden durch höhere Temperatur wesentlich befördert, nehmen daher (bei relativ gleicher Befeuchtung) vom Äquator gegen die Pole und bei dem Anstieg auf Gebirgshöhen ab. Ein wichtiger Faktor ist die Vegetation, teils direkt, durch Mitwirkung bei der Zerstörung und Zersetzung des Gesteins, teils indirekt, durch Festhalten der Feuchtigkeit.

Fast alle Gesteine erhalten durch atmosphärische Einflüsse eine Verwitterungsrinde. Zuweilen ist sie eine dünne, scharf abgesetzte Kruste, zuweilen ist diese dicker und geht allmählich in das frische Gestein über; in anderen Fällen zeigt sich eine schalige Auflockerung, wobei die äufserste Schale am stärksten, jede nachfolgende weniger stark verwittert ist. Diese Erscheinungen finden sich besonders bei festen feldspathaltigen Gesteinen, also bei kristallinischen Schiefern und fast sämtlichen Eruptivgesteinen. Da sie stets von Klüften durchsetzt sind und das Wasser in diese eindringt, so findet die gleiche oder eine sehr ähnliche Art der Zersetzung wie an der Oberfläche auch an den Kluftwänden statt. Wo mehrere Systeme von Kluftflächen einander so durchsetzen, dafs dadurch eine zunächst latent bleibende Zerteilung des Gesteins in kubische oder polyëdrische Blöcke besteht und wo zugleich die Verwitterung in Schalen fortschreitet, liegen unzersetzte Kerne in dem durch die Zersetzung entstehenden Grus und Ton. Wenn dann die Rieselwässer die weiche Substanz fortspülen, bleiben jene als gerundete Blöcke übrig, wie oben (S. 294) für den Granit angegeben wurde. — In anderen Fällen, z. B. bei kristallinischen

Schiefern, wo sie nicht Gebirgsfirsten, sondern flachwelliges Land zusammensetzen, greift in wärmeren Gegenden die Verwitterung viele Dekameter tief ein. Das Gestein wird aufgelockert, einige Bestandteile werden ausgelaugt, Struktur und Ansehen verändert, und es entsteht ein weicher Boden, welcher zuweilen ausschließlich die Oberfläche einer Landstrecke bildet und auf den Charakter der Vegetation und die Art der Landwirtschaft von größtem Einfluß ist. Auch kommt es häufig vor, daß basische Eruptivgesteine in einzelnen Gängen stärker verwittern als das umgebende Gestein und dann durch Denudation Furchen an ihre Stelle treten.

Von den früher (S. 249) erwähnten zwei großen Klassen, des Eluvialbodens und des Aufschüttungsbodens, kommt hier nur der **Eluvialboden**, und zwar zunächst insoweit seine Bildung vorwaltend auf chemischer Zersetzung beruht, in Betracht. Er gibt, wenn er das frische Gestein auch noch so sehr verhüllt, doch meist dem aufmerksamen Beobachter zu erkennen, woraus das letztere besteht. Grus und Grand der verschiedensten Arten, Töpferton, Porzellanton usw. finden sich häufig auf solchen ursprünglichen Lagerstätten; man sollte, wo möglich, bestimmen, woraus sie entstanden sind. Bei Erzgängen bringt die Verwitterung der der Oberfläche zunächst gelegenen Teile den rostig gefärbten sogenannten eisernen Hut hervor. Aufmerksamkeit ist auch dem meist intensiv rot oder rotbraun gefärbten erdigen Rückstand des durch Lösung fortgeführten Kalksteins zu widmen.

Wärme, Feuchtigkeit und Vegetation beeinflussen nicht nur die Intensität der Bildung des Eluvialbodens, sondern bedingen auch die Entstehung qualitativ verschiedener Arten desselben. Mit den regionalen Schwankungen der erstgenannten Faktoren sind daher regionale Unterschiede des Verwitterungsbodens verknüpft, deren Betrachtung viel Interesse bietet, deren Ursachen aber noch wenig erforscht sind. Der Mitwirkung von Bakterien, besonders solcher, welche aus eisenhaltigen Lösungen unlösliche Eisenverbindungen schaffen, kommt besonders in feuchtwarmen Ländern eine wichtige Rolle zu. Dem sorgfältig beobachtenden Reisenden bietet sich beständig Gelegenheit zu Untersuchungen, welche zur Aufhellung dieser Frage beitragen können. Es genüge hier, auf zwei dieser regional verbreiteten Bodenarten hinzuweisen.

Die eine derselben ist der rostbraune **Gehängelehm**. Er ist für die gemäßigten Zonen charakterisch und tritt besonders dort auf, wo Wald auf anstehendem Gestein wächst. Er bildet sich in erster Linie aus feldspathaltigen Gesteinen, ist mit Bestandteilen derselben mechanisch vermengt, schwankt in der Beschaffenheit nach den Arten der ersteren und wird durch die Rieselwasser ein wenig umgelagert und stellenweise zusammengehäuft.

Eine analoge Stellung nimmt innerhalb der tropischen Gebiete in weit gröfserer räumlicher Ausdehnung der Laterit ein. Er hat seinen Namen von der ihm eigentümlichen Farbe rotgebrannter Ziegelsteine (later) erhalten, zuerst in Ostindien, wo er den Erdboden in weiten Strecken bildet. Der Reisende, welcher Ceylon berührt, hat in dem intensiv roten feinen Staub der Landstrafsen Gelegenheit, seine unangenehme Bekanntschaft zu machen. Ebenso ist der Laterit über Hinderindien, Indonesien und Birma ausgebreitet und bildet den Boden grofser Landstriche in Brasilien und den feuchten Teilen des tropischen Afrika. Seine Entstehung beruht auf tiefgreifenden Zersetzungsvorgängen; die mannigfaltigsten Gesteine sind in Laterit verwandelt worden, besonders, wie es scheint, wenn sie durch lange Perioden mit feuchten Wäldern bestanden gewesen sind. Seine Struktur und seine zufälligen Bestandteile ändern sich daher auch je nach dem Gestein, auf dem er lagert und aus dem er entstanden ist. Doch erkennt man ihn, abgesehen von der Farbe, stets leicht an dem ihm eigentümlichen schwammartig-zelligen Gefüge, welches aus einem festeren Maschenwerk mit rundlichen Ausfüllungen von toniger Substanz besteht. Er geht nach der Tiefe in Gneis, Granit, verschiedene kristallinische Schiefer und andere Gesteine über, je nachdem er auf dem einen oder anderen von ihnen lagert, indem sich Zwischenstufen von dem unzersetzten Gestein bis in den vollkommensten zelligen Laterit zu erkennen geben. Da er ein Produkt der Tropen ist, darf man dort, wo, wie im mittleren und südlichen China, Laterit von nichtlateritischen Zersetzungsprodukten und Anschwemmungen der Neuzeit bedeckt wird, auf klimatische Änderungen schliefsen.

Zusammengeschwemmte Bestandteile des eluvialen roten Bodens ergeben wieder Laterit. Dagegen scheint er sich aus anderem Schwemmboden, z. B. im Deltaland der Ströme, nicht zu bilden. — Eine eigentümliche Umwandlung zeigt der Laterit durch die Bekleidung seiner Anschnitte (z. B. in Gräben) mit schlackenartiger glänzender Rinde. Diese Eigenschaft dürfte, zugleich mit der Porosität, die Sterilität des Laterites an solchen Stellen, wo das Wasser tiefe Kanäle durch ihn hindurch in das unterlagernde Gestein geschnitten hat, veranlassen. Die Baumvegetation verschwindet dann wegen des Wassermangels; niederer Pflanzenwuchs tritt an ihre Stelle. Die

Bedingungen der Lateritbildung sind überall noch eingehend zu untersuchen; ebenso in der Natur, wo es sich um die Art der Einwirkung von Vegetation und Feuchtigkeit, um das Vorkommen an den verschiedenen Hängen eines Gebirges und in dessen einzelnen Höhenstufen, um den regionalen Wechsel in dem Grade der Eisenanreicherung und anderes handelt, wie im Laboratorium, wo, abgesehen von den Oxydationsstufen des Eisens, besonders der Mitwirkung der Bakterien bei seiner Bildung Aufmerksamkeit geschenkt werden sollte. Ist der Laterit (wie ich aus eigenen Beobachtungen zu schliefsen geneigt bin) ein Waldprodukt? Zieht Eingraben tiefer Erosionsrinnen das Verschwinden des Waldes, die Verschlackung und Verödung der Oberfläche nach sich? Verdanken die zum Teil äufserst eisenreichen Lateritböden afrikanischer Steppen ihre Entstehung vormaliger Waldbedeckung in regenreicherer Zeit? Ist Waldvernichtung durch Menschenhand mit Verschlackung des Laterits und Umwandlung zu waldfeindlichem Steppenboden verbunden?

Zwei andere Probleme hängen hiermit zusammen. Verdankt der rote Passatstaub dem Laterit der Tropen seinen Ursprung, wie der gelbe Staub, den der von Zentralasien kommende Wind führt, dem Löfs? Das zweite betrifft die Ablagerungen von abgeschwemmter Lateritmasse in Seen und am Meeresboden. Bilden dieselben rote tonige und tonigsandige Schichten? Dies würde vielleicht auf die noch unklare Entstehungsweise mächtiger roter Sandsteine Licht werfen, welche in älteren Formationen, anscheinend als Sedimente ausgedehnter festländischer Wasserbedeckungen, so häufig auftreten und wenigstens zum Teil auf vorangegangene Perioden üppiger tropischer Vegetation hinweisen dürften.

Gesteinszertrümmerung; Bildung von eluvialem Schutt. — Unter den irrigen Anschauungen, denen man betreffs genetischer Vorgänge in laienhaften Reisebeschreibungen besonders häufig begegnet, befindet sich die Schlufsfolgerung, dafs grofse Anhäufungen von Gesteinstrümmern, die zuweilen der Landschaft ein wildes, chaotisches Gepräge verleihen, durch gewaltige, plötzliche Ereignisse („Konvulsionen der Natur") hervorgebracht sein müssen. Sieht man von den Auswürflingen der Vulkane und von Bergstürzen ab, so beruhen die Anhäufungen von Blöcken und Schutt in erster Linie auf langsam aber stetig wirkenden Vorgängen. Am meisten gilt dies von der ebenerwähnten Herauslösung fester Felsblöcke durch die entlang den Gesteinsklüften fortschreitende Verwitterung. In hohen Breiten und auf Bergeshöhen, wo in gewissen Zeiten des Jahres Gefrieren und Auftauen häufig miteinander wechseln, übt der Spaltenfrost eine so gewaltig zertrümmernde Kraft aus, dafs das Mafs der Zerstörung das auf der intensivsten chemischen Zersetzung in den Tropen beruhende übersteigen kann. Das Wasser dringt in die feinsten Klüfte und übt durch die beim Gefrieren eintretende Volumenvergröfserung eine unwiderstehlich auseinandertreibende Kraft aus. Es entstehen dadurch Schutthalden an den Gehängen und Trümmermeere an den Stellen, wo das gelockerte Gestein nicht fortgeführt werden kann. Dieser ebenfalls als eluvial zu bezeichnende Schutt zeigt, im Gegensatz zu dem durch Wasser transportierten, keine oder geringe Abnutzung der Kanten; seine Bildung ist besonders intensiv, wo die herabgestürzten Massen durch Gletscher oder Wildbäche fortgetragen und dadurch stets neue Teile des festen Gesteins der Auflockerung preisgegeben werden. Eine analoge Wirkung übt die Insolation in der Felswüste aus. Am deutlichsten äufsert sie sich in dem Zersprengen des Gesteins durch Auslösung der ungleichen Spannungsverhältnisse, welche infolge der Erhitzung am Tage und der Abkühlung in sternenheller Nacht eintreten. Die Bedeckung der Felsplatten mit eluvialem Schutt von dieser Art bedingt das Wesen der als Hammada bekannten Wüstenform. Weniger sinnfällig, aber um so intensiver und ausgedehnter, ist, nach Joh. Walthers Forschungen, die zerstörende Einwirkung auf Granite und andere gemengte Gesteine, deren verschiedengefärbte Mineralien erhebliche Unterschiede in Wärmekapazität und Ausdehnungsfähigkeit darbieten. Sie zerfallen in Grus und werden eine Hauptquelle für Wüstensand und Wüstenstaub. Diese Insolationswirkungen, verbunden mit derjenigen gelegentlicher Anfeuchtung, bieten dem Reisenden, wie auch Futterer in Zentralasien gezeigt hat, ein weites Feld fruchtbringender Beobachtung. — Zertrümmerung der gewaltigsten Art, aber in jedem einzelnen Fall auf einen engen Bereich beschränkt, bringen die Bergstürze an den Gehängen der Gebirgstäler und Steilküsten mit sich. Sie können durch Unterwaschung verursacht werden, haben aber häufig ihren Anlafs in Vorgängen der Verwitterung, wobei das Herabgleiten in der Regel durch die Verhältnisse der Lagerung unterstützt wird. Durch den Sturz findet eine Zertrümmerung in eckige Blöcke statt.

Von diesen Ursprungsstätten der Bildung von Gesteinsblöcken, grobem Schutt und feinem Grus kann das Material durch die Kraft des fliefsenden Wassers und des Eises nach anderen Gegenden hingetragen werden. Der Reisende wird in jedem einzelnen Fall zu untersuchen haben, welche Kräfte wirksam gewesen sind.

2. **Unterirdische Zirkulation des Wassers. — Grundwasser, Quellen, Höhlenbildung.**

Das Regenwasser, soweit es nicht durch Verdunstung oder vegetative Funktionen in die Atmosphäre zurückkehrt, nimmt teils einen unterirdischen und teils einen oberirdischen Lauf. In ersterem Fall kommt der bei weitem überwiegende Teil in Gestalt von Quellen wieder zur Oberfläche. Bei diesen sind zu beobachten: die Wassermenge und Kraft des Hervorkommens; die Häufigkeit mit Bezug auf ein gegebenes Areal der Bodenfläche oder eine Linie von gewisser Ausdehnung; die Temperatur; der Gehalt an Kohlensäure oder Schwefelwasserstoff; das Entstehen von Absätzen von Kalktuff, Eisenocker oder Kieselerde; das Gestein, dem die Quelle entspringt; dessen Wasserdurchlässigkeit im Vergleich zu benachbarten Gesteinen; das etwaige Vorhandensein von Kluftflächen und anderen natürlichen Auslafspforten. Im Flachland sollte man nicht unterlassen, die Tiefe der Brunnen zu untersuchen, ihre Temperatur zu bestimmen und ganz allgemein anzugeben, ob die Brunnen einer gewissen Gegend oder diejenigen von einer gewissen Tiefe sich entweder durch ähnliche Temperatur, Härte oder Weichheit des Wassers, einen alkalischen oder salzigen Geschmack auszeichnen, und ob diejenigen verschiedener Tiefen voneinander verschieden sind. Fragen von theoretischem und praktischem Interesse knüpfen sich an den Stand des Grundwassers, die Gestalt seiner Oberfläche, die Richtung und Art seiner Fortbewegung.

Aufmerksamkeit ist dem Vorkommen von Salzsoole zu schenken. Kommt sie in Quellen hervor, oder wird sie in Brunnen erbohrt? In welcher Tiefe erreicht man sie durch diese? In welchem Gestein setzen die Bohrlöcher an, und wie ist dessen Liegendes nach sonstigen Aufschlüssen beschaffen? Wie lagert die ganze Formation, in welcher die Soole vorkommt? Füllt sie ein Becken aus? Sind es sandige und tonige Schichten? Kommt Gips vor und in welcher Weise? Lassen die Verhältnisse darauf schliefsen, dafs das Salz aus einem abgeschlossenen Meerwasserbecken niedergeschlagen wurde? Ist das gewonnene Salz rein?

Höhlenbildung durch Auslaugung ist eine der Wirkungen des unterirdisch fliefsenden Wassers. Sie findet am meisten in solchen Gesteinen statt, welche zugleich leicht löslich und von grofser Festigkeit sind, wie vor allem Kalkstein. Gips ist gewöhnlich an tonige Gesteine gebunden, welche durch dessen Auslaugung in sich selbst zusammensinken. Sobald sich das Wasser unterirdische Wege durch Auflösung gebahnt hat, vergröfsert es dieselben durch Erosion; es entstehen **Einstürze**, welche kesselförmige Vertiefungen auf der Oberfläche verursachen. Ist das Mafs der Auslaugung und der dadurch verursachten Wirkungen auf die Gestalt der Oberfläche in tropischen Gegenden gröfser als in kälteren Klimaten? Man könnte dies aus dem Umstand schliefsen, dafs dort die Quellabsätze weit bedeutender sind.

Wichtige Fragen knüpfen sich an die Bestimmung der Art und Menge der Bestandteile, welche einem Gebirge oder Gebirgsland durch die Gesamtheit der abrinnenden Gewässer in Lösung entführt wird. Es würde verdienstlich sein, in gewissen Gegenden aus jedem Flufs, dessen Stromgebiet sich rücksichtlich des Areals bestimmen läfst, Proben des Wassers, womöglich in verschiedenen Jahreszeiten, zu entnehmen und in gutverschlossenen Flaschen zum Zweck chemischer Untersuchung aufzubewahren.

3. Fliefsende und stehende Gewässer des Festlandes.

Die Niederlegung der Stromläufe und Seen auf Karten gehört in wenig erforschten Ländern zu den wichtigsten Arbeiten des Reisenden. Die bedeutenderen Ströme sind jetzt überall schon im allgemeinen bekannt; doch besteht vielfach noch die Aufgabe, das Netz der Verzweigungen gegen die Quellgebiete hin festzulegen. Man sollte dabei das Verhältnis der Flufskanäle und Seebecken zum oroplastischen und inneren geologischen Bau, sowie zu den bestehenden klimatischen Verhältnissen, im Auge behalten. Es ergibt sich dann unmittelbar als eine weitere Aufgabe, die Geschichte der Ströme und der mit Wasser erfüllten Becken, der Stromverlegungen und der Wasserscheiden, in weiterer Folge die Arbeit des fliefsenden Wassers im allgemeinen zu erforschen. Betreffs der theoretischen Studien über die Abhängigkeit des Betrages und der Art dieser Arbeit von der Wassermasse, besonders zur Zeit des Hochwassers, vom Gefäll, von der Masse der zum Transport sich darbietenden Sedimente, von der Vegetation und anderen Umständen mag hier auf die Ausführungen in Lehrbüchern verwiesen werden. Der Reisende wird vielfach

Gelegenheit finden, die Äufserungsart dieser allgemeinen Gesetze zu beobachten und dadurch ein Verständnis für viele sich ihm darbietende Erscheinungen zu gewinnen.

Von Interesse für jeden einzelnen Erdraum sind die **Beziehungen der Arbeit der Gewässer zu der Lage der Rinnen, in denen sie fliefsen**, welche nicht immer dem Begriff von Tälern entsprechen. Es ist bereits (S. 264 ff.) ausgeführt worden, wie die Taltröge zum Teil mit der Tektonik des Gebirgsbaues als Begleiterscheinungen von Faltung, Überschiebung oder Verwerfung unmittelbar genetisch verbunden sind, zum Teil jedoch gar keine Beziehung dazu haben, sondern der Erosion allein ihre Entstehung verdanken. In diesem Fall können sie **epigenetisch**, d. h. durch transgredierend auflagernde, später gänzlich entfernte Sedimente hindurch in den Unterbau eingeschnitten, sein; oder ihre erste Anlage fällt mit den ersten Stadien der Erhebung einer Bodenscholle über das Meer zusammen, und gleich ihr wurde auch die bei erweiterter Trockenlegung fortgesetzte Verlängerung der Abflufsrinnen durch das Gefäll allein bestimmt; oder sie beruht in später auf dem Festland eingetretenen Bewegungen, z. B. einer Aufwölbung (S. 244), oder der keilförmigen Aufrichtung eines Blockes einer Rumpfscholle (S. 262). In diesen Fällen entstehen in erster Linie meist quergerichtete **Abdachungsflüsse**. Die Art, wie sie Talrinnen eingraben, hängt ab: von der Höhendifferenz zwischen Erosionsbasis und Ursprung, im Verhältnis zu deren horizontalem Abstand, also von Gefäll und Stromlänge; von der Wassermasse und ihrer periodischen Verteilung; von dem Anwachsen der Wassermasse bei dem stufenweisen Einmünden seitlicher Zuflüsse; von der Art, dem Wechsel und der Lagerung der Gesteine, welche dem Einschneiden Widerstand bieten; von den klimatischen Zuständen (besonders Niederschläge und Temperatur) im Stromgebiet und den davon abhängigen Verhältnissen der Vegetationsbedeckung. Durch alles dies wird der Grad des rückwärtigen Einschneidens, der zurzeit bestehende Grad der Vollkommenheit in der Herstellung der von dem Strom angestrebten normalen Gefällskurve und die Ausgestaltung der Querprofile in allen Lagen bestimmt. An jeder Stelle und in jedem Stadium bildet der Flufs die Erosionsbasis für die von den Seiten ihm zuströmenden Gewässer. In härterem Gestein bleiben diese in der erodierenden Arbeit zurück; in weicherem sind sie erfolgreicher und graben **längsgerichtete Zuströmungsfurchen** ein. Diese Furchen zweiter Ordnung können grofse Ausdehnung erreichen; jede von ihnen erhält ihrerseits Zuflufs von ihren beiden Gehängen, und dadurch graben sich an diesen quergerichtete Furchen einer dritten Ordnung ein.

Neben diesen Grundzügen sind als einige Hauptmomente bei der Betrachtung der Anlage der Flufsläufe festzuhalten: das Streben nach Beständigkeit der Wasserscheiden, welches darin beruht, dafs an ihnen das Wasser entweder verschwindend kleine, oder doch weit geringere erodierende Kraft hat, als im weiteren Gebirgslauf; das Streben der Gewässer, in den eingeschnittenen Rinnen zu verharren und sie tiefer zu graben; undererseits das Erwachsen von Hindernissen, welche sie zwingen können, diese Rinnen zu verlassen und andere Bahnen einzuschlagen. Bei dem Tieferlegen kann es geschehen, dafs eine Rinne streckenweise in Gesteine von grofser Härte eingeschnitten wird; werden dann später die weicheren Felsarten, in denen die nächst höhere und nächst tiefere Strecke liegen, durch Denudation zu sanftgeformtem, hügeligem Land erniedrigt, in welchem der Flufs sich durch seitliche Arbeit Weitungen auswäscht, so erscheint es oft als eine Anomalie, dafs er einen Teil seines Weges durch einen aufragenden Block von hartem Gestein nimmt, den er anscheinend mit viel geringerem Aufwand von Arbeit hätte umgehen können. Andere Anomalien entstehen dadurch, dafs Ströme auf grofse Erstreckung gegen die Schichtenneigung fliefsen, oder dafs sie Schichtenwölbungen, langgezogene Gebirgskämme und ganze Gebirge quer durchbrechen. Tektonische Querverschiebungen sind als Ursache in einzelnen Fällen nicht ausgeschlossen. Andere Ursachen können sein: die rückschreitende Erosion, indem von der Regenseite eines Gebirges aus die Wasserläufe sich rückwärts durch dessen Kamm bis in dahintergelegene Hohlformen einschnitten und deren Gewässer in sich aufnahmen; ferner das siegreiche Bestreben eines Flusses, sein Bett durch Erosion zu vertiefen und innezuhalten, wenn quer gegen seinen Lauf ein Hindernis, z. B. eine Schichtenwölbung, langsam aufstieg. Der Reisende sollte es sich angelegen sein lassen, die Untersuchung von Fall zu Fall mit Sorgfalt auszuführen, den Tatbestand genau festzustellen und die möglichen Ursachen gegeneinander abzuwägen.

Ähnliches gilt von den Seebecken; sie sind wassererfüllte Hohlformen, welche entweder gar keinen oder einen höher als die Sohle gelegenen Abflufs haben. Aufzeichnung der Umrifsformen, Ausmessung der Tiefen, Untersuchung der Temperatur und Beschaffenheit des Wassers in verschiedenen Tiefen, sowie des Charakters der Fauna und Flora und der Gestalt der Ufer bilden den einfacheren Teil der methodisch noch fortschreitenden limnologischen Forschung. Aufserdem sind zu untersuchen: das Netz der wasserzuführenden Flüsse; die Form des Abzugskanals, wo einer vorhanden ist; der äufsere und innere Bau der Umgebung, um zu Schlüssen über die Entstehung des Seebeckens gelangen zu können. Je nach den zugrunde liegenden Ursachen lassen sich die folgenden Kategorien von Seebecken unterscheiden, die wir direkt auf die Seen selbst übertragen:

1. **Eingetiefte Seebecken.** Hierher gehören: *a)* die **Endseen der umschlossenen Landsenken**, d. h. die Salzseen, in welchen die Flüsse der grofsen abflufslosen Senken der Zentralgebiete ihr Ende finden (Tsad, Ngami, Lob, Kukunor, Tibetische Seen, Urmia, Wan); *b)* die **Einbruchsseen**, d. h. in tektonischen Einbrüchen gelegenen Seen. Anlafs dazu geben Grabensenkungen (Totes Meer, Tanganyika und andere Seen der afrikanischen Gräben), Staffelsenkungen (Salzsee von Utah), kesselförmige Senkungen, wie die Krater oder die Zirkusbecken der Vulkane (Tal), Zusammenbruch und Einsturz, wie in Kalksteingebirgen, oder dort wo Steinsalz und Gips ausgelaugt worden sind. Eine äufserlich verwandte Erscheinung sind die Explosionsbecken (wahrscheinlich die Mehrzahl der kleineren Maare) in vulkanischen Gegenden. — 2. **Tektonische Staubecken.** So kann man seeartige Stromerweiterungen bezeichnen, welche durch widersinnige tektonische Bewegungen entstehen und sich in der Stauung einer Stromstrecke zu einem See kennzeichnen. Dies kann geschehen, wenn die Scholle, auf welcher der Strom fliefst, ungleiche vertikale Verschiebung erleidet, indem der stromabwärts gelegene Teil aufsteigt oder der stromaufwärts gelegene sich senkt; oder wenn quer zum Strom entweder ein Bruchblock oder eine gewölbartige Biegung aufsteigt. Vermag der Strom solches Hindernis nicht im Entstehen zu überwinden, so kann ihm dies nach Ausfüllung des Sees mit Sedimenten durch rückwärtiges Einschneiden gelingen. — 3. **Abdämmungsbecken.** Sie bilden sich meist in schmalen, steilwandigen Tälern, indem dem Flufs ein Damm in den Weg gelegt wird, und bezeichnen vorübergehende Episoden, da der Damm, meist erst nach Ausfüllung des Beckens mit Ablagerungen, vom Flufs durchschnitten wird. Die Abdämmung kann geschehen: durch einen Bergsturz; durch das Vorschieben des Schuttkegels eines Flusses an der Stelle der Vereinigung mit einem anderen; durch analoges Vorschieben einer Gletscherzunge oder eines Lavastromes quer gegen einen Talbach; durch das Aufwerfen einer dammartigen Endmoräne und den darauffolgenden Rückzug des Gletschers; durch Stauung der Zuflüsse eines Stromes, und zwar entweder periodisch, indem der letztere selbst bei Hochwasserstand einen Wall für das niedrigere Wasser des Zuflusses bildet, oder beständig, indem der Hauptstrom sein Bett erhöht und seitliche Dämme aufwirft. Die Lagunen in verlassenen Betten an Stellen starker Stromteilungen verdanken ihren seeartigen Charakter auch häufig der Abdämmung. — 4. **Schuttlandbecken**, d. h. die Becken der Seen in ursprünglichen Vertiefungen des aufgeschütteten Bodens. Sie finden sich in gröfster Zahl im Moränenland, für das sie charakteristisch sind (z. B. Baltische

Seenplatte, Südbayern, Argentinien); ferner in der Dünenlandschaft und im Korallenschutt. — 5. Ausräumungsbecken. Gletscher vermögen an gewissen Stellen ihres Laufes in zweierlei Weise Becken zu schaffen, welche nach dem Rückzug Seen bilden: einerseits durch Ausschleifen harten Gesteins (Karseen, Fjordseen), andererseits durch Ausräumung und Wiederablagerung von Schutt. Fliefsendes Wasser bringt ähnliche Wirkungen nur in kleinstem Mafsstab hervor. Dagegen vermag der Wind Becken auszuhöhlen, insbesondere wenn in Gegenden, in welchen durch einen langen Zeitraum bei feuchtem Klima Gesteinszersetzung bis in grofse Tiefen stattgefunden hat, Trockenheit eintritt und die Vegetation vernichtet wird. Da manche Gesteine in mürbe, grusartige und leicht zerstörbare Massen verwandelt werden, andere aber (insbesondere die Quarzite und Tonschiefer) fast unzersetzt bleiben, schafft die mechanische Kraft des Windes Ungleichheiten und veranlafst die Entstehung von Becken, welche, wenn einmal später das Klima feuchter wird, Seen aufnehmen können. — 6. Abgliederungsbecken. Sie entstehen dadurch, dafs Teile eines Sees oder des Ozeans zu besonderen, meist kleinen Becken abgetrennt werden. Ein solcher Vorgang vollzieht sich, wenn ein seitlich einmündender Flufs ein Delta dammartig quer über einen See vorschiebt; oder wenn Brandungswellen und Strömungen sandige Wälle vor einer Küste aufrichten und dadurch Küstenlagunen abgetrennt werden; oder wenn die vor dem Ausgang tiefer Fjorde gelegenen Schwellen von festem Gestein oder Schutt infolge negativer Strandverschiebung trocken gelegt werden und eine vormals durch Eis in dem Felsboden ausgeschliffene Wanne als See (Fjordsee) zurücklassen, der allmählich ausgesüfst wird; ferner wenn Wallriffe eine Küste umsäumen; oder wenn ein Korallenriff sich zu einem Atoll zusammenschliefst. — Es lassen sich selbstverständlich noch andere Kategorien von Seebecken unterscheiden und die hier genannten nach anderen Prinzipien ordnen.

Wassermasse, Gefäll und die zum Teil aus beiden sich ergebende Stromgeschwindigkeit bestimmen die Transportfähigkeit und dadurch in weiterer Folge die **Ablagerungen aus fliefsenden Gewässern**. Wird einer dieser Faktoren gleich Null, so wird die Tragkraft des Wassers für alle Stoffe, welche höheres spezifisches Gewicht als dasselbe besitzen, vernichtet; sie sinken sämtlich zu Boden; daher sind die Seebecken und das Meer die Hauptstätten des Absatzes fester Stoffe. Erreichen jene Faktoren sämtlich hohe Werte, so wird die Transportfähigkeit aufserordentlich grofs; ebenso die Korrasion, durch welche die Ausschleifung und im wesentlichen die tiefere Erosion des Felsbettes der Gebirgsströme bewirkt wird. Dazwischen gibt es zahlreiche Abstufungen, welche der Reihe nach zur Ablagerung der gröfsten und dann der kleineren Gesteinsblöcke, des gröberen und kleineren gerollten Schotters, des Kieses, des Sandes, und schliefslich der feiner und feiner verteilten tonigen und glimmerigen Bestandteile führen. Weit mehr als die Gröfse würde das spezifische

Gewicht von Einfluſs sein, wenn nicht alle Gesteine in dieser Beziehung sich beinahe gleich verhielten; doch bleibt z. B. das Gold, mit Ausnahme feinverteilten Goldstaubes, in der Nähe seiner Ursprungsstelle liegen, weil ein kleines Goldkorn in demselben Wildbach, welcher mächtige Gesteinsblöcke fortwälzt, zu Boden sinkt. — Bei der Einmündung von Gebirgsbächen in tiefe Seen entstehen Schutthalden aus geneigten Schichten, in welchen das Gröbere die oberen, steil abfallenden Teile bildet, das Feinere hingegen in wachsenden Tiefen und in wachsender Ausdehnung mit allmählicher Abnahme des Neigungswinkels zum Absatz kommt, und das Feinste über den ganzen Seeboden gleichmäſsig niederfällt, während auf der ebenen Scheitelfläche eine dünne Decke horizontaler Schichten sich ausbreitet, in welcher der Fluſs sich deltaartig verzweigt. Seen sind daher Klärungsbecken für die Flüsse. Aber je mehr Material diese zuführen, desto schneller vollzieht sich die Ausfüllung in Gestalt gegeneinander wachsender Schutthalden. In weiterer Folge vereinigen sich erst deren untere Teile, dann ihre deltaartigen Oberflächen, bis das Becken ausgefüllt ist, und an Stelle des Wassers eine ebene Landfläche tritt. Modifikationen können besonders bei Abdämmungsseen dadurch herbeigeführt werden, daſs das Ausfluſsniveau schon während der Ausfüllung durch Erosion tiefer gelegt wird. Besser gelingt dies dem Fluſs, nachdem er den See vernichtet hat. Er gräbt sich dann in die Sedimente ein, zu denen er selbst das Material lieferte, und strebt nach ihrer Zerstörung und Fortführung. Tiefe Durchschnitte geben Gelegenheit zu Beobachtungen über die Gestalt der Seeablagerungen. Zu Studien von hohem Interesse haben die letzteren in solchen Seebecken geführt, welche lange vor ihrer völligen Ausfüllung infolge trockenen Klimas zu Salzpfannen eingetrocknet sind. Aufmerksame Untersuchung führt zur Ergründung der Geschichte des wechselnden Wasserstandes, aus welcher sich diejenige des Klimas ableiten läſst. — Es ist in derartigen Fällen sorgfältig darauf zu achten, ob sich in einzelnen Höhen Einschwemmungsreste und sonstige Seespiegelmarken finden lassen, die auf zeitliche Zusammengehörigkeit schlieſsen lassen, und ob die dadurch bezeichnete Fläche derjenigen des heutigen Seespiegels parallel, oder gegen sie geneigt ist und daher auf inzwischen stattgehabte Erdrindenbewegungen deutet.

Da die meisten Gebirgsströme ihr Gefäll nicht ausgeglichen haben, sondern eine Anzahl von Stufen von verschiedener Form und verschiedener Länge bilden, wo Erosion und Ablagerung häufig wechseln, bietet die letztere grofse Mannigfaltigkeit. Man gewahrt eine Anzahl von mehr oder weniger vollkommen gestalteten, bald kürzeren und steileren, bald längeren und sehr abgeflachten Schuttkegeln, welche sich von den Schutthalden der Gehänge, ebenso wie von denen der Seebecken wesentlich unterscheiden, indem die festen Teile nicht frei niederfallen und hinabrollen, sondern im Fallen so weit fortbewegt werden, als das fliefsende Wasser dies zu tun vermag. Letzteres strebt, jedem Schuttkegel eine fächerförmige Gestalt zu geben, wird aber darin innerhalb der Gebirgstäler durch seitliche Einengung in den meisten Fällen gehemmt. In jedem Schuttkegel nimmt die Korngröfse von der Stelle stärksten Gefälles nach denen des geringeren hin ab. In tieferen Lagen findet man oft eine abweichende Verteilung, welche auf andere Verhältnisse der Stromgeschwindigkeit in früherer Zeit schliefsen läfst. Wenn der Flufs dort in gröfseren Strecken seine eigenen Ablagerungen mit abgeschwächtem Gefäll durchströmt, windet er sich und erweitert seinen Talboden durch seitliche Erosion. Dies geschieht in Quertälern besonders vor solchen Stellen, wo der Flufs, nachdem er in einer Strecke weiche Schichten durchquerte, ein Hindernis zu überwinden, z. B. sich in eine Folge sehr harter Gesteine einzuschneiden hat. Ehe er diese Arbeit ausgeführt hat, kann er rückwärts und vorwärts seine Gefällskurve weiter ausgestaltet und in der Front schon eine andere Talweitung in weicherem Gestein geschaffen haben. Dann wird er nach dieser in Stromschnellen und Fällen hinabstürzen. Solche Talweitungen und Talstufen sind nicht mit denen zu verwechseln, welche in Gebirgstälern häufig durch die Sedimentausfüllung von Abdämmungsseen hervorgebracht werden.

Wo der Flufs aus der letzten Gebirgsenge, oder, wie es öfter der Fall ist, aus allmählich sich öffnendem Hügelland heraustritt, um seinen Lauf auf einer sanft geneigten, gemeinhin als Ebene bezeichneten Fläche fortzusetzen, wird gewöhnlich das Gefäll gering und gleichmäfsig. Ist der Boden der Fläche das Produkt des Flusses, so kann man ihn wie einen Schuttkegel des letzteren betrachten, über welchen der Flufs verschiedene Kanäle einzuschlagen vermag. Kleine Unterschiede im Gefäll bewirken, dafs der Flufs entweder nur in einem Kanal zur selben Zeit strömt, denselben aber in einzelnen langen Perioden wechselt, oder vor dem Punkt, wo ein See oder das Meer seinen Bewegungen ein Hindernis entgegensetzen, in mehreren Kanälen gleichzeitig fliefst und ein Delta bildet. Der Schotter erreicht bald das Ende seiner

Ablagerung; der Kies wird bei Hochwasser weitergeführt, der Sand in der Bodenschicht abwärts geschoben und in Wirbeln weiter getragen; der Schlamm bleibt zum Teil im Flufswasser suspendiert. Ist der Lauf kurz, so geht noch viel Sand direkt nach dem Meer; ist er lang, so weilt der Sand länger im Flufsbett, indem er Bänke bildet, welche ihre Lage und Form ändern und allmählich abwärts nach dem Mündungsgebiet gelangen. Der Schlamm wird zum Teil mit dem Sand gemengt, zum Teil geht er unmittelbar nach der Mündung. Tritt der Flufs bei dem jährlich wiederkehrenden Hochwasser über seine Ufer, so setzt sich der Sand in seiner Nähe ab und erhöht die Ufer; der Rest des Überschwemmungsgebietes wird mit schlammigem Sediment übergeführt, und auch aufgelöste Stoffe bleiben in dem abgelagerten Boden zurück. Es bieten sich hier dem Beobachter mancherlei Fragen. Wie sind die Sedimente beschaffen? (Proben zu sammeln), und welches ist ihre wirtschaftliche Bedeutung? Wie weit reicht das Überschwemmungsgebiet gegen das Meer, gegen das Gebirge, und in anderen Richtungen? Ist das Wasser strömungslos seeartig ausgebreitet, so bietet es ein Mittel zu natürlichem Nivellement. Lassen sich alte verlassene Flufsläufe durch vorhandene Kanäle, Versandungszonen, alte Dämme oder historische Überlieferungen nachweisen?

In den Mündungsästuaren grofser Ströme kommen alle jene Ablagerungen in Betracht, welche sich durch die Kombination der Wirkung des Stromes mit derjenigen von Ebbe und Flut, oder, wo diese fehlen, des stillstehenden Wassers bilden. Indem die Gezeiten durch die zweierlei Bewegungen eine Saigerung veranlassen, gelangen im allgemeinen, je weiter an der Mündung abwärts, mehr und mehr die feineren Sedimente zum unmittelbaren Absatz aus dem Wasser, während zugleich dadurch, dafs der Ebbestrom aufser dem eingedrungenen Flutwasser auch das Flufswasser begreift, mithin stärker ist als der Flutstrom, die im Strombett gebildeten Bänke und Inseln von Sand allmählich abwärts wandern. Das Endresultat im Meer ist daher wahrscheinlich eine Vermischung von Ton und Sand, oder ihr Wechsel in sehr dünnen Lagen. Die Geschichte der Inseln in Strommündungen und der Ansiedelungen auf denselben, die weit schneller vor sich gehenden Änderungen in der Verteilung der unter Wasser bleibenden Bänke und der fahrbaren Kanäle, die Versandung alter Kanäle und die Bildung neuer, die Form der Barre, welche sich quer zur Flufsmündung im Meer bildet, die zuweilen in Gestalt langer Zungen von Sand dem Fluſs sich anlagernden und ihn seitlich ablenkenden Halbinseln und Dünen, die Art der Absätze jenseits der Barren am Meeresgrund — sind sämtlich Gegenstände von theoretischem und praktischem Interesse. Hinsichtlich der Bewegung des Wassers sind in jedem Fluſs zwei Punkte festzusetzen: derjenige Punkt, bis zu welchem die Flut als Strom aufwärts dringt (er bezeichnet oft die Lage wichtiger Handelsplätze), und der höchste Punkt im Fluſs, wo noch ein Steigen des Wassers bei dem Eindringen der Flut stattfindet.

Mit den Schwankungen des Klimas und den Bewegungen der Erdrinde ändern sich bei flieſsenden Gewässern Wassermasse, Gefäll und Betrag der Sedimentführung. Die Geschichte eines Stromes setzt sich daher in jeder Einzelstrecke seines Laufes aus Perioden erhöhter Bildung von Ablagerungen und Perioden erhöhter Fortführung derselben, aus solchen mühsamen Fortschleppens zu schwerer Lasten und solchen tatkräftigen Einschneidens in die Sedimente zusammen. Scharfe Beobachtung, insbesondere der die Flüsse häufig begleitenden Terrassen, vermag Material zu der Geschichte der Flüsse und in weiterer Folge auch des Klimas einer Gegend beizubringen. Diese meist scharf sich abhebenden, oft aber verwaschenen und kaum kenntlichen Stufen finden sich ebenso im Gebirgslauf der Flüsse, wie im Flachland, bis zu den Mündungsgebieten. Zuweilen, besonders wenn sie aus leicht durchlässigem Schotter bestehen, bilden sie durch Unfruchtbarkeit einen Kontrast zu dem reicheren Alluvialland, welches den Fluſs begleitet; aber manchmal sind sie die Hauptstätten für Ansiedelung und Ackerbau. Häufig findet man eine Mehrzahl von Terrassen. Wo sie in einem groſsen Fluſstal gänzlich fehlen, und die jüngsten Alluvien unmittelbar bis an die Gehänge heranreichen, wird (wie in dem breiten Tal des Brahmaputra) eine Verminderung des Gefälles durch relative Erhöhung der Erosionsbasis anzunehmen sein.

Einen besonderen Beobachtungsgegenstand bilden die Ablagerungen in Höhlen, von deren Bildung auf S. 320 die Rede war. Der ruhige Aufenthalt, welchen Höhlen den gröſseren Säugetieren und dem Menschen in seinen frühen Entwickelungsstadien gewährten, gibt den Absätzen in ihnen eine hervorragende Bedeutung für das Studium des gleichzeitigen Bestehens gewisser Tierarten und des Menschen mit ihnen, aber nur wenn sie mit groſser Sorgfalt untersucht werden. Der Reisende hat dazu keine Gelegenheit; aber sie dürfte sich zuweilen dem bieten, welcher längere Zeit in der

Nähe von Höhlen wohnt, und es wäre von Wert, zu den vielen jetzt in Europa erhaltenen Resultaten solche aus anderen Erdteilen hinzuzufügen. Die Ablagerungen in Höhlen bestehen im wesentlichen aus Kies, Lehm und Stalagmit, d. h. Kalksinterablagerungen am Boden. Inkrustationen des letzteren konnten sich nur in Zeiten der Ruhe bilden, während Kies darauf deutet, daſs ein Fluſs die Höhle durchströmte, wie es jetzt noch so häufig der Fall ist. Der Lehm, in vielen Fällen wesentlich der Rückstand des gelösten Kalksteins, zeigt ruhigeren Absatz an. Die Tierreste sind zum Teil abgerollt und dann mit Sicherheit von auſsen zugeführt, zum Teil deuten sie darauf, daſs die Tiere an Ort und Stelle starben und inkrustiert wurden. Produkte menschlicher Kunst dürften stets als am Ursprungsort befindlich angenommen werden können. Mit groſser Vorsicht muſs man die in einer bestimmten Lage, z. B. oberhalb oder unterhalb einer gewissen Stalagmitdecke, befindlichen Reste sammeln und wohl darauf achten, daſs sie nicht mit anderen vermengt werden. Die Bestimmung der aufgefundenen Reste, welche nur von Sachverständigen ausgeführt werden sollte, gestattet festzusetzen, ob nacheinander verschiedene Faunen lebten und klimatische Änderungen andeuten; ob der Mensch mit gewissen Tieren, deren geologisches Alter von anderwärts bekannt ist, zusammen existierte; ob Steinwerkzeuge und Geräte verschiedene Kulturstadien des Menschen erkennen lassen; vielleicht auch, ob verschiedene Rassen nacheinander in einer Gegend auftraten[1]).

4. Eis und Gletscher.

Über die Eisbildung in Flüssen und Seen kann der Reisende selten Beobachtungen von allgemeinerem Interesse anstellen; doch kann die Aufzeichnung einzelner Tatsachen Material zur Vergleichung bieten. Die mechanischen Wirkungen durch den Eisgang der Ströme und der Transport von Material sind zu beachten. — Wo man sich nahe den Grenzen des in der Tiefe beständig gefrorenen Bodens

---

[1]) Ein Gegenstand, welcher noch immer ein lockendes Ziel einer wissenschaftlichen Reise bildet, sind die noch nicht untersuchten Höhlen von Yünnan, welche die erstaunlichen Mengen in chinesischen Apotheken verkäuflicher fossiler Zähne (bekannt als Drachenzähne) liefern. Ein längerer Aufenthalt daselbst bietet keine Schwierigkeit, und nirgends sind so zahlreiche auf den besonderen Gegenstand eingeübte Arbeiter zur Hand.

befindet, sollten dieselben festgesetzt sowie Erkundungen über Zeitpunkt der dauernden Verflüssigung an der Oberfläche und die Tiefe, zu der sie hinabreicht, eingezogen werden. — Es gibt auch örtliche unterirdische Kälteherde, welche sich am augenfälligsten in den Eishöhlen zu erkennen geben. Jede neue Entdeckung solcher Höhle ist von Interesse und sollte zum Gegenstand der Untersuchung gemacht werden. Man kennt zweierlei Ursachen, welche die Erscheinung erklären können. Die eine besteht in der Abkühlung, welche durch Verdunstung von Wasser aus lockerem Schutt infolge der Wärmeentnahme eintritt. Es ist wahrscheinlich, daſs in Höhenregionen, wo in der Bodenschicht von unveränderlicher Temperatur ein niederes Jahresmittel zum Ausdruck kommt, die unterirdische Abkühlung bei trockener Luft und intensiver Sonnenbestrahlung bis zur Eisbildung im Boden fortschreiten kann, und daſs manche kleine Eishöhlen in diesen Regionen hierdurch zu erklären sind. Die Theorie ist aber unzureichend für weitaus die Mehrzahl der groſsen Eishöhlen, wo auſserordentlich bedeutende Massen von Wasser gefroren sind. In gut untersuchten Fällen hat es sich erweisen lassen, daſs eine einzige, nach oben gerichtete offene Verbindung mit der Atmosphäre vorhanden ist. Daher scheint die Annahme begründet, daſs jederzeit solche Luft, welche kälter ist als diejenige in der Höhle, und nur solche, eindringt und die Bodenschicht verdrängt, bis sie selbst durch noch kältere ersetzt wird. In Gegenden, wo die winterlichen Lufttemperaturen weit unter den Gefrierpunkt hinabgehen, wird daher bei der jährlichen Wiederholung des Vorganges während der Winterperiode eine dauernd starke Abkühlung hervorgebracht und durch Eisbildung erhalten werden können. Diese Erklärungen geben Fingerzeige für Beobachtung und Beurteilung; sie leiten auch dazu, die Temperatur in Höhlen überhaupt zu messen und die Zugänge der letzteren zu suchen. — Bei Meereis ist der Grad der Ausscheidung und der Aufnahme von Salzen, sowohl an der Oberfläche als an der Unterseite, zu berücksichtigen; auch ist die Dicke festzustellen, welche es im Verlauf eines Winters und, wo es sich erhält, durch Anwachsen während einer Reihe von Jahren erreicht. Die weiteren Probleme des Polareises in seinen verschiedenen Gestaltungen dürfen als dem Polarfahrer bekannt vorausgesetzt werden.

Für den Benutzer der „Anleitung" kommen vor allem die Gletscher in Betracht. Wer in den Fall kommt, sie eingehend zu beobachten, sollte sich vorher mit der Literatur darüber bekannt machen[1]). Bei den Gletschern des Hochgebirges ist die **Firnregion** von der Gletscherzunge zu unterscheiden. Erstere umfaſst die Gebiete, in welchen der niederfallende und von angrenzenden Bergrücken zusammengewehte, von Jahr zu Jahr sich anhäufende Schnee durch das Zwischenstadium des Firneises in Gletschereis verwandelt wird. Eindringen des Schmelzwassers, Regelation und Druck scheinen dabei die wichtigsten Rollen zu spielen. An welchen Seiten der Kämme (nach Kompaſsrichtung) findet die gröſste Anhäufung statt? an Nordhängen? und an der Leeseite im Verhältnis zu den schneebringenden Winden? Wie ist an der Oberfläche die Gestalt der konkaven Gefällskurven? Sie sind womöglich in Längs- und Querrichtung zu messen. Läſst sich Bewegung nach abwärts an der Oberfläche nachweisen? Daſs sie nach der Tiefe stattfindet und gegen den Boden hin eine stetig wachsende Komponente nach vorn hinzutritt, ist ein notwendiges Postulat, da an dem tiefstgelegenen unteren Ende des Firnfeldes der Eisstrom entquillt, welcher den eigentlichen Gletscher oder die **Gletscherzunge** bildet. In ihr findet eine bei fortgesetzter Beobachtung deutlich wahrnehmbare Bewegung nach abwärts statt. Durch Anbringen von Signalen läſst sich für die Oberfläche ihr örtlich an verschiedenen Stellen des Querschnitts und zeitlich nach den Jahres- und Tageszeiten schwankendes Maſs festsetzen. Überhaupt sind Messungen nach möglichst vielen Gesichtspunkten auszuführen; auch ist die Lage und Richtung der Gletscherklüfte in einzelnen Teilen, besonders in ihren Beziehungen zu den Formen der Talwände und des Untergrundes, zu beobachten. Wichtig ist die Beschaffenheit des Eises, namentlich die Gröſse und Gestalt des Gletscherkornes an verschiedenen Stellen der Gletscherzunge, die Temperatur des Eises an der Oberfläche und in verschiedenen Tiefen, ihr Verhältnis zu dem jeweiligen Druck; ferner die geschichtete und gebänderte Struktur des Eises, der Zusammenhang der Bänderungen teils mit den Jahresniederschlägen im Firnfeld, teils mit seitlichem Druck, die Deformierung der Bänderungen durch die Gletscherbewegung, der Gehalt des Eises an Gesteinsmaterial in tieferen Teilen, der Grad der Abschmelzung an verschiedenen Stellen der Oberfläche, das Volumen des aus dem Gletschertor des letzten Endes entströmenden Wassers und sein Gehalt an

---

[1]) Heim, Handbuch der Gletscherkunde, Stuttgart 1885. — H. Heſs, Die Gletscher, Braunschweig 1904. — Von klassischer Bedeutung für alle Studien über frühere Vereisungen ist das Werk „Die Alpen im Eiszeitalter" von Penck und Brückner, 1901—1905.

festen Stoffen. Wer in den Fall kommt, sich dem Studium eines Gletschergebietes intensiver zu widmen, sollte nicht unterlassen, Tiefenuntersuchungen mittels der jetzt sehr vervollkommneten Bohrapparate auszuführen. Dankenswert würden photogrammetrische Aufnahmen der Endteile einzelner bedeutender Gletscher sein; sie würden einem Besucher, der nach Jahren dorthin kommt, wichtigen Anhalt zu Beobachtungen über das Maſs des inzwischen eingetretenen Vorrückens oder Abschmelzens geben.

Die Gebirgsgletscher üben eine bedeutende **transportierende Tätigkeit** aus. Infolge beständiger Loslösung scharfkantiger, unzersetzter Fragmente durch Spaltenfrost werden die für vergletscherte Hochgebirge charakteristischen Formen der wilden Grate und Bergfirsten geschaffen. Schutthalden reichen bis auf das Firnfeld oder den in Bewegung begriffenen Gletscher herab; die Gesteinstrümmer werden in Gestalt von **Moränen** oder Schuttstreifen auf seinem Rücken und an den Seiten abwärts geführt, um sich am unteren Ende zur Endmoräne anzuhäufen, die bei dem Rückzug des Eises als ein Wall stehen bleibt, bei dem Vorschreiten desselben teilweise zerstört und ausgeglättet wird. Auſserdem wird, von dem oft von Schutthalden umsäumten Firnfeld an, gelockertes Gesteinsmaterial im Inneren der Eismasse und unter deren Druck am Boden fortbewegt. Es wird durch verschiedene Vorgänge geliefert. Im Beginn der Eisbildung muſsten die oft sehr mächtigen Produkte säkularer Tiefenzersetzung (S. 316) dem Eis nach und nach durch Einfrieren einverleibt und mit ihm, wesentlich in der Richtung nach abwärts, fortbewegt werden. Sobald an einer Stelle das unzersetzte Gestein bloſsgelegt war, konnte am Boden des Eises, wo die Temperatur stets der dem Druck entsprechenden Schmelztemperatur genähert ist, Absplitterung durch Spaltenfrost und Loslösung vorspringender Teile durch Stoſs neues Material liefern. Auſserdem gelangen erhebliche Teile des an der Oberfläche fortgetragenen Schuttes durch die Spalten in das Innere und schlieſslich zum Teil an den Boden des Gletschers. Hier bildet all dieses Material als **Grundmoräne** eine in ihrem Betrage von Fall zu Fall sehr wechselnde, der Eismasse selbst einverleibte Bodenschicht, welche mit dieser fortbewegt wird, einerseits von der Höhe nach der Tiefe, andererseits von den Stellen hohen nach denen geringeren Eisdruckes. Dabei übt es auf die felsige Unterlage eine beständig schleifende Wirkung aus, von deren hohem Betrag die milchige Trübung des Gletscherwassers einen deutlichen Beweis gibt. Nähere Beobachtungen über die mechanische

Wirkung sind nur dort anzustellen, wo ein Gletscherbett durch Abschmelzung frei geworden ist. Sobald der Gletscher durch das Auseinandertreten der Talwände sich seitlich frei entwickeln kann, scheint die schleifende Wirkung auf dem Boden aufzuhören, weil dort die strömende und wälzende Bewegung der Eismasse die auf molekülaren Vorgängen beruhende, mit dem Gletscherkern zusammenhängende innere Bewegung übertrifft. Es vollziehen sich am Boden nur geringe Änderungen.

Inwieweit gegenwärtige Gebirgsgletscher früher gröfsere Längenausdehnung und gröfsere Mächtigkeit gehabt haben, erkennt man an dem Vorhandensein der Merkmale, welche den Boden der sicher festgestellten ehemaligen Gletscherbetten auszeichnen. Hervorzuheben sind als solche: die U förmige Gestalt des Querprofils der Täler, indem der breit abgeflachte Boden sich durch eine Rundung mit den steilen Seitenwänden vereinigt; ferner, polierte und geschrammte Gesteinsflächen am Boden und an den Seiten, an ersterem oft unterbrochen durch die sogenannten Rundhöcker, d. h. flachgerundete, nach vorn etwas ansteigende, aus den Eisbahnen sich erhebende Massen von deren Grundgestein, welche von der Stofsseite her abgewetzt sind, an der Leeseite aber eine steilere unregelmäfsig gestaltete Abfallsfläche zeigen; ferner, Reste von Seitenmoränen an den Gehängen, meist mit Gesteinstrümmern aus den höheren Teilen des Gebirges beladen; Reste der Grundmoräne am Boden, und eine oft noch wohlerhaltene Endmoräne an der Stelle, wo das Gletscherende zuletzt längere Zeit verweilte. Zuweilen wird man auch über das Vorrücken und Rückschreiten des Gletscherendes während der letzten Vergangenheit Erkundigungen einziehen können. — Wo die Gletscher ganz geschwunden sind, erweist sich ihre vormalige Anwesenheit an den Karen, d. i. nischenartigen Einsenkungen mit breiter, steiler bis senkrechter, gegen das Berggehänge scharf abgesetzter Rückwand und langen, nach vorn sich zusammenschliefsenden, meist ebenfalls sehr steilen Seitenwänden, welche den flachen, in der Regel beckenförmig in den Fels eingetieften Boden einschliefsen. In diesem liegt häufig ein See. Zuweilen ist ein Kar oder Zirkus von imponierender Gröfse vorhanden; dann folgt etwas weiter talabwärts ein zweiter Zirkus, zuweilen noch ein dritter, ehe das breite Bett der vormaligen Gletscherzunge erreicht wird. Kleinere Kare sind in der Regel an einem Gehänge in Mehrzahl nebeneinander angeordnet. Man sollte aufser ihrer Bodengestalt die Meereshöhe ihres Bodens genau bestimmen. Denn jedes Kar ist der Sitz eines vormaligen Firnfeldes; daher bezeichnet sein Boden die Höhenlage der vorzeitlichen klimatischen Firngrenze. Da nur in grofsen Firnfeldern wohlcharakterisierte Gletscherzungen entspringen, geben auch nur grofse Kare Anlafs, dem Bett der alten Gletscher nachzugehen, bis man ihr unteres Ende in Resten von Schuttgebilden findet. Doch ist betreffs dieser vor vorschnellem Urteil zu warnen. Im allgemeinen zeichnen sich Anhäufungen von Moränenschutt dadurch aus, dafs Gesteinsblöcke der verschiedensten Gröfsen ordnungslos durcheinanderliegen, und zwar sind die auf dem Rücken des Eises transportierten Gesteinsblöcke scharfkantig, während diejenigen, welche der Grundmoräne angehören, abgenutzt sind, und die aus härterem Gestein bestehenden häufig noch die scharf eingeritzten Schrammen zeigen, welche von dem unter hohem Druck geschehenen Fortschieben auf dem felsigen Bett und der gegenseitigen gewaltsamen Reibung der Stücke herrühren. Fein zerriebenes, die Beschaffenheit von mürbem Letten annehmendes Gesteinsmehl, welches für Wasser schwer durchlässig ist, nimmt an der regellosen Zusammenhäufung wesentlichen Anteil.

Mehr als im Hochgebirge selbst, sind die Nachweise des Ganges ehemaliger grofser Vergletscherungen in den Tälern und im Vorland zu suchen. Seitdem Penck durch scharfsinnige Studien in den Alpen den Wert der Glazialschotter als Beobachtungsobjekt kennen gelehrt, die Art ihrer Zusammensetzung und Verkittung, sowie die Beschaffenheit und relative Lage ihrer Lagerstätten untersucht und an ihrer Hand fünf durch lange Zwischenperioden getrennte Eiszeiten für das genannte Gebirge festgestellt hat, ist der Schlüssel für die Ausführung ähnlicher Arbeiten in anderen ehemals stärker vergletschert gewesenen Gebirgen gegeben.

Abgesehen von diesen Beobachtungen zum Nachweis ehemaliger Gebirgsvergletscherung bedarf auch die Festsetzung regionaler Inlandeisbedeckung der Glazialzeit noch weiterer Vervollständigung. Auch hier sind die Gebiete glazialer Abräumung und die Gebiete glazialer Aufschüttung zu unterscheiden; erstere ausgezeichnet durch die Fortschaffung alles in vorhergegangenen warmen Perioden gelockerten und tiefzersetzten Gesteins, durch flächenhafte schrammige Abschleifung des festeren Gesteins und Einsenkung zahlreicher wassererfüllter Felsbecken; letztere durch weit ausgedehnte Ablagerung des von fernher durch das Eis zugeführten Gesteinsmaterials in mehrfachen charakteristischen Formen. Sorgfältige Untersuchung hat, ebenso wie bei den Gebirgsgletschern, zum Nachweis mehrerer durch wärmere Perioden getrennter Eiszeiten geführt, in deren jeder die gleichen Vorgänge, nur in Umfang und Größe verschieden, sich wiederholt haben. Wichtig ist die Aufsuchung der äußersten Endmoräne, da sie unvereist gebliebenes Land von dem einst vereisten trennt. Deutlicher ist gewöhnlich diejenige der letzten Vereisung ausgeprägt, welche sich in engeren Grenzen hält, aber auch noch eine landschaftliche Scheide bildet. Reichtum an Seen in der unebenen Oberfläche des schwer durchlässigen Schuttbodens und an Mooren, welche durch Ausfüllung an deren Stelle traten, charakterisiert die Moränenlandschaft, z. B. auf der Baltischen Platte und in Oberbayern. Wer zur Vervollständigung der Kenntnis dieser Gebilde beitragen will, sollte sie in einem gut untersuchten Gebiet kennen lernen, um die mancherlei Probleme zu verstehen, welche sich bezüglich der Bodenarten und der Bodenverteilung, der Höhenverhältnisse, der Transportlinien der Gesteine, der Schlüsse auf ehemalige klimatische Zustände, in den Perioden der Vereisung wie in den interglazialen, der Bedeutung der verschiedenen aus dem Glazialschutt herauspräparierten Bodenanhäufungen für Pflanzenwelt und Mensch und vieler anderer Gesichtspunkte darbieten.

Wer sich dem Studium der Probleme des gegenwärtigen Inlandeises in Grönland und Antarktika widmen will, wird am besten tun, den Fußstapfen von Drygalski's zu folgen und in seinem großen Grönlandwerk den feinen Methoden nachzugehen, welche dort zum Ziel führen. Unter den mancherlei Gesichtspunkten von allgemeinerer Bedeutung mögen hervorgehoben werden: das Verhältnis der beinahe ruhenden Oberfläche zu der starken Bewegung in den Tiefen, welches den Bedingungen der Firnfelder entspricht; der Transport von Grundmoräne von tieferen nach höheren durch die Nunatakr bezeichneten Teilen; die aus der Gestalt der Karböden ersichtliche Konzentration der größten Arbeit und größten Bewegungsenergie an den Stellen des Bodens, welche unter höchstem Eisdruck stehen; die Gestalt der Fjordrinnen, durch welche das Ausströmen von den tiefsten Teilen her stattfindet; die Geschwindigkeit, mit welcher dies geschieht; das Volumen der Eismasse, welche in einem gegebenen Zeitabschnitt entweicht, und vieles andere.

Der Nachweis von Eiszeiten in früheren Zeitaltern der Erdgeschichte würde von hohem Wert sein. Durch das Vorkommen geschrammter Geschiebe und eines geschrammten Felsbodens ist er für einen wahrscheinlich der permischen Periode angehörigen Zeitabschnitt in Südafrika, durch das

Einschalten grofser Felsblöcke in ein feineres Meeressediment für denselben Zeitabschnitt in Ostindien beigebracht worden. Den gleichen Argumenten ist in anderen Gegenden, und besonders in den Südkontinenten, Beachtung zu schenken. Die neuerliche überraschende Entdeckung geschrammter Geschiebe in moränenartigem Material von cambrischem Alter durch Bailey Willis im mittleren China zeigt, dafs es nicht aussichtslos ist, weitere Anzeichen dieser grofsen, für die Geschichte des organischen Lebens höchst bedeutungsvollen klimatischen Schwankungen zu finden.

5. Umlagerung durch Wind; — Steppen und Wüsten.

Während das Wasser der Festländer durch seine eigene Bewegung von höheren nach tieferen Stellen feste Massen nur nach dieser Richtung hin mit sich führt, die örtlich gesteigerte Kraft ihm aber den Transport von mäfsig grofsen Felsblöcken gestatten kann, das Eis hingegen in der Gröfse der von ihm fortgetragenen Gesteinsmassen fast unbeschränkt ist und sie an geneigten Flächen langsam nach aufwärts zu transportieren imstande ist, ist der Wind zwar hinsichtlich der Korngröfse der Teilchen, die er in Bewegung zu setzen vermag, auf Sand und Staub beschränkt; aber er kann den ersteren in der Horizontale fortwälzen und bergauf transportieren, während er den Staub hoch emporhebt und ihn über die höchsten wie die tiefsten Regionen seines Bettes, welches die ganze Erdoberfläche ist, ablagert. Die Rolle der drei Agentien ist daher eine wesentlich verschiedene. Die Ablagerungen, welche der Wind verursacht, können, wo die Bedingungen zu ihrer stetigen Summierung vorhanden sind, bedeutende Mächtigkeit erreichen, wo jene hingegen fehlen, sich durch ihren geringen Betrag beinahe der Beobachtung entziehen. Sie sind von gröfster Wichtigkeit für die Existenz der Organismen und die Bodenkultur; daher sollte der Reisende sie beachten.

Der Wind führt Abtragung (Ablation) aus, wo immer er gelockertes Material vorfindet. Feuchtigkeit und Vegetation hindern seinen Angriff; am freiesten ist dieser in kahlen, trockenen Gegenden, daher besonders in den Wüsten. Die fortdauernde Zersetzung des Gesteins, seine Lockerung infolge raschen und oftmaligen Wechsels von starker Erhitzung und Abkühlung (S. 319), die Massenumsetzungen fester Stoffe durch die seltenen aber wolkenbruchartigen Regengüsse trockener Länder,

der Tritt der in Herden sich bewegenden Huftiere, sind Agentien, durch welche dem Wind stetig neues Angriffsmaterial dargeboten wird; die gleiche Wirkung hat der Ackerpflug in Landstrichen, welche in normalem Zustand beständig mit Vegetation bedeckt sein würden. Manchen trockenen Gebieten werden durch die Flüsse umgebender Hochgebirge feinkörnige Sedimente, insbesondere Gletscherschlamm, zerstäubtes Eruptionsmaterial der Vulkane usw. in grofsen Massen zugeführt; der Eintritt der trockenen Jahreszeit überliefert sie der Stofskraft des Windes. Trifft letzterer eine Anhäufung von verschiedenen Korngröfsen, so trägt er die gröfsten Teilchen, welche er fortzubewegen vermag, d. h. die Körner von Sandgröfse, zunächst auf geringe Erstreckung fort und schleift sie gegeneinander ab, während er den Staub nach weit entfernten Gegenden bringen kann; es bildet sich in der Bahn des Windes ein idealer Schuttkegel von beinahe unendlicher Ausdehnung.

Das Sandtreiben ist eine Erscheinung der Wüsten und der Meeresküsten. Die Sandkörner werden mit grofser Heftigkeit in der Horizontale fortbewegt und üben dabei auf anstehendes Gestein und Gesteinsblöcke eine der Wirkung des Sandgebläses analoge schleifende Arbeit aus. Die abgesprengten Teilchen werden ebenfalls fortgetrieben; geglättete Felswände, Unterhöhlungen infolge gröfserer Nachgiebigkeit der Gesteine einzelner Schichten, rundlich polierte Quarzkiesel, mit denen die Sserirwüste streckenweise bedeckt ist, und das Schleifen von Dreikantern, deren besonderer Bildungsvorgang noch nicht mit Klarheit feststeht, sind Zeugen dieser Vorgänge. Über Art und Betrag der mechanischen Einwirkung sollten weitere Untersuchungen angestellt werden. Wo die Kraft des Windes aufhört, wie an der Leeseite von Bergen, oder bei dem Wehen quer über scharfe Einschnitte, oder wo sich ein Widerlager bietet, häuft der Sand sich an; neue Sandkörner werden an den Anhäufungen aufwärts getrieben und fallen an deren Leeseite hinab. So entstehen die langgestreckten Sanddünen, welche gewöhnlich parallele Wellen bilden, und die meist einzelstehenden gekrümmten Dünen oder Barkhane, deren oft nur durch einen Strauch verursachter Scheitel dem Wind zugekehrt ist; von ihm gehen zwei Arme aus. Die Dünen bilden sich an Meeresküsten durch das Auftreiben des zur Ebbezeit trocken liegenden Sandes, welchen die Brandungswelle in steter Erneuerung zuträgt. Diese Dünenzüge bieten nach Gestalt und Umbildung noch immer ein Feld für die Beobachtung; besonders sollte die Aufmerksamkeit auf binnenländische Dünenzüge gerichtet werden, welche ein vormaliges weiteres Eingreifen des Meeres in das Land bekunden. Durch Vegetationsbedeckung haben sie häufig eine befestigte, weiterer Verschiebung zunächst nicht unterworfene Lage. Bei den Dünen der Wüsten fehlt solche Bekleidung; bei ihnen kommt als Beobachtungsobjekt ihr Wandern und das Mafs dieses Vorganges, insbesondere wo Oasen eingeschränkt oder ganz verschüttet worden sind, hinzu.

Während das Sandtreiben örtlicher Beschränkung unterliegt, hat das Staubtreiben regionalen Charakter. Über grofse Landstriche und in den verschiedensten Meereshöhen fällt der Staub langsam nieder, wenn die bewegende Kraft nachläfst. Durch Regen wird er gleichmäfsig niedergeschlagen, während er sich bei trockener Luft besonders an der Leeseite der Unebenheiten des Bodens und in Vertiefungen anhäuft. Von kahlen Stellen wird er wieder hinweggeführt; wo Vegetation ihm Schutz gewährt, bleibt er liegen und wird durch Befeuchtung dem Erdboden einverleibt. Da er aus Trümmern aller Arten von Gesteinen besteht und organische Bestandteile enthält, vermehrt der Niederschlag des Staubes die Fruchtbarkeit des Bodens. Der Betrag der Erhöhung des letzteren hängt von der Vegetationsbedeckung und dem Betrag der Ablagerung ab. Dieser ist minimal in beständig feuchten Gegenden, wo wenig Anlafs zur Bildung von Staub gegeben ist und die geringe Menge desjenigen, welcher in der Atmosphäre schwebt, bald durch Regen niedergeschlagen wird. Dagegen ist er am gröfsten in solchen Erdräumen, wo trockene und feuchte Jahreszeiten so miteinander wechseln, dafs zwar Waldwuchs (abgesehen von den Ufern der Flüsse) ausgeschlossen ist, aber Gras- und Krautvegetation gedeiht, und wo ausgedehnte, in der Bahn der herrschenden Winde gelegene Wüsten oder örtlich zerstreute kleinere wüste Strecken, besonders solche, welche aus umgebendem Gebirge stets neue Zufuhr von zerkleinertem Gesteinsmaterial erhalten, oder Niederschläge aus Gletscherbächen, unerschöpfliche Vorratskammern und Entstehungsstätten von Staub bilden. Dann kann dieser während der ganzen trockenen und einzelner Perioden der nassen Jahreszeit über das vegetationsbedeckte Gebiet ausgebreitet werden und dessen Boden erhöhen. Diese Umstände vereinigen sich am vorteilhaftesten bei der Mehrzahl der Grassteppen. Wie sie den Bodenzuwachs begünstigen, verstärkt der letztere rückwirkend die Bedingungen, deren die Grassteppe zu ihrer Existenz und zum Ausschlufs der Baumvegetation bedarf.

Äolisch gebildete Bodenarten bieten sich vielfach der Beobachtung. Wo sich auf Erhöhungen eine dem Untergrund fremdartige Bodendecke findet, welche weder durch Zersetzung des Gesteins noch durch die Wirkung von fliefsendem Wasser oder Eis an ihre Lagerstätte geführt worden sein kann, ist sie äolischen Ursprungs. Dahin gehören die erdigen, Vegetation tragenden Ansammlungen von Boden in altem Gemäuer, in den Zimmern von Burgruinen oder auf hohen Türmen, die Bodendecke, welche Städte des Altertums, insbesondere solche in erhöhten Lagen, vollkommen und bis zu gänzlicher Unkenntlichkeit überziehen, wie in Syrien und Mesopotamien, die Lagen von Vegetationsboden, welche sich, wenn auch wenig mächtig, so doch in deutlicher Absonderung über Sanddünen, z. B. im norddeutschen Flachland, ausbreiten. An der Hand solcher Beispiele, wo die äolische Zufuhr unzweifelhaft ist, wird man dazu gelangen, die gleiche Entstehung für gewisse Bodenarten an anderen, tiefer liegenden Stellen nachzuweisen. Unter günstigen Umständen können sich daran Schätzungen über das Mafs des Anwachsens knüpfen. — Alle diese Bodenarten bestehen aus staubartig feinem Material, wenn auch an manchen Orten heftige Stürme sandartige Gesteinskörnchen aus nahe gelegenen Gebirgen von Zeit zu Zeit herzugeweht haben; dann nehmen diese nach dem Gebirge hin an Menge zu, und der Boden ändert gegen dieses hin seine Beschaffenheit, indem das Transportmaterial von Rieselwässern dem Boden beigemengt, oder dasjenige von plötzlichen grofsen Wasserfluten über die Steppenfläche ausgebreitet wurde und nach weiterer äolischer Überschüttung die Gestalt von Zwischenschichten erhielt. Je weiter von solchen Ursprungsstellen fremdartigen Materials entfernt, besto reiner und feinerdiger wird der äolische Boden, und wo jene überhaupt nicht vorhanden sind, ist er von ganz ebenmäfsiger Beschaffenheit. Haupteigentümlichkeiten sind: die Unabhängigkeit der Verbreitung von absoluter und relativer Höhenlage; der Mangel an Schichtung; hochgradige Porosität, welche selbst in der trockenen Jahreszeit die Zufuhr hygroskopischen Wassers ermöglicht; das Vorhandensein vertikaler Kanälchen durch die ganze Mächtigkeit hindurch, welche von den Wurzeln ehemaliger Generationen von Gräsern herrühren; die Neigung zu vertikaler Absonderung, und in der Regel das Vorhandensein von kleinen Kalkkonkretionen („Löfsmännchen") und von Schalen an Ort und Stelle gestorbener Landschnecken, sowie zerstreuter Knochen von gröfseren und ganzer Skelette von kleinen grabenden, für die Steppe charakteristischen Säugetieren.

Diese Eigenschaften lassen sich an der Oberfläche des Bodens nicht erkennen; sie treten erst an vertikalen Durchschnitten hervor. Diese sollte man aufsuchen. Den normalen Typus des äolischen Bodens bildet der Löfs, mit dessen Charaktereigenschaften der Reisende sich vertraut machen sollte, um diese wichtige Bodenart überall, wo sie vorkommt, zu erkennen und ihre Bildungsgeschichte zu studieren, sowie um andere ähnliche, ebenfalls in ihrer Struktur durch die Pflanzenwurzeln beeinflufste Bodenarten, insbesondere das Schwemmland ehemaliger Deltaländer, davon unterscheiden zu können. Wo der Löfs durch Flüsse aufgeschlossen ist, stürzt er in senkrechten, zuweilen durch Terrassen unterbrochenen Wänden ab und zeigt eine Mächtigkeit bis zu mehreren hundert Metern. Wo er hinreichende Befeuchtung erlangt, ist er üppiges, besonders für den Bau von Cerealien geeignetes Kulturland. Grenzt er an Steppen, welche nicht von tiefen Rissen durchzogen sind, so erkennt man in ihnen an der Analogie aller Verhältnisse leicht die Bildungsstätte des Löfs, dessen Struktur und Eigenschaften erst durch die Einschnitte aufgeschlossen wurden. — Während in solchen Gegenden, wo es eine trockene Jahreszeit gibt, der äolische Boden bis zur Oberfläche eine lehmbraune Farbe hat, bildet sich in einigen Ländern, wo die Befeuchtung keine längere Unterbrechung erfährt, eine obere Schicht von humosem Löfs aus, während die braune Färbung erst in einiger Tiefe rein hervortritt. Hierzu gehört die Schwarzerde, welche im südlichen Rufsland (unter dem Namen Tschornosjom) grofse Flächen festen Gesteins unmittelbar überzieht und den reichen Weizenbau veranlafst, und aufserdem ein hervorragendes Verbreitungsgebiet in den trockeneren Teilen der indischen Halbinsel (dort Regur genannt) hat. Auch diese Modifikation wird vermutlich in weiterer Verbreitung nachgewiesen werden können. Doch ist betreffs dieser in ausgedehnten Ebenen auftretenden Bodenarten, wo das Argument der Unabhängigkeit der Ablagerung von relativen Höhenunterschieden fehlt, den vielfach vertretenen Anschauungen einer Entstehung durch Absatz aus stehenden Gewässern Rechnung zu tragen. Mangel an Schichtung allein würde kein hinreichender Beweis für äolischen Ursprung sein, da nach Passarge's Untersuchungen über die mechanische Wirkung grabender Tiere im Steppenboden die Schichtung zerstört sein könnte.

0. Einflufs von Lage und Klima auf äufsere Umgestaltungen.

Alle äufserlichen Umgestaltungen sind in hervorragender Weise von der vorhandenen Bodengestalt, von Temperatur und

Feuchtigkeit, zum Teil auch von der nach beiden Faktoren sich ändernden Vegetation abhängig. Insolation, Gesteinszersetzung, Lösung und Spaltenfrost bringen Eluvialboden und Eluvialschutt hervor; spülendes Wasser befördert die Tendenz seiner Bewegung nach abwärts; fliefsendes Wasser, bewegtes Eis und bewegte Luft sind die Bildner des Aufschüttungsbodens. Die Wirkung des fliefsenden Wassers richtet sich nach dessen Menge und nach der Bodenplastik; die erstere, d. h. die Menge und Periodizität der feuchten atmosphärischen Niederschläge, ist wiederum grofsenteils von der Plastik abhängig. Dasselbe gilt von der Wirkung des bewegten Eises, welches aufserdem als Grundbedingung einer niedrigen Temperatur an seinen Entstehungsstätten bedarf. Die Umlagerung durch bewegte Luft ist derjenigen durch die genannten Faktoren entgegengesetzt; sie vollzieht sich am stärksten von klimatisch trockenen Ausgangsstätten aus, bedarf zur Erzielung des gröfsten Massenabsatzes eines während der Jahresperiode wechselnden Feuchtigkeitsmafses in den Regionen der Ablagerung, und ist nur wenig abhängig von der Bodenplastik.

Der Reisende kommt durch Erdräume, wo diese Grundbedingungen der Umgestaltung, daher auch deren äufsere Erscheinungsweisen, verschieden sind. Grofse Kontraste grenzen oft dicht aneinander, z. B. an den beiden Flanken eines Gebirges, von denen die eine dem Einflufs regenbringender Winde ausgesetzt, die andere nur von trockenen Luftströmungen, gleichviel ob kontinentalen oder ob föhnartig niedersteigenden Seewinden, betroffen ist, wie es im grofsartigsten Mafs am Himalaja der Fall ist. Seinen bedeutendsten Ausdruck findet dieser Gegensatz in demjenigen der peripherischen und der Zentralgebiete der Kontinente, d. h. einerseits der Erdräume, welche ihre Gewässer nach dem Ozean oder einem zeitweilig binnenländisch gewordenen Zubehör desselben (Kaspisches Meer), entsenden, und in denen daher der Transport der festen Zerstörungsprodukte und der gelösten Stoffe nach diesem hin gerichtet ist; andererseits solcher Landstriche, in welchen wegen überwiegender Verdunstung den Gewässern ein Abflufs nach dem Meer nicht gestattet ist, und infolgedessen jene aus der chemischen und mechanischen Zerstörung hervorgehenden Produkte im Binnenland bleiben müssen. Abflufslose Becken, in deren tiefsten Teilen die sich sammelnden Gewässer zu Salzseen verdunsten, sind ein Grundzug in den durch Gebirge abgeschlossenen, wirklich zentral gelegenen Teilen der Kontinente; sie finden sich aber auch, bald in zusammenhängenden grofsen Strecken, bald vereinzelt, bis zu den Küsten der Festländer, wenn Niederschlag und Verdunstung sich zum Nachteil des ersteren nicht das Gleichgewicht halten. Es ist jedoch zu bemerken, dafs eine hydrographische, die Strombecken kennzeichnende Karte nicht ein richtiges Bild geben würde. Denn es gibt grofse Gebiete von zentralem Charakter, welche (wie z. B. die Felswüsten im Stromgebiet des nach dem Meer gerichteten Colorado, oder die zum Bereich des oberen Indus und des tibetischen Sanpo gehörenden Nordabfälle des Himalaja) von grofsen, in wasserreichen Hochgebirgen entspringenden Flüssen in langen Kanälen durchzogen und nur in deren unmittelbarsten Umgebungen von ihnen in peripherischem Sinn beeinflufst werden, während es innerhalb der abflufslosen Erdräume, besonders in den höheren Teilen, Stellen gibt, wo grofse Höhendifferenzen, verbunden mit reicher Bewässerung und Entsendung der Gewässer nach tiefer gelegenen Gegenden, die Bedingungen der peripherischen Gebiete hervorrufen. Es würde von Interesse sein, Karten in diesem Sinn zu konstruieren, wobei sich neben den beiden Extremen noch manche zwischenliegende Kategorien unterscheiden lassen würden. Das Material hierzu kann von Reisenden aus verschiedenen Ländern beigebracht werden: das vorhandene würde nur unvollständige Darstellung gestatten. Für die geographische Verbreitung der Bodenarten, sowie für diejenige der Pflanzen und Tiere und, in vielen Fällen, der menschlichen Ansiedelungen würden derartige Karten Belehrung bieten.

Die Besonderheit der Erdräume von peripherischem Charakter beruht, neben ihrer allgemeineren Benetzung und ihrer üppigeren Pflanzenbekleidung, in ihrem reichen, die letztere im einzelnen beeinflussenden Wechsel der Bodenformen. Die frische, beständig von den höheren nach den tieferen Teilen transportierende, in den Gebirgstälern erodierend wirkende Kraft der Gewässer, oft verbunden mit derjenigen der Gletscher in den höchsten Teilen, strebt alles Gebirge durch tiefe Einfurchungen zu zerschneiden und an dessen Fufs aus den Trümmern ebenes Land zu schaffen; für die die Unebenheiten verhüllende Tätigkeit des Windes ist wenig Gelegenheit geboten, und wo sie doch stattfindet, werden ihre Spuren durch diejenige des spülenden und fliefsenden Wassers bald vernichtet; vor allem wird das Übermafs löslicher Salze dem Boden entzogen. — Abflufslose Gebiete sind trocken, pflanzenarm, und besitzen einfache, den Vegetationscharakter wenig beeinflussende Bodenformen. Die Berge haben die Neigung, sich in ihren eigenen Schutt zu hüllen und einförmige, gerundete Gestalt anzunehmen. Nur die höher aufragenden und steileren, deren Verfall noch zurücksteht, haben häufig schroffe Formen, besonders wenn die Gipfel hoch genug sind um Gewölk reichlicher zu kondensieren. In völlig wüstem Gebirge vermag der Wind durch Korrasion auch an den tieferen Gehängen schroffe Felsgebilde zu schaffen. Es fehlt an Ebenen. Alle Hohlformen sind flach muldenförmig, wenn auch oft die Neigungen entgegengesetzter Abdachungen sehr verschieden sind. Von den Gehängen der Gebirge nach den Mulden wird meist ein allmählicher Übergang durch Schutthalden vermittelt, welche infolge seltener, aber heftiger und stark umlagernder Regengüsse entstehen. Sie dachen sich mit abnehmendem Neigungswinkel und gleichzeitig sich vermindernder Korngröfse ab. Häufig bilden sie eine mit Gräsern und Kräutern steppenartig bewachsene Zone, in welcher der Boden durch Staubniederschläge wächst. An solchen Stellen wo Wasserbäche aus hohem Gebirge kommen, eignet sich diese Zone zur Anlage von Berieselungsoasen. Von da bis zum flachen Boden der Becken findet man bald Steppe, bald Sandwüste, bald einen Wechsel von beiden. Der Boden ist durchwegs salzhaltig; da aber alles in ihn sickernde Wasser ein Gefäll nach den tiefsten Teilen hat, und auch die an der Oberfläche fliefsenden Gewässer dorthin gerichtet sind, nimmt der Salzgehalt in derselben Richtung zu und ist am gröfsten in dem Salzsee und dessen Umgebungen. Hier schlagen sich sehr feinerdig geschichtete Sedimente nieder; man kann sie dort, wo Steppengebiete durch Herstellung des Wasserabflusses nach aufsen in durchfurchtes Löfsland verwandelt werden, in den mittleren Teilen der Löfsbecken erkennen und als „See-Löfs" unterscheiden; im Gegensatz zu dem ungeschichteten Löfs besitzt er Schichtung und vermag wegen seiner geringen Wasserdurchlässigkeit Seen zu tragen. Den Salzausblühungen der Steppen, den Salzkrusten, welche die austrocknenden Seen umgeben, und den Salzmassen, welche zurückbleiben, wenn das Wasser ganz verdunstet ist, ist besonders im Westen der Vereinigten Staaten eingehendere Beobachtung gewidmet worden. Aus einigen ausgetrockneten Becken wird kohlensaures Kali, aus anderen kohlensaures Natron, oder ein Bikarbonat von Natron und Kalk, noch aus anderen Steinsalz, und aus denen des nördlichen Chile Natronsalpeter gewonnen. Nur eine grofse Reihe systematisch gesammelter Probenreihen, aus verschiedenen Becken, und ihre chemische Analyse werden, im Zusammenhang mit der Beobachtung der örtlichen Verhältnisse, über die Ursachen solcher Verschiedenheiten Licht zu verbreiten vermögen. Salze werden fortdauernd aus den zersetzten

Gesteinen zugeführt; ein grofser Teil kann in gewissen Fällen zurückgebliebenen und eingedampften Meeresresten entstammen und ein anderer Teil aus sturmbewegtem Meer durch Winde herbeigebracht werden.

Die Bewohner abflufsloser Länder sind auf nomadisierendes Leben angewiesen; doch können sie an den meist entlang dem Fufs hoher Gebirge angeordneten Stellen, wo sich Gelegenheit zur Anlage von Oasen bietet, sefshaft werden. Die Berieselung hat den Zweck der Entsalzung und Bewässerung. An solchen, ebenso wie an den von Natur bewässerten Stellen gedeiht Baumwuchs; im übrigen ist die Vegetation einförmig. Ihre Abhängigkeit vom Bodencharakter wird dadurch erwiesen, dafs ein Höhenunterschied von einigen tausend Metern ihren physiognomischen Charakter wenig verändert.

So gleichförmig diese allgemeinen Verhältnisse in verschiedenen Erdteilen wiederkehren, gestalten sie sich doch im einzelnen eigenartig in jedem besonderen Fall und bieten mancherlei Momente für die Beobachtung. Besonders sollten auch hier solche Änderungen des Charakters und der Formen des Bodens, welche auf klimatische Wandelungen deuten, untersucht werden. Lehrreich sind die Fälle, wo ein an sich abflufsloses Land von einzelnen langen Flufskanälen durchzogen wird, besonders wenn diese tief eingeschnitten sind.

7. Korallenbauten.

Nur gewisse Arten von kalkausscheidenden Korallentieren sind riffbauend. Sie sind, wie es scheint, auf die Symbiose mit lichtbedürftigen pflanzlichen Organismen angewiesen und daher auf die Tiefenzone von 0 bis höchstens 40 Meter beschränkt. Sie bedürfen reinen Salzwassers und einer hohen Temperatur (geringstes Monatsmittel nicht unter 20 ° C). Sind diese Bedingungen, zu denen Strömungen und kräftige Brandung als begünstigende Momente hinzukommen, erfüllt, und sind überhaupt Korallenstöcke angesiedelt, so kann durch fortdauernden Ansatz neuer Stöcke ein Fortwachsen des Baues in der Horizontale und, bis zur Erreichung der Meeresoberfläche, in der Vertikale stattfinden. Da die Tiefen der ersten Ansätze 40 Meter nicht überschreiten können, so sind diese auf Küstenzonen der Kontinente und Inseln und auf submarine seichte Bänke beschränkt; im ersteren Fall auf solche Stellen, welche frei von Süfswasserströmen und der Zufuhr von Schlamm sind. Je weiter die Entwickelung fortschreitet, und zu je gröfserer Ausdehnung die Bauten anwachsen, desto mehr ist das Streben nach regelmäfsiger Gestalt in der Gesamtanordnung der Stöcke vorhanden, während der differenzierende Einfluſs der Unterlage zurücktritt. An der Seite des offenen Meeres findet infolge des nahrungsbringenden Wogenandranges ein Fortwachsen nach Breite und Höhe statt, und je mehr dieses fortschreitet, desto geringer wird der Betrag der Fortentwickelung auf der Landseite. Es waltet daher das Streben nach der Sonderung einer äuſseren Umwallung und eines flachen Binnenteiles. Die erstere wächst allmählich an einzelnen Stellen bis über die Ebbefläche des Meeres heran. Die Wellen brechen sich an ihr, erzeugen ihr entlang eine Brandung und schreiten beruhigt nach der geschützten Seite fort. Starke Strömungen begünstigen, wie beobachtet worden ist, das vertikale Wachsen und können ihm in einem vor Brandung geschützten Archipel allein zugrunde liegen. Zugleich bringen untergeordnete Strömungen kleinere Abwandlungen in den Formen hervor; dahin gehören tiefe, freie Rinnen, welche von der äuſseren nach der inneren Seite bleibende Verbindungen herstellen. Während auf der flachen Innenseite die Oberflächengestaltung örtlich sehr wechseln kann, tritt im Auſsenwall nach Maſsgabe seiner Ausbildung die Tendenz zu regelmäſsiger Anordnung des Gesamtbaues schärfer hervor. Er begleitet die Küsten, bald in gröſserem, bald in geringerem Abstand, in langen schmalen Zonen oder in leicht geschwungenen Bogen, ohne die kleinere Einzelgliederung jener zu wiederholen. Umzieht die Küste eine Insel, so schlieſsen sich die nach auſsen konvexen Kurven um diese herum und bilden einen Ring.

Diese Grundformen des Baues gestalten sich im einzelnen sehr mannigfaltig. Wo die Küste steil und klippig zu groſser Tiefe abfällt, fehlen Korallenbauten fast gänzlich, da sich kein geeigneter Grund für die erste Ansiedlung bot. Wo sie sich abflacht, finden sich die Polypenbauten ein, mit Ausnahme der Stellen, an welchen trübes Wasser oder überhaupt viel Süſswasser vom Land herabkommt. Aber häufig fehlt der nach auſsen steil abfallende Wall; flache Bauten allein breiten sich weithin aus. Ziehen sie auf dem Festland als eine Decke fort, so hat negative Verschiebung sich ereignet. Dauert diese an, so werden neue Zonen des Meeresbodens, die vorher zu tief lagen, in den Bereich der Ansiedelung der Korallentiere gebracht und der Bau schreitet als eine Überschalung des geneigten Bodens seewärts fort. Darwin gründete auf diese Verschiedenheiten in der Anordnung die Einteilung der die Küsten begleitenden und die hohen Inseln in einigem Abstand umgebenden Korallenbauten in die bekannten Kategorien der Saumriffe und Wallriffe. Doch sind dies extreme Ausbildungsformen desselben Typus, und man findet Zwischenstufen, bei denen man weder von der einen noch von der anderen Form reden kann.

Neuere Untersuchungen, besonders durch Semper, Murray, Guppy, Agassiz, Joh. Walther, Starkey Gardiner und Voelzkow, haben eine überraschende Zahl von Varianten eines im Wesen gleichbleibenden Grundthemas ergeben. Organogene Kalksteine, in denen Korallenstöcke sich spärlich nachweisen lassen, zerreibliche, feinerdige Kalke, die aus mikroskopischen Kalkpanzern bestehen, bilden häufig den Hauptbestandteil höher aufragender oder niederer Inseln, die von jugendlichen Korallenbauten im Meeresniveau mehr oder weniger bedeckt oder umgeben sind. Kalkabsondernde Algen treten auch in rezentem Riffkalk zuweilen als wesentlich im Aufbau ein, wenngleich sie nie die Bedeutung der Gyroporellen (einer Algengattung) in Riffkalken der Triaszeit erreichen. In den meisten Fällen scheint eine in die Tertiärzeit zurückreichende Bildungsgeschichte mit verschiedenen Phasen der Erhebung und Versenkung, des Erlöschens und des Wiedererwachens des aufbauenden tierischen Lebens zugrunde zu liegen. Der Untersuchung der in ihrer Gesamtheit als „Korralleninseln" bezeichneten Gebilde sind dadurch neue Aufgaben erwachsen. Sie gelten dem überaus reichen tierischen und pflanzlichen Leben auf ihnen, der Rolle der durch die zerstörende Arbeit der Brandungswelle, die zermalmende Kraft der Krabbenscheeren, das Einfressen verschiedenartiger Organismen in die Kalkgehäuse und andere Vorgänge entstehenden Trümmermassen, dem Zurücktreten der organischen Struktur bei der Umwandlung in festen Kalkstein, dem Gegensatz der Lebensbedingungen in den Lagunen und an den Außenseiten, der Lösungsfähigkeit des Kalkes im Oberflächenwasser, und vielen anderen Fragen. Wir halten uns hier an die Gebilde, bei denen die Korallenbauten eine deutlich erkennbare hervorragende Rolles pielen.

Erwünscht sind Beobachtungen über den ersten Ansatz von Stöcken riffbauender Korallenarten auf dem Ebbestrand. Die Unterschiede von felsigem, sandigem und schlammigem Boden, von Kalkstein und anderen Gesteinen, von seichter und steiler Böschung sind dabei zu berücksichtigen. Es würde sich dann fragen, ob die Stöcke sich unmittelbar auf nicht felsigem Boden ansiedeln können, oder ob sie dort einer durch andere kalkabsondernde Tiere gebildeten Unterlage als Vermittelung bedürfen, ob Korallenschlamm an sich schon für die Ansiedelung hinreicht, welche Meerestiefen für diese günstig sind usw. Da der Riffbau wahrscheinlich in einer der

Brandungswirkung entzogenen Tiefe beginnen kann, so sollten die ersten Stadien, bis zur Erreichung der Meeresfläche, sich von den späteren in vielen Fällen durch geringere Beteiligung von Korallen- und Muschelsand (der vorwiegend in der Brandungszone gebildet wird) am Aufbau auszeichnen, und die Gehäuse der zahlreichen mit und auf den Korallen lebenden Schaltiere sollten vielfach unzertrümmert erhalten sein.

Derartige Beobachtungen können an den Saumriffen angestellt werden, welche oft den Grund nur in dünner Kruste und mit vielfacher Unterbrechung überkleiden und mancherlei Störungen und Unterbrechungen in ihrem Wachstum ausgesetzt sind. — Besondere Beachtung verdienen die auf breiten Untiefen angesiedelten, die Küste nicht umsäumenden, sondern von ihr getrennten Riffbauten, die man als Bankriffe bezeichnen kann. Man findet sie im Niveau des Meeres als unregelmäfsige Decken, die von säulenförmigen Bauten getragen werden und auch Schirmriffe genannt worden sind. Ihr Studium, nebst dem des unter der Decke verborgenen, den Lichteinflüssen entzogenen Tierlebens dürfte von Wichtigkeit zur Erklärung mancher kalkiger, an Korallen und Schaltieren reicher Einlagerungen im Flözgebirge sein. — Bei den Wallriffen begleitet der äufsere, der Brandung ausgesetzte Wall das Land zuweilen in gröfserem Abstand, kann aber auch stellenweise dicht an die Küste herantreten; bei Atollen fehlt die letztere; als ringförmig geschlossene Wallriffe krönen sie, meist in Gruppen vereinigt, Unterbauten, welche sich in der Mehrzahl der Fälle aus sehr tiefem Meeresboden mitten im Ozean erheben. Das von dem Wall allein oder von dem Wall und der Küste eingeschlossene Wasser ist ruhig und dem Bau der Korallentiere wenig günstig; doch steigen innerhalb der Becken einzelne flache und lockere, an der Oberfläche ausgeebnete Bauten, deren Existenzbedingungen in jedem einzelnen Fall untersucht werden sollten, auf. Auch gedeihen hier manche Einzelstöcke unter anscheinend günstigen Verhältnissen ungestört zu besonderer Gröfse.

Die Beobachtungen über Bau und Fortentwickelung der Riffe können die kleinsten wie die gröfsten Verhältnisse betreffen; was für das Einzelne gilt, findet leicht seine Anwendung auf das Allgemeine. Dieselben Faktoren, welche die Entwickelung des einzelnen Polypenstockes beeinflussen, werden in den meisten Fällen auf das ganze Riff bestimmend einwirken. Dies sollte der Reisende dann beherzigen, wenn ihm Gelegenheit zu erweiterter Untersuchung nicht gegeben ist. Die letztere richtet sich vor allem auf Gestalt und Struktur des Baues in der Vertikale. Genaue Profile, besonders des äufseren Abfalls gegen das tiefe Meer, sind erforderlich, um das Wesen grofser Riffbauten zu erkennen; bei Atollen sind sie nach allen Seiten zu konstruieren, und es ist dabei das Verhältnis jeder Seite zu den Richtungen der vorherrschenden Strömungen zu beachten, da dieselben einen wesentlichen Einflufs auf die Anhäufung des Korallensandes in den Meerestiefen haben müssen. Es ist wahrscheinlich, dafs jeder aus grofser Tiefe mitten im Ozean aufsteigende und mit Atollbildung gekrönte Riffbau in einen festen Kern und eine äufsere Schutthülle zerfällt; dafs der durch die Korallen im Verein mit einer reichen Welt kalkabsondernder Tiere und Pflanzen und grofser Massen von Trümmersand aufgeführte feste Bau eine nach oben sich verbreiternde, gegen die Hauptrichtung der Strömungen und der Brandung überhängende Gestalt hat, derselbe aber von einem sehr ausgebreiteten, allmählich sich abflachenden Schuttkegel, der unter der Brandungsregion aus Trümmerblöcken, weiterhin aus Korallensand und in noch weiteren Zonen aus Korallenschlamm besteht, umgeben ist.

Ein hervorragendes Gebiet für Untersuchungen der Bildungsvorgänge bietet bei Atollen und Wallriffen der Brandungsstrand, der allerdings selten so gut entwickelt und zugänglich zu sein scheint, wie Dana ihn fand. Es ist an dieser Stätte auf den Anteil der den Bau wesentlich verfestigenden und besonders am Saum sich ansiedelnden Kalkalgen zu achten; ferner auf die Entwickelung der kalkabsondernden Organismen mit Rücksicht auf die Höhe ihres Wachstums über der Ebbe; auf die Funktionen einzelner unter ihnen bezüglich der Zertrümmerung der Gehäuse anderer; auf die zerstörende Kraft der Brandung, und die Art wie sie Anhäufungen grober Blöcke durch steten Stofs nach aufwärts schafft, während das feine Material alle Zwischenräume erfüllt, in Massen nach dem Meer hinausgeführt, oder durch den Wind nach der Blockanhäufung geweht wird; auf die Zementierung von Sand mit Blöcken durch Regenwasser und die dadurch herbeigeführte Entstehung des bewohnbaren übermeerischen Teils flacher Koralleninseln.

Von den Beobachtungen über gegenwärtige Verhältnisse sind diejenigen zu trennen, welche sich auf die allgemeinere Entwickelungsgeschichte der Riffbauten beziehen. Da das Leben der in Betracht kommenden Arten von Polypen, und damit zugleich der gesamten auf sie angewiesenen Welt von Organismen, von einer gewissen Summe von Bedingungen abhängt und sofort erlischt, wenn eine von ihnen in ungünstigem Sinn sich ändert, so kann ein Bau leicht stellenweise oder in seiner Gesamtheit zum Stillstand kommen. Eine geringe Abnahme der Temperatur, die Überführung mit Schlamm oder vulkanischen Auswürflingen, das Zuströmen süfsen Wassers, die Trockenlegung werden die Korallentiere eines ganzen Riffes sofort an der Oberfläche töten, während andere Tiere fortleben können. Ein Stillstand mufs aber auch dann eintreten, wenn die günstigen Bedingungen unverändert fortdauern. Denn wenn der Bau die Oberfläche des Meeres erreicht hat, so kann zwar bei seichtem Meer noch ein weiteres seitliches Fortwachsen stattfinden; aber bei tiefem Meer ist dieses, ebenso wie das Fortwachsen nach der Höhe, über eine enge Grenze hinaus nnmöglich. Es bedarf daher zur steten oder periodischen Weiterentwickelung durch lange Zeiträume einer steten oder periodischen Erneuerung der günstigen Bedingungen, insbesondere der Wiederherstellung günstiger Wassertiefe. Wird ein Riff gehoben, oder zieht das Meer sich zurück, so kann ein Ansatz neuer Bauten nach der Breite geschehen, indem an den Flanken des alten Riffes ein erneuter Aufbau in der jedesmaligen günstigen Tiefenzone stattfindet. Senkt sich der Meeresboden, und mit ihm das Riff, oder steigt die Meeresfläche, so wird über dem Gipfel des Riffes ein neuer Spielraum zum Fortbau bis zur neuen Oberfläche geschaffen. Ist ein Riff hoch über das Meer erhoben, und senkt es sich dann wieder allmählich in dasselbe hinab, so wird diese Senkung von einer Abrasion durch die Brandungswelle begleitet sein, und über dem abgenagten Rumpf werden die Polypen, wenn sonst noch die günstigen Bedingungen vorhanden sind, sofort ein neues Riff bauen können. So wird der Wechsel im relativen Niveau der Meeresfläche die Geschichte eines in hinreichend warmem Meer gelegenen Riffes in verschiedenster Weise beeinflussen. Dem Bau kann in seinem ersten oder in späteren Stadien ein Ende bereitet worden sein; es könnte aber auch, theoretisch, ein Riff die Mächtigkeit von mehreren tausend Metern erreichen. Scharfsinnige Schlufsfolgerung auf Grund sorgsamer, in einer gröfseren Gruppe von Korallenbauten ausgeführter vergleichender Untersuchungen wird einzelne Phasen dieser Geschichte, welche mit denen der Geschichte gröfserer Erdräume zusammenfallen, ergründen können. Besonderer Erforschung nach dieser Richtung sind aber die bis auf ihre Unterlage trockengelegten Korallenbauten wert, vorzüglich wenn es gelingen sollte, ein solches zu finden. welches durch Erosion bis auf den Grund aufgeschlossen ist. Gehobene Korallenriffe haben in der Regel den Charakter eines aufserordentlich höhlenreichen, an den

Decken der Hohlräume mit Stalaktiten besetzten Kalksteins; zuweilen aber ist dieser vollkommen dicht und macht die sichere Erkennung seiner Natur schwierig. Häufiger und deutlicher gekennzeichnet findet man den in grofsen Massen abgelagerten, meist zementierten Korallensand.

Erwünscht sind Untersuchungen über die chemische Zusammensetzung des Riffkalkes, das Verhältnis des Magnesiumbicarbonats zum Calciumbicarbonat bei frischen, bei abgestorbenen und bei fossilen Riffen, das Vorkommen von Phosphorsäure, Eisen und anderen Stoffen. Bei der Lösung von Riffkalk in Salzsäure bleibt unlösbarer Rückstand. Neuere Beobachtungen haben gezeigt, das dieser bei Saumriffen bedeutend sein kann und innerhalb weiterer Grenzen schwankt, bei landfern aufgewachsenen Riffen aber niemals mehr als ein Prozent beträgt. Die Anwendung dieses Ergebnisses auf die Untersuchung von Kalksteinen verschiedenen geologischen Alters hat sich als bemerkenswert für die Beurteilung ihres Riffcharakters ergeben.

8. Umgestaltung an Meeresküsten.

Die den offenen Ozeanen zugewendeten Küsten sind diejenigen Stätten der Erdoberfläche, an denen infolge ununterbrochenen intensiven Wirkens mechanischer Kräfte die augenfälligste und beständigste Summe von örtlicher Arbeit ausgeführt wird. Die Welle trägt die Kraft des Windes, gleichsam in konzentrierter Form, nach fernen Teilen des Meeres, und wenn sie an der Küste anschlägt, wird ein grofser Teil dieser Kraft in Arbeit umgesetzt; ein Teil verzehrt sich in Reibung, besonders wenn die Welle auf Sand aufläuft, oder in Emporschleudern des Wassers, wenn sie an eine Felswand anprallt. Je mehr der volle Stofs auf gelockertes Material, z. B. Felsblöcke, trifft, ein desto gröfserer Teil der Arbeit kann auf Bewegung, Erschütterung und Zertrümmerung der Gesteinsmassen verwandt werden. Die Brandungswelle schleudert den Trümmersand zerstörend gegen Blöcke und festen Fels; ihre Wirkung ist am gröfsten, wenn sich ihr am Fufs einer hohen Felswand weiche Gesteine zum Aushöhlen oder senkrechte Klüfte zum Einfressen bieten. Dann wird in erstere eine horizontale Hohlkehle geschnitten; das darüber lagernde Gestein stürzt herab, und seine Blöcke werden von der brandenden Welle sofort behufs weiterer Zertrümmerung in Angriff genommen; die Klüfte aber werden in enge Gassen verwandelt, die weit in das Gestein einschneiden. Mit den Gezeiten verschiebt sich die Angriffslinie innerhalb gewisser Grenzen, welche nach unten bis unter das Ebbeniveau reichen, weil auch dort noch mechanische Arbeit ausgeübt wird, und nach oben über das Flutniveau hinausgehen, weil die Brandung, besonders bei Sturmwellen, in gröfseren Höhen anschlägt. Der Haupteffekt besteht darin, dafs die Brandungswelle sich eine schief ansteigende Fläche, den Strand, schafft, auf der sie bequem aufrollen kann. Es ist oft an gebirgigen Küsten leicht zu erkennen, dafs der Strand an Stelle eines Felsbaues getreten ist, welcher einst dessen Fläche weit überragte. Am oberen Ende verraten die Strukturlinien im Steilabbruch des Kliffs, dafs das Gestein ehemals in ähnlicher Höhe meerwärts fortsetzte. Der Strand sollte daher eine abgeschliffene Felsfläche sein. In der Regel aber findet man ihn sandig. Man darf in solchen Fällen die Felsfläche sicher unter der Sanddecke erwarten; dies ist schwer nachzuweisen; doch kann es mit Hilfe aufragender härterer Felsteile gelingen. Um so mehr Interesse haben die selteneren Fälle, wo eine Sanddecke nicht vorhanden ist, sondern die Brandungswelle wirklich auf einen kahlen felsigen Strand aufläuft. Wenn dieser steilstehende Schichtgesteine durchschneidet, ragen die Enden der härteren unter ihnen leistenförmig auf.

Der Strand und die Arbeit auf ihm — besonders das Aufwärtstreiben der gröberen und gröbsten Gesteinsstücke, ihre fortschreitende Zertrümmerung, die Mitwirkung des organischen Lebens an der Zerstörung, oder die erhaltende Wirkung, welche einzelne Organismen, besonders gewisse Algen, durch Herstellung einer schlüpfrigen Oberfläche verursachen, die periodische Änderung in der Verteilung der losen Massen, besonders nach heftigen Stürmen, die Wirkungsart der Welle auf Wände festen Gesteins, zumal wenn dieselben grofse Höhe haben — bieten leicht erreichbare Beobachtungsobjekte. Die Untersuchung gewährt überall Interesse; doch wird dieses an solchen Küsten gesteigert, an welchen stark gestörtes Schichtgebirge quer endet, weil sich dann der Brandungswelle eine grofse Mannigfaltigkeit in der Angriffsfähigkeit der in schneller Folge wechselnden härteren und weicheren Gesteine darbietet, und der Strand demgemäfs reich eingebuchtete, die Tätigkeit der Brandung abermals in verschiedener Weise beeinflussende Gestalten annimmt. Auch Granite und Porphyre zeichnen sich an der Brandungsküste durch abenteuerliche Formgebilde aus.

Vertrautheit mit den Eigenschaften des Strandes befähigt zur Erkennung alter Strandlinien, wenn sie in gewissen Höhen über der gegenwärtigen an den Gehängen oder weiter im Inneren des Landes hinziehen. Wenn nämlich der Stand des Meeres, nachdem die Brandungswelle einen Strand ausgearbeitet hat, relativ erniedrigt wird, so bleibt die frühere Strandfläche bestehen, bis ihre Spuren durch die atmosphärischen Agentien vernichtet werden, und es wird eine neue in tieferem Niveau geschaffen. So können oft mehrere über einander liegen. Es sollten dann genaue Messungen der vertikalen Abstände ausgeführt werden. Insbesondere ist zu beachten, ob die alten Strandlinien einander und der gegenwärtigen Meeresfläche genau parallel sind, oder ob wenigstens eine von ihnen gegen das Innere des Landes hin ansteigt.

Wenn, umgekehrt, das Meer infolge positiver Strandlinienverschiebung gegen das Land vordringt, so erweitert sich die Strandfläche, entweder ebenmäfsig oder in Staffelabsätzen, nach dem Inneren; es entsteht die früher (S. 247 und 257) dargestellte Abrasionsfläche, welche an die Stelle gewaltiger Gebirge treten und von deren Schutt in mächtigen Schichten überlagert werden kann.

Einen anderen Gegenstand der Beobachtung bildet das Wandern des losen Materials entlang der Küste. Dies geschieht zunächst durch das Auflaufen der Wellen unter schiefem Winkel, wodurch die einzelnen festen Teile bei dem jedesmaligen Schieben strandaufwärts einen seitlichen Stofs erleiden, um dann rechtwinklig zur Strandlinie wieder abwärts zu gleiten. Die gröfsten Stücke werden am stärksten geschoben und gelangen schliefslich über den Bereich des Brandungsstofses hinaus. Es werden dadurch Schuttwälle vor Einbuchtungen der Küste geschoben. Die Richtung der Bewegung der losen Massen entspricht der vorherrschenden Windrichtung. Ein zweites Agens sind die Strömungen, welche das feinere Material, das ihnen in Gestalt von feinem Sand und Schlamm überliefert wird, der allgemeinen Richtung der Küste entlang transportieren und in Gestalt von flachen, ihr parallelen Bänken ablagern; sie sind ebenfalls bemüht, diese vor die Einbuchtungen zu schieben. Durch beide Agentien werden daher an Stelle unruhiger Küstenlinien einfache glatte Umrifsformen geschaffen. Die Buchten können ganz abgedämmt und in abgeschlossene Wasserbecken verwandelt werden. Sand- und Schlammbänke, welche in den Tropen durch Mangrovevegetation verfestigt werden, lenken die Flüsse nach der gleichen Richtung ab und geben Anlafs zur Entstehung von Küstenlagunen. Es gibt selten eine Küste, wo nicht derartige Erscheinungen in irgendeiner Form wahrgenommen werden können. Besonders machen sie sich an solchen Stellen geltend, wo durch Ströme grofse Massen von Sedimenten dem Meere zugetragen werden. Ist die Mündung breit, so werden ihr Bänke vorgeschoben, welche ein ruhiges Wasserbecken absondern, in dem zunächst der Absatz der Sedimente ein Delta schafft. Weiterhin werden diese in das Meer getragen und von der Strömung, entweder nur nach einer Richtung oder abwechselnd nach entgegengesetzten Richtungen, unter denen aber eine vorherrscht, der Küste entlang transportiert. Dann ist letztere abseits der Flufsmündung oft steil, felsig und klippig an der Seite, von der die herrschende Strömung kommt, dagegen versandet, seicht und mit Lagunen besetzt an der, nach welcher sie hin gerichtet ist.

Dies leitet zur Beobachtung der **Gestalt der Küstenlinien** im allgemeinen und zur Untersuchung der Ursachen, welche ihr in jedem einzelnen Fall zugrunde liegen. Die Flachküste, welche fast stets sandig ist, kann in der teilweisen Wasserbedeckung eines in das Meer sich herabsenkenden Flachlandes, oder in der obenerwähnten Aufschüttung von Sand und Schlamm vor einer beliebig gestalteten Küste beruhen, oder sie kann dadurch gebildet werden, dafs das Meer sich auf der mit transgredierenden Sandmassen bedeckten Abrasionsfläche zurückzieht; dann wird man binnenwärts die Felsabbrüche finden, bis zu denen die Brandungswelle bei höherem Meeresstand ihre zerstörende Wirkung ausgeübt hat. Felsküsten werden die Art ihrer Ausgestaltung in der Regel wenigstens zum Teil dem letztgenannten Agens verdanken. Die tieferen Gründe, weshalb ein Kontinent oder eine Insel nach einer bestimmten Richtung mit einem über das Meer emporragenden Felsbau endigt, sind schwierig zu erforschen und lassen sich selbst nach genauer geologischer Untersuchung häufig nur ahnen. Der Reisende sollte aufser der Morphographie von Festland und Meeresboden die innere Struktur des Küstengebietes untersuchen. — Beachtung verdienen die tief in das Land einschneidenden Küsteneinbuchtungen. Als feste Regel ist anzusehen, dafs jede ausgedehntere, im Festland eingeschnittene, gegen das Meer gerichtete kanalartige Hohlform, deren Boden erheblich tiefer als die Meeresfläche liegt, besonders wenn Inseln vorliegen oder der Lauf gewunden ist, niemals durch die Kräfte des Meeres, sondern allein durch die auf dem Festland wirksamen gegraben worden sein kann, und dafs zur Zeit ihrer Bildung der Meeresstand nicht höher war als der Boden der Hohlform. Dies ist wichtig für das Verständnis der verschiedenen Typen gebuchteter Küsten, für deren methodologische Charakterisierung ein erster Versuch im „Führer" gemacht wurde. Es gehören dahin z. B. die Fjordküsten, Riasküsten, Limanküsten und die schmalen Einschnitte in Felsküsten, hinter denen sich seenartige Erweiterungen befinden. In allen diesen Fällen sind die Rinnen durch die Gewässer des Festlandes gegraben und zum Teil durch Eiswirkung weiter ausgehöhlt worden. In Ermangelung einer befriedigenden systematischen Einteilung aller vorkommenden Formen möge hier auf die genannte Quelle trotz ihrer Unvollständigkeit hingewiesen werden.

9. Änderung der Grenzen zwischen Land und Meer.

Schon das Vorschieben der Sandbänke und der zuletzt ausgeführte Gesichtspunkt betreffen Grenzveränderungen. Die wichtigeren sind diejenigen, welche auf Schwankungen in dem vertikalen Verhältnis zwischen Festland und Meeresfläche beruhen und früher als **Hebungen und Senkungen** des Festlandes bezeichnet wurden. Mit Rücksicht auf die Möglichkeit, dafs Schwankungen des Meeresspiegels den Erscheinungen zugrunde liegen können, sind die neutralen Ausdrücke: „**positive und negative Strandverschiebung**" (d. h. Vordringen und Rückzug des Meeres) eingeführt worden. Diese Änderungen sind von grofser Bedeutung für die Geschichte der Erdoberfläche in den jüngsten Zeiten, für die Ausgestaltung der jetzigen Festlandsumrisse, die Verbreitung von Pflanzen und Tieren und für biologische Anpassungen gewesen. Ihre Kenntnis ist mangelhaft, weil die Angaben vielfach auf oberflächlicher und unzureichender Beobachtung, oder auch auf unrichtiger Schlufsfolgerung aus richtiger Beobachtung beruhen. Der Reisende kann sich durch zuverlässige Untersuchungen auf diesem Gebiet, welche häufig in seinen Bereich fallen, Verdienste erwerben. Eine Zusammenstellung der wichtigeren Kennzeichen der Strandverschiebung in dem einen und dem anderen Sinn dürfte daher gerechtfertigt erscheinen.

a) **Kennzeichen einer negativen Verschiebung der Strandlinie** (Rückzug des Meeres oder Hebung des Landes). — Wenn man Spuren der ehemaligen Anwesenheit des Meeres in einem höher als die jetzige Küste gelegenen Niveau findet, so hat man anzunehmen, dafs entweder das Meer sich zurückgezogen, oder das Land sich gehoben, oder beides stattgefunden hat. Es mufs indessen sorgfältig zwischen den Anzeichen, dafs das Meer überhaupt irgend einmal in höherem Niveau gestanden hat, und den Beweisen für ein Fortsetzen der negativen Verschiebung innerhalb der historischen und der gegenwärtigen Zeit unterschieden werden. Denn im ersteren Fall stellt der vertikale Unterschied zwischen dem ehemaligen und dem jetzigen Meeresstand nur die Resultante aus allen Verschiebungen dar, welche in der Zeit zwischen dem einen und dem anderen stattgefunden haben. Diese Verschiebungen können einen oszillierenden Charakter gehabt haben, d. h. bald negativ, bald positiv gewesen sein; sicher ist nur, dafs der Ausschlag in ersterem Sinn erfolgt ist. Zu den allgemeinen Kennzeichen gehören:

1. Das Vorhandensein alter Strandterrassen, von deren Bildung oben (S. 352) die Rede war. Am deutlichsten sind sie an hochaufragenden Felsküsten, besonders bei leichter Schneebedeckung. Zuweilen kennzeichnet sich der ehemalige Strand durch Reste der an ihm angehäuften Tange oder Muscheln, durch Balanen, die noch dem Fels ansitzen, oder durch Löcher von Bohrmuscheln. Auf sandigem Flachboden sind Strandterrassen in der Regel nicht ausgebildet; in weichem Gestein haben äufsere Agentien häufig ihre Spur vertilgt. Aber die frühere Anwesenheit des Meeres in einer gewissen Höhe macht sich auch im Flachland durch Ansammlung von Treibholz, durch Anhäufung von Gesteinsstücken, die von einem ehemaligen Strandwall oder von gestrandeten Eisbergen herrühren können, durch Knochen von Walrossen und andere Merkmale kenntlich. — 2. Wo Flüsse an einer Steilküste des Meeres, oder an den Wänden einer tiefen Bucht, oder in tiefen Binnenseen münden, lagern sie Schuttkegel ab, auf deren Höhe sich das fliefsende Gewässer deltaartig ausbreitet. Zieht das Meer sich zurück, oder erniedrigt sich der Spiegel eines Landsees, so schneidet der Flufs einen Kanal in den alten Schuttkegel und wirft, sobald ein stationärer Zustand eintritt, einen neuen Schuttkegel in tieferer Lage auf. In dieser Weise können mehrere Schuttkegelterrassen auf einander folgen. Sie geben im Inneren von Fjorden eine erwünschte Ergänzung zu den in den äufseren Teilen vorhandenen Brandungsterrassen. Die erwähnten Marken von Balanen und Bohrmuscheln können einen Anhalt für die Verfolgung der Linie des alten Meeresstandes in den Zwischenräumen gewähren. Diese Art von Terrassen haben noch gröfsere Bedeutung an den Umrandungen ehemaliger Binnenseen und Binnenmeere, besonders wenn diese abflufslos waren und eingedampft sind. Wichtige Abschnitte der physischen Geschichte der grofsen zentralasiatischen Becken werden sich an ihrer Hand ergründen lassen. Ein Muster für diese Untersuchungen geben die an den alten Seebecken des Great Basin von G. K. Gilbert und Anderen ausgeführten Arbeiten. — 3. Ähnliche, aber weit ausgedehntere Stufenbildungen können dort hervorgebracht werden, wo an den Küsten des offenen Ozeans Sedimente durch Meeresströmungen in grofser Breite dem Land angesetzt worden sind und das Meer sich nach einem tieferen Niveau zurückgezogen hat. Solche Sandterrassen und

Schlammterrassen sollten gewöhnlich Reste mariner Tiere und Pflanzen enthalten. Doch mufs man sich hier hüten, die durch das Setzen der weichen Sedimente veranlafsten Stufen damit zu verwechseln. — 4. Korallenbänke und Korallenriffe, bei denen nicht nur der bedeckende Trümmersand, sondern anstehender Riffkalk über das Niveau der höchsten Flut aufragen, waren früher vom Meer bedeckt. Die Messung des Betrages der negativen Strandverschiebung kann von Wert sein, wenn sie in einem gröfseren Gebiet mehrfach ausgeführt wird. — 5. Sichere Kennzeichen bei Flachküsten sind ferner: Dünenreihen, welche den Stranddünen mehr oder weniger parallel gerichtet und in einigem Abstand von ihnen binnenwärts gelegen sind; sodann Austernbänke, Muschelbänke und Ansammlungen von Schaltierresten überhaupt. Doch ist betreffs letzterer Vorsicht erforderlich. Sturmfluten können Muschelreste und Tange der Küste weit in ein flaches Land hinein, bis zu beträchtlicher Höhe über dem Meeresspiegel, versetzen, und das gleiche wird zweifellos durch Erdbebenfluten in noch höherem Mafs bewirkt. Schaltiergehäuse werden auch in vielen Fällen durch Menschenhand landeinwärts verschleppt. Man kann diesen Ursprung erkennen, wo gröfsere Ansammlungen durch Verwendung zum Kalkbrennen oder zu Mahlzeiten (wie bei den Kjökkenmöddinger) übriggeblieben sind, oder wo muschelhaltiger Meeresschlamm auf die Felder geführt wird. — 6. Starker Gehalt an Kochsalz und anderen Meeressalzen in dem der Küste zunächst gelegenen Schwemmland deutet darauf, dafs dieses in nicht weit zurückliegender Zeit Meeresboden gewesen ist. Analog verhält es sich betreffs der Umrandung salziger Binnenseen. — 7. Gute Argumente sind den allgemeinen morphographischen Verhältnissen der Küstenländer zu entnehmen. Wo z. B. klippige Felsabstürze, die den Charakter von Strandkliffs haben, durch einen sandigen oder felsigen Flachlandstreif von der äufsersten Grenzlinie der Brandungswirkung getrennt werden, hat man anzunehmen, dafs Abrasion die Fläche geschaffen und mit Sedimenten bedeckt hat und dann ein Rückzug des Meeres erfolgt ist. — 8. Die bisher genannten Kennzeichen sind allgemeiner Art. Es ist auch zu untersuchen, ob negative Strandverschiebung in historischer Zeit, oder überhaupt seit dem Dasein des Menschen in der betreffenden Gegend, geschehen ist, und ob sie sich gegenwärtig vollzieht. Ersteres wird sich erweisen lassen, wo man neben den sonstigen Kennzeichen eines binnenländisch gelegenen alten Strandes Schiffstrümmer oder seemännische Werkzeuge und Geräte ausgeworfen findet, oder wo in einer den gegenwärtigen praktischen Gebrauch ausschliefsenden Höhe über dem Meeresspiegel Haken und Ringe zum Befestigen von Schiffen angebracht sind oder Hafenbauten sich befinden. — 9. Ob die negative Verschiebung noch fortdauert, wird man zunächst durch Erkunden bei den Bewohnern zu erfahren suchen. Wo sie stattfindet, wissen sie von der Trockenlegung ehemaliger Ankerplätze, von dem Bestehen von Feldern und Wiesen an Stelle vormaliger Fischereiplätze, von dem Landfestwerden von Felsriffen usw. zu erzählen. Leuchttürme rücken landeinwärts, und ehemalige Hafenstädte werden durch Flächen von Sand und Schlamm vom Meer getrennt. Noch gröfsere Sicherheit erhält man, wo man alte Aufzeichnungen und Chroniken zu Rate ziehen kann. Doch mufs man sich in allen diesen Fällen vor vorschnellen Folgerungen hüten und genau untersuchen, ob die Ursache des Landzuwachses wirklich in einer Änderung des Vertikalverhältnisses von Land und Meer und nicht vielmehr in der Anschwemmung fester Stoffe durch die vereinigte Tätigkeit von Flüssen und Meer liegt, wie in dem Fall der friaulisch-venezianischen Küste des Adriatischen Meeres. — 10. **Die Gestalt der Küstenlinie und der Flufsmündungen** vermag besonders wichtigen Aufschlufs über die Art der gegenwärtigen Bewegung zu geben. Wenn man sich vergegenwärtigt, dafs überall, wo seichter Meeresboden und flaches Festland aus beweglichem Material bestehen, die an dem ersteren wirkenden Agentien auf ebenflächige Ausbreitung, die auf dem Festland tätigen dagegen auf Differenzierung der Bodengestalt hinwirken, so ist es klar, dafs die Küstenlinie des sich zurückziehenden Meeres einfache, diejenige des vordringenden Meeres komplexe Formen anzunehmen bestrebt sein wird; ähnlich wie ein vom Wind bewegter Tümpel, der sich durch einströmendes Wasser in einem von Wagenspuren durchfurchten Boden bildet, bei dem Vordringen in alle Furchen eingreift, beim Zurückweichen aber wegen der inzwischen erfolgten Umlagerung von einfachen Linien umrandet wird. Indessen ist die Analogie unvollkommen, insofern der flache Meeresboden wellige Erhöhungen hat, die bei dem Rückzug zu Sandbänken und Inseln gestaltet und nachher nicht selten durch eine schmale Landzunge mit dem Land vereinigt werden. Solche Sand- oder Schlammwellen pflegen langgedehnt und der Küste parallel zu sein und sind dadurch kenntlich. Die Unebenheiten des Landes hingegen sind, der Richtung der abfliefsenden Gewässer entsprechend, in der Regel ungefähr rechtwinkelig zur Küstenlinie gerichtet; daher greift das Meer in entsprechend gestalteten schmalen Buchten ein. Wo aber keine fliefsenden Gewässer vorhanden sind und der Wind die Unebenheiten veranlafst hat, können diese (z. B. die Dünen) ebenfalls langgedehnte, der Küste parallele Formen haben. Es ist daher dieses Moment mit Vorsicht anzuwenden, und es sollte gleichzeitig auf andere Merkmale geachtet werden. Betreffs der Flufsmündungen gibt es ziemlich sichere Kennzeichen für positive, weniger zuverlässige für negative Verschiebung.

b) **Kennzeichen positiver Strandverschiebung.** — Insoweit sich die Untersuchung auf die Tätigkeit des brandenden Meeres gründet, ist positive Strandlinienverschiebung schwierig wahrnehmbar, oder doch nur auf Stätten der in jüngster Vergangenheit stattgehabten Meeresarbeit beschränkt, da die Spuren der früheren unter dem Meer verborgen liegen. Es kommt daher darauf an, aus möglichst vielen anderen Beobachtungen Argumente abzuleiten, welche zu der gleichen Schlufsfolgerung führen.

1. An manchen Küsten ist die **historische Überlieferung** reich an Tatsachen, welche für ein Vordringen des Meeres sprechen. Bauwerke und ganze Ortschaften sind versunken, ihre Reste zuweilen noch unter dem Wasser erkennbar, ebenso wie die Baumkronen untergetauchter Wälder. Die Bewohner, oder Chroniken aus älterer Zeit, berichten von dem Verschwinden von Wiesen und Feldern unter dem Meerwasser. Es ist jedoch hierbei, wie die kritische Sichtung des Materials bezüglich des vermeint-

lich fortschreitenden Sinkens der Nord- und Ostseeküsten ergeben hat, dreierlei zu prüfen: erstens die Glaubwürdigkeit der Überlieferung in solchen Fällen, wo sie durch Beobachtung nicht gestützt wird; dann die Frage, ob das Vordringen des Meeres nicht blofs eine Folge der ohne Niveauveränderung stattgehabten Küstenzerstörung, z. B. durch Sturmfluten, ist; und endlich, ob nicht die Erscheinung, falls die Tatsachen sich als richtig erweisen, nur ein örtlich beschränktes Phänomen ist. Es kann beispielsweise an Flufsanschwemmungen und Deltagebilde gebunden, von den Erscheinungen an benachbarten Felsküsten, welche vielleicht die umgekehrte Verschiebung zeigen, durchaus unabhängig und allein durch das Zusammensinken der lockeren Sedimentmassen bewirkt sein. In diesem Fall sind die einschlägigen Erscheinungen sorgfältig zu sammeln; aber man mufs sich hüten, die angrenzenden Küstenstriche als „Senkungsküsten" zu bezeichnen, ehe sie als solche erwiesen sind. — 2. Andere, anscheinend sichere Kennzeichen beziehen sich auf gröfsere Tiefen unter der Oberfläche, indem man bei Brunnengrabungen und anderen Erdarbeiten in einem unter dem Meeresspiegel gelegenen Niveau auf menschliche Artefakte und Bauwerke, auf Torfmoore oder auf Schichten mit Landschnecken, Knochen von Landsäugetieren und Resten von Landpflanzen stöfst. Da sich indefs auch diese Funde auf das Schwemmland beschränken, so ist ihr Wert ebenso bedingt wie derjenige der vorher genannten Beobachtungen. An einer Küste, an welcher Brandungswirkung stattfindet, können solche Reste sich nur in den durch Versenkung in tiefere Lage gekommenen Sedimenten der Flüsse befinden, weil die allmählich vordringende Brandungswelle sie zerstören würde. Beweise für eine positive Verschiebung der Strandlinie können sie daher nur dann bieten, wenn die Fundstellen in geschützten Buchten oder in brandungslosen Meeresteilen liegen, und auch dann kann die genannte Schlufsfolgerung in einiger Allgemeinheit nur gezogen werden, wenn alle an vielen Orten gesammelte Tatsachen auf eine gleichartige Verschiebung entlang einer ausgedehnten Küste sprechen. — 3. Gröfsere und allgemeinere Beweiskraft ist der vorsichtigen Anwendung morphographischer Merkmale beizumessen. Es wurde eben erwähnt, wie die feine Gliederung einer Flachküste auf positive Verschiebung hindeutet, indem das Meer zwischen die kleinen ausspringenden Teile in Buchten eingreift und Flachgründe hinter natürlichen Aufdämmungen überflutet. — 4. Wo die Brandungswelle an einer Felsküste arbeitet und über dem Niveau der Flut eine vormalige Einwirkung nicht erkennbar ist, wird entweder ein stationärer Zustand oder eine positive Verschiebung anzunehmen sein. In letzterem Fall werden die Felsabstürze in steilen Kliffs abgebrochen, im ersten in der Regel durch äufsere Einflüsse bis zum Flutniveau abgeflacht oder abgedacht sein. Die Annahme fortdauernder positiver Verschiebung gewinnt an Sicherheit, wenn ein zur Flutzeit bedeckter Abrasionsstrand dem Kliff vorliegt. An Küsten, welche an Buchten und Inseln reich sind, wird stellenweise die Abrasion verhindert. Wenn sich dann Schlammbänke ausbreiten, die zur Flutzeit gerade vom Wasser bedeckt, zur Ebbezeit trockengelegt werden, so hat man es sicherlich mit einer noch obwaltenden positiven Verschiebung zu tun; denn der geringste Rückzug des Meeres würde die höheren Teile der Bänke trockenlegen, ein Stillstand Teilverlandung mit Dünenbildung veranlassen. — 5. Den sichersten Anhalt geben die Flufsmündungen. Ihre Kanäle sind nicht durch das Meer, sondern durch die Flüsse gegraben. Sind sie vom Meer ausgefüllt, so hat daher dieses durch Vordringen Besitz von ihnen genommen. Nach dem Mafs, in welchem dies geschehen ist, wird sich die Gröfse des Betrages ermessen lassen, welchen die positive Verschiebung seit der Zeit des Aushöhlens der Mündungskanäle insgesamt, als Ergebnis aus allen positiven und negativen Bewegungen, erreicht hat. Von diesem Gesichtspunkt können spitz oder schlauchförmig gebuchtete Küsten als solche bezeichnet werden, an welchen eine positive Strandverschiebung stattgehabt hat. Es schliefsen sich daran in zweiter Linie Beobachtungen zum Zweck der Festsetzung, ob nicht in den jüngsten Epochen die Bewegung vorherrschend eine entgegengesetzte gewesen ist, wie es bei fast allen Fjordküsten der Fall zu sein scheint. Wo Flüsse eine einfache Deltamündung haben, ist innerhalb der letzteren häufig ein Vordringen des Meeres nachweisbar, welches, wie gesagt, durch Zusammensinken der Sedimente erklärbar sein kann, während von den angrenzenden Küstenstrecken das Meer zurückweicht. Wie aber durch diesen Vorgang die Deltabildung nicht ausgeschlossen ist, so findet sie auch an solchen Küsten statt, bei welchen positive Verschiebung in gröfserer Ausdehnung sich vollzieht, vorausgesetzt, dafs die Bedeckung der untergetauchten Teile mit Sedimenten mindestens dem Sinken das Gleichgewicht hält. Es kann aber jene bei sedimentreichen Flüssen noch schneller geschehen, als dieses, und dadurch trotz des Sinkens ein stetiges Anwachsen der Sedimentfläche, falls die Strömungen sie gestatten, stattfinden. — 6. Das Fortwachsen der Korallenbauten nach oben darf an solchen Stellen, wo diese aus tiefem Meer sich erheben, als ein Beweis für das Sinken des Erdrindenteils oder das Ansteigen des Meeres betrachtet werden.

10. Umgestaltungen im Binnenland.

Alles was in vorhergehenden Abschnitten über physischgeographische und geologische Vorgänge im allgemeinen gesagt worden ist, bezieht sich auf Gestaltung und Umgestaltung der Formgebilde der Festländer. Im Anschlufs an die Betrachtung der Beobachtungen über Änderungen an Küsten ist es aber zweckmäfsig, noch einmal die Summe von jugendlichen Änderungen ins Auge zu fassen, welche das Antlitz der einzelnen Landschaften der Erde bestimmt haben; denn mit dem genetischen Verständnis für die Formgebilde wird auch eine Unterlage für die Erkenntnis der für die Physiognomik der Vegetation, für die Verbreitung der Arten von Pflanzen und Tieren, für Siedelung und Verkehr der Menschen und für die wirtschaftlichen Verhältnisse im allgemeinen mafsgebenden Bedingungen gewonnen. Die Summe der jugendlichen Änderungen ist allerdings ein relativer Begriff. Denn einerseits sind die Gesichtspunkte, unter denen sie betrachtet werden können, fortdauernder Wandlung unterworfen; es treten neue, vorher gänzlich unbeachtete, von Zeit zu Zeit auf, und weitere werden auch fortan hinzukommen. Der Begriff ist somit in jedem Zeitpunkt ein anderer als vorher, und die Erörterung würde daher selbst dann lückenhaft werden, wenn sie allen zurzeit maſsgebenden Anschauungen Rechnung trüge. Andererseits hat der Begriff „jugendlich" eine andere Bedeutung für jeden einzelnen Erdraum. Es handelt sich um die letzten, die Grundzüge der Bodengestalt bestimmenden Vorgänge. In manchem Erdraum gehören diese der jüngsten Zeit der Erdgeschichte an und vollziehen sich, ebenso wie an vielen Küsten, unter unseren Augen; in anderen, wie besonders in groſsen Gebieten der Südkontinente, liegen sie weit zurück. Es gibt nach diesem Gesichtspunkt jugendliche Erdräume und Erdstellen, welche sich in der Regel durch auſserordentlich lebensvollen Formenwechsel und frisches Eingreifen äuſserer Agentien auszeichnen; und es gibt greisenhaft verfallene, wo seit langen Zeiträumen nur Auflösung ehemaliger Mannigfaltigkeit in weitausgedehnte einförmige Landschaftsgebilde der Grundzug aller umgestaltenden Tätigkeit gewesen ist. Es ist für die Charakterisierung jedes landschaftlichen Bildes von Interesse, zunächst festzusetzen, welche Stellung es hinsichtlich des Alters der letzten groſsen formbildenden Vorgänge einnimmt, und es sollten die darauf bezüglichen Tatsachen von dem Reisenden gesammelt werden. Es ist dabei zu berücksichtigen, daſs, wie auf S. 341 ff. dargestellt worden ist, die Bodenformen groſsenteils vom Klima abhängen und auf dessen Modifikationen bestimmend rückwirken, so daſs auch das zweite Grundelement für die Art der Existenz der Lebewesen, die Summe der klimatischen Faktoren, mittelbar mit in den Bereich der genetisch-morphologischen Erforschung eines Erdraums fällt.

Um in diesem in allen Teilen kurzgefaſsten Abriſs zu groſse Ausführlichkeit zu vermeiden, sollen hier wesentlich, wie es bei den Küsten geschah, die **Änderungen nach der vertikalen Komponente im Inneren der Festländer** erörtert werden; mit ihnen hängen, wie aus der Geschichte jedes Gebirgsflusses unmittelbar ersichtlich ist, viele Umgestaltungen in der horizontalen ursächlich zusammen. Es handelt sich um das Aufsteigen und Versenken einzelner Teile der festen Erdrinde gegen andere, um Verbiegung und Bruchzerlegung, um Erniedrigung durch Abtragung und Erhöhung durch Auflagerung, und um die daraus erwachsenden allgemeinen morphologischen Ergebnisse. Wir befinden uns aber hier in der Lage, dafs wir die Erscheinungen selbst wegen ihres langsamen Vorschreitens nicht direkt wahrnehmen, wie es an den Küsten häufig der Fall ist. Auch haben die Beobachtungen an diesen den Vorteil, dafs bei ihnen der Meeresspiegel, wenn man ihn für praktische Zwecke als unveränderliche Gleichgewichtsfläche mit dem Höhenwert = Null betrachtet, einen festen Anhalt gibt, um zu beurteilen, ob in jüngster Zeit eine relative Verschiebung in der Vertikale stattgefunden hat, und ob sie noch stattfindet; aufserdem hat hier die Frage von jeher den Geist beschäftigt, weil ihre sachliche Bedeutung mit Hinsicht auf Landgewinn und Landverlust oder auf Verflachung und Vertiefung des küstennahen Wassers auf der Hand liegt. Im Inneren der Festländer hingegen, d. h. aller über das Meer aufragenden gröfseren Teile der festen Erdrinde, fehlt es für die Beantwortung der Frage nach Änderungen in der Vertikale an einem beständigen Faktor von ähnlicher Anwendbarkeit als Grundlage des Vergleiches. Daher müssen oft Argumente von den verschiedensten Seiten her einander ergänzend zusammengestellt werden, um auf dem Weg der Synthese den Gang der Erscheinungen abzuleiten. Es können hier nur skizzenhaft einige Fingerzeige für die dafür dienlichen Beobachtungen gegeben, oder auf schon gesagtes mit Anwendung auf diese Gesichtspunkte verwiesen werden.

Ein wesentlicher Punkt betrifft das **geologische Alter der letzten Meeresbedeckung** und die **Höhe** über dem jetzigen Meeresspiegel, bis zu der ihre Spuren nachweisbar sind, womöglich auch ihre horizontale Ausbreitung. In solchen Erdräumen, wo in den jüngsten Zeitaltern, etwa vom mittleren Tertiär an, mehrfacher Wechsel von Meeresbedeckung und Trockenlegung stattgefunden hat, wie es z. B. offensichtlich in den in der grofsen Bruchzone der Erde und in deren Nähe gelegenen Erdräumen der Fall gewesen ist, ist der Nachweis verschiedener aufeinander folgender Stadien und die nähere Festsetzung eines jeden von diesen von sehr hohem Interesse. Ein befriedigendes Bild der Vorgänge kann aber nur durch scharfsinnige Ableitung aus der Zusammenstellung zahlreicher Einzelbeobachtungen erbracht werden, wie es für das Mittelmeergebiet von M. Neumayr und für die atlantischen Küstengebiete der Vereinigten Staaten von amerikanischen Geologen angebahnt, für das kleine aber wichtige Areal des Paris-Londoner Beckens durch ausgezeichnete Untersuchungen in hoher Vollendung ausgeführt worden ist. Bruchstücke für solche Schlufsfolgerungen können durch Feststellung vereinzelter darauf bezüglicher Tatsachen von jedem Beobachter, der sich einige Übung angeeignet hat, beigebracht werden. Die aufserordentlich grofse Bedeutung der von den letzten Meeresbedeckungen bis zur Höhe von mehreren hundert Metern zurückgelassenen Sedimenthüllen für Formbildung und Bodencharakter ausgedehnter Landschaften leuchtet z. B. bei einem Blick auf die geologische Karte von Italien ein, wenn man gleichzeitig die Höhenverhältnisse und die Anlage und Ausbildung der Strombecken berücksichtigt.

In engem Zusammenhang mit diesem Gesichtspunkt steht die Frage nach der **vormaligen Verbindung jetzt getrennter und der vormaligen Trennung jetzt verbundener Festlandsstücke**. Während letztere, also die tiefe Versenkung des Landes, sich aus der geographischen Verbreitung und dem Vertikalbetrag der vom Meer auf gröfseren Landstrecken und Inseln zurückgelassenen Sedimente ergibt, besteht das einzige Argument für vormalige Landverbindung in der Verbreitung an das Land gebundener Tierformen. Die Verbindung wird in den meisten Fällen durch Vertikalverschiebung der Grenzen zwischen Meer und Land (Hebung des Landes oder Rückzug des Meeres) gelöst worden sein; sie kann sich aber auch ohne solche durch grabenartige Einsenkung oder durch die Erweiterung eines früheren Strombettes zu einer Meeresstrafse vollzogen haben. Nützlich für Schlufsfolgerungen ist die genaue Erforschung des inneren Baues von Vorsprüngen in das Meer, insbesondere des Streichens dort abgebrochener Schichtgesteine, und die Untersuchung aller zwischen getrennten Landesteilen gelegener Inseln mit Hinblick auf die Frage, ob in der Gebirgsstruktur ein Anhalt für die Annahme früheren Zusammenhanges gegeben ist. Für den Betrag der vormaligen gröfseren Erhebung des Festlandes gibt an einigen Küsten die Tiefenausdehnung meerbedeckter, ehemals festländischer Strombetten einigen Anhalt. Ihr Vorhandensein und ihre Gestalt lassen sich selbstverständlich nur den genauesten Seekarten entnehmen; doch ist bei der Ableitung von Schlufsfolgerungen grofse Vorsicht und nur die Verwendung dichtgedrängter sicherer Tiefenzahlen zu empfehlen.

Spielte bei den bisher genannten Gesichtspunkten das Meer noch eine Rolle, so kommt ihm eine solche unmittelbar oder notwendig betreffs der Landschaftsformen im Inneren der Festländer nicht mehr zu. Wir betrachten diese unter zwei Kategorien:

a. — Nehmen wir als einfachsten Ausgang der Betrachtung ausgedehntere **Verebnungen und Verflächungen**, so ist darauf zu achten, ob man es mit einer Schwemmlandebene

(S. 267, 328), einem Tafelland (S. 258 ff.), oder einer Rumpffläche zu tun hat; im letzten Fall, ob sie unverhüllt, oder durch Eluvialboden (S. 314 ff.) oder anderes Material verdeckt ist. Auch Tafelland kann, wie die Wüstenformen der Hammada (S. 319) und der Sserir (S. 338), von Eluvialschutt verschiedener Art bedeckt, oder durch herzugewehte Sandmassen (S. 338) überschüttet sein. Bei allen diesen Flachlandgebieten ist weiter von Bedeutung: der Grad der Abweichung von völliger Horizontalität, der Übergang zu merkbarer Böschung und der von Material und Klima abhängige Winkel, welchen diese ohne Beeinträchtigung des flächenhaften Charakters erreichen kann (S. 344); ferner das Vorkommen von Inselbergen, welche ebenso von Aluvialland umschlossen sein, wie aus einer Eluvialdecke oder unmittelbar aus einer Rumpffläche aufragen (S. 256), oder als durch Windschliff (S. 338) gebildete Zeugen auf einem Tafelland stehen können; sodann, wenn Wasserabfluſs vorhanden ist, die **Formen der Stromverteilung sowie Art und Grad des Einschneidens der Flüsse.**

Tieferes Einschneiden in scharf gezeichnete Kanäle deutet auf Tieferlegen der Erosionsbasis (S. 322). Es sind dann Querprofil und Längsprofil der Abfluſskanäle zu untersuchen. Das **Querprofil** kann angeben, daſs das Einschneiden des Kanals sich ohne Wechsel von Beginn bis zum jetzigen Stadium vollzogen hat, oder daſs es in mehreren getrennten Epochen geschah, indem z. B. ein oberer Kanal eine gröſsere Breite, bis zu Hunderten oder Tausenden von Metern, hat, in dessen flachen Boden ein zweiter von geringerer Breite, ebenfalls mit flachem Boden, und dann in diesen ein dritter und letzter Kanal, eng und steil, eingeschnitten ist, ähnlich wie es bei den Cañons des Colorado und seiner Zuflüsse der Fall ist. Dies ist gleichbedeutend mit ebenso vielen Phasen in der relativen Tieferlegung der Erosionsbasis und entsprechend langen Perioden der jedesmaligen von ihr aus rückschreitenden, dann im Endniveau auf seitliche Verbreiterung der Talsohlenfläche hinarbeitenden Erosion. Hat zu irgend einer Zeit oder zu wiederholten Malen die Erosionsbasis durch tektonische Vorgänge oder durch positive Änderung des Meeresspiegels oder durch Stauung eines den Abfluſs aufnehmenden Gewässers eine zeitweilige Erhöhung erfahren, so wird die Episode an Resten von Schuttmassen erkennbar sein, welche der in der Transportkraft abgeschwächte Strom auf einer der genannten Staffeln ablagerte, und welche als ein erkennbares Glied in die Terrassierung eingreifen kann; die geringsten Reste davon sind zu beachten. Wenn solche Episoden sich mehrfach wiederholt haben, so wird die Auseinanderhaltung und relative Altersbestimmung der verschiedenen Phasen nur durch sehr genaue Untersuchung und scharfsinnige Schlufsfolgerung gelingen.

Die relative Tieferlegung der Erosionsbasis kann sich in dreierlei Weise vollzogen haben. Entweder fand eine Senkung jenseits des Unterlaufes der in Betracht kommenden Stromstrecke statt; oder es geschah im Unterlauf selbst ein so langsames, mit Schaffung eines Gefälls der Schwellung nach vorwärts und rückwärts verbundenes Ansteigen der von der Stromstrecke durchschnittenen Tafel statt, dafs der Strom nicht gestaut wurde, sondern durch fortdauerndes Eintiefen in seinem Bett zu verharren vermochte; oder beide Vorgänge waren kombiniert, so dafs dem Strom das Einhalten des Bettes durch rückwärtige Erosion erleichtert wurde. Es ist noch der vierte Fall möglich, dafs zu dieser Doppelbewegung ein Sinken im Oberteil der Stromstrecke kam, langsam genug um dem Strom dennoch unter Leistung fortdauernder Arbeit das Verharren in seinem Bett ohne wesentliche Erweiterung zu gestatten, wie es (um wieder ein Beispiel in grofsem Mafsstab zu wählen) für den Mittellauf des Yangtsekiang zutrifft. In solchen Fällen wird man den jugendlichen Charakter aller dargestellten Vorgänge, oder doch ihre Fortsetzung in jugendlicher Zeit, daran erkennen, dafs von der tiefer gelegten Erosionsbasis aus nach rückwärts oder innerhalb des aufsteigenden Teiles der Scholle der Flufs noch fortdauernd sein Bett scharf und ohne Alluvialbildung eingräbt, während dort, wo in einem rückwärts gelegenen Teil die Scholle, auf der er fliefst, sich senkt, der Vorgang kaum ohne eine Episode geringer Alluvialbildung verläuft, welche ihrerseits scharf an die Ufer des Kanals grenzt.

Die Stromverteilung, d. h. die Verzweigung des Hauptstroms nach aufwärts gegen die Zuflüsse und die Wurzeläste seines Stromgebietes hin, gestaltet sich bei gegebener Wassermasse um so charaktervoller, je tiefer das Eingraben geschieht, da sich dann das Einschneiden von Zuflufsfurchen vollkommen vollziehen kann und diese sich, nach bekannten Erosionsgesetzen, von der im Hauptstrom gegebenen Erosionsbasis aus nach rückwärts einschneiden, wobei sie in der Regel das nachgiebige Gestein aufsuchen und härteres stehen lassen, um sich erst, wenn epigenetische Eintiefung (S. 322) sie darauf führt, in dasselbe einzuschneiden. Die Ausgestaltung der durch diese Zuströmungsfurchen erster Ordnung und die von jeder von ihnen als örtlicher Erosionsbasis ausgehenden Einfurchungen weiterer Ordnungen gebildeten Landschaften, unter denen die Schichtstufen- oder Glintlandschaft eine besonders charakteristische und häufige Form ist, hängt von Härte, Lagerung und Zerklüftung der Gesteine ab und kann grofse Mannigfaltigkeit schaffen. Es können dabei alle Einzelfälle des rückwärts gerichteten Ineinanderarbeitens der Flüsse, das Abfangen des Obergebietes des einen durch den anderen, Verlegung der Wasserscheiden usw. stattfinden, von denen die Lehrbücher vielerlei Möglichkeiten und wirkliche Fälle zur Darstellung bringen.

Ähnliche tektonische Vorgänge, wie sie hier für den Hauptstrom und durch dessen Vermittelung für seine Zuflüsse bestimmend angenommen worden sind, können sich an mehreren Stellen des von dem Strombecken eingenommenen Erdrindenteils wiederholen und werden dann entsprechenden Einflufs auf die Ausgestaltung einzelner Strecken nach rückwärts und vorwärts ausüben.

Neben der Art der Anlage der Stromsysteme und der in den Querschnitten erkennbaren Periodizität in der Ausbildung der Stromrinnen, woraus die vertikalen Vershiebungen abzuleiten sind, kommt das Längsprofil der einzelnen Ströme und ihrer Zuflufsfurchen in Betracht. Je kürzer zurück die Ereignisse liegen, welche zu einer relativen Tieferlegung der Erosionsbasis führten, und je gröfser der Betrag der letzteren ist, desto unvollkommener wird die Ausbildung der Längsprofile sein. Jedes einzelne von ihnen zerfällt zunächst in viele Streckenprofile, und je mehr Härtewechsel der Gesteine und einzelne tektonische Ereignisse im Weg des Stromlaufes eine Rolle spielen, desto gröfser wird die Anzahl und desto schärfer gezeichnet die Eigenkurve der Einzelstrecken sein; es wächst damit der Wechsel von geringerem und stärkerem Gefäll, von seeartigen Erweiterungen und Fällen oder Stromschnellen, von Transportfähigkeitsgrad und Ablagerung. Die Tendenz, durch Fortschaffung der Hindernisse und Ausgleichung des Bettes alle diese Strecken zu einer einzigen, von Längenabstand, Höhendifferenz und Wassermasse abhängigen Kurve von normalem Profil zu vereinigen, waltet ebenso bei dem Hauptstrom wie bei jedem Zuflufs. Es ist daher für die Erkenntnis der Geschichte eines Stromsystems und der von ihm eingenommenen Scholle erforderlich, die Ausgestaltung in Quer- und Längsprofilen genau zu beobachten. Die weitere und letzte ideale Tendenz aller Vorgänge ist, bei unveränderlicher Erosionsbasis, völlige Einflächung und Einebnung. Vermehrte Wassermasse, z. B. in Pluvialzeiten, verflacht die normalen Endkurven, erhöht die Transportkraft und steigert die Fähigkeit zu seitlicher Erosion. Aber in endlichen

Zeiträumen kann, wie oben (S. 256) dargestellt wurde, das ideale Endziel ohne Hinzutreten anderer Kräfte, wie derjenigen des Windes, nicht erreicht werden. Eine Annäherung ist möglich, wenn die Lage der Erosionsbasis sich nicht ändert.

b. — Was hier von dem einfachen Fall ursprünglicher Verflächung und Verebnung abgeleitet worden ist, gilt für minder einfache und sehr verwickelte, für kleine und grofse Verhältnisse. Nur ein extremer, aber häufig vorkommender Fall möge hier Berücksichtigung finden; er betrifft die grofsen Rumpfblöcke (S. 262), d. h. die aus einem mehr oder weniger abgeflachten Erdrindenteil herausgelösten, entweder durch ihr eigenes Ansteigen oder durch Absenkung der Umgebungen zu gröfserer relativer Höhe gelangten, durch äufsere Ausgestaltung in weiterer Folge als Rumpfgebirge aufragenden Blockmassen, gleichviel ob die Scholle, der der Block entnommen ist, nach oben in einer Rumpffläche mit oder ohne Inselberge, oder in ruinenhaften Resten eines Faltengebirges endete, oder ob sie Tafelland war. Bei allen derartigen Gebirgen, von denen der Harz ein kleines aber bekanntes Beispiel bietet, ist die geologische Untersuchung des auf alten Faltungen beruhenden inneren Baues, die wir hier voraussetzen, ganz zu trennen von dem morphologischen Studium der Geschicke des Blockes als Ganzes und der tektonischen Vorgänge, welche seine Herauslösung als Individuum bedingten.

Wie bereits oben (S. 262) angegeben wurde, sind die Rumpfblöcke, anscheinend infolge einseitiger Hebung, gröfstenteils keilförmig schief gestellt und können grofse Dimensionen erreichen. Die Sierra Nevada in Kalifornien ist ein ausgezeichnetes Beispiel einer einzelstehenden keilförmigen Scholle von gewaltiger Ausdehnung, deren jugendliche Phasen allmählicher einseitiger Emporrichtung sich an der Hand der nach und nach streckenweise vollzogenen Ablenkung der goldführenden ursprünglichen Ströme in quergerichtete, tief eingeschnittene Abdachungsflüsse unschwer verfolgen lassen. Häufiger als die Einheitlichkeit ist die an Brüchen erfolgte Zerteilung von Rumpfschollenmassen in parallele langgestreckte Rumpfblöcke, wobei durch quer oder diagonal gestellte Brüche häufig noch weitere Zerlegung stattfindet. Als ein Beispiel von aufsergewöhnlich grofsen Dimensionen, daher auch vielen morphologischen Besonderheiten, gehören hierher die, rechtwinklich zur Linie des Hauptbruches gemessen, bis über eintausend Kilometer breiten Landstaffelblöcke von Ostasien, welche dort in mehrfacher paralleler Reihung in meridionaler Richtung aneinander gekettet sind. Gleichviel von welcher Art die Abflufsverhältnisse auf dem betreffenden Erdrindenteil vor der Deformierung zu einem Rumpfblock oder einem System von Rumpfblöcken gewesen sein mögen, nehmen sie jetzt vielfach neue Gestalt an. Nur einzelne quergerichtete grofse Ströme, wie Amur und Yangtsekiang, haben vermocht ihr Bett inne zu halten, während die Scholle, auf der sie flossen, in widersinnig einfallende Landstaffelblöcke zerlegt wurde. Im übrigen veranlafst in jedem Fall die neu entstandene Wasserscheide an der First des Rumpfblockes die Bildung gröfstenteils neuer Abflufssysteme, die während des Aufsteigens ihre Ausgestaltung erlangen und, wenn dabei eine Zerlegung des Blockes in parallele Teilblöcke geschieht, Ablenkungen erleiden können.

Die Ursachen des scheinbaren Auftriebes von Rumpfblöcken sind Gegenstand theoretischer Spekulation. Aber was immer sie im Einzelfall gewesen sein mögen, kann man sich den Mechanismus des Vorganges der Hebung nicht ohne Kompensation durch Senkung in der Nachbarschaft vorstellen. Argumente für letzteren Vorgang kann man dort finden, wo ein reichlich mit Sinkstoffen beladener Strom den anscheinend gesenkten Raum durchfliefst. Ist sein Überschwemmungsgebiet in der Zeit historischer Überlieferung immer mit flachen Seen bedeckt geblieben, die nie ausgefüllt wurden, so darf das Bestehen einer noch fortdauernden Senkung angenommen werden.

So verschieden die Gestaltungen der Rumpfgebirge sind, welche durch die Einwirkung äufserer Agentien auf die Rumpfblöcke entstehen, lassen sich doch gewisse Merkmale allgemein wahrnehmen. Der emporgerichtete Block steht unter ganz anderen meteorologischen Verhältnissen als die Rumpffläche, aus der er herausgelöst wurde. Im Gegensatz zu der in ihrer Lage verbliebenen oder gesenkten Umgebung bildet er in ihr, in mit der allmählichen Erhöhung zunehmendem Grad, eine Kondensationsinsel für atmosphärische Feuchtigkeit; gleichzeitig wird er in vielen Fällen eine Wetterscheide, welche sich ebenso an den entgegengesetzten Gebirgsflanken, wie auf dem beiderseits angrenzenden niederen Land, besonders auf der Regenschattenseite, geltend macht. Bedeutendere Niederschläge verursachen lebhafte Erosion, und falls diese einseitig ist, Gesteinszerfall auf der Trockenseite und Rückschreiten der Hauptwasserscheide nach ihr hin. Da die primären Abflufsrinnen der Abdachung folgen und die Rumpfblöcke meist eine ausgesprochene Längsrichtung haben, entstehen ausgesprochene Quertäler, welche keine Beziehung zum inneren Gebirgsbau haben. Im einzelnen erfolgt durch Ausbildung der

Stromverzweigungen gegen die Höhen hin ein Herauspräparieren von Formgebilden, bei denen die verschiedene Härte der Gesteine ein wesentlicher Faktor ist. Aber noch wichtiger ist das Moment der Stärke der Erosion nach Mafsgabe der Verteilung von Wassermasse und Gefäll. Erstere ist am geringsten an den Ursprungsstellen der Wasserläufe, also an den Linien der Wasserscheiden. Daher ist die **Erhaltung der regionalen Höhenflächen**, wie man die alle hervorragenden Teile verbindende Fläche nennen kann, in einer ihrer Ursprungsform durch lange Zeiträume angenähert bleibenden Gestalt ein charakteristisches Merkmal für die früheren Zustände eines Rumpfgebirges. Sie erleidet keine wesentliche Änderung, wenn in den Talgründen und in den Unterläufen der Ströme schon die gröfsten Umgestaltungen stattgefunden haben. Daher überblickt man bei Rumpfgebirgen, auch wenn sie sich schon in ziemlich weit vorgeschrittenem Stadium der Zerstörung befinden, von einzelnen Gipfeln aus die über alle anderen Gipfel hinwegziehende ideale Begrenzungsfläche. In früheren Stadien liegen in ihr noch gröfsere Flächenteile des Hauptkammes und der Quergratkämme. Doch können, abgesehen von den Differenzierungen, welche auf manchen Gebirgen durch das Aufsetzen von Vulkanen eintreten, zweierlei Abweichungen vorkommen; einmal durch Längs- und Querzerlegung des Rumpfblockes in Teilblöcke von verschiedener Höhe; es wird dann die Höhenfläche ebenfalls in einzelne Teile von verschiedener Höhe zerfallen. Andererseits werden theoretisch Inselberge, falls die ursprüngliche Rumpffläche von solchen überragt wurde, entsprechende Erhöhungen auf dem gehobenen Rumpfblock bilden. Es ist zu untersuchen, ob dadurch das hohe Aufragen einzelner Gipfelmassen über Rumpfgebirgen von sanften Höhenflächen, wie z. B. des Khantengri auf dem Tiënschan, erklärt werden kann.

Für Ableitung der **Periodizität in der Talbildung**, welche auf Periodizität in der relativen Höhenlage oder auf klimatische Änderungen deuten, aus der Gestalt der Böschungen ihrer Seiten, wie auch aus den Höhenprofilen des ganzen Gebirgsblockes, gelten die vorher (S. 366) für einfachere Verhältnisse angegebenen Gesichtspunkte. Der Reisende sollte sich daran gewöhnen, ebenso die Formen der regionalen Höhenfläche, wie die Querprofile aller unter ihr gelegenen Einsenkungen und Einschnitte sorgsam zu betrachten und, indem er sie in ihre Flächen- oder Linienelemente zerlegt, auf gewisse wiederkehrende Züge in der Gestalt von Quer- und Längsprofilen zu achten. Ein vereinzelter Bruch im Böschungswinkel eines Querprofils, z. B. der Übergang des steilen Abfalles eines Quergrates in eine sanfte Abdachung, und dieser nach abwärts in einen letzten wiederum steilen Abfall, gibt keinen Anhalt für sichere Erklärung; denn er kann verschiedene Ursachen haben. Wenn man aber findet, dafs sich genau entsprechende Übergänge von der entgegengesetzten Talseite her in gleichen Höhen beobachten lassen, und dafs sich dasselbe Verhältnis in verschiedenen Querschnitten des Tales wiederholt, so kann man daraus auf eine Reihenfolge von Vorgängen schliefsen, welche das ganze Tal betreffen. Die beiden sanften Abdachungen bilden Teile einer Mulde, welche ein vormaliges Erosionsstadium anzeigt und auf ein Höherliegen der Erosionsbasis in der betreffenden Zeit hinweist. Wiederholt sich die Erscheinung in anderen Tälern des Gebirges, so wird es wahrscheinlich, dafs dasselbe damals zu geringerer Höhe aufragte und nachmals eine weitere relative Emporhebung erfuhr, durch welche eine neue, tiefere Erosionsbasis geschaffen wurde. Diese liegt dann der Entstehung des tiefen, durch die beiden Steilgehänge umschlossenen V förmigen Einschnittes zugrunde, welchen ersichtlich das Wasser grub. Dieser einfache Fall mag einen Anhalt für den Sinn geben, in welchem die Beobachtungen auszuführen sind. Es ist aber weiter darauf zu achten, ob sich auf der flachen Böschung Ablagerungen von Gletschern oder Flüssen, oder von beiden finden, und ob aufser der U förmigen Gestalt auch Schrammung des Felsbodens und der Seiten auf Gletscherwirkung und Aushöhlung des ehemaligen Trogtales durch die Tätigkeit des Eises deutet.

Die meisten Täler in den höheren Teilen der Alpen bieten Gelegenheit für Übung in solchen Beobachtungen. Aus ihrem vergleichenden Studium ist die überraschende Folgerung abgeleitet worden, dafs selbst ein so jugendliches Faltengebirge wie die Alpen, seine gegenwärtige äufsere Gestaltung, abgesehen von den Einflüssen des inneren Baues, zum grofsen Teil dem Umstand verdankt, dafs es seit der wesentlichen Vollendung seiner inneren Ausgestaltung durch Faltungen und Überschiebungen mindestens einmal aus dem Zustand hochgradiger Abtragung, wenn auch nicht zu einer Rumpffläche, so doch zu ruinenhaften Formen, abermalige Emporhebung und dadurch Neubelebung der abgeschwächten erodierenden Tätigkeit erfahren hat. Die dahingehenden Ausführungen von Ernst Brückner für die Schweiz in dem auf S. 332 (Anm.) genannten Werk eröffnen, zusammen mit Albrecht Penck's Untersuchungen über andere Teile der Alpen, besonders durch die Beziehungen der Morphologie zu den wiederholten Eiszeiten, neue Fingerzeige für die Erforschung der jugendlichen Änderungen in den Gebirgen und für die Auffassung, daſs sie zum Teil in dem Wechsel hochgradiger Abtragung bei einer gewissen Höhenlage und der Erneuerung des Ansatzes erodierender Kräfte infolge relativer Tieferlegung der allgemeinen Erosionsbasis, das heiſst wahrscheinlich in den meisten Fällen, des erneuten Ansteigens des ganzen Gebirges zu gröſserer Höhe, beruhen.

Die nach und nach herausgebildeten und noch in weiterer Ausbildung begriffenen Gesichtspunkte, welche in diesem Abschnitt nur in Umrissen dargestellt werden konnten, zeigen, nach welchen Richtungen Beobachtungen im Inneren der Festländer über Anzeichen von jugendlichen Vorgängen, von Eintiefung und Erhebung, von Herausbildung zentraler Senken und Emporsteigen gewaltiger jugendlicher Blockgebirge angestellt werden können.

Es ergeben sich daraus von selbst die Folgerungen betreffs Umgestaltung der klimatischen Verhältnisse und der mit ihnen innig zusammenhängenden Bodenbildung, wie dies oben (S. 341 ff.) dargestellt worden ist.

So bietet sich dem einsichtsvollen Reisenden, welcher ein offenes Auge für die Natur hat, auch wenn er nicht die schulgemäſse Ausbildung in Geologie und physischer Geographie besitzt, in jedem Land, das er besuchen möge, ein auſserordentlich groſses Feld für nützliche Tätigkeit. Das Ziel, das er sich stellen sollte, ist, zur genetischen Erkenntnis der Formen und Beschaffenheit des Bodens beizutragen, welcher den Schauplatz für die mannigfachen Erscheinungen des organischen Lebens und des menschlichen Daseins bildet, von denen andere Teile dieses Werkes handeln.

Geologie.

Inhalt.

	Seite
A. Vorbereitung und allgemeine Arbeit	204
Beispiele elementarer Untersuchung	204
Allgemeine Gesichtspunkte	208
Erforderliche Vorkenntnisse	209
Ausrüstung	210
Methode geologischer Reisen	216
Sammeln geologischer Gegenstände	218
Geologische Aufschlüsse	222
Anfertigung geologischer Karten und Profile	225
B. Zusammensetzung und Formgebilde des festen Landes	232
1. Plastik des Festlandes	232
2. Die an der Zusammensetzung der festen Erdoberfläche teilnehmenden Gesteine	235
a) Die Sedimentgesteine	237
Die kristallinischen Schiefergesteine	238
Die sekundären Sedimentgesteine	239
b) Die Eruptivgesteine	240
c) Die lockeren Bodengebilde	241
3. Gebirgsbildende und gebirgszerstörende Vorgänge	242
a) Das seitliche Zusammenschieben von Teilen der Erdrinde	242
b) Die Aufwölbung	244
c) Die Verwerfung	244
d) Die Verwitterung	246
e) Die erodierenden Agentien	246
f) Die abradierende Arbeit der Brandungswelle	247
g) Das Aufsetzen fremdartiger oder parasitischer Massen	248
h) Die Ausbreitung verhüllender Bodendecken über den festen Felsbau	249
4. Morphologische Grundgestalten	249
A. Die jugendlichen heteromorphen Faltungsgebirge	251
B. Erloschene Faltungsgebirge	255
C. Die Rumpfflächen	255
D. Die Tafelflächen und Tafelländer	258
E. Die Schollengebirge	261
F. Hohlformen und Schwemmland	264
G. Die Ausbruchsgebirge	267
C. Einzelfälle der Beobachtung	268
I. Untersuchungen über den festen Grundbau der Erdoberfläche	268
1. Beobachtungen an den Sedimentgesteinen oder dem Flözgebirge	268
2. Beobachtungen an kristallinischen Schiefergesteinen	274
3. Beobachtungen an Vulkanen und jüngeren Eruptivgesteinen	277

Geologie.

	Seite
Wesen der Vulkane	277
Zusammensetzung der Vulkane	278
Aufbau der Vulkane	280
Ausbruchstätigkeit	283
Unterlage und Umgebung	284
Gegenseitiges Verhältnis verschiedener Vulkane	285
Vulkanskelette und Vulkanstümpfe	286
Ausströmen von Dämpfen, heißem Wasser und Gasen	286
Jungeruptive Gesteine im allgemeinen	289
4. Beobachtungen an älteren Ausbruchsgesteinen	291
Granit	293
Andere Eruptivgesteine	294
5. Beobachtungen über nutzbare Mineralien	295
a) Steinkohlenlagerstätten	296
b) Erzlagerstätten im festen Gestein	301
c) Erzlagerstätten im Schwemmland	307
d) Andere nutzbare Produkte des Mineralreiches	309
II. Beobachtungen über die Wirkungen umgestaltender Vorgänge	314
1. Äußerliche Veränderungen	314
Verwitterung; Bildung des Eluvialbodens	314
Gesteinszertrümmerung; Bildung von eluvialem Schutt	318
2. Unterirdische Zirkulation des Wassers. — Grundwasser, Quellen, Höhlenbildung	320
3. Fließende und stehende Gewässer des Festlandes	321
4. Eis und Gletscher	330
5. Umlagerung durch Wind; Steppen und Wüsten	337
6. Einfluß von Lage und Klima auf äußere Umgestaltungen	341
7. Korallenbauten	345
8. Umgestaltung an Meeresküsten	351
9. Änderung der Grenzen zwischen Land und Meer	355
a) Kennzeichen negativer Strandverschiebung	355
b) Kennzeichen positiver Strandverschiebung	358
10. Umgestaltungen im Binnenland	360
a) Umgestaltung von Verebnungen und Verflächungen	363
b) Umgestaltung von Rumpfblöcken und Rumpfgebirgen	367
Inhalt	372